MEADOWS · RANDERS · MEADOWS

GRENZEN DES WACHSTUMS – DAS 30-JAHRE-UPDATE

Donella Meadows

Jørgen Randers

Dennis Meadows

GRENZEN DES WACHSTUMS
DAS 30-JAHRE-UPDATE

Signal zum Kurswechsel

aus dem Englischen von Andreas Held

6. Auflage

Mit einem Geleitwort von Ernst Ulrich von Weizsäcker

Ehrenpräsident des Club of Rome

S. Hirzel Verlag

Das Original erschien 2004 unter dem Titel *Limits to Growth – The 30-Year Update* bei Chelsea Green Publishing Company, White River Junction, Vermont, USA.

Herzlicher Dank geht an Prof. Dr. Hartmut Bossel (Emeritus Universität Kassel), Prof. Dr. Udo Simonis (Emeritus Wissenschaftszentrum Berlin für Sozialforschung) und Stefan Baldin (Aachener Stiftung Kathy Beys), ohne die diese deutsche Version nicht zustande gekommen wäre.

Bibliografische Information der Deutschen Nationalbibliothek

Die Deutsche Nationalbibliothek verzeichnet diese Publikation in der Deutschen Nationalbibliografie; detaillierte bibliografische Daten sind im Internet über http://dnb.d-nb.de abrufbar.

ISBN 978-3-7776-2957-5 (Print)
ISBN 978-3-7776-2958-2 (EPUB)

6. Auflage 2020
5. Auflage 2016
4. Auflage 2012
3. Auflage 2009
2., ergänzte Auflage 2007
1. Auflage 2006

© 2020 S. Hirzel Verlag
Birkenwaldstr. 44, 70191 Stuttgart
Printed in Germany
Einbandgestaltung: semper smile, München
Satz: epline, Böblingen
Druck und Bindung: Druckerei Dimograf Sp.z.o.o. Bielsko-Biała
Übersetzung des Vorworts zur deutschen Auflage: Pascale Mayer, St. Ingbert

www.hirzel.de

Geleitwort

Das Originalwerk *Die Grenzen des Wachstums* von 1972 war ein Welt-Best-seller. Viele Millionen Exemplare wurden in mindestens 30 Sprachen verkauft. Nach dem stürmischen Wirtschaftswachstum der 50er- und 60er-Jahre, damals begleitet von immer schlimmerer Umweltverschmutzung, erschien es den Intellektuellen dieser Zeit, den „1968ern", absolut plausibel, dass es einfach nicht so weitergehen konnte. Aber es waren nicht die Revoluzzer der 68er Bewegung, sondern der neu gegründete, hoch ansehnliche Club of Rome aus Industrieführern, Meinungsführern und Wissenschaftlern, von dem der große Anstoß zum Umdenken ausging, eben mit dem Bericht *Die Grenzen des Wachstums*.

Der Club of Rome rätselte über das weitere Schicksal der Menschheit. Club-Mitglied Professor Jay Forrester vom berühmten MIT (Massachusetts Institute of Technology) bot sich an, den Ahnungen eine mathematisch fundierte Gestalt zu geben. Die Volkswagenstiftung, durch die Mithilfe des Professors und CDU-Politikers Eduard Pestel, gab das Geld für die Studie. Und Forrester fand einen genialen Nachwuchswissenschaftler, Dennis Meadows, und dessen wunderbare Frau Donella (Dana) Meadows, und bat sie, ein Team zusammenzustellen, das das bereits erprobte neue Computermodell *Dynamo* auf die Weltprobleme anwenden würde. Die fünf wichtigsten Parameter wurden eingefüttert: Industrieproduktion, Nahrungsmittel (jeweils pro Kopf), Weltbevölkerung, natürliche Ressourcen und Umweltverschmutzung.

Das Team gab die damals empirisch belegten gegenseitigen Beeinflussungen dieser Parameter ins Modell ein und machte eine Trendfortschreibung der Weltentwicklung. Heraus kam die apokalyptische Katastrophe: In so etwas wie 50 Jahren wären die natürlichen Ressourcen am Ende, die Umweltverschmutzung würde alles ersticken, dann würden Industrieproduktion und Nahrungsmittel kollabieren und am Ende zwangsläufig auch die Bevölkerungszahl.

Dreißig Jahre nach Erscheinen der *Grenzen des Wachstums* machte sich das im Kern unveränderte Team, dem auch der norwegische Wirtschaftsprofessor Jørgen Randers angehörte, daran, die Auswirkungen des früheren Berichts zu studieren. Das ist das hier neu gedruckte Buch, das auf der Frage aufbaute, ob die Menschheit irgendetwas aus der Schocknachricht von 1972 gelernt hatte. Die bittere Erkenntnis lautete: Herzlich wenig hat man gelernt. Gut: Man hatte viel mehr Gas und Öl gefunden als 1972 angenommen worden war, und man hatte in den reichen Ländern die Umweltverschmutzung deutlich zurückgedrängt. Hier fand also eine *Abkopplung* des Wohlstands von der Verschmutzung statt. Aber der Ressourcenverbrauch stieg ungebremst weiter an. Das Klimaproblem war zusätzlich sichtbar geworden (auch eine Art

Umweltverschmutzung), und die Bevölkerungszahl hatte sich beinahe verdoppelt. Das Verstreichen von 30 Jahren hatte die Situation also noch viel kritischer gemacht.

Gleichwohl wurde das neue Buch nicht mehr als der große Schocker empfunden. Erstens, weil es im Kern nur eine Bestätigung des bereits „angestaubten" Schockers war, und zweitens, weil seit der Regierungszeit Ronald Reagans (1981–1989) im Führungsland der Welt, den USA, der Optimismus zur patriotischen Pflicht geworden war. Und nach dem Ende des Kalten Kriegs, 1990, breitete sich dieser Optimismus weltweit aus und ließ einfach schlechte Nachrichten nicht mehr zu.

In Europa (und zunehmend in Japan und China) ist die Wahrnehmung der ökologischen Wirklichkeit zum Glück nicht ganz eingeschlafen, und dazu hat der Club of Rome und haben die Autoren des berühmten Berichts wesentlich beigetragen. Im Jahr 2012, 40 Jahre nach den *Grenzen des Wachstums*, legte Jørgen Randers sein Buch *2052* vor, eine Szenario-Perspektive für die kommenden 40 Jahre. Er baute auf dem hier vorliegenden Buch auf, und der Club of Rome akzeptierte *2052* ebenfalls als Bericht an den Club of Rome.

Der Club arbeitet weiter auf dieser Baustelle. Neue Berichte machen auch Hoffnung. Gunter Paulis *Blue Economy* und der Bericht *Faktor Fünf* zeigen, dass man mit deutlich weniger Ressourcen viel mehr Wohlstand erzeugen kann. Damit kann theoretisch der Druck auf die Natur drastisch verringert werden ohne dass die Entwicklungsländer auf Wohlstandswachstum verzichten müssen. 1998, zum 50. Geburtstag des Club of Rome, brachte der Club einen neuen großen Bericht heraus, „Wir sind dran" (englisch: „Come On!"), bestehend aus drei Teilen: Einer Aktualisierung und Ausweitung des alten Grenzen-Buchs, eine philosophische Kritik an der Ökonomie und einem Fächer von politisch-praktischen Auswegen aus der Krise. Aber weiterhin gilt: ohne Verständnis für das hier vorliegende Alarmbuch kann die Zustimmung zu solchen neuen Ansätzen nicht mehrheitsfähig werden.

Prof. Dr. Ernst Ulrich von Weizsäcker
Ehrenpräsident des Club of Rome
Emmendingen, Juli 2020

Inhalt

Kapitel 5
Zurück hinter die Grenze:
die Geschichte des Ozonlochs

Kapitel 6
Technik, Märkte und Grenzüberschreitung

Kapitel 7
Übergänge zu einem nachhaltigen System

Widmung

Im Laufe der vergangenen drei Jahrzehnte haben uns viele Menschen und Organisationen geholfen, immer besser zu begreifen, wie die Grenzen materiellen Wachstums die Zukunft unseres Planeten gestalten werden. Wir widmen dieses Buch drei Menschen, die hierzu ganz wesentlich beigetragen haben:

Aurelio Peccei, Begründer des Club of Rome, dessen tiefe Besorgnis um die Erde und dessen unerschütterliches Vertrauen in die Menschheit uns und viele andere dazu inspirierten, uns mit den langfristigen Zukunftsaussichten der Menschheit zu befassen und ihnen unsere Forschungsarbeit zu widmen.

Jay W. Forrester, emeritierter Professor und unser Lehrer an der Sloan School of Management am MIT. Er entwarf den Prototyp des von uns verwendeten Computermodells, und seine profunden Systemkenntnisse haben uns geholfen, das Verhalten von Wirtschafts- und Umweltsystemen besser zu verstehen.

Schließlich bleibt uns noch die traurige Ehre, dieses Buch seiner Hauptautorin, **Donella H. Meadows**, zu widmen – bei all jenen, die sie schätzten und ihre Arbeit bewunderten, nur als Dana bekannt. Sie war in vieler Hinsicht herausragend: als Denkerin, Autorin und Urheberin gesellschaftlicher Neuerungen. Ihr hoher Anspruch bei Informationsvermittlung, ethischen Standards und persönlichem Einsatz ist für uns – wie für Tausende andere – nach wie vor Inspiration und Herausforderung zugleich. Viele der Analysen und Texte in diesem Buch sind ihr Werk, doch fertig gestellt wurde das Buch erst nach Danas Tod im Februar 2001. Es soll ihre lebenslangen Bemühungen, die Menschen der ganzen Erde aufzuklären und allmählich zu einer nachhaltigen Lebensweise zu bewegen, ehren und fördern.

Vorwort der Autoren

Hintergrund

Bei dem vorliegenden Buch handelt es sich um die dritte Ausgabe einer Reihe. Der erste Band – *Die Grenzen des Wachstums* – erschien 1972.[1] Im Jahr 1992 veröffentlichten wir die überarbeitete Ausgabe *Die neuen Grenzen des Wachstums*;[2] hierin erörterten wir anhand der Szenarien aus dem ersten Band die globale Entwicklung während der ersten 20 Jahre. Dieser aktualisierte Lagebericht nach 30 Jahren enthält die wesentlichen Teile unserer ursprünglichen Analyse und fasst einige der relevanten Daten und Erkenntnisse zusammen, die wir im Laufe der vergangenen drei Jahrzehnte erlangt haben.

Das Forschungsprojekt, aus dem *Die Grenzen des Wachstums* hervorging, wurde von 1970 bis 1972 von der Arbeitsgruppe für Systemdynamik der Sloan School of Management am Massachussetts Institute of Technology (MIT) durchgeführt. Unser Projektteam analysierte mithilfe der Theorie zur Systemdynamik und Computermodellen die langfristigen Ursachen und Konsequenzen des Wachstums der Weltbevölkerung und der materiellen Seite der Wirtschaft. Wir sprachen Fragen an wie: *Führt die gegenwärtige Politik zu einer nachhaltigen Zukunft oder zum Zusammenbruch? Wie können wir eine menschliche Wirtschaft schaffen, die ausreichend für alle sorgt?*

Beauftragt worden waren wir mit der Beantwortung dieser Fragen vom Club of Rome, einer internationalen Vereinigung von namhaften Geschäftsleuten, Staatsmännern und Wissenschaftlern. Finanziell unterstützt wurde unsere Arbeit von der deutschen Volkswagenstiftung.

Unter der Leitung von Dennis Meadows, damals am MIT, führte folgendes Projektteam die ursprüngliche, zwei Jahre dauernde Studie durch:

- Dr. Alison A. Anderson (USA)
- Ilyas Bayar (Türkei)
- Farhad Hakimzadeh (Iran)
- Judith A. Machen (USA)
- Dr. Donella H. Meadows (USA)
- Nirmala S. Murthy (Indien)
- Dr. Jørgen Randers (Norwegen)
- Dr. John A. Seeger (USA)
- Dr. Erich K. O. Zahn (Deutschland)
- Dr. Jay M. Anderson (USA)
- Dr. William W. Behrens III (USA)

- Dr. Steffen Harbordt (Deutschland)
- Dr. Peter Milling (Deutschland)
- Dr. Roger F. Naill (USA)
- Stephen Schantzis (USA)
- Marilyn Williams (USA)

Eine wichtige Grundlage für unser Projekt bildete das Computermodell „World3", das wir entwickelten, um die mit dem Wachstum in Zusammenhang stehenden Daten und Theorien zusammenhängend zu verarbeiten.[3] Mit diesem Modell lassen sich in sich schlüssige Szenarien zur globalen Entwicklung erstellen. In der ersten Ausgabe von *Die Grenzen des Wachstums* veröffentlichten und analysierten wir zwölf Szenarien von World3, die jeweils unterschiedliche Verlaufsmöglichkeiten der globalen Entwicklung während der zwei Jahrhunderte von 1900 bis 2100 darstellten. *Die neuen Grenzen des Wachstums* präsentierte 14 Szenarien einer geringfügig aktualisierten Version von World3.

Die Grenzen des Wachstums wurde in mehreren Ländern zum Bestseller und letztlich in rund 30 Sprachen übersetzt. *Die neuen Grenzen des Wachstums* erschien ebenfalls in vielen Sprachen und das Buch wird vielfach an Universitäten als Lehrbuch eingesetzt.

1972: Die Grenzen des Wachstums

In *Die Grenzen des Wachstums (GdW)* legten wir dar, dass sich weltweite ökologische Einschränkungen (in Zusammenhang mit dem Verbrauch von Ressourcen und Emissionen) nachdrücklich auf die globale Entwicklung im 21. Jahrhundert auswirken werden. *GdW* warnte davor, dass die Menschheit sehr viel Kapital und Arbeitskraft dafür aufwenden müsse, diesen Einschränkungen entgegenzuwirken – möglicherweise so viel, dass die durchschnittliche Lebensqualität irgendwann im Laufe des 21. Jahrhunderts zurückgehen werde. Unser Buch spezifizierte nicht genau, welche Ressourcenknappheit oder welche Form von Emissionen zum Ende des Wachstums führen könnten, weil sie mehr Kapital erfordern, als verfügbar ist – ganz einfach deshalb, weil so detaillierte Vorhersagen in dem riesigen, komplexen globalen System aus Bevölkerung, Wirtschaft und Umwelt gar nicht getroffen werden können.

Wir plädierten in *GdW* für tiefgreifende, zukunftsorientierte gesellschaftliche Neuerungen durch technische, kulturelle und institutionelle Veränderungen, um ein Anwachsen des ökologischen Fußabdrucks der Menschheit über die Tragfähigkeit des Planeten Erde hinaus zu verhindern. Obgleich wir deutlich machten, dass diese globale Herausforderung nur äußerst schwer zu bewältigen ist, war der Grundton von *GdW* optimistisch; immer wiesen wir darauf hin, wie die durch eine Annäherung an die ökologischen Grenzen der Erde (oder deren Überschreiten) verursachten Schäden reduziert werden könnten, wenn rechtzeitig entsprechende Maßnahmen getroffen würden.

Die zwölf World3-Szenarien in *GdW* verdeutlichen, wie das Bevölkerungswachstum und steigender Verbrauch natürlicher Ressourcen mit verschiedenen Grenzen in Wechselwirkung stehen. In der Realität treten Grenzen des Wachstums in vielerlei Formen in Erscheinung. Bei unserer Analyse konzentrierten wir uns hauptsächlich auf die physischen Grenzen des Planeten in Form der erschöpfbaren natürlichen Ressourcen und der endlichen Kapazität der Erde, die Emissionen aus Industrie und Landwirtschaft aufzunehmen. In allen realistischen Szenarien, so stellten wir fest, setzen diese Grenzen dem physischen Wachstum in World3 irgendwann im 21. Jahrhundert ein Ende.

Unsere Analyse prognostizierte keine abrupten Grenzen, die von einem auf den anderen Tag plötzlich in Erscheinung treten und völlig bindend sind. In unseren Szenarien zwingen das Wachstum der Bevölkerung und des physischen Kapitals die Menschheit nach und nach, immer mehr Kapital für die Bewältigung der Probleme aufzuwenden, die aus einer Kombination verschiedener Einschränkungen erwachsen. Irgendwann wird so viel Kapital in die Lösung dieser Probleme fließen, dass sich ein weiteres Wachstum der Industrieproduktion unmöglich weiter aufrechterhalten lässt. Bei einer rückläufigen Industrie gelingt es der Gesellschaft auch auf den anderen ökonomischen Sektoren nicht mehr, immer größere Leistungen zu erbringen: bei der Nahrungsmittelproduktion, bei den Dienstleistungen und bei der Produktion von Konsumgütern. Wenn diese Sektoren nicht mehr weiter anwachsen, hört auch das Wachstum der Bevölkerung auf.

Das Ende des Wachstums kann in vielerlei Formen auftreten. Beispielsweise kann es zu einem Zusammenbruch kommen: zu einem unkontrollierten Rückgang der Bevölkerung und des menschlichen Lebensstandards. In den Szenarien von World3 hat ein solcher Zusammenbruch unterschiedliche Ursachen. Das Ende des Wachstums kann sich aber auch in Form einer allmählichen Anpassung des ökologischen Fußabdrucks der menschlichen Gesellschaft an die Umweltkapazität der Erde äußern. Indem wir umfangreiche Veränderungen der gegenwärtigen Politik festlegen, können wir dafür sorgen, dass World3 Szenarien mit einem allmählichen Ende des Wachstums erzeugt, auf das eine lange Periode mit relativ hohem menschlichem Lebensstandard folgt.

Das Ende des Wachstums

In welcher Form es auch immer eintreten sollte, das Ende des Wachstums erschien uns 1972 noch in weiter Ferne zu liegen. Bei allen Szenarien von

World3 hielten das Bevölkerungs- und Wirtschaftswachstum bis weit über das Jahr 2000 hinaus an. Selbst im pessimistischsten Szenario von *GdW* nahm der materielle Lebensstandard bis 2015 weiter zu. Somit ermittelte *GdW* ein Ende des Wachstums in fast 50 Jahren nach Veröffentlichung des Buches. Damit schien ausreichend Zeit zu sein für entsprechende Überlegungen, Entscheidungen und korrigierende Maßnahmen – selbst in globalem Maßstab.

Als wir *GdW* schrieben, hatten wir die Hoffnung, dass solche Überlegungen dazu führen würden, dass die Gesellschaft korrigierend eingreift, um die Möglichkeit für einen solchen Zusammenbruch zu verringern. Ein solcher Zusammenbruch ist keine sehr schöne Zukunftsaussicht. Der rasche Rückgang der Bevölkerung und der Wirtschaft auf ein für die natürlichen Systeme der Erde tragbares Niveau wird zweifellos mit abnehmender Gesundheit, Konflikten, ökologischer Zerstörung und krassen Ungleichheiten einhergehen. Durch eine rasche Zunahme der Sterblichkeit und eine rapide Abnahme des Konsums wird es zu einem unkontrollierten Zusammenbruch des menschlichen Fußabdrucks kommen. Vermeiden ließe sich ein solcher unkontrollierter Rückgang durch angemessene Entscheidungen und entsprechende Maßnahmen; stattdessen könnte eine Grenzüberschreitung auch dadurch verhindert werden, dass sich die Menschheit bewusst bemüht, ihre Anforderungen an den Planeten zurückzuschrauben. In letzterem Fall könnte der ökologische Fußabdruck nach und nach verkleinert werden, wenn es gelänge, das Bevölkerungswachstum einzudämmen und die nachhaltige Nutzung materieller Güter gerechter zu verteilen.

Wir möchten noch einmal wiederholen, dass Wachstum nicht zwangsläufig einen Zusammenbruch nach sich zieht. Zu einem solchen Kollaps kommt es erst, wenn das Wachstum zu einer Grenzüberschreitung geführt hat, wenn die Anforderungen an die Quellen und Senken der Erde ein nachhaltig tragbares Niveau übersteigen. 1972 machte es den Anschein, als hätten die menschliche Bevölkerung und die Wirtschaft die Tragfähigkeit der Erde noch lange nicht erreicht. Wir dachten, es gäbe noch genügend Raum für ein ungefährdetes weiteres Wachstum, um unterdessen langfristige Optionen zu ergründen. Das mag vielleicht 1972 der Fall gewesen sein; 1992 galt dies schon nicht mehr.

1992: Die neuen Grenzen des Wachstums

Im Jahr 1992 brachten wir unsere ursprüngliche Studie nach 20 Jahren auf den neuesten Stand und veröffentlichten die Ergebnisse in *Die neuen Grenzen des Wachstums (DnGdW)*. In *DnGdW* analysierten wir die globale Entwicklung zwischen 1970 und 1990 und aktualisierten mithilfe dieser Informationen *Die Grenzen des Wachstums* und das Computermodell World3. *DnGdW* wiederholte die ursprüngliche Botschaft; 1992 gelangten wir zu dem Schluss, dass die historische Entwicklung in diesen zwei Jahrzehnten weitgehend die Folgerungen untermauerte, die wir 20 Jahre zuvor gezogen hatten. Aber das Buch von 1992 lieferte auch ein wichtiges neues Ergebnis. In *DnGdW* deuteten wir an, dass die Menschheit die Kapazitätsgrenzen der Erde bereits überschritten habe. Diese Tatsache war so bedeutend, dass wir beschlossen, sie solle sich im Titel des Buches niederschlagen (der Originaltitel lautet: *Beyond the Limits*).

Schon zu Beginn der 1990er-Jahre mehrten sich die Hinweise, dass die Menschheit sich immer weiter auf einen Pfad nicht nachhaltiger Entwicklung begibt. So wurde berichtet, die Regenwälder würden unwiederbringlich zerstört; es wurde vermutet, dass die Getreideproduktion nicht mehr mit dem Bevölkerungswachstum Schritt halten könne; nicht wenige glaubten, das Klima würde sich erwärmen; und man war besorgt über das Entstehen des Ozonlochs in der Stratosphäre. Für die meisten Menschen reichte dies zusammengenommen jedoch nicht als Nachweis dafür, dass die Menschheit die ökologische Tragfähigkeit unseres Planeten bereits überstrapaziert hat. Wir waren da anderer Meinung. Unserer Ansicht nach war es zu Beginn der 1990er-Jahre nicht mehr möglich, eine Grenzüberschreitung durch eine vorausschauende Politik zu vermeiden – sie war bereits Realität. Zur wichtigsten Aufgabe war es nunmehr geworden, die Welt zur Nachhaltigkeit zurückzuführen. Dennoch blieb auch in *DnGdW* ein optimistischer Grundton erhalten, und wir zeigten in zahlreichen Szenarien auf, wie sehr sich die durch eine Grenzüberschreitung entstehenden Schäden durch eine verantwortungsbewusste globale Politik, technologische und institutionelle Veränderungen sowie eine Änderung der politischen Ziele und persönlichen Ansprüche verringern ließen.

DnGdW wurde 1992 veröffentlicht, im Jahr des Welt-Umweltgipfels in Rio de Janeiro. Die Zusammenkunft zu diesem Gipfel schien zu beweisen, dass die globale Gesellschaft sich offenbar doch entschlossen hatte, sich ernsthaft mit den wichtigen Umweltproblemen auseinander zu setzen. Heute wissen wir allerdings, dass die Menschheit die Ziele von Rio nicht erreicht hat. Die Rio+10-Konferenz in Johannesburg im Jahr 2002 brachte sogar noch weniger; sie wurde fast gelähmt durch verschiedene ideologische und ökonomische Auseinandersetzungen, durch die Anstrengungen jener, die ihre begrenzten nationalen, wirtschaftlichen oder individuellen Eigeninteressen verfolgten.[4]

1970 bis 2000: Anwachsen des ökologischen Fußabdrucks der menschlichen Gesellschaft

Die vergangenen 30 Jahre brachten viele positive Entwicklungen. Als Reaktion auf die ständig wachsenden menschlichen Auswirkungen auf die Umwelt – den „Fußabdruck" – wurden weltweit neue Technologien entwickelt, Verbraucher änderten ihre Kaufgewohnheiten, neue Institutionen wurden gegründet und multinationale Übereinkünfte getroffen. In manchen Regionen wuchsen die Nahrungsmittel-, Energie- und Industrieproduktion weit schneller als die Bevölkerung. In diesen Regionen haben die meisten Menschen mehr Wohlstand erlangt. Das Bevölkerungswachstum ist infolge des erhöhten Durchschnittseinkommens zurückgegangen. Umweltprobleme sind heute viel stärker ins Bewusstsein gerückt als 1970. In den meisten Ländern gibt es Umweltministerien, und Umwelterziehung ist an der Tagesordnung. In den reichen Ländern wurden Schadstoffemissionen durch Fabrikschlote und die Ableitung verschmutzter Industrieabwässer weitgehend verbannt, und führende Firmen setzen erfolgreich eine immer höhere ökologische Effizienz durch.

Dieser scheinbare Erfolg machte es schwierig, um 1990 Probleme der Grenzüberschreitung anzusprechen. Erschwert wurde die Situation noch dadurch, dass es an grundlegenden Daten und selbst an einem elementaren Vokabular im Zusammenhang mit der (im Englischen als *overshoot* bezeichneten) Überschreitung von Grenzen mangelte. Es dauerte mehr als zwei Jahrzehnte, bevor das konzeptionelle Gerüst – beispielsweise das Wachstum des Bruttoinlandsprodukts (BIP) vom Wachstum des ökologischen Fußabdrucks zu unterscheiden – genügend ausgereift war, um eine intelligente Diskussion über die Problematik der Grenzen des Wachstums zu ermöglichen. Und die globale Gesellschaft versucht immer noch, das Konzept der *Nachhaltigkeit* zu begreifen, ein verschwommener Begriff, der selbst 16 Jahre nachdem er von der Brundtland-Kommission geprägt worden ist[5] noch missverstanden wird.

Die letzten zehn Jahre brachten viele Daten, die unsere Prognosen in *DnGdW*, dass die Welt sich in einem Zustand der Grenzüberschreitung befindet, untermauerten. Heute zeigt sich, dass die weltweite Pro-Kopf-Getreideproduktion ihren Höhepunkt Mitte der 1980er-Jahre hatte. Die Aussichten für eine wesentliche Zunahme der Fangmenge von Meeresfischen stehen schlecht. Naturkatastrophen ziehen immer höhere Kosten nach sich, und die Bemühungen, die Süßwasservorräte und fossilen Brennstoffe unter der konkurrierenden Nachfrage aufzuteilen, werden immer intensiver und konfliktbeladener. Die Vereinigten Staaten und andere große Nationen setzen weiterhin immer größere Mengen Treibhausgase frei, obgleich in Wissenschaftlerkreisen Übereinstimmung darüber herrscht und auch die meteorologischen Daten belegen, dass der Mensch durch seine Aktivitäten das globale Klima verändert. An vielen Orten und in vielen Regionen leidet die Wirtschaft schon unter einem anhaltenden Rückgang. In 54 Nationen – mit 12% der Weltbevölkerung – ist das Pro-Kopf-Bruttoinlandsprodukt im Zeitraum von 1990 bis 2001 schon über ein Jahrzehnt lang rückläufig.[6]

Das vergangene Jahrzehnt brachte auch ein neues Vokabular und neue quantitative Maße für die Diskussion der Grenzüberschreitung. So bestimmten Mathis Wackernagel und seine Kollegen den *ökologischen Fußabdruck* der Menschheit und verglichen ihn mit der „ökologischen Tragfähigkeit" unseres Planeten.[7] Sie definierten den ökologischen Fußabdruck als diejenige Fläche, die erforderlich wäre, um die von der globalen Gesellschaft benötigten Ressourcen (Getreide und andere Nahrungsmittel, Holz, Fisch und Siedlungsraum) zu liefern und ihre Emissionen (Kohlendioxid) aufzunehmen. Bei einem Vergleich mit der verfügbaren Fläche gelangte Wackernagel zu dem Schluss, dass der menschliche Ressourcenverbrauch derzeit ungefähr 20% über der ökologischen Tragfähigkeit der Erde liegt (Abbildung V-1). Nach diesen Berechnungen befand sich die Menschheit zum letzten Mal in den 1980er-

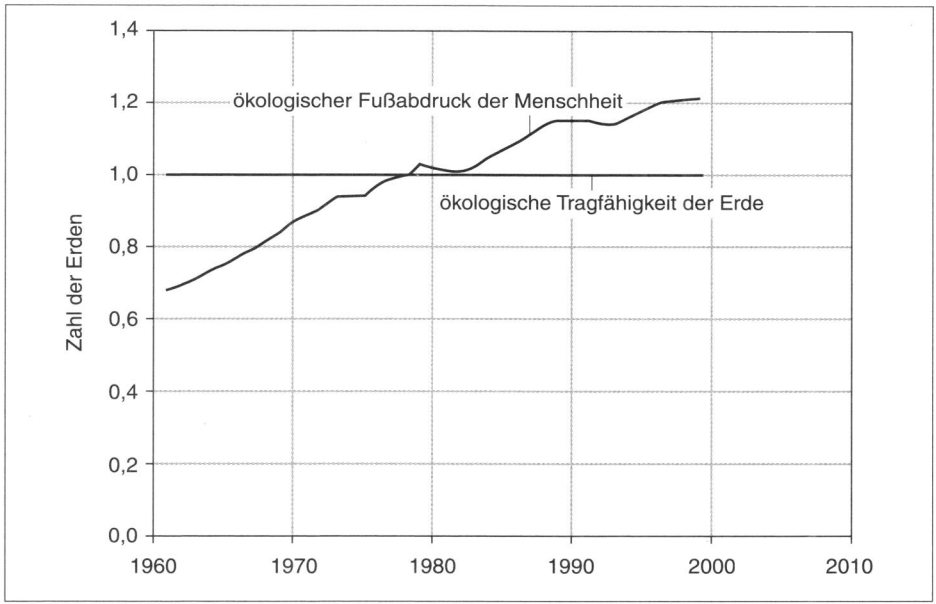

Abbildung V-1 Der ökologische Fußabdruck der Menschheit im Vergleich zur ökologischen Tragfähigkeit der Erde
Diese Grafik zeigt für jedes Jahr seit 1960, wie viele Erden erforderlich wären, um die von der Menschheit benötigten Ressourcen zu liefern und die von ihr abgegebenen Umweltbelastungen aufzunehmen. Dieser Bedarf wird dem vorhandenen Angebot gegenübergestellt: unserem Planeten Erde. Ab den 1980er-Jahren übersteigt der Bedarf der Menschheit das Angebot der Natur, bis zu einer Grenzüberschreitung von etwa 20 % im Jahr 1999. (Quelle: M. Wackernagel et al.)

Jahren auf einem nachhaltigen Niveau. Dieses hat sie nun um rund 20 %
überschritten.

Leider nimmt der ökologische Fußabdruck der menschlichen Gesellschaft
trotz technologischer und institutioneller Fortschritte weiter zu. Das ist umso
bedenklicher, weil die Menschheit sich *bereits jetzt* in einem nicht nachhaltigen
Bereich befindet. Aber die Allgemeinheit ist sich dieser misslichen Lage nur in
hoffnungslos begrenztem Maße bewusst. Es wird noch sehr lange dauern, bis
die Veränderungen der persönlichen Werteinstellungen und der Politik, die zu
einer Umkehr der gegenwärtigen Trends führen und den ökologischen Fußabdruck wieder auf eine Größe unterhalb der langfristigen Tragfähigkeit des
Planeten bringen könnten, politische Unterstützung finden.

Was wird passieren?

Die globale Herausforderung ist ganz einfach zu formulieren: Um Nachhaltigkeit zu erreichen, muss die Menschheit zwar den Verbrauch der Armen der
Welt erhöhen, aber gleichzeitig den ökologischen Fußabdruck der Menschheit
insgesamt verkleinern. Dazu sind technologische Fortschritte, persönliche Veränderungen und ein längerfristig vorausschauendes Denken erforderlich.
Ebenfalls nötig sind eine größere gegenseitige Achtung sowie eine verstärkte
Fürsorge und die Bereitschaft, über politische Grenzen hinweg zu teilen. Bis es
so weit ist, werden selbst unter den besten Bedingungen Jahrzehnte vergehen.
Keine moderne politische Partei hat breite Unterstützung für ein solches Programm erlangt und ganz gewiss nicht unter den Reichen und Mächtigen, die
Raum für Wachstum bei den Armen schaffen könnten, indem sie ihre eigenen
Fußabdrücke verkleinern. Inzwischen wird der globale Fußabdruck von Tag
zu Tag größer.

Folglich sind wir heute weitaus pessimistischer bezüglich der Zukunft der
Erde, als wir es noch 1972 waren. Es ist wirklich traurig, dass die Menschheit
die vergangenen 30 Jahre weitgehend verschwendet hat mit nutzlosen Debatten
und gut gemeinten, aber halbherzigen Reaktionen auf die weltweiten ökologischen Herausforderungen. Wir können nicht noch weitere 30 Jahre zaudern.
Es wird sich vieles verändern müssen, wenn auf die voranschreitende Grenzüberschreitung im 21. Jahrhundert nicht der Zusammenbruch folgen soll.

Wir versprachen Dana Meadows vor ihrem Tod Anfang 2001, wir würden
den „Lagebericht nach 30 Jahren" des von ihr so sehr geliebten Buches fertig
stellen. Aber hierbei wurden wir uns erneut der so unterschiedlichen Hoffnungen und Erwartungen der drei Autoren bewusst.

Dana war der immerwährende Optimist. Sie war geprägt von einem
besorgten, mitfühlenden Glauben an die Menschheit. Ihr gesamtes Lebens-

werk gründete sie auf die Annahme, man müsse den Menschen nur genügend richtige Informationen zur Hand geben, dann würden sie letzten Endes weise, weitsichtige und humane Lösungen finden – in diesem Fall eine globale Politik, die eine Grenzüberschreitung verhindert (oder, sofern das nicht gelingt, die Welt wieder von dieser Grenze wegholt). Dana arbeitete ihr ganzes Leben lang für dieses Ideal.

Jørgen ist der Zyniker. Seiner Ansicht nach wird die Menschheit bis zum bitteren Ende kurzfristige Ziele wie steigenden Konsum, Beschäftigung und finanzielle Sicherheit verfolgen und dabei die immer deutlicher und stärker werdenden Signale ignorieren, bis es zu spät ist. Der Gedanke macht ihn traurig, dass die Gesellschaft freiwillig auf die wunderbare Welt, die sie hätte schaffen können, verzichten könnte.

Dennis sitzt zwischen diesen beiden Stühlen. Er glaubt, dass letztlich Maßnahmen getroffen werden, um die schlimmsten Formen eines globalen Zusammenbruchs zu vermeiden. Er erwartet, dass die Welt sich letzten Endes für eine relativ nachhaltige Zukunft entscheiden wird, aber erst, wenn schlimme globale Krisen ein spätes Handeln erzwingen. Und die mit langer Verzögerung erzielten Ergebnisse werden sehr viel weniger attraktiv sein als jene, die durch früheres Handeln hätten erreicht werden können. Viele der wunderbaren ökologischen Schätze unseres Planeten werden dadurch zerstört; viele attraktive politische und wirtschaftliche Optionen werden verloren gehen; und es wird zu ausgeprägten, dauerhaften Ungleichheiten kommen, zu einer zunehmenden Militarisierung der Gesellschaft und verbreiteten Konflikten.

Diese drei Auffassungen lassen sich unmöglich zu einer gemeinsamen Ansicht über die wahrscheinlichste Zukunft unseres Planeten vereinigen. Wir sind uns jedoch einig, welchen Ausgang wir erhoffen. Die Veränderungen, die wir gerne sehen würden, sind in einer leicht aktualisierten Version von Danas hoffnungsvollem Schlusskapitel von *Die neuen Grenzen des Wachstums* beschrieben, das nun den Titel „Rüstzeug für den Übergang zur Nachhaltigkeit" trägt. Es hat folgende Botschaft: Wenn wir unsere pädagogischen Bemühungen fortsetzen, dann werden die Menschen der Welt zukünftig zunehmend den richtigen Weg in die Zukunft wählen, aus Liebe und Achtung für ihre menschlichen und nicht-menschlichen Mitbewohner auf der Erde in der Gegenwart und der Zukunft. Wir hoffen inständig, dass sie dies rechtzeitig tun werden.

Waren die Aussagen in
„Die Grenzen des Wachstums" richtig?

Oft werden wir gefragt: „Waren die Vorhersagen in *Die Grenzen des Wachstums* richtig?" Man beachte, dass dies die Sprache der Medien ist, nicht unsere! Wir betrachten unsere Forschung als den Versuch, unterschiedliche zukünftige Entwicklungsmöglichkeiten aufzuzeigen. Wir versuchen nicht, die Zukunft vorherzusagen. Wir skizzieren alternative Szenarien für die Menschheit auf dem Weg ins Jahr 2100. Dennoch ist es durchaus sinnvoll, über das in den vergangenen 30 Jahren Gelernte nachzudenken. Was ist also geschehen, seit *GdW* im März 1972 als dünnes Taschenbuch bei einem unbekannten Verlag in Washington, DC, erschienen ist?

Zunächst einmal erhoben die meisten Ökonomen sowie zahlreiche Industrielle, Politiker und Anwälte der Dritten Welt ihre Stimme, empört über die Vorstellung von Wachstumsgrenzen. Aber die Ereignisse zeigten letztlich, dass das Konzept der globalen ökologischen Einschränkungen nicht absurd ist. Dem materiellen Wachstum sind tatsächlich Grenzen gesetzt, und diese haben einen enormen Einfluss auf den Erfolg der Politik, mit der wir unsere Ziele zu erreichen versuchen. Und die Geschichte legt nahe, dass die Gesellschaft nur über begrenzte Fähigkeiten verfügt, auf diese Grenzen mit weisen, weitsichtigen und uneigennützigen Maßnahmen zu reagieren, die wichtigen Akteuren kurzfristig Nachteile bringen.

Beschränkungen der Ressourcen und Emissionen haben seit 1972 zahlreiche Krisen mit sich gebracht, für Aufregung in den Medien gesorgt, die öffentliche Aufmerksamkeit erregt und Politiker wachgerüttelt. Der Rückgang der Erdölproduktion wichtiger Nationen, das Dünnerwerden der Ozonschicht in der Stratosphäre, die ansteigenden globalen Temperaturen, das weit verbreitete, dauerhafte Hungerproblem, die eskalierende Debatte über die Lagerung von Giftmüll, sinkende Grundwasserspiegel, verschwindende Arten und schrumpfende Wälder sind nur einige der Probleme, die zu groß angelegten Studien, internationalen Konferenzen und globalen Vereinbarungen geführt haben. Sie alle verdeutlichen und untermauern unsere grundlegende Folgerung: dass Beschränkungen des materiellen Wachstums in der Arena der Weltpolitik im 21. Jahrhundert ein bedeutender Aspekt sind.

Für diejenigen, die es lieber in Zahlen ausgedrückt haben, können wir berichten, dass die hoch aggregierten Szenarien von World3 auch nach 30 Jahren noch überraschend genau sind. Auf der Welt lebten im Jahr 2000 genau so viele Menschen (rund sechs Milliarden – gegenüber 3,9 Milliarden 1972), wie wir im Standardlauf von World3 1972 prognostiziert hatten.[8] Darüber hinaus zeigte dieses Szenario ein Anwachsen der weltweiten Nahrungsmittelproduktion (von jährlich 1,8 Milliarden Tonnen Getreide-Äquivalenten 1972 auf drei Milliarden im Jahr 2000), das der tatsächlichen Entwicklung recht gut entspricht.[9] Ist diese Übereinstimmung der Beweis dafür, dass unser Modell richtig war? Nein, natürlich nicht. Sie zeigt aber, dass World3 nicht völlig absurd war; die Annahmen dieses Modells und unsere Schlussfolgerungen verdienen heute noch Beachtung.

Wir sollten stets daran denken, dass man nicht World3 auf seinem Computer installieren muss, um die grundlegenden Schlüsse dieses Modells zu verstehen. Unsere entscheidenden Aussagen über die Wahrscheinlichkeit eines Zusammenbruchs ergaben sich nicht durch blindes Vertrauen in die durch World3 erzeugten Kurven. Sie resultieren ganz einfach aus einem Verständnis der dynamischen Verhaltensmuster, die durch drei offensichtliche, beständige und verbreitete Eigenschaften des globalen Systems erzeugt werden: erodierbare Grenzen, stures Festhalten an Wachstumsvorstellungen und verzögerte Reaktionen der Gesellschaft auf die Annäherung an die Grenzen. Jedes von diesen Eigenschaften dominierte System ist anfällig für Grenzüberschreitung und Zusammenbruch. Die zentrale Annahme von World3 bilden Mechanismen aus Ursache und Wirkung, die Grenzen, Wachstum und Verzögerungen nach sich ziehen. Angesichts der Tatsache, dass diese Mechanismen in der realen Welt unzweifelhaft existieren, sollte es nicht überraschen, dass die Entwicklung auf der Erde mit den wichtigsten Merkmalen der Szenarien in *GdW* übereinstimmt.

Warum ein weiteres Buch?

Warum geben wir uns dann überhaupt damit ab, diese aktualisierte Version von *DnGdW* zu veröffentlichen, wenn sie im Grunde immer noch zu den gleichen Schlussfolgerungen führt wie die beiden vorherigen Bücher? Das Wichtigste ist für uns, unsere Argumente von 1972 auf eine Weise zu formulieren, dass sie leichter verständlich sind und besser durch all die Daten und Beispiele gestützt werden, die sich in den vergangenen Jahrzehnten ergeben haben. Zusätzlich möchten wir den vielen Dozenten, die unsere früheren Bücher verwendet haben, aktualisiertes Material für ihre Studenten zur Verfügung stellen. *DnGdW* bietet nach wie vor nützliche Ausblicke in die Zukunft, aber schließlich sollten Dozenten im 21. Jahrhundert für ihren Unterricht keine Tabellen verwenden müssen, deren Daten 1990 enden. Und wir haben noch weitere Gründe, dieses Buch zu schreiben. Einmal mehr möchten wir

- betonen, dass die Menschheit bereits Grenzen überschritten hat und dass sich die daraus resultierenden Schäden und Leiden durch eine vorausschauende Politik weitgehend reduzieren ließen,

- Daten und Analysen liefern, die der in der Politik häufig geäußerten Ansicht widersprechen, dass sich die Menschheit auf dem rechten Weg ins 21. Jahrhundert befände,
- die Erdenbürger dazu anregen, über die langfristigen Folgen ihres Handelns und ihrer Entscheidungen nachzudenken – und Maßnahmen politisch zu unterstützen, welche die Schäden durch die Grenzüberschreitung verringern können,
- eine neue Generation von Lesern, Schülern, Studenten und Wissenschaftlern auf das Computermodell World3 aufmerksam machen,
- aufzeigen, welche Fortschritte seit 1972 erzielt wurden, was unsere Erkenntnisse über die langfristigen Ursachen und Folgen des Wachstums betrifft.

Szenarien und Prognosen

Wir schreiben dieses Buch *nicht* als Vorhersage, was tatsächlich im 21. Jahrhundert passieren wird. Wir prognostizieren *keine* bestimmte Entwicklung für die Zukunft. Wir präsentieren ganz einfach einige alternative Szenarien: genauer gesagt, zehn unterschiedliche Bilder, wie die Entwicklung im 21. Jahrhundert ablaufen könnte. Wir möchten Sie damit zum Lernen, zum Nachdenken und zu persönlichen Entscheidungen anregen.

Wir glauben nicht, dass die verfügbaren Daten und Theorien jemals exakte Vorhersagen erlauben werden, was im Laufe des kommenden Jahrhunderts auf der Welt geschehen wird. Aber wir sind der Ansicht, dass wir aufgrund unserer gegenwärtigen Erkenntnisse eine Reihe von Zukunftsvisionen als unrealistisch ausschließen können. Durch die verfügbaren Fakten werden bereits viele implizite Erwartungen der Menschen hinsichtlich eines nachhaltigen Wachstums in der Zukunft entkräftet – sie sind nichts als Wunschdenken: reizvoll, aber falsch; zweckmäßig, aber unwirksam. Unsere Analyse wird dann von Nutzen sein, wenn sie die Bürger der globalen Gesellschaft zwingt, die globalen physischen Grenzen, die eine wichtige Rolle in ihrem zukünftigen Leben spielen, neu zu überdenken, genauer kennen und achten zu lernen.

Bücher und der Übergang zur Nachhaltigkeit

Ein Buch mag im Ringen um eine nachhaltige Entwicklung als ein sehr schwaches Mittel erscheinen. Aber aufgrund der Geschichte unserer Arbeit sind wir anderer Ansicht. Die beiden Vorgänger, *GdW* und *DnGdW*, wurden jeweils in Millionenhöhe verkauft. Das erste Buch löste eine umfassende Debatte aus, die nach dem zweiten Buch wieder auflebte. Es ist uns gelungen, in der Anfangszeit der Umweltbewegung das Bewusstsein und die Besorgnis im Hinblick auf Umweltprobleme zu erhöhen. Viele Studenten, die *GdW* lasen, steckten sich anschließend neue Karriereziele und konzentrierten sich in ihrem Studium auf Fragen im Zusammenhang mit der Umwelt und einer nachhaltigen Entwicklung. Das alles war gut und nützlich.

In vieler Hinsicht blieb unser Werk aber auch hinter den Erwartungen zurück. *GdW* und *DnGdW* hatten vor allem zum Ziel gehabt, auf das Phänomen der globalen Überschreitung ökologischer Grenzen aufmerksam zu machen und die Gesellschaft dazu anzuregen, das Streben nach Wachstum als Allheilmittel für die meisten Probleme in Frage zu stellen. Wir haben den Begriff „Grenzen des Wachstums" in den allgemeinen Sprachgebrauch eingeführt. Allerdings wird dieser Begriff häufig missverstanden und heute zumeist auf sehr vereinfachende Weise verwendet. Nach Ansicht der meisten Kritiker resultiert unsere Besorgnis über die Grenzen aus dem Glauben, dass die fossilen Brennstoffe und einige andere Ressourcen bald aufgebraucht sein werden. In Wirklichkeit sind unsere Befürchtungen aber viel subtiler: Wir fürchten, dass die gegenwärtige Politik zu einer globalen Grenzüberschreitung und zum Zusammenbruch führen wird, weil wir uns nur unzureichend bemühen, die ökologischen Grenzen vorherzusehen und in den Griff zu bekommen. Unserer Meinung nach überschreiten die Wirtschaftsaktivitäten bereits heute wichtige Grenzen, und diese Grenzüberschreitung wird sich im Laufe der kommenden Jahrzehnte noch deutlich verstärken. Es ist uns in unseren früheren Büchern nicht gelungen, diese Besorgnis wirklich deutlich zu vermitteln. Überhaupt nicht gelungen ist es uns, dass das Konzept der „Grenzüberschreitung" (*overshoot*) als berechtigte Sorge Eingang in öffentliche Debatten gefunden hat.

Es lohnt sich, unsere Ergebnisse mit denen jener (vor allem aus Wirtschaftswissenschaftlern bestehenden) Gruppen zu vergleichen, die in den vergangenen 30 Jahren das Konzept des freien Handels vorangetrieben haben. Im Gegensatz zu uns haben sie es verstanden, ihr Konzept zu einem gängigen Begriff zu machen. Anders als wir haben sie zahlreiche Politiker davon überzeugt, sich für einen freien Handel einzusetzen. Aber auch sie sind mit einem verbreiteten und recht grundlegenden Mangel an Überzeugung und Vertrauen konfrontiert, zu dem es immer dann kommt, wenn eine Politik des freien Handels unmittelbare personelle oder lokale Kosten wie den Verlust von Arbeitsplätzen mit sich bringt. Außerdem gibt es viele Missverständnisse hinsichtlich der Gesamtheit von Kosten und Nutzen, die entstehen, wenn freier Handel als Ziel verfolgt wird. Die Überschreitung ökologischer Grenzen scheint uns im 21. Jahrhundert ein sehr viel wichtigeres Konzept zu sein als freier Handel. Es liegt aber im Buhlen um öffentliche Aufmerksamkeit und Beachtung weit hinter diesem zurück. Dieses Buch stellt einen neuen Versuch dar, diese Lücke zu schließen.

Grenzüberschreitung und Zusammenbruch in der Praxis

Zu einer Grenzüberschreitung beim gesellschaftlichen Lebensstandard – mit darauf folgendem Rückgang – kommt es, wenn die Gesellschaft sich nicht ausreichend auf die Zukunft vorbereitet. Ein Verlust an Lebensstandard tritt beispielsweise ein, sofern nicht rechtzeitig für Ersatz gesorgt wird, wenn Ressourcen wie Erdölreserven, Fischbestände und teure Tropenhölzer zur Neige gehen. Verschlimmert wird dieses Problem noch, wenn die Ressourcen erodierbar sind und durch die Grenzüberschreitung zerstört werden. Dann kann daraus ein gesellschaftlicher Zusammenbruch resultieren.

Um die Jahrtausendwende ereignete sich tatsächlich ein eindrucksvolles Beispiel für eine globale Grenzüberschreitung mit nachfolgendem Zusammenbruch: die so genannte „Dot-com-Blase" am globalen Aktienmarkt. Diese Blase verdeutlicht die Dynamik exponentiellen Wachstums oder Zerfalls in diesem Buch, obgleich sie sich auf die Finanzwelt und nicht auf die Welt der materiellen Ressourcen bezieht. Die erodierbare Ressource war in diesem Fall das Vertrauen der Investoren.

Hier nur kurz, was passierte: Die Aktienkurse verzeichneten von 1992 bis März 2000 einen spektakulären Höhenflug bis zu einem – im Nachhinein gesehen – absolut nicht haltbaren Höchstwert. Von diesem Höchstwert fielen die Kurse ganze drei Jahre lang, bevor sie im März 2003 einen Tiefpunkt erreichten. Danach erholten sie sich allmählich wieder (zumindest bis Januar 2004, als dies geschrieben wurde).

Genau wie es zu erwarten ist, wenn die Menschheit bei einer Ressource oder bei Emissionen die Grenze überschreitet, war der lang anhaltende Anstieg der Aktienkurse kaum von irgendwelchen Härten begleitet. Im Gegenteil, es herrschte jedes Mal weithin Enthusiasmus, wenn der Aktienindex neue Höhen erreichte. Am bemerkenswertesten war jedoch, dass dieser Enthusiasmus selbst dann noch anhielt, als die Aktienkurse bereits einen nicht haltbaren Bereich erreicht hatten – was rückblickend offenbar bereits 1998 der Fall war. Erst lange nach Erreichen des Höchstwertes und einige Jahre nach dem Zusammenbruch begannen die Investoren langsam zu akzeptieren, dass es sich um eine „Blase" handelte – ihr Ausdruck für eine Grenzüberschreitung. Als der Zusammenbruch erst einmal begonnen hatte, ließ er sich nicht mehr aufhalten. Nach weiteren drei Jahren hegten viele

Zweifel, dass er je wieder enden würde. Das Vertrauen der Investoren war vollständig geschwunden.

Wir sind leider überzeugt, dass die Welt eine mit der Dot-com-Blase vergleichbare Grenzüberschreitung mit anschließendem Zusammenbruch bei der Nutzung der globalen Ressourcen und bei den Umweltbelastungen erleben wird – wenn auch über einen viel längeren Zeitraum hinweg. Die Wachstumsphase wird bejubelt und gefeiert werden – selbst dann noch, wenn sie schon längst einen nicht mehr haltbaren Bereich erreicht hat (dies wissen wir, weil es bereits passiert ist). Zur großen Überraschung aller wird es sehr schnell zum Zusammenbruch kommen. Und wenn dieser dann einige Jahre angehalten hat, wird immer deutlicher werden, dass die Situation vor dem Kollaps alles andere als nachhaltig war. Nach noch mehr Jahren des Rückgangs wird kaum noch jemand daran glauben, dass er je wieder enden wird. Nur wenige werden glauben, dass irgendwann einmal wieder genügend Energie und Fisch zur Verfügung stehen werden. Hoffentlich erweist sich dies als falsch.

Pläne für die Zukunft

Einst lagen die Grenzen des Wachstums in weiter Zukunft. Jetzt sind sie weitgehend Wirklichkeit geworden. Die Vorstellung des Zusammenbruchs war einst undenkbar. Nun ist sie allmählich zum öffentlichen Gesprächsstoff geworden – wenn auch nach wie vor als weit entferntes, hypothetisches und akademisches Konzept. Unserer Ansicht nach wird es ein weiteres Jahrzehnt dauern, bis die Folgen der Grenzüberschreitung deutlich zu erkennen sind, und weitere zwei Jahrzehnte, bevor dies allgemein als Tatsache akzeptiert wird. Die Szenarien im vorliegenden Band zeigen, dass das erste Jahrzehnt des 21. Jahrhunderts nach wie vor eine Periode des Wachstums sein wird – wie die Szenarien in *GdW* vor 30 Jahren. Daher weichen unsere Erwartungen für den Zeitraum von 1970 bis 2010 noch nicht allzu sehr von denen unserer Kritiker ab. Wir müssen alle ein weiteres Jahrzehnt abwarten, bis schlüssige Beweise darüber vorliegen, wer die besseren Erkenntnisse hat.

Wir werden dann Beweise dafür anführen können, dass wir Recht hatten – oder Daten akzeptieren müssen, die darauf hindeuten, dass Technologien und der Markt die globalen Grenzen tatsächlich weit über die Anforderungen der menschlichen Gesellschaft hinaus nach oben verschoben haben. Ein Rückgang von Bevölkerung und Wirtschaft steht uns bevor, oder die Welt wird sich auf viele weitere Jahrzehnte des Wachstums einstellen. Bis wir diesen Bericht erstellen können, müssen Sie sich Ihre eigene Meinung darüber bilden, wodurch der ökologische Fußabdruck der Menschheit wächst und welche

Folgen das mit sich bringt. Wir hoffen, dass Ihnen die hier zusammengestellten Informationen hierbei als nützliche Grundlage dienen.

Januar 2004
Dennis L. Meadows, Durham, N. H., USA
Jørgen Randers, Oslo, Norwegen

Anmerkungen

1. Donella H. Meadows, Dennis L. Meadows, Jørgen Randers und William W. Behrens III, *The Limits to Growth* (New York: Universe Books, 1972) (Deutsche Ausgabe: *Die Grenzen des Wachstums*. Stuttgart: DVA, 1972).
   Weiterhin gibt es zwei fachwissenschaftliche Bücher: Dennis L. Meadows et al., *The Dynamics of Growth in a Finite World* (Cambridge, MA: Wright-Allen Press, 1974) und Dennis L. Meadows und Donella H. Meadows, *Toward Global Equilibrium* (Cambridge, MA: Wright-Allen Press, 1973). Das erste ist eine vollständige Dokumentation des Computermodells World3; das zweite enthält 13 Kapitel mit zusätzlichen Analysen und Teilmodellen, die als Input für das Weltmodell dienen. Beide Bücher werden mittlerweile über Pegasus Communications, One Moody Street, Waltham, MA 02453–5339, USA (www.pegasuscom.com) vertrieben.

2. Donella H. Meadows, Dennis L. Meadows und Jørgen Randers, *Beyond the Limits* (Post Mills, VT: Chelsea Green Publishing Company, 1992) (Deutsche Ausgabe: *Die neuen Grenzen des Wachstums*. Stuttgart: DVA, 1992).

3. Es gab auch ein Modell World1 und World2. World1 war der erste Prototyp des Modells. Es wurde entworfen von Jay Forrester, Professor am MIT, im Zusammenhang mit der Untersuchung des Club of Rome zu den Zusammenhängen zwischen globalen Trends und globalen Problemen („global problematique"). World2 ist Forresters endgültig dokumentiertes Modell, beschrieben in Jay W. Forrester, *World Dynamics* (Cambridge, MA: Wright-Allen Press, 1971). Dieses Buch wird mittlerweile über Pegasus Communications vertrieben. World2 diente als Grundlage für die Entwicklung des Modells World3; in erster Linie wurde die Struktur differenzierter ausgearbeitet und die quantitative Datenbasis erweitert. Forrester ist der geistige Vater des Modells World3 und der von ihm angewandten Methoden zur Modellierung dynamischer Systeme (Systemdynamik).
   Vollständige Dokumentationen und die lauffähigen Simulationsmodelle (World2 und World3–91) in deutscher Fassung finden sich in Hartmut Bossel, *Systemzoo 3 – Wirtschaft, Gesellschaft und Entwicklung*, Norderstedt: Books on Demand, 2004, 187–205 und 221–254. Die deutschen Fassungen sind auch als lauffähige Simulationsmodelle enthalten auf der CD *Systemzoo* (Rosenheim: co.Tec-Verlag, 2005). In den drei Bänden Hartmut Bossel, *Systemzoo 1*, *Systemzoo 2* und *Systemzoo 3* sowie auf der CD *Systemzoo* finden sich weitere Simulationsmodelle, die die Dynamik von Teilbereichen der Weltmodelle behandeln (Bevölkerungsentwicklung, Ressourcennutzung, Umweltbelastung, Wirtschaftsentwicklung usw.). Der wissenschaftliche Ansatz und die Simulationsverfahren der Systemdynamik werden ausführlich behandelt in Hartmut Bossel, *Systeme, Dynamik, Simulation: Modellbildung, Analyse und Simulation komplexer Systeme*. Norderstedt, Books on Demand, 2005.

4. Siehe *Report of the World Summit on Sustainable Development*, United Nations, A/CONF.199/20, New York, 2002 (auch einsehbar unter www.un.org). Hierin sind die Ziele aufgeführt, denen beim Weltgipfel für den Handlungsplan zugestimmt wurde: beispielsweise die Zahl der Menschen, die keine sauberes Trinkwasser und keine sanitären Anlagen zur Verfügung stehen, bis zum Jahr 2015

zu halbieren; die globalen Biodiversitätsverluste bis 2010 zu reduzieren sowie die Rückführung der Fangmengen globaler Meeresfischbestände auf den maximal nachhaltigen Ertrag bis 2015. Trotz der großen Besorgnis, die sich in diesen Verpflichtungen widerspiegelt, erzielte der Weltgipfel aus der Sicht von Beobachtern einiger nichtstaatlicher Organisationen keine großen Fortschritte; in einigen Fällen sogar Rückschritte im Vergleich zu den Verpflichtungen, die man in Rio zehn Jahre zuvor eingegangen war.

5. World Commission on Environment and Development, *Our Common Future* (Oxford: Oxford University Press, 1987). Die Weltkommission für Umwelt und Entwicklung ist meist als Brundt-land-Kommission bekannt – nach ihrer Vorsitzenden Gro Harlem Brundtland, der früheren Ministerpräsidentin von Norwegen. Im ersten Band *(Die Grenzen des Wachstums)* sprachen wir von „Gleichgewicht" anstelle von „Nachhaltigkeit".

6. World Bank, *World Bank Atlas 2003*, Washington, DC, 2003, 64–65.

7. Mathis Wackernagel et al., „Tracking the Ecological Overshoot of the Human Economy", *Proceedings of the Academy of Science* 99 (14):9266–9271, Washington, DC, 2002. Auch einsehbar unter www.pnas.org/cgi/doi/10.1073/pnas.142033699

8. Für die Zahlen aus *Die Grenzen des Wachstums* siehe Meadows et al., *The Dynamics of Growth in a Finite World*, 501 und 57; sie entsprechen den aktuellen Zahlen in Lester Brown et al., *Vital Signs 2000* (New York: W. W. Norton, 2000), 99.

9. Für die Zahlen aus *Die Grenzen des Wachstums* siehe Meadows et al., *The Dynamics of Growth in a Finite World*, 501 und 264; sie zeigen einen Anstieg von 67% zwischen 1972 bis 2000. Dieser entspricht recht gut der 63-prozentigen Zunahme der globalen Getreideproduktion in Brown et al., *Vital Signs 2000*, 35.

Vorwort des Autors
zur sechsten deutschen Auflage von
Die Grenzen des Wachstums

In den letzten beiden Jahrzehnten haben folgenschwere Veränderungen statt-gefunden, und doch ist seit 2004 nichts geschehen, was eine Anpassung des Vorworts erfordern würde, das Jørgen Randers und ich damals für dieses Buch geschrieben haben.

2004 schauten wir nach vorn, auf den Beginn des Jahres 2020. Heute blicken wir darauf zurück. Die Zukunft ist zur Vergangenheit geworden. Die Veröffentlichung der dritten Auflage unseres Buches, *Die Grenzen des Wachstums*, hat Lesern einen nützlichen konzeptionellen Rahmen zum Verständnis des Weges geboten, auf welchem sich die globale Gesellschaft gerade befindet.

In der ersten Auflage aus dem Jahr 1972 stellten wir fest: „Wenn die gegenwärtigen Wachstumstendenzen ungebremst anhalten, dann werden wir die Grenzen des Wachstums auf diesem Planeten irgendwann innerhalb der nächsten 100 Jahre erreichen. Die wahrscheinlichste Folge daraus wird ein verhältnismäßig plötzlicher und unkontrollierbarer Bevölkerungsrückgang und die Verringerung der Produktionskapazität sein."

In unserem Buch erklärten wir damals unmissverständlich, dass es unmög-lich ist, präzise Langzeitprognosen anzustellen. Das stimmt so noch immer. Allerdings haben unabhängige Studien zum Vergleich weltweiter gesamtwirt-schaftlicher Vergangenheitswerte mit unseren Computersimulationen von 1972 gezeigt, dass das *World Model Standard Run*, Figur 35 in unserem Buch von 1972 und Szenario 1 in dieser Ausgabe, eine bemerkenswert gute Repräsenta-tion der tatsächlichen Entwicklung der globalen Gesellschaft ist. Meiner Mei-nung nach nähert sich unsere Gesellschaft dem Abschwung wie in Szenario 1 beschrieben.

Selbstverständlich teilen die meisten Menschen diese Meinung nicht. Nach-weise für ein Ende des Wachstums gestalten sich unterschiedlich in den ver-schiedenen Regionen unseres Planeten. Die Sicht auf das Ende des Wachstums wird vernebelt von verzögerter Wahrnehmung, explodierender Verschuldung, steigender Inflation und dem massiven Drucken von Geld. Aber diese Faktoren schieben eine Auseinandersetzung mit den Grenzen physischen Wachstums lediglich auf, verhindern können sie es nicht. Regierungen können unendlich viel Geld drucken, aber sie können nicht unendlich viel Essen, Energie oder fruchtbare landwirtschaftliche Böden mit Druckmaschinen drucken.

Wenn das Wachstum endet – das ist keine neue Erkenntnis – dann werden eine Reihe neuer politischer und kultureller Faktoren zutage treten, die das kurzfristige Verhalten des Systems beeinflussen. Diese Faktoren wurden in unserem damaligen Modell absichtlich nicht berücksichtigt, folglich gibt es keine Grundlage, um uns über *post-peak* Entwicklungen zu informieren.

Daher haben wir bei der Besprechung jedes Computerszenarios strengstens die Zahlenwerte und die Dynamik der Kurven ignoriert, nachdem die ersten Variablen in jedem Szenario – Bevölkerung, Nahrung/Person, oder sonstiges – ihren Höhepunkt erreicht hatten und begannen, wieder zu sinken. Wir wussten, dass unser Modell keine nützlichen Informationen über das Verhalten des globalen Systems liefern könnte, wenn dieses sich bereits auf Talfahrt befand. Wir zogen sogar in Erwägung, die Grafikdarstellungen der einzelnen Szenarien an der Stelle abzubrechen, wo die erste Kurve nach unten abzufallen begann. So hätten wir zwischen dem ersten Höhepunkt einer wichtigen Kurve und dem Jahr 2100 einfach einen Leerraum gelassen. Allerdings hätte das ein Reihe von Szenarien ergeben, welche die visuelle Wirkung eines Übergangs von Expansion zu Kontraktion vermissen ließen. Also veröffentlichten wir die kompletten 200 Jahre jedes einzelnen Szenarios. Nur denken Sie jetzt bitte nicht, dass man jegliche nützliche Information aus der präzisen Darstellung der abfallenden Kurven gewinnen könnte. KANN MAN NICHT!

Wie lange wird die Bevölkerung weiterwachsen, nachdem der Nahrungsmittelvorrat pro Kopf rückläufig sein wird? Wie rapide werden die Bestände natürlicher Rohstoffe zurückgehen? Wird die Industrieproduktion pro Kopf im Jahr 2100 höher oder niedriger sein als im Jahr 1900? All dies sind wichtige Fragen. *World 3* bietet keine Grundlage zu deren Beantwortung. VERSUCHEN SIE NICHT, DAS MODELL AUF DIESE ART UND WEISE ANZUWENDEN!

Unser Modell bietet allerdings dennoch nützliche Erkenntnisse. Die letzten Jahrzehnte hat eine Erschöpfung der natürlichen Ressourcen der Erde erlebt, genau wie wir es vorhergesagt haben. Auch die sozialen Ressourcen verknappen. Gleichzeitig konnten wir wachsende Ungleichheit beobachten, ansteigenden Autoritarismus und schwindendes Vertrauen in die Wissenschaft, ihrer Aufgabe der Bewertung und Überwachung von Politiken nachzukommen. All dies sind natürliche Konsequenzen der Faktoren, die wir in unserem Buch vorstellen. Wenn Sie diese Faktoren verstehen, dann können Sie auch die Konsequenzen besser antizipieren.

Während das globale System an die Grenzen seines Wachstums stößt, büßt es die Fähigkeit ein, den allgemeinen Reichtum weiter zu vermehren. Materielle Erträge mögen wachsen, aber deren Produktion wird Umwelt und Gesellschaft enorme Kosten auferlegen, die jeglichen Nutzen überwiegen. Folglich sinkt der reale Wohlstand. Wenn sie nicht länger in der Lage sind, signifikanten realen Reichtum zu erzeugen, können die Mächtigen dieser Welt ihre eigene Position nur verbessern, indem sie ihre Macht dazu einsetzen, den Wohlstand anderer zu requirieren. Vor 100 Jahren stellten die Industriellen die Gruppe der dominanten Reichen. Zu ihrem Reichtum kamen sie, indem sie reale Waren und Dienstleistungen produzierten. Heute ist der Finanzmarkt die Hauptbrutstätte für Milliardäre. Sie werden reich, indem sie finanzielle Gebühren auf andere erheben.

Es ist eine positive Rückkoppelungsschleife: Reichtum verleiht Macht, und Macht verleiht die Fähigkeit, das ökonomische und politische System derart zu seinen eigenen Gunsten zu verzerren, dass man noch größeren Reichtum anhäufen kann. Infolgedessen ergibt sich ein Abdriften in die Ungleichheit.

Beim Treffen der meisten sozialen Entscheidungen sind Kosten und Nutzen ungleich verteilt. Aber die meisten Menschen sind dazu bereit, eine Entscheidung zu akzeptieren, die ihnen im Moment weniger bringt, wenn sie ihnen in der Zukunft mehr zu bringen verspricht. Eine solche Garantie ist nicht mehr plausibel, wenn Wachstum endet. Dann wird das Leben als ein Nullsummenspiel angesehen, und ein Kompromiss ist unmöglich. Ohne Kompromiss kommen die Anpassungsmechanismen einer demokratischen Gesellschaft zum Stillstand, und es kommt zwangsläufig zu einer Krise. Die Geschichte lehrt uns die unumstößliche Tatsache, dass der Mensch, wenn er glaubt, zwischen Ordnung und Freiheit wählen zu müssen, immer die Ordnung wählt. Und so kommt es zu einem Abdriften in den Autoritarismus.

Die meisten Menschen kann man mit einer positiven Sicht auf die Zukunft motivieren. Beginnt die Phase des abnehmenden Wachstums, kann eine ehrliche, objektive Bewertung dieser Auffassung aber nicht mehr folgen. Also lehnen die Menschen Ehrlichkeit und Objektivität ab. Und so entsteht ein Abdriften zum magischen Denken, zu der Erwartung, dass die Lösung eines Problems sich aus dem Verstoß gegen wissenschaftliche Gesetze ergibt.

Magisches Denken begegnet uns heute z. B. in den Äußerungen von Politikern zur Beendung der Pandemie. Es ist außerdem klar zu erkennen in Diskussionen über die Bekämpfung des Klimawandels, die Verringerung der Nahrungsmittelknappheit und die Beilegung der globalen Schuldenkrise.

Wenn ich das Ende des demografischen und materiellen Wachstums beschreibe, dann gebrauche ich die Metapher des nächsten verheerenden kalifornischen Erdbebens: Wir sind uns zu 100 % sicher, dass es kommen wird. Wir sind uns aber nicht sicher, wann – obwohl die geologischen Beweise nahelegen, dass es in den nächsten Jahrhunderten sein wird. Von den Auswirkungen haben wir nur ziemlich vage Vorstellungen.

Wir wissen mit absoluter Sicherheit, dass das physische Wachstum auf diesem Planeten enden wird. Wir wissen nur nicht genau, wann – obwohl unsere Computerszenarien nahelegen, dass es noch in diesem Jahrhundert so weit sein wird, wahrscheinlich in den nächsten Jahrzehnten.

Szenario 1 zeichnet eine Welt, in der Bevölkerungsanzahl, Industrieproduktion, Nahrungsmittelproduktion, ein Index für menschliches Wohlergehen, sich allesamt lange vor 2050 im Abschwung befinden werden. Das bedeutet, die meisten Leser dieses Buches werden das noch miterleben. Welche politischen, wirtschaftlichen und kulturellen Veränderungen werden sich als Antwort auf den nahenden Abschwung entwickeln? Werden Ungleichheit, Populismus und Irrationalität zunehmen?

Mit seiner Analyse ist unser Buch zwar nicht bestrebt, diese Fragen zu beantworten. Allerdings wird es Sie mit einer Reihe von Perspektiven bekanntmachen, die Ihnen für eigene Schlussfolgerungen von großem Nutzen sein dürften.

September 2020
Dennis L. Meadows
Durham, N. H., USA

Kapitel 1

Overshoot: Grenzüberschreitung

Die Zukunft ist nicht mehr so ... wie sie aussehen könnte, wenn die Menschen ihre Hirne und ihre Möglichkeiten besser genutzt hätten. Dennoch kann die Zukunft noch immer so werden, wie wir sie uns vernünftiger- und realistischerweise vorstellen.
Aurelio Peccei, 1981

Overshoot oder Grenzüberschreitung bedeutet, über bestehende Grenzen hinauszuschießen, zu weit zu gehen – unwissentlich und unabsichtlich. Der Mensch begegnet diesem Phänomen täglich. Wenn Sie zu schnell von einem Stuhl aufstehen, kann es sein, dass Sie für einen Moment das Gleichgewicht verlieren. Wenn Sie in der Dusche den Heißwasserhahn zu stark aufdrehen, können Sie sich verbrühen. Auf einer vereisten Straße kann Ihr Auto ins Schlittern geraten und über ein Stoppschild hinausrutschen. Wenn Sie bei einer Party mehr Alkohol trinken, als Ihr Körper vertragen und sicher abbauen kann, werden Sie am Morgen danach vielleicht fürchterliche Kopfschmerzen haben. Baufirmen bauen manchmal mehr Eigentumswohnungen, als benötigt werden; wenn sie dann gezwungen sind, die Immobilien nicht kostendeckend zu verkaufen, droht ihnen vielleicht die Pleite. Oft wird eine Fischfangflotte so stark ausgebaut, dass sie viel mehr fängt, als bei einer nachhaltigen Nutzung vertretbar ist. Dadurch werden die Fischbestände dezimiert, und viele Schiffe müssen zwangsläufig im Hafen bleiben. Chemiefirmen haben mehr chlorhaltige Chemikalien produziert, als die obere Atmosphäre gefahrlos verkraften kann. Daher ist die Ozonschicht nun auf Jahrzehnte hinweg gefährlich reduziert, bis der Chlorgehalt der Stratosphäre wieder zurückgeht.

Die drei Ursachen, warum es zu einer solchen Überschreitung von Grenzen kommt, sind stets die gleichen, ob im persönlichen oder im globalen Maßstab. Die erste Ursache sind Wachstum, Beschleunigung und rasche Veränderungen. Zweitens gibt es immer eine Art Grenze oder Barriere, die ein dynamisches System nicht gefahrlos überschreiten kann. Und drittens kommt es beim Bestreben, das System innerhalb seiner Grenzen zu halten, zu Fehlern in der Wahrnehmung und verzögerten Reaktionen. Diese drei Ursachen sind erforderlich und reichen völlig aus für die Überschreitung von Grenzen.

Grenzen werden häufig und auf fast unendlich viele Weisen überschritten. Die Veränderungen können physischer Natur sein – etwa ein Anstieg des

Verbrauchs von Erdöl; sie können organisatorischer Art sein – wie die Überwachung einer immer größeren Zahl von Menschen; sie können psychologischer Natur sein – immer höhere Ansprüche für den persönlichen Konsum; oder sie können sich in finanzieller, biologischer, politischer oder anderer Form manifestieren.

Ähnlich unterschiedlich sind die Grenzen selbst: Sie können sich ergeben durch die unveränderliche Größe eines Raumes, durch eine begrenzte Zeitspanne oder durch Einschränkungen der physischen, biologischen, politischen, psychologischen oder anderen Eigenschaften des Systems.

Auch zu Verzögerungen kommt es auf vielerlei Weise. Sie können durch Unaufmerksamkeit entstehen, durch fehlerhafte Daten, verzögerte Informationen, langsame Reaktionen, eine schwerfällige oder zerstrittene Bürokratie, durch eine falsche Theorie bezüglich der Reaktionen des Systems oder durch Systemträgheit, aufgrund dessen das System trotz größter Anstrengungen nicht mehr so schnell zum Stillstand gebracht werden kann. So kann beispielsweise eine Verzögerung eintreten, wenn ein Fahrer nicht rechtzeitig bemerkt, wie stark eine vereiste Straße die Wirksamkeit seiner Bremsen verringert; wenn ein Bauunternehmer anhand der gegenwärtigen Preise eine Entscheidung über Baumaßnahmen trifft, die sich erst in zwei oder drei Jahren auf den Markt auswirken werden; wenn Fischereibesitzer ihre Fangquoten anhand jüngster Fänge festlegen und dabei Informationen über die zukünftige Reproduktionsrate der Fische nicht berücksichtigen; wenn es Jahre dauert, bis Chemikalien von ihren Verbrauchsorten an Stellen im Ökosystem gelangen, an denen sie ernsthaften Schaden anrichten.

Die meisten Beispiele für Grenzüberschreitungen richten nur wenig Schaden an. Bei vielen Grenzüberschreitungen erleidet niemand ernsthafte Schäden. In den meisten Fällen werden Grenzen so häufig überschritten, dass die Menschen lernen, dies zu vermeiden oder die Folgen zu verringern, wenn es gefährlich werden könnte. So überprüfen Sie beispielsweise die Temperatur der Dusche mit der Hand, bevor Sie die Duschkabine betreten. Und wenn es manchmal doch zu Schäden kommt, werden diese rasch wieder behoben: So versuchen die meisten Menschen, nach einer durchzechten Nacht in der Bar am nächsten Morgen möglichst lange auszuschlafen.

Gelegentlich haben Grenzüberschreitungen jedoch das Potenzial zur Katastrophe. Das Wachstum der Weltbevölkerung und des Rohstoffverbrauchs konfrontieren die Menschheit zum Beispiel mit dieser Möglichkeit. Dies ist das Hauptthema dieses Buches.

Im gesamten Buch werden wir uns mit den Schwierigkeiten auseinander setzen, zu verstehen und zu beschreiben, wie es dazu kommt, dass das Wachstum von Bevölkerung und Wirtschaft die Kapazität der Erde längst überschritten hat, und welche Konsequenzen dies nach sich zieht. Daraus ergeben sich komplexe Fragestellungen. Die relevanten Daten sind oft qualitativ unzureichend und unvollständig. Die bisherigen wissenschaftlichen Erkenntnisse haben noch nicht zu einem Konsens unter Forschern, noch viel weniger unter Politikern geführt. Dennoch brauchen wir einen Begriff, der die Anforderungen der Menschheit an unsere Erde ins Verhältnis setzt zu ihrer Kapazität, diese zu erfüllen. Zu diesem Zweck führen wir den Begriff *ökologischer Fußabdruck* ein.

Populär wurde dieser Begriff durch eine Untersuchung von Mathis Wackernagel und seinen Kollegen für den Earth Council 1997. Wackernagel berechnete, wie viel Land erforderlich wäre, um den Bedarf der Bevölkerungen verschiedener Nationen an natürlichen Ressourcen zu decken und die anfallenden Abfälle aufzunehmen.[1] Wackernagels Begriff und seine mathematische Vorgehensweise wurden später vom World Wide Fund for Nature (WWF) übernommen; er liefert in seinem *Living Planet Report*[2] Daten über den ökologischen Fußabdruck von mehr als 150 Nationen. Diesen Daten zufolge hat die Weltbevölkerung seit Ende der 1980er-Jahre jährlich größere Mengen der von der Erde produzierten Ressourcen verbraucht, als sich in den jeweiligen Jahren regenerieren konnten. Mit anderen Worten, der ökologische Fußabdruck der Weltbevölkerung überstieg die Ver- und Entsorgungskapazität der Erde. Für diese Schlussfolgerung gibt es viele Belege. Wir werden dies in Kapitel 3 weiter diskutieren.

Diese Grenzüberschreitung kann ausgesprochen gefährliche Folgen haben. Die Situation ist beispiellos; sie konfrontiert die Menschheit mit einer Vielzahl von Problemen, denen unsere Art noch nie zuvor in globalem Maßstab begegnet ist. Uns fehlen die Perspektiven, die kulturellen Normen, die Lebensgewohnheiten und die Institutionen, um damit fertig zu werden. Und in vielen Fällen wird es Jahrhunderte oder Jahrtausende dauern, die Schäden wieder zu beheben.

Aber die Konsequenzen müssen nicht unbedingt katastrophal sein. Die Überschreitung von Grenzen kann zwei unterschiedliche Resultate zur Folge haben. Einerseits eine Art von Zusammenbruch. Andererseits eine bewusste Kehrtwendung, eine Korrektur, eine bedachte Verlangsamung. Wir befassen uns mit diesen beiden Möglichkeiten, die sowohl für die menschliche Gesellschaft wie für den Planeten gelten, auf dem diese lebt. Wir sind davon überzeugt, dass eine Korrektur möglich ist und zu einer wünschenswerten, nachhaltigen, ausreichend gesicherten Zukunft für alle Menschen der Welt führen kann. Allerdings wird es unserer Meinung nach mit Sicherheit zu einer Art Zusammenbruch kommen, wenn nicht bald eine nachdrückliche Korrektur erfolgt – und zwar noch zu Lebzeiten vieler heute lebender Menschen.

Das sind ungeheure Behauptungen. Wie sind wir darauf gekommen? In den vergangenen 30 Jahren haben wir mit zahlreichen Kollegen zusammengearbeitet, um mehr Erkenntnisse über die langfristigen Ursachen und Konsequenzen des Wachstums der menschlichen Bevölkerung und ihres ökologischen Fußabdrucks zu erlangen. Wir haben diese Problematik von vier Seiten in Angriff genommen – die Daten sozusagen mit vier verschiedenen

Objektiven auf unterschiedliche Weise betrachtet, genau wie uns die Objektive eines Mikroskops und eines Teleskops jeweils unterschiedliche Perspektiven liefern. Drei dieser Hilfsmittel zur Betrachtung sind weit verbreitet und einfach zu beschreiben: erstens die gebräuchlichen wissenschaftlichen und wirtschaftswissenschaftlichen Theorien über das globale System, zweitens die vorhandenen Daten über die Ressourcen der Erde und die Umwelt und drittens ein Computermodell, mit dem wir diese Informationen zusammenfügen, verarbeiten und ihre Auswirkungen hochrechnen können. Ein Großteil dieses Buches befasst sich mit diesen drei Objektiven und beschreibt, wie wir sie verwendet haben und was wir mit ihnen erkennen konnten.

Unser viertes Hilfsmittel ist unser „Weltbild", unsere in sich schlüssigen Ansichten, Einstellungen und Werte – ein Paradigma, eine grundlegende Art und Weise, die Realität zu sehen. Jeder hat ein solches Weltbild, das beeinflusst, worauf man achtet und was man überhaupt wahrnimmt. Es funktioniert wie ein Filter: Es lässt Informationen zu, die unseren (oft unbewussten) Erwartungen über die Natur der Welt entsprechen; und es führt dazu, dass wir Informationen nicht beachten, die diesen Erwartungen widersprechen oder sie in Frage stellen. Beim Blick durch einen Filter, etwa eine gefärbte Glasscheibe, schauen Menschen gewöhnlich *hindurch* und sehen nicht die Scheibe *selbst* – und genauso ist es mit den Weltbildern. Ein Weltbild muss Menschen, die es teilen, nicht beschrieben werden; anderen Menschen ist es hingegen nur schwer zu vermitteln. Man muss sich aber stets daran erinnern, dass jedes Buch, jedes Computermodell, jedes öffentliche Statement zumindest genauso stark vom Weltbild seiner Autoren beeinflusst wird wie durch irgendwelche „objektiven" Daten oder Analysen.

Den Einfluss durch das eigene Weltbild kann niemand vermeiden. Aber wir können uns bemühen, unseren Lesern seine wesentlichen Merkmale zu beschreiben. Geprägt wurde unser Weltbild durch die westlichen Industriegesellschaften, in denen wir aufgewachsen sind, durch unsere naturwissenschaftliche und wirtschaftswissenschaftliche Ausbildung sowie durch das, was wir auf Reisen und bei der Arbeit in vielen Teilen der Welt gelernt haben. Der wichtigste Bestandteil unseres Weltbildes – und zugleich jener, der am wenigsten von anderen geteilt wird – ist jedoch unsere Systemperspektive.

Wie jeder Aussichtspunkt – zum Beispiel ein Berggipfel – lässt die Systemperspektive Menschen manche Dinge sehen, die sie aus anderen Blickwinkeln niemals bemerkt hätten, und sie kann den Blick auf andere Dinge verhindern. Im Mittelpunkt unserer Ausbildung standen dynamische Systeme – Mengen miteinander verkoppelter materieller und immaterieller Elemente, die sich im Laufe der Zeit verändern. Dabei haben wir gelernt, die Welt als Gesamtheit aus sich entwickelnden Verhaltensmustern wie Wachstum, Schwund, Schwingungen und Grenzüberschreitungen zu sehen. Daraus haben wir gelernt, uns weniger auf die einzelnen Teile eines Systems zu konzentrieren als auf die

Wechselbeziehungen. Wir betrachten die zahlreichen Elemente der Demographie, der Wirtschaft und der Umwelt als *ein globales System* mit zahlreichen Wechselwirkungen. In den wechselseitigen Verbindungen erkennen wir Bestandsgrößen und Durchflüsse, Rückkopplungen und Schwellenwerte. Sie alle nehmen Einfluss darauf, wie sich das System in der Zukunft verhalten wird, aber auch darauf, welche Maßnahmen wir vielleicht ergreifen könnten, um dieses Verhalten zu ändern.

Die Systemperspektive ist keinesfalls der einzig sinnvolle Weg, die Welt zu sehen, aber sie ist ein Weg, den wir für besonders aufschlussreich halten. Sie lässt uns Probleme auf neue Weise angehen und zeigt uns zugleich unerwartete Möglichkeiten auf. Einige dieser Konzepte möchten wir hier vorstellen, damit Sie unsere Sichtweise nachvollziehen und Ihre eigenen Schlüsse über den Zustand der Welt und die Alternativen für die Zukunft ziehen können.

Beim Aufbau dieses Buches folgen wir der Logik unserer globalen Systemanalysen. Das Grundlegende haben wir bereits erwähnt. Zu einer Grenzüberschreitung kommt es durch eine Kombination aus raschen Veränderungen, Grenzen für diese Veränderungen und Fehlern oder Verzögerungen bei der Wahrnehmung der Grenzen und der Steuerung der Veränderungen. In dieser Reihenfolge wollen wir die globale Situation analysieren: Zuerst betrachten wir die treibenden Kräfte, die zu den rapiden globalen Veränderungen führen, anschließend die Grenzen unseres Planeten und zum Schluss, durch welche Prozesse die menschliche Gesellschaft lernt, diese Grenzen zu erkennen und auf sie zu reagieren.

Beginnen werden wir im folgenden Kapitel zunächst mit dem Phänomen der Veränderungen. Die absolute Geschwindigkeit globaler Veränderungen ist heute höher als je zuvor in der Geschichte der Menschheit. Treibende Kraft für diese Veränderungen ist hauptsächlich das exponentielle Wachstum der Bevölkerung und des Ressourcenverbrauchs. Seit mehr als 200 Jahren ist Wachstum die dominierende Verhaltensweise des globalen sozioökonomischen Systems. So zeigt Abbildung 1-1, dass das Wachstum der menschlichen Bevölkerung trotz sinkender Geburtenraten nach wie vor ansteigt. Wie Abbildung 1-2 verdeutlicht, nimmt auch die Industrieproduktion zu, trotz der Rückschläge durch Ölpreisschocks, Terrorismus, Epidemien und andere kurzzeitige Einflüsse. Weil die Industrieproduktion einen rascheren Anstieg verzeichnete als die Bevölkerungszahl, hat dies zu einer Zunahme des durchschnittlichen materiellen Lebensstandards geführt.

Infolge des Wachstums von Bevölkerung und Industrieproduktion verändern sich auch viele andere Merkmale des globalen Systems. So steigt die Belastung der Umwelt mit verschiedenen Schadstoffen. Abbildung 1-3 zeigt eine bedeutende Form der Schadstoffbelastung, die Anreicherung von Kohlendioxid in der Atmosphäre; dieses Treibhausgas entsteht vor allem bei der Verbrennung fossiler Brennstoffe und aufgrund der Abholzung der Wälder.

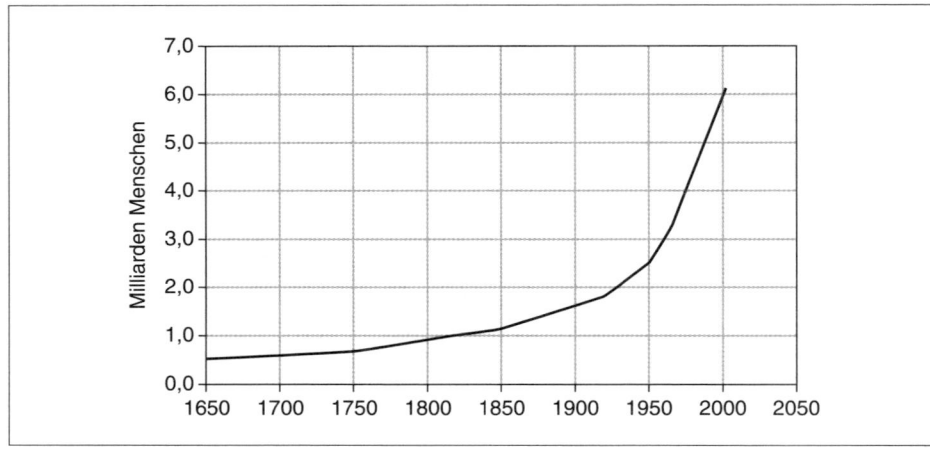

Abbildung 1-1 Wachstum der Weltbevölkerung
Die Weltbevölkerung ist seit Beginn der industriellen Revolution exponentiell angewachsen. Beachten Sie den Verlauf der Kurve und den ständigen Zuwachs im Laufe der Zeit: Das sind Kennzeichen des exponentiellen Wachstums. Inzwischen geht die Wachstumsrate jedoch wieder zurück, und die Kurve steigt weniger stark an – allerdings kaum erkennbar. Im Jahr 2001 betrug die jährliche Wachstumsrate der Weltbevölkerung 1,3 %, was einer Verdopplung der Weltbevölkerung in 55 Jahren gleichkommt. (Quellen: PRB; UN; D. Bogue)

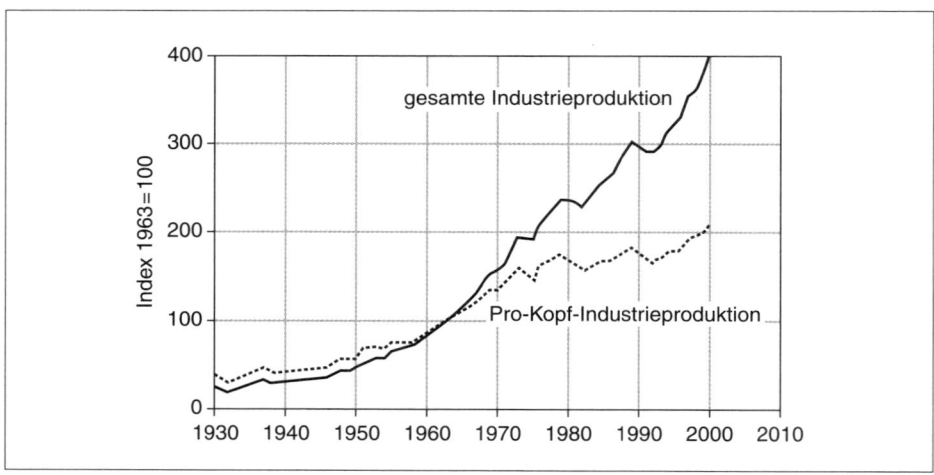

Abbildung 1-2 Wachstum der weltweiten Industrieproduktion
Bezogen auf das Jahr 1963 zeigt die weltweite Industrieproduktion ein deutliches exponentielles Wachstum, trotz der Schwankungen aufgrund von Ölpreisschocks und konjunkturellem Abschwung. Im Laufe der vergangenen 25 Jahre erreichte die jährliche Wachstumsrate im Schnitt 2,9 %, was einer Verdopplung der Industrieproduktion innerhalb von 25 Jahren entspricht. Die Pro-Kopf-Wachstumsrate stieg allerdings aufgrund des Bevölkerungswachstums langsamer an – nur um 1,3 % jährlich; das entspricht einer Verdopplungszeit von 55 Jahren. (Quellen: UN; PRB)

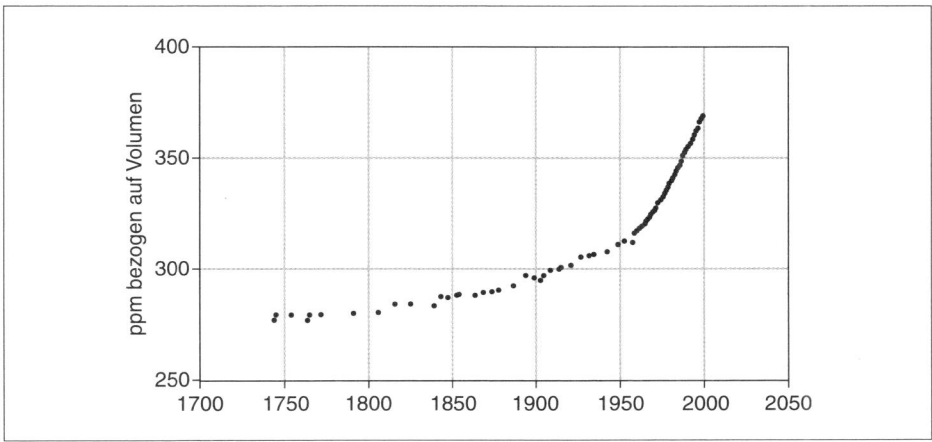

Abbildung 1-3 Die Kohlendioxidkonzentration in der Atmosphäre
Die Kohlendioxidkonzentration in der Atmosphäre ist von rund 270 ppm (*parts per million* – Teile pro Million) auf mehr als 370 ppm angestiegen und nimmt weiter zu. Ursachen für die Anreicherung des Kohlendioxids sind hauptsächlich die Verbrennung fossiler Brennstoffe durch den Menschen und die Zerstörung der Wälder. Als Folge davon kommt es zu globalen Klimaveränderungen. (Quellen: UNEP; U. S. DoE)

Weitere Abbildungen in diesem Buch veranschaulichen das Wachstum der Nahrungsmittelproduktion, der Stadtbevölkerung, des Energieverbrauchs, des Materialverbrauchs und vieler anderer physischer Auswirkungen menschlicher Aktivitäten auf die Erde. Nicht bei allem erfolgt das Wachstum mit der gleichen Geschwindigkeit oder auf dieselbe Weise. Wie Sie aus Tabelle 1-1 ersehen können, variieren die Wachstumsraten beträchtlich. Manche Wachstumsraten haben sich verlangsamt, bewirken aber nach wir vor signifikante jährliche Zuwächse der betreffenden Variablen. Oft ist trotz rückläufiger Wachstumsraten weiterhin eine absolute Zunahme zu verzeichnen, wenn ein kleinerer Prozentsatz mit einem viel größeren Ausgangswert multipliziert wird. Dies ist bei acht der 14 Faktoren von Tabelle 1-1 der Fall. Im Laufe der vergangenen 50 Jahre haben sich die menschliche Bevölkerung, ihr materieller Besitz sowie die von ihr verursachten Rohstoff- und Energieflüsse verdoppelt, vervierfacht, verzehnfacht oder sogar noch stärker vervielfacht, und für die Zukunft wird sogar auf noch stärkeres Wachstum gehofft.

Einzelpersonen unterstützen eine wachstumsorientierte Politik, weil sie glauben, dass Wachstum ihnen einen stetig zunehmenden Lebensstandard bescheren wird. Regierungen streben nach Wachstum als Allheilmittel für fast jedes Problem. In den reichen Ländern gilt Wachstum als Voraussetzung für die Sicherung von Arbeitsplätzen, sozialem Aufstieg und technischem Fortschritt. In armen Ländern scheint Wachstum der einzige Weg aus der Armut zu sein. Viele Menschen glauben, dass nur durch Wachstum die erforderlichen

Tabelle 1-1 Weltweites Wachstum ausgewählter menschlicher Aktivitäten und Produkte von 1950 bis 2000

	1950	Veränderung in 25 Jahren	1975	Veränderung in 25 Jahren	2000
menschliche Bevölkerung (Millionen)	2520	160 %	4077	150 %	6067
registrierte Fahrzeuge (Millionen)	70	470 %	328	220 %	723
Erdölverbrauch (Millionen Barrel pro Jahr)	3800	540 %	20 512	130 %	27 635
Erdgasverbrauch (Billionen Kubikmeter pro Jahr)	0,2	680 %	1,26	210 %	2,68
Kohleverbrauch (Millionen Tonnen pro Jahr)	1400	230 %	3300	150 %	5100
Stromerzeugungskapazität (Millionen Kilowatt)	154	1040 %	1606	200 %	3240
Maisproduktion (Millionen Tonnen pro Jahr)	131	260 %	342	170 %	594
Weizenproduktion (Millionen Tonnen pro Jahr)	143	250 %	356	160 %	584
Reisproduktion (Millionen Tonnen pro Jahr)	150	240 %	357	170 %	598
Baumwollproduktion (Millionen Tonnen pro Jahr)	5,4	230 %	12	150 %	18
Zellstoffproduktion (Millionen Tonnen pro Jahr)	12	830 %	102	170 %	171
Eisenproduktion (Millionen Tonnen pro Jahr)	134	350 %	468	120 %	580
Stahlproduktion (Millionen Tonnen pro Jahr)	185	350 %	651	120 %	788
Aluminiumproduktion (Millionen Tonnen pro Jahr)	1,5	800 %	12	190 %	23

1 Barrel = 159 Liter (Quellen: PRB; American Automobile Manufacturers Association; Ward's Motor Vehicle Facts & Figures; U.S. DoE; UN; FAO; CRB)

Ressourcen für die Erhaltung und die Verbesserung der Umwelt bereitgestellt werden können. Regierungen und Unternehmensleitungen tun alles ihnen Mögliche, um immer mehr Wachstum zu erzeugen.

Aus diesen Gründen wird Wachstum meist gefeiert. Betrachten wir nur einige oft synonym gebrauchte Begriffe: *Entwicklung, Fortschritt, Zunahme, Anstieg, Steigerung, Verbesserung, Erfolg.*

Dies sind die psychologischen und institutionellen Ursachen für Wachstum. Darüber hinaus gibt es das, was Systemanalytiker als *strukturelle* Ursachen bezeichnen; sie sind in den Vernetzungen zwischen Bevölkerung und Wirtschaft enthalten. In Kapitel 2 werden wir diese strukturellen Ursachen des Wachstums diskutieren und auf ihre Auswirkungen eingehen. Dabei werden wir aufzeigen, warum Wachstum im globalen System ein solch dominantes Verhalten ist.

Durch Wachstum lassen sich tatsächlich manche Probleme lösen, aber es kann auch andere schaffen. Das liegt daran, dass es Grenzen gibt – das ist das Thema von Kapitel 3. Die Erde ist endlich. Daher kann sich physisches Wachstum – sei es die menschliche Bevölkerung oder die Zahl ihrer Autos, Häuser und Fabriken – nicht unendlich fortsetzen. Aber die Grenzen des Wachstums bedeuten keine Einschränkung der Zahl der Menschen, Autos, Häuser oder Fabriken – zumindest nicht direkt. Begrenzt ist vielmehr der *Durchsatz* – der kontinuierliche Energie- und Materialfluss, der erforderlich ist, damit die Menschen leben können und ihre Autos, Häuser und Fabriken funktionieren. Eingeschränkt ist somit die Rate, mit der die Menschheit Ressourcen (Nahrungspflanzen, Gras, Holz und Fisch) entnehmen und Abfälle (Treibhausgase, giftige Substanzen) entsorgen kann, ohne die Produktions- oder Aufnahmekapazität der Erde zu überschreiten.

Bevölkerung und Wirtschaft sind auf die Luft und das Wasser, auf Nahrungsmittel, Rohstoffe und fossile Brennstoffe der Erde angewiesen. Im Gegenzug belasten sie die Erde mit Abfällen und Schadstoffen. Zu den Quellen gehören beispielsweise Minerallagerstätten, Grundwasserspeicher und die in Böden enthaltenen Nährstoffe; Senken sind beispielsweise die Atmosphäre, Oberflächengewässer und Deponien. Die physischen Grenzen des Wachstums werden bestimmt durch die eingeschränkten Fähigkeiten der *Quellen* unseres Planeten, Rohstoffe und Energie zu liefern, und der *Senken* der Erde, die Schadstoffe und Abfälle aufzunehmen.

In Kapitel 3 wollen wir uns näher mit dem Zustand der Quellen und Senken der Erde befassen. Die dort von uns vorgelegten Daten erbringen zwei Erkenntnisse: eine schlechte und eine gute Nachricht.

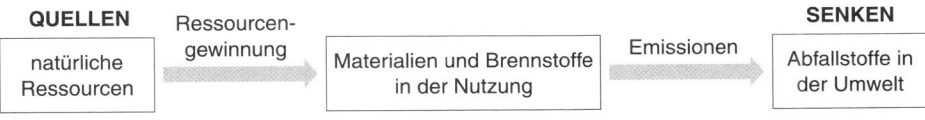

Die schlechte Nachricht ist, dass viele wichtige Quellen zur Neige gehen oder sich qualitativ verschlechtern und viele Senken schon stark belastet oder gar überlastet sind. *Der gegenwärtig von der menschlichen Wirtschaft erzeugte Durchsatz kann nicht mehr sehr lange in der derzeitigen Höhe aufrechterhalten werden.* Manche Quellen und Senken sind bereits so stark belastet, dass sie sich begrenzend auf das Wachstum auswirken, beispielsweise durch steigende Kosten, zunehmende Schadstoffbelastung und erhöhte Sterblichkeit.

Die gute Nachricht ist, dass *die hohen derzeitigen Durchsatzraten nicht unbedingt notwendig sind, um allen Menschen der Welt einen annehmbaren Lebensstandard zu ermöglichen.* Der ökologische Fußabdruck könnte verkleinert werden durch eine geringere Bevölkerungszahl, durch Veränderungen der Konsumgewohnheiten oder durch die Anwendung von Technologien, die eine effizientere Nutzung der Ressourcen ermöglichen. Diese Veränderungen sind machbar. Die Menschheit verfügt über das erforderliche Wissen, um die Belastung der Erde deutlich zu reduzieren und dennoch die Produktion von Gebrauchsgütern und Dienstleistungen in ausreichendem Umfang sicherzustellen. Theoretisch gibt es viele Wege, wie man den ökologischen Fußabdruck des Menschen wieder unter seine Grenzen verkleinern könnte.

Aber diese theoretischen Möglichkeiten werden nicht automatisch in die Praxis umgesetzt. Es werden nicht die notwendigen Veränderungen vorgenommen und Entscheidungen getroffen, um den Fußabdruck zu verkleinern – zumindest nicht schnell genug, dass sich die zunehmende Belastung der Quellen und Senken reduziert. Der Grund dafür ist, dass kein unmittelbarer Druck für diese Veränderungen und Entscheidungen besteht und dass diese eine erhebliche Zeit beanspruchen. Dies ist das Thema von Kapitel 4. Dort erörtern wir, welche Signale die menschliche Gesellschaft vor den Symptomen der Grenzüberschreitung warnen. Und wir befassen uns damit, wie rasch Menschen und Institutionen überhaupt darauf reagieren können.

In Kapitel 4 wenden wir uns unserem Computermodell World3 zu. Es ermöglicht uns, viele Daten und Theorien zu verknüpfen und daraus das ganze Bild – Wachstum, Grenzen, verzögerte Reaktionen – zu einer klar umrissenen, zusammenhängenden Gesamtschau zusammenzufügen. Außerdem gibt es uns ein Werkzeug zur Hand, mit dem wir die zukünftigen Konsequenzen unserer gegenwärtigen Erkenntnisse projizieren können. Wir zeigen, was geschieht, wenn der Computer die mögliche Weiterentwicklung des Systems simuliert – unter der Annahme, dass es nicht zu tiefgreifenden Veränderungen kommt und dass keine außergewöhnlichen Anstrengungen unternommen werden, um vorauszuschauen, Warnsignale besser zu erkennen oder Probleme zu lösen, bevor sie ein kritisches Stadium erreichen.

Diese Simulationen führen bei nahezu jedem Szenario zu einer Grenzüberschreitung und einem Zusammenbruch der Wirtschaft und Bevölkerung der Erde.

Aber nicht alle Szenarien enden mit einem Kollaps. In Kapitel 5 werden wir die unserer Meinung nach erfolgreichste Geschichte vorstellen über die Fähigkeiten der Menschheit, vorauszublicken, Grenzen wahrzunehmen und zurückzustecken, bevor es zur Katastrophe kommt. Wir beschreiben die welt-weiten Reaktionen auf die in den 1980er-Jahren gewonnenen Erkenntnisse vom Zerfall der Ozonschicht der Stratosphäre. Diese Geschichte ist aus zwei Gründen wichtig. Erstens liefert sie ein nachdrückliches Gegenbeispiel für die weit verbreitete, zynische Ansicht, dass Menschen, Regierungen und Unter-nehmen niemals miteinander kooperieren könnten, um globale Probleme zu lösen, die Voraussicht und Selbstdisziplin erfordern. Zweitens verdeutlicht sie konkret alle drei Eigenschaften, die für eine Grenzüberschreitung notwendig sind: rasches Wachstum, Grenzen und eine verzögerte Reaktion (sowohl in der Wissenschaft als auch in der Politik).

Die Geschichte vom Rückgang der Ozonschicht und von den Reaktionen der Menschheit darauf erscheint jetzt als eine Erfolgsgeschichte, aber ihr letztes Kapitel wird wohl erst in einigen Jahrzehnten geschrieben. Somit mahnt sie auch zur Vorsicht, weil sie deutlich macht, wie verwirrend es sein kann, das komplexe Unternehmen Menschheit in dem verflochtenen System unseres Planeten zur Nachhaltigkeit zu führen, solange man auf unzureichende Erkenntnisse und verspätete Signale angewiesen ist und das System eine enorme Trägheit hat.

In Kapitel 6 werden wir den Computer zu seinem primären Zweck ein-setzen – nicht dazu, dass er vorhersagt, wozu die gegenwärtige Politik führen *wird*, sondern für die Frage, was passieren *könnte*, wenn wir verschiedene Veränderungen vornehmen. Wir bauen in das Modell von World3 einige Hypothesen über den menschlichen Einfallsreichtum ein. Dabei konzentrieren wir uns auf zwei Mechanismen zur Lösung von Problemen, in die viele Menschen großes Vertrauen setzen: die Entwicklung von Technologien und die Erschließung von Märkten. Wichtige Merkmale dieser beiden bemerkens-werten menschlichen Verhaltensweisen sind bereits in World3 enthalten, aber in Kapitel 6 werden wir sie noch untermauern. Wir analysieren, was passieren würde, wenn die globale Gesellschaft begänne, ihre Ressourcen wirklich mit Nachdruck dahingehend einzusetzen, dass sie die Umweltverschmutzung unter Kontrolle bekommt, dass fruchtbare Böden erhalten bleiben, dass die menschliche Gesundheit gewährleistet ist, dass Rohstoffe rezykliert und die Ressourcen sehr viel effizienter genutzt werden.

Wie die resultierenden Szenarien von World3 zeigen, wären diese Maß-nahmen tatsächlich ein beträchtlicher Fortschritt. Aber sie allein reichen nicht aus. Das liegt daran, dass die technologischen Entwicklungen und die Reak-tionen der Märkte selbst erst mit Verzögerung greifen und nicht ausreichen. Sie beanspruchen Zeit, sie erfordern Kapital, sie benötigen selbst Material- und Energieflüsse, und ihr Effekt kann durch das übermächtige Wachstum von Bevölkerung und Wirtschaft zunichte gemacht werden. Wenn ein Kollaps verhindert und ein Zustand der Nachhaltigkeit erreicht werden soll, sind tech-nische Fortschritte und flexible Märkte unabdingbar. Sie sind notwendig, aber nicht ausreichend. Noch mehr ist erforderlich. Dies ist Thema von Kapitel 7.

In Kapitel 7 untersuchen wir mithilfe von World3, was passieren würde, wenn die industrialisierten Länder ihr Können durch Weisheit ergänzen würden. Dabei gehen wird von der Annahme aus, dass die Welt zwei Definitionen von *genug* akzeptiert und entsprechend zu handeln beginnt: Die eine bezieht sich auf den Verbrauch von Materialien, die andere auf die Größe von Familien. Zusammen mit den in Kapitel 6 angenommenen technologischen Fortschritten machen diese Veränderungen in der Simulation eine Weltbevölkerung von rund acht Milliarden Menschen dauerhaft möglich. Diese acht Milliarden Menschen erreichen alle einen Lebensstandard, der ungefähr demjenigen in den Nationen mit geringerem Einkommen im heutigen Europa entspricht. Wenn wir von vernünftigen Annahmen hinsichtlich der Effizienz der Märkte und des technischen Fortschritts ausgehen, könnte der von dieser simulierten Welt benötigte Durchsatz an Materialien und Energie von unserem Planeten auf Dauer aufrechterhalten werden. Wir zeigen in diesem Kapitel, dass auch nach einer Grenzüberschreitung wieder eine Rückkehr zur Nachhaltigkeit möglich ist.

Das Konzept der Nachhaltigkeit ist unserer gegenwärtigen, von Wachstum besessenen Kultur so fremd, dass wir uns in Kapitel 7 etwas Zeit dafür nehmen, genauer zu definieren und zu umreißen, wie eine Welt im Zustand der Nachhaltigkeit aussehen könnte – und auch, wie sie *nicht* auszusehen braucht. Wir sehen keinen Grund dafür, warum in einer nachhaltigen Welt irgendjemand in Armut leben sollte. Ganz im Gegenteil, wir sind der Ansicht, dass eine solche Welt allen Menschen eine gewisse materielle Sicherheit bieten müsste. Wir glauben nicht, dass eine nachhaltige Gesellschaft unbedingt stagnierend und langweilig, eintönig oder starr sein muss. Sie müsste weder zentral gesteuert noch autoritär sein, was wahrscheinlich auch gar nicht möglich wäre. Es könnte eine Welt sein, welche über die Zeit, die Ressourcen und den Willen verfügt, ihre Fehler zu korrigieren, Neuerungen vorzunehmen und die Fruchtbarkeit ihrer globalen Ökosysteme zu erhalten. Sie könnte sich darauf konzentrieren, achtsam die Lebensqualität zu erhöhen, statt gedankenlos den materiellen Konsum zu steigern und den Güterbestand zu vermehren.

Das abschließende Kapitel 8 beruht mehr auf unseren Denkmodellen als auf Daten oder einem Computermodell. Es enthält die Ergebnisse unseres ganz persönlichen Versuchs zu ergründen, was jetzt unternommen werden muss. Unser Modell der Welt, World3, lässt uns sowohl pessimistisch als auch optimistisch in die Zukunft blicken. Und in diesem Punkt sind die Autoren unterschiedlicher Auffassung. Dennis und Jørgen sind zu der Ansicht gelangt, dass eine Abnahme der durchschnittlichen Lebensqualität mittlerweile unumgänglich ist und wahrscheinlich sogar die Weltbevölkerung und die Weltwirtschaft zwangsweise zurückgehen werden. Donella glaubte ihr ganzes Leben lang fest daran, dass die Menschheit irgendwann bestimmt die Einsichten, Institutionen und ethischen Grundsätze entwickeln wird, die für eine dauerhaft lebenswerte, nachhaltige Gesellschaft erforderlich sind. Aber trotz unserer unterschiedlichen Ansichten waren wir uns alle drei einig darüber, wie diese Aufgabe in Angriff genommen werden sollte, und dies diskutieren wir in Kapitel 8.

Im ersten Abschnitt unseres Schlusskapitels legen wir die Handlungsprioritäten dar, mit denen sich die Schäden an unserem Planeten und für die Gesellschaft minimieren ließen. Im zweiten Abschnitt beschreiben wir fünf Hilfsmittel, mit denen die globale Gesellschaft einen Zustand der Nachhaltigkeit erreichen kann.

Was auch auf uns zukommt, wir wissen, dass dessen Ausmaße im Laufe der nächsten beiden Jahrzehnte deutlich werden. Die Weltwirtschaft bewegt sich bereits so weit oberhalb eines nachhaltigen Levels, dass man nicht mehr lange an der Phantasievorstellung von einer unendlichen Erde festhalten kann. Wir wissen, dass die notwendigen Anpassungen uns vor eine riesige Aufgabe stellen. Damit sind Umwälzungen vom Ausmaß der landwirtschaftlichen und der industriellen Revolution verbunden. Wir wissen sehr wohl, wie schwierig es ist, Lösungen für Probleme wie Armut und Arbeitslosigkeit zu finden, für die Wachstum bisher die einzige weithin akzeptierte Hoffnung darstellte. Aber wir wissen auch, dass man sich falsche Hoffnungen macht, wenn man sich auf Wachstum verlässt, weil sich ein solches Wachstum nicht auf Dauer aufrechterhalten lässt. In einer endlichen Welt blind weiter nach materiellem Wachstum zu streben, verschlimmert die meisten Probleme letztendlich nur noch – es gibt bessere Lösungen für unsere realen Probleme.

Vieles von dem, was wir vor 30 Jahren in *Die Grenzen des Wachstums* geschrieben haben, trifft nach wie vor zu. Aber Wissenschaft und Gesellschaft haben sich im Laufe der vergangenen drei Jahrzehnte weiterentwickelt. Wir alle haben viel dazugelernt und neue Erkenntnisse gewonnen. Die Daten, der Computer und unsere eigenen Erfahrungen sagen uns, dass sich die gangbaren Wege in die Zukunft verengt haben, seit wir uns 1972 zum ersten Mal mit den Grenzen des Wachstums auseinander gesetzt haben. Mittlerweile ist der Lebensstandard, den wir allen Menschen der Erde dauerhaft hätten bieten können, nicht mehr erreichbar; Ökosysteme, die wir hätten erhalten können, wurden zerstört; Ressourcen, die Reichtum für zukünftige Generationen hätten bedeuten können, wurden aufgebraucht. Aber trotzdem stehen noch zahlreiche Möglichkeiten offen, und das ist entscheidend. Abbildung 1-4 zeigt die enorme Bandbreite der Möglichkeiten, die unserer Meinung nach immer noch offen stehen. Erstellt wurde die Grafik durch Übereinanderlegen der Kurven für die menschliche Bevölkerung und den Lebensstandard, die für die neun relevanten, in diesem Buch vorgestellten Computerszenarien ermittelt wurden.[3]

Mögliche Zukünfte sind auf einer großen Vielfalt von Wegen erreichbar. Es kann zum abrupten Kollaps kommen, aber auch der sanfte Übergang zu einem Zustand der Nachhaltigkeit ist möglich. Keine der möglichen zukünfti-

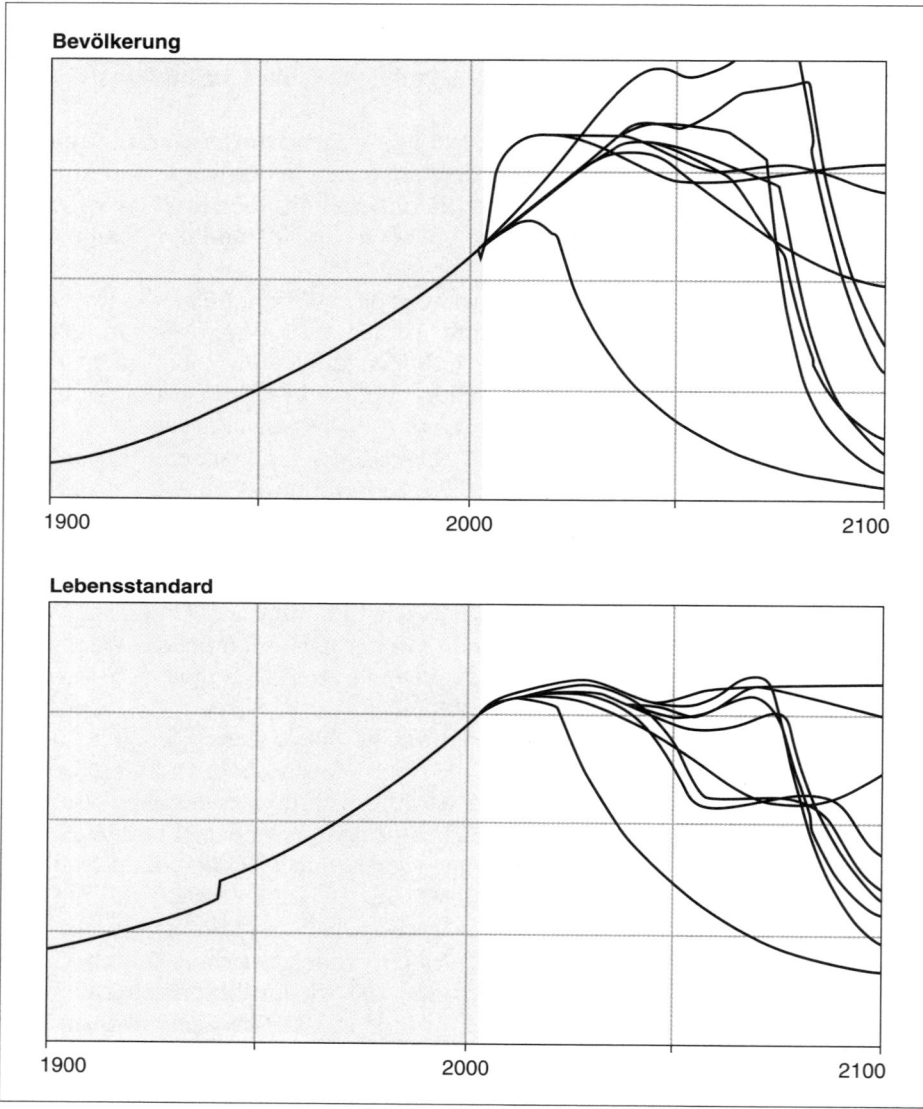

Abbildung 1-4 Alternative Szenarien für die Entwicklung der Weltbevölkerung und des Lebensstandards
In dieser Abbildung wurden alle in diesem Buch vorgestellten relevanten Szenarien von World3 übereinander gelegt, um zu zeigen, wie unterschiedlich die Entwicklung wichtiger Variablen verlaufen kann – im vorliegenden Fall die Bevölkerung und der durchschnittliche Lebensstandard der Menschen (gemessen als Index, der das Pro-Kopf-Einkommen mit anderen Indikatoren von Wohlstand kombiniert). Die meisten Szenarien zeigen einen deutlichen Rückgang, bei einigen wird aber auch eine stabile Bevölkerungszahl und ein dauerhaft hoher Lebensstandard erreicht.

gen Entwicklungen erlaubt jedoch ein unbegrenztes Wachstum des materiellen Durchsatzes. Diese Option besteht auf einem endlichen Planeten nicht. Realistisch gesehen gibt es nur eine Möglichkeit: die für die menschlichen Aktivitäten erforderlichen Durchsätze durch kluge Entscheidungen, durch technologische Neuerungen und organisatorisches Geschick auf dauerhaft durchhaltbare Beträge zurückzuschrauben. Ansonsten wird die Natur uns zu dieser Entscheidung zwingen: durch einen Mangel an Nahrung, Energie oder Rohstoffen oder eine immer ungesündere Umwelt.

Im Jahr 1972 stellten wir den *Grenzen des Wachstums* ein Zitat von U Thant voran, der damals Generalsekretär der Vereinten Nationen war:

> Ich will die Zustände nicht dramatisieren. Aber aus den Informationen, die mir als Generalsekretär vorliegen, muss ich den Schluss ziehen, dass die Mitglieder der Vereinten Nationen noch etwa ein Jahrzehnt zur Verfügung haben, ihre alten Streitigkeiten zu vergessen und eine weltweite Zusammenarbeit zu beginnen, um das Wettrüsten zu stoppen, den menschlichen Lebensraum zu verbessern, die Bevölkerungsexplosion zu entschärfen und den notwendigen Impuls für Entwicklungsbemühungen zu geben. Wenn eine solche weltweite Partnerschaft innerhalb der nächsten zehn Jahre nicht zustande kommt, so werden, fürchte ich, die erwähnten Probleme derartige Ausmaße erreicht haben, dass ihre Bewältigung unsere Steuerungsmöglichkeiten übersteigt.[4]

Seither sind mehr als 30 Jahre vergangen, doch eine globale Zusammenarbeit ist immer noch nicht erkennbar. Es herrscht aber zunehmend Einigkeit darüber, dass die Menschheit tief in Problemen steckt, die sie nicht mehr unter Kontrolle hat. Und eine Menge Daten und zahlreiche neue Studien stützen die Warnung des Generalsekretärs.

So fanden U Thants Sorgen 1992 Widerhall in dem Bericht *World Scientists' Warning to Humanity*, einer von mehr als 1600 Wissenschaftlern aus 70 Ländern, darunter 102 Nobelpreisträgern, unterzeichneten „Warnung an die Menschheit":

> Die Menschheit und die Natur befinden sich auf Kollisionskurs. Der Mensch fügt der Umwelt und wichtigen Ressourcen durch seine Aktivitäten einschneidende, oft irreversible Schäden zu. Wenn wir unkontrolliert so weitermachen, setzen viele unserer gegenwärtigen Praktiken die für die menschliche Gesellschaft wünschenswerte Zukunft sowie das Pflanzen- und Tierreich einem ernsthaften Risiko aus; sie können die lebendige Welt so verändern, dass ein Leben, wie wir es kennen, nicht mehr auf Dauer möglich sein wird. Deshalb sind dringend grundlegende Änderungen erforderlich, wenn wir die Kollision vermeiden wollen, zu der unser gegenwärtiger Kurs unausweichlich führen wird.[5]

Diese Warnung wurde sogar durch einen von der Weltbank 2001 herausgebrachten Bericht gestützt:

> … hat sich eine alarmierende Rate der Umweltzerstörung ergeben, die sich in einigen Fällen noch beschleunigt… In der gesamten Dritten Welt verursachen Umweltprobleme beträchtliche Kosten in menschlicher, wirtschaftlicher und sozialer Hinsicht und gefährden die Grundlage, von der das Wachstum und damit letztendlich das Überleben abhängen.[6]

Hatte U Thant Recht? Sind die derzeitigen Probleme der Welt bereits außer Kontrolle geraten? Oder war seine Feststellung übereilt? Könnte vielleicht die zuversichtliche Behauptung der Weltkommission für Umwelt und Entwicklung (Brundtland-Kommission) von 1987 stimmen?

Die Menschheit ist in der Lage, die Weiterentwicklung nachhaltig zu gestalten und sicherzustellen, dass sie den Ansprüchen der gegenwärtigen Generation gerecht wird, ohne aber die Möglichkeiten künftiger Generationen zu beschneiden, ihre eigenen Bedürfnisse zu befriedigen.[7]

Niemand kann Ihnen diese Fragen mit völliger Sicherheit beantworten. Es ist jedoch ausgesprochen wichtig, dass sich jeder fundierte Antworten auf die gestellten Fragen überlegt. Wir brauchen diese Antworten, um die Entwicklung der Ereignisse zu verstehen und unsere täglichen persönlichen Handlungen und Entscheidungen zu lenken.

Wir laden Sie ein, uns in den folgenden Kapiteln durch die Erörterung von Daten, Analysen und Erkenntnissen zu begleiten, die wir im Laufe der vergangenen 30 Jahre angesammelt haben. Mit diesem Wissen können Sie Ihre eigenen Schlüsse über die Zukunftsaussichten unserer Erde ziehen und die Entscheidungen treffen, die Ihr eigenes Leben bestimmen werden.

Anmerkungen

1. M. Wackernagel et al., „Ecological Footprints of Nations: How Much Nature Do They Use? How Much Nature Do They Have?" (Xalapa, Mexico: Centro de Estudios para la Sustentabilidad [Zentrum für Nachhaltigkeitsforschung], 10. März 1997. Siehe auch Mathis Wackernagel et al., „Tracking the Ecological Overshoot of the Human Economy", *Proceedings of the Academy of Science* 99 (14): 9266–9271, Washington, DC, 2002. Auch einsehbar unter www.pnas.org/cgi/doi/10.1073/pnas.142033699

2. WWF, World Wide Fund for Nature, *Living Planet Report 2002* (Gland, Schweiz: WWF, 2002).

3. Der Vergleich umfasst *alle* Szenarien bis auf zwei (Szenario 0 und Szenario 10), die rein hypothetische Welten beschreiben.

4. U Thant, 1969.

5. „World Scientists' Warning to Humanity", Dezember 1992, erhältlich über Union of Concerned Scientists, 26 Church Street, Cambridge, MA 02238, USA. Auch einsehbar unter www.ucsusa.org/ucs/about/page.cfm

6. „Making Sustainable Commitments: An Environmental Strategy for the World Bank" (Entwurf; Washington, DC: World Bank, 17. April 2001), xii.

7. World Commission on Environment and Development, *Our Common Future* (Oxford: Oxford University Press, 1987), 8.

Kapitel 2

Die treibende Kraft: exponentielles Wachstum

> Zu meinem Entsetzen habe ich festgestellt, dass auch ich nicht davor gefeit war, exponentielle Funktionen viel zu naiv einzuschätzen … Zwar war mir bewusst, dass die miteinander verknüpften Probleme des Verlusts biologischer Vielfalt, der Abholzung der Tropenwälder, des Waldsterbens auf der Nordhalbkugel und der Klimaveränderung exponentiell zunehmen, aber erst in diesem Jahr habe ich wohl wirklich verinnerlicht, wie rasch sich diese Bedrohung tatsächlich beschleunigt. *Thomas E. Lovejoy, 1988*

Die Hauptursache für Grenzüberschreitungen ist das Wachstum und damit verbunden beschleunigte Entwicklung und rascher Wandel. Seit mehr als einem Jahrhundert unterliegen viele Bereiche des globalen Systems einem raschen Wachstum. So nehmen Bevölkerung, Nahrungsprodukion, Industrieproduktion, Ressourcenverbrauch und Umweltverschmutzung ständig zu – oft sogar immer schneller. Diese Zunahme folgt einem Muster, das Mathematiker als *exponentielles Wachstum* bezeichnen.

Ein solches Wachstum kommt extrem häufig vor. Die Abbildungen 2-1 und 2-2 veranschaulichen zwei unterschiedliche Beispiele hierfür: die jährliche Produktion an Sojabohnen in Tonnen und die Zahl der Menschen, die in wenig industrialisierten Regionen der Dritten Welt in Städten leben. Wetterextreme, Schwankungen der Wirtschaft, technische Neuerungen, Epidemien oder soziale Unruhen können den glatten Kurvenverlauf leicht nach oben oder unten verschieben, aber insgesamt gesehen dominiert exponentielles Wachstum seit der industriellen Revolution das sozioökonomische System.

Diese Form des Wachstums zeigt überraschende Merkmale, durch die man es nur sehr schwer in den Griff bekommt. Bevor wir nun analysieren, welche Optionen es auf lange Sicht gibt, wollen wir zunächst definieren, was exponentielles Wachstum bedeutet. Wir werden auf seine Ursachen eingehen und erörtern, welche Faktoren seinen Verlauf steuern. Auf einem begrenzten Planeten muss das materielle Wachstum irgendwann zwangsläufig aufhören. Aber wann wird das sein? Welche Kräfte werden es aufhalten? In welchem Zustand werden sich die Menschheit und das globale Ökosystem nach Beendigung des Wachstums befinden? Um diese Fragen beantworten zu können, müssen wir die Struktur des Systems verstehen, das die menschliche Bevölkerung und die Wirtschaft ständig nach Wachstum streben lässt. Dieses System steht im

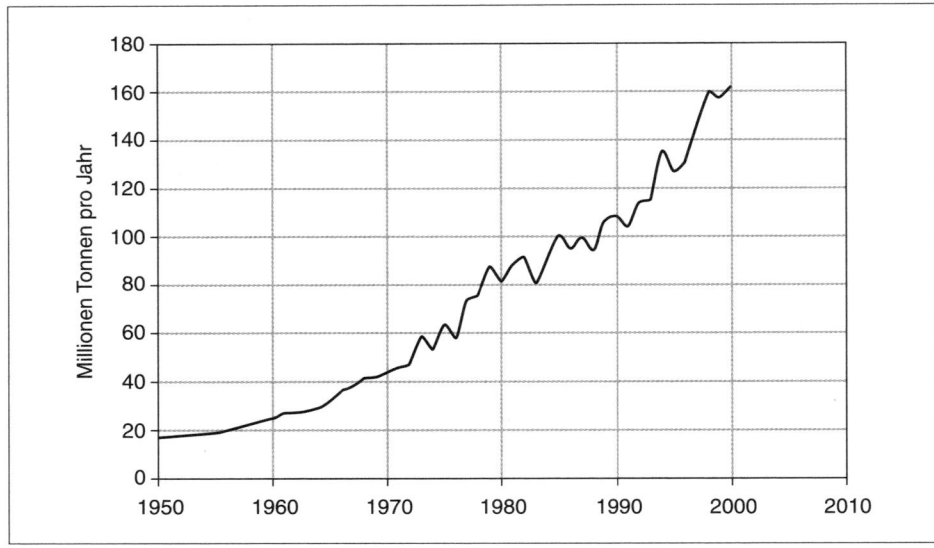

Abbildung 2-1 Weltweite Sojabohnenproduktion
Die globale Sojabohnenproduktion hat seit 1950 mit einer Verdopplungszeit von 16 Jahren zugenommen. (Quellen: Worldwatch Institute; FAO)

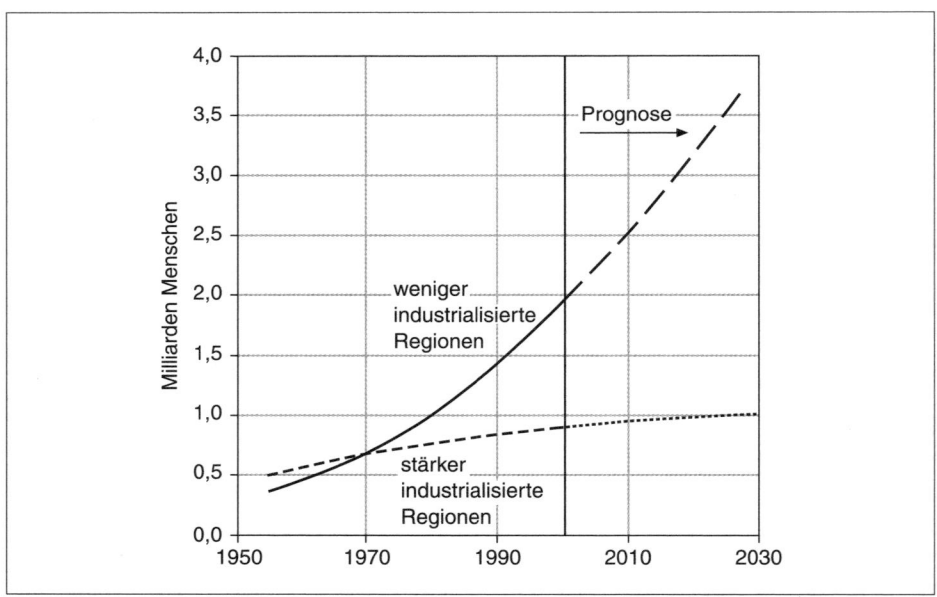

Abbildung 2-2 Verstädterung
Im Laufe der vergangenen 50 Jahre hat die Stadtbevölkerung in den weniger industrialisierten Regionen der Dritten Welt exponentiell zugenommen, in den Industrieländern hingegen fast linear. Die durchschnittliche Verdopplungszeit für Stadtbevölkerungen in weniger industrialisierten Regionen betrug 19 Jahre. Dieser Trend wird vermutlich noch mehrere Jahrzehnte anhalten. (Quelle: UN)

Mittelpunkt des Modells World3 und ist unserer Ansicht nach ein entscheidendes Merkmal der globalen Gesellschaft.

Die Mathematik exponentiellen Wachstums

Nehmen Sie ein großes Stück Stoff und falten Sie es in der Mitte. Dadurch haben Sie seine Dicke verdoppelt. Wenn Sie es nochmals falten, ist es viermal so dick. Falten Sie es noch ein drittes und ein viertes Mal. Jetzt ist es 16-mal so dick wie am Anfang – etwa 1 cm.

Wenn Sie dieses Stück Stoff nun weitere 29 Male falten könnten, sodass sich die Dicke insgesamt 33-mal verdoppeln würde, wie dick wäre es Ihrer Meinung nach dann? Weniger als 1 m? Zwischen 1 m und 10 m? Zwischen 10 m und 1 km?

Natürlich kann man ein Stück Stoff nicht 33-mal falten. Falls man es jedoch könnte, dann wäre das Bündel nun so dick, dass es von Frankfurt bis Boston reichen würde – rund 5400 km.[1]

Exponentielles Wachstum, bei dem eine solche Verdopplung auf die andere folgt, überrascht immer wieder, weil es sehr rasch zu solch hohen Zahlen führt. Exponentielles Wachstum führt uns in die Irre, weil sich die meisten Menschen Wachstum als linearen Prozess vorstellen. Eine Größe wächst *linear*, wenn sie *über einen bestimmten Zeitraum hinweg um eine konstante Menge zunimmt.* Wenn ein Bauarbeitertrupp pro Woche einen Kilometer Autobahn baut, dann wächst diese Straße linear. Steckt ein Kind pro Jahr 7 Euro in eine Spardose, wachsen seine Ersparnisse linear. Die Menge neu aufgetragenen Asphalts hängt nicht von der Länge der bereits fertig gestellten Straße ab, und ebenso wenig beeinflusst das Geld, das sich bereits in der Spardose befindet, den jährlichen Sparbetrag. Wenn eine Größe linear wächst, *bleibt der Zuwachs über einen gegebenen Zeitraum hinweg stets gleich*; er hängt nicht von dem Betrag ab, auf den die Größe bereits angewachsen ist.

Bei *exponentiellem* Wachstum *ist der Zuwachs proportional zum bereits vorhandenen Bestand.* Exponentiell wächst beispielsweise eine Kolonie von Hefezellen, in der sich jede Zelle alle zehn Minuten teilt. Aus jeder einzelnen Zelle entstehen nach zehn Minuten zwei Tochterzellen. Nach weiteren zehn Minuten sind es vier, wiederum zehn Minuten später acht Zellen, dann 16 und so weiter. Je mehr Hefezellen vorhanden sind, desto mehr neue entstehen pro Zeiteinheit. Eine Firma, die ihren Bruttoabsatz Jahr für Jahr erfolgreich um einen bestimmten Prozentsatz erhöht, wächst exponentiell. *Wenn eine Größe exponentiell wächst, dann steigt der Zuwachs von einem Zeitraum zum nächsten*; der Zuwachs richtet sich danach, wie viel von dem Faktor sich bereits angesammelt hat.

Der gewaltige Unterschied zwischen linearem und exponentiellem Wachstum wird deutlich, wenn man zwei Möglichkeiten vergleicht, um eine Summe von 100 Euro zu vermehren. Man könnte den Betrag auf ein Bankkonto einzahlen, damit sich Zinsen ansammeln, oder man könnte das Geld in eine Spardose stecken und jährlich einen festgelegten Betrag hinzufügen. Wenn Sie einmalig 100 Euro bei einer Bank einzahlen, die 7 % Zinsen im Jahr zahlt, und das Geld mit Zinseszins auf dem Konto stehen lassen, dann wächst die investierte Summe exponentiell. Jedes Jahr wird zu dem bereits vorhandenen Geld neues hinzukommen. Die Zuwachsrate liegt konstant bei 7 % im Jahr, aber der absolute Zuwachs steigt. Er beträgt am Ende des ersten Jahres 7 Euro. Im zweiten Jahr belaufen sich die Zinsen auf 7 % von 107 Euro, das sind 7,49 Euro; somit steigt das Kapital zu Beginn des dritten Jahres auf 114,49 Euro. Ein Jahr später werden sich die Zinsen auf 8,01 Euro belaufen und die Gesamtsumme wird sich auf 122,50 Euro erhöhen. Am Ende des zehnten Jahres wird das Guthaben auf dem Konto auf 196,72 Euro angewachsen sein.

Wenn Sie stattdessen 100 Euro in eine Sparbüchse stecken und dem Inhalt jedes Jahr wieder 7 Euro hinzufügen, dann wächst die Summe linear an. Am Ende des ersten Jahres sind 107 Euro in der Spardose – genauso viel wie auf dem Bankkonto. Nach zehn Jahren werden es 170 Euro sein, also weniger als auf dem Bankkonto, aber nicht sehr viel weniger.

Anfangs scheinen beide Sparstrategien zu recht ähnlichen Ergebnissen zu führen, aber schließlich wird die explosive Wirkung eines anhaltenden exponentiellen Anwachsens unübersehbar (Abbildung 2-3). Nach dem 20. Jahr befinden sich in der Spardose 240 Euro, auf dem Bankkonto hingegen bereits fast 400 Euro. Am Ende des 30. Jahres wird das lineare Wachstum in der Sparbüchse 310 Euro erbracht haben. Das Bankguthaben wird bei einem jährlichen Zins von 7 % etwas mehr als 761 Euro betragen. Somit erbringt exponentielles Wachstum bei einer jährlichen Rate von 7 % nach 30 Jahren mehr als doppelt so viel wie lineares Wachstum – trotz gleichem Ausgangsbetrag. Nach 50 Jahren ist das Bankguthaben 6,5-mal höher als die Ersparnisse in der Sparbüchse – das sind fast 2500 Euro mehr!

Die unerwarteten Folgen von exponentiellem Wachstum faszinieren die Menschen schon seit Jahrhunderten. Eine persische Legende erzählt von einem cleveren Höfling, der seinem König ein wunderschönes Schachbrett anbot. Im Tausch dafür erbat er ein Reiskorn für das erste Feld auf dem Brett, zwei Reiskörner für das zweite, vier Körner für das dritte und so weiter.

Der König willigte ein und ließ Reis aus seinen Lagern herbeischaffen. Für das vierte Feld auf dem Schachbrett benötigte er acht Reiskörner, für das zehnte 512, für das 15. Feld bereits 16 348. Für das 21. Feld standen dem Höfling mehr als eine Million Reiskörner zu, und für das 41. hätte der König ihm eine Billion (10^{12}) Reiskörner geben müssen. Bis zum 64. Feld hätte die Bezahlung nie fortgesetzt werden können – dafür wäre mehr Reis nötig gewesen, als es auf der ganzen Welt gab!

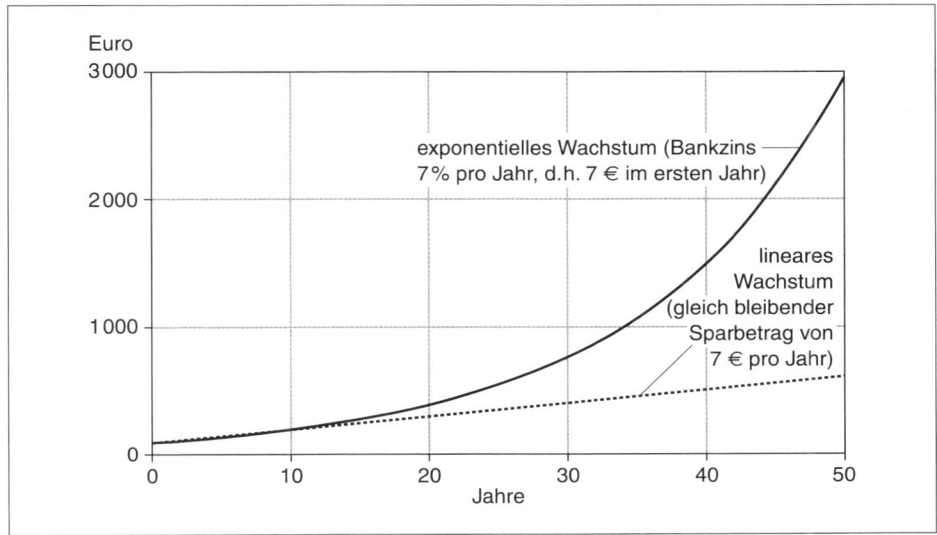

Abbildung 2-3 Lineares und exponentielles Wachstum von Ersparnissen
Wenn man 100 Euro in eine Sparbüchse steckt und jährlich 7 Euro hinzufügt, so wachsen die Ersparnisse linear an, wie durch die gestrichelte Linie angedeutet. Zahlt man die 100 Euro jedoch auf ein Bankkonto mit 7 % jährlicher Verzinsung ein, dann wächst diese Summe exponentiell mit einer Verdopplungszeit von ungefähr zehn Jahren.

Ein französisches Rätsel verdeutlicht einen anderen Aspekt des exponentiellen Wachstums: die überraschende Plötzlichkeit, mit der eine exponentiell anwachsende Größe eine bestimmte Grenze erreicht. Angenommen, Sie besäßen einen Teich. Eines Tages bemerken Sie, dass auf diesem Teich eine einzelne Seerose wächst. Sie wissen, dass die Seerose täglich ihre Blattfläche verdoppelt. Sie erkennen auch, dass die Pflanze in 30 Tagen den gesamten Teich bedecken und dadurch alle anderen Lebensformen im Wasser ersticken würde, falls Sie nicht eingreifen. Doch anfangs machen Sie sich keine Sorgen, weil die Seerose ja noch so klein ist. Sie wollen erst etwas unternehmen, wenn sie die Hälfte des Teiches bedeckt. Wie viel Zeit hätten Sie dann, um die Zerstörung Ihres Teiches zu verhindern?

Nur einen Tag! Am 29. Tag wäre der Teich zur Hälfte bedeckt, und am nächsten Tag – nach einer letzten Verdopplung – völlig zugewachsen. Anfangs scheint es sinnvoll, mit dem Eingriff zu warten, bis der halbe Teich zugewachsen ist. Am 21. Tag bedeckt die Pflanze ja lediglich 0,2 % des Teiches und am 25. Tag erst 3 %. Dennoch bleibt bei diesem Vorgehen nur ein einziger Tag, um den Teich zu retten.[2]

Sie sehen, wie exponentielles Wachstum im Zusammenspiel mit einer verzögerten Reaktion zu einer Grenzüberschreitung führen kann. Über einen langen Zeitraum verändert sich zunächst wenig. Es gibt anscheinend keine

Probleme. Dann jedoch verändert sich alles schneller und schneller, bis schließlich bei den letzten ein oder zwei Verdopplungen keine Zeit zum Handeln mehr bleibt. Die anscheinend am letzten Tag des Seerosenteiches auftauchende Krise ist nicht auf irgendwelche Veränderungen des sie verursachenden Prozesses zurückzuführen; die prozentuale Wachstumsrate der Seerose bleibt während des gesamten Monats absolut konstant. Dennoch wächst sich dieses exponentielle Wachstum plötzlich zu einem Problem aus, das nicht mehr beherrschbar ist.

Sie könnten diesen plötzlichen Umschwung von einer vernachlässigbaren zu einer zu starken Belastung an sich selbst erfahren. Stellen Sie sich vor, Sie äßen am ersten Tag des Monats eine Erdnuss, am zweiten Tag zwei, am dritten vier und so weiter. Anfangs würden Sie dabei eine sehr geringe Nahrungsmenge kaufen und verzehren, doch lange vor dem Monatsende wären sowohl Ihr Bankkonto als auch Ihre Gesundheit ernsthaft gefährdet. Wie lange könnten Sie dieses Experiment einer exponentiell zunehmenden Nahrungsaufnahme bei einer Verdopplungszeit von einem Tag durchhalten? Am zehnten Tag müssten Sie noch knapp ein Pfund Erdnüsse essen, aber am letzten Tag des Monats wären Sie bei einer täglichen Verdopplung des Verzehrs gezwungen, mehr als 500 Tonnen Erdnüsse zu kaufen und zu essen!

Ernsthafte Schäden würde das Erdnussexperiment Ihnen nicht zufügen, weil Sie eines Tages angesichts des unvorstellbar großen Erdnusshaufens einfach kapitulieren würden. Bei diesem Beispiel gäbe es also keine signifikante Verzögerung zwischen dem Zeitpunkt des Handelns und dem Zeitpunkt, an dem dessen Auswirkungen in vollem Ausmaß spürbar werden.

Eine Größe, die nach einer rein exponentiellen Wachstumsgleichung zunimmt, verdoppelt sich in einem konstanten Zeitraum. Bei der Hefekolonie betrug die Verdopplungszeit zehn Minuten. Geld auf einer Bank verdoppelt sich bei einer jährlichen Verzinsung von 7% etwa alle zehn Jahre. Beim Seerosenteich und beim Experiment mit den Erdnüssen lag die Verdopplungszeit bei genau einem Tag. Es gibt eine einfache Beziehung zwischen der Wachstumsrate in Prozent und der Zeitspanne, bis sich die Größe verdoppelt. Die Verdopplungszeit entspricht ungefähr 72 dividiert durch die Wachstumsrate in Prozent.[3] Dies veranschaulicht Tabelle 2-1.

Nehmen wir als Beispiel die Bevölkerung Nigerias, um die Folgen einer anhaltenden Verdopplung zu verdeutlichen. In diesem afrikanischen Land lebten im Jahr 1950 etwa 36 Millionen Menschen. Im Jahr 2000 waren es 125 Millionen. Während der zweiten Hälfte des 20. Jahrhunderts vervierfachte sich also die Bevölkerungszahl etwa. Im Jahr 2000 wurde eine Wachstumsrate von 2,5% pro Jahr berichtet.[4] Die Verdopplungszeit betrug in diesem Fall 72 dividiert durch 2,5, also annähernd 29 Jahre. *Angenommen*, diese Rate des Bevölkerungswachstums würde sich unverändert in die Zukunft fortsetzen – dann würde die Bevölkerung Nigerias etwa die in Tabelle 2-2 angegebenen Werte erreichen.

Tabelle 2-1 Verdopplungszeiten

Wachstumsrate (% pro Jahr)	ungefähre Verdopplungszeit (Jahre)
0,1	720
0,5	144
1,0	72
2,0	36
3,0	24
4,0	18
5,0	14
6,0	12
7,0	10
10,0	7

Tabelle 2-2 Bevölkerungswachstum in Nigeria, hochgerechnet

Jahr	Bevölkerung (Millionen Menschen)
2000	125
2029	250
2058	500
2087	1000

Ein im Jahr 2000 in Nigeria geborenes Kind fand eine viermal größere Bevölkerung vor als eines, das 1950 zur Welt gekommen war. Würde die nigerianische Wachstumsrate nach dem Jahr 2000 konstant bleiben und dieses Kind 87 Jahre alt werden, dann würde es eine *weitere Verachtfachung* der Bevölkerung miterleben. Ende des 21. Jahrhunderts kämen auf jeden Nigerianer von 2000 acht Landsleute, und für jeden von 1950 sogar 28. In Nigeria würde dann mehr als eine Milliarde Menschen leben!

Nigeria gehört bereits jetzt zu den vielen Ländern, die unter Hunger und Umweltzerstörung leiden. Damit ist klar, dass sich seine Bevölkerung nicht noch einmal verachtfachen kann! Warum dann aber solche Hochrechnungen wie in Tabelle 2-2? Einzig und allein, um die mathematischen Konsequenzen der Verdopplungszeit deutlich zu machen und aufzuzeigen, dass *exponentielles Wachstum in einem begrenzten Raum mit begrenzten Ressourcen nie sehr lange anhalten kann.*

Warum aber findet diese Art von Wachstum in der heutigen Welt ständig statt? Und wodurch könnte es aufgehalten werden?

Exponentiell wachsende Größen

Exponentielles Wachstum kann von Natur aus auf zweierlei Weise stattfinden: erstens wenn sich eine wachsende Größe selbst reproduziert und zweitens wenn ihr Wachstum von einer anderen, exponentiell wachsenden Größe angetrieben wird.

Alle Lebewesen, von Bakterien bis zum Menschen, fallen in die erste Kategorie, denn Lebewesen stammen immer von Lebewesen ab. Die Systemstruktur einer sich selbst reproduzierenden Population lässt sich mit einem Diagramm wie diesem veranschaulichen:

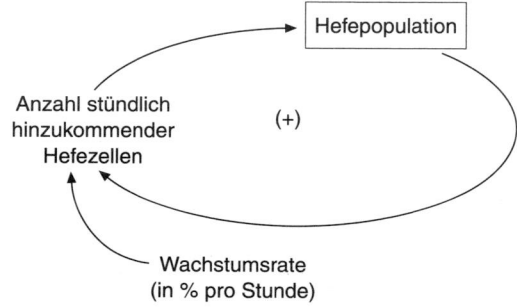

Rückkopplungsschleife des Wachstums einer Hefepopulation

Diagramme dieser Art stammen aus unserem Wissensgebiet, der Systemdynamik; sie geben die Systembeziehungen genau wieder. Der Kasten um die Hefepopulation zeigt an, dass es sich hierbei um eine *Bestandsgröße* handelt – eine Anhäufung, das Ergebnis aller Vorgänge, die in der Vergangenheit zu Zunahme und Abnahme der Hefemenge geführt haben. Die Pfeile zeigen Kausalbeziehungen oder Wirkungen an, die von ganz unterschiedlicher Art sein können. In diesem Diagramm stellt der Pfeil oben links einen materiellen Fluss dar – in diesem Fall fließen der Bestandsgröße, der Hefepopulation, neue Hefezellen zu. Der Pfeil unten rechts steht für einen Informationsfluss; er bedeutet, dass sich die Bestandsgröße auf die Produktion neuer Hefezellen auswirkt. Je größer der Hefebestand, desto mehr neue Zellen können produziert werden, solange nichts die Wachstumsrate verändert. (Natürlich gibt es Faktoren, die die Wachstumsrate beeinflussen. Der Einfachheit halber wurden sie in diesem Diagramm weggelassen. Wir werden aber später noch auf sie zurückkommen.)

Das Pluszeichen (+) in der Mitte besagt, dass die beiden Pfeile zusammen eine *positive* oder *verstärkende Rückkopplungsschleife* bilden. Eine positive Rückkopplung ist eine in sich geschlossene Wirkungskette, die eine sich selbst verstärkende Veränderung bewirkt. Sie funktioniert folgendermaßen: Eine Veränderung an einem Element irgendwo in der Schleife bewirkt Veränderungen, die entlang der Wirkungskette weitergegeben werden und das ursprüngliche Element schließlich noch mehr im gleichen Sinne verändern. Eine Zunahme führt somit zu weiterer Zunahme, eine Abnahme letztlich zu weiterer Abnahme.

In der Systemdynamik bedeutet die Bezeichnung *positive Rückkopplung* nicht unbedingt, dass diese zu vorteilhaften Ergebnissen führt. Der Ausdruck *positiv* bezieht sich lediglich auf die *verstärkende* Wirkung der Einflüsse innerhalb der Schleife. Ebenso bringen negative Rückkopplungen, mit denen wir uns in Kürze näher befassen werden, nicht zwangsläufig ungünstige Ergebnisse hervor. Sie wirken sogar oftmals stabilisierend. Negativ sind sie in dem Sinne, dass sie Veränderungen *entgegenwirken* und sie beim Durchlaufen der Schleife *umkehren* oder *ausgleichen*.

Ob eine positive Rückkopplung nun tatsächlich einen günstigen Effekt hat oder eher zum „Teufelskreis" wird, hängt davon ab, ob die dadurch verursachte Wirkung erwünscht ist oder nicht. Positive Rückkopplung bewirkt beispielsweise das exponentielle Wachstum der Hefezellen in aufgehendem Brotteig und der Ersparnisse auf einem zinsbringenden Bankkonto. Solche Rückkopplungen sind nützlich. Positive Rückkopplung kann aber auch für einen Schädlingsbefall in der Landwirtschaft oder für die Vermehrung von Erkältungsviren im Rachenraum verantwortlich sein. In diesen Fällen ist positive Rückkopplung alles andere als nützlich.

Immer wenn die Bestandsgröße eines Systems Teil einer positiven Rückkopplungsschleife ist, ergibt sich die Möglichkeit exponentiellen Wachstums. Das bedeutet nicht, dass die Bestandsgröße *tatsächlich* exponentiell anwachsen wird; sie hat jedoch die *Fähigkeit* dazu, falls etwaige Einschränkungen entfallen. Wachstum kann durch viele Faktoren eingeschränkt werden, etwa durch einen Mangel an Nährstoffen (im Falle der Hefezellen), durch niedrige Temperaturen oder durch die Anwesenheit anderer Populationen (beim Schädlingsbefall). Das Wachstum der menschlichen Bevölkerung etwa hängt z. B. von Anreizen und Abschreckungen, Zielen und Zwecken, Katastrophen, Krankheiten und Wünschen ab. Mit der Zeit verändert sich die Wachstumsrate; sie unterscheidet sich von Ort zu Ort. Aber solange das Wachstum von Hefen, Schädlingen oder der menschlichen Bevölkerung nicht begrenzt wird, erfolgt es exponentiell.

Eine weitere Bestandsgröße, die einem exponentiellen Wachstum unterliegen kann, ist das *Industriekapital*. Darunter versteht man beispielsweise Maschinen und Fabriken, mit denen man weitere Maschinen herstellen und Fabriken bauen kann. Ein Stahlwerk kann den Stahl für den Bau eines anderen Stahlwerks herstellen; eine Fabrik für Schrauben und Muttern kann die Schrauben und Muttern herstellen, die andere Maschinen zur Produktion von Schrauben und Muttern zusammenhalten; jedes Unternehmen, das Profit macht, erzeugt finanzielle Mittel, mit denen das Unternehmen weiter expandieren kann. In der selbstreproduzierenden, wachstumsorientierten Industriewirtschaft ermöglichen sowohl materielles als auch finanzielles Kapital die Erzeugung von noch mehr Kapital.

Es ist kein Zufall, dass in der industrialisierten Welt mittlerweile ein jährliches Wirtschaftswachstum um einen bestimmten Prozentsatz – sagen wir 3% – erwartet wird. Diese Erwartungshaltung entwickelte sich aus der jahrhundertelangen Erfahrung mit Kapital, das noch mehr Kapital erzeugt. Man hat gelernt, zu sparen und in die Zukunft zu investieren – einen bestimmten Anteil der Erzeugung für Investitionen zu verwenden, in der Erwartung, zukünftig noch mehr zu erzeugen. Die Wirtschaft wird immer dann exponentiell anwachsen, wenn die Selbstvermehrung des Kapitals nicht eingeschränkt wird, etwa durch die Konsumnachfrage, durch die Verfügbarkeit von Arbeitskräften, durch die Knappheit von Rohstoffen und Energie, durch fehlende Investitionsmittel oder irgendwelche andere Faktoren, die das Wachstums eines komplexen Industriesystems begrenzen können. Ähnlich wie die Bevölkerung weist auch das Kapital eine innere *Systemstruktur* auf (in Form positiver Rückkopplung), die das *Verhalten* exponentiellen Wachstums erzeugen kann. Natürlich wachsen Wirtschaftssysteme wie auch Bevölkerungen nicht immer. Aber ihre Struktur ist auf Wachstum ausgerichtet, und wenn sie wachsen, dann exponentiell.

Viele Faktoren in unserer Gesellschaft können exponentiell wachsen. Gewalt kann beispielsweise exponentiell zunehmen, und Korruption kann sich durch Rückkopplung weiter verstärken. Auch an Klimaveränderungen sind verschiedene positive Rückkopplungen beteiligt. So bewirken die Emissionen von Treibhausgasen in die Atmosphäre einen Temperaturanstieg, der wiederum das Schmelzen des Dauerfrostbodens in der arktischen Tundra beschleunigt. Beim Schmelzen des Tundra-Eises wird darin eingeschlossenes Methan frei. Als stark wirkendes Treibhausgas kann dieses Methan noch zu einem weiteren Anstieg der globalen Temperaturen führen.

Einige positive Rückkopplungen dieser Art wurden in World3 konkret modelliert. So haben wir beispielsweise die Prozesse abgebildet, die die Bodenfruchtbarkeit bestimmen. Auch verschiedene Technologien scheinen exponentiell zuzunehmen; dies werden wir in den Experimenten von Kapitel 7 berücksichtigen. Wir sind jedoch überzeugt, dass vor allem die Wachstumsprozesse von Bevölkerung und Industrie die treibenden Kräfte darstellen, die die globale Gesellschaft ihre Grenzen überschreiten lassen. Wir konzentrieren uns daher auf diese Wachstumsprozesse.

Die Bevölkerung und das Produktionskapital sind die Motoren des exponentiellen Wachstums in der menschlichen Gesellschaft. Andere Größen mit einer Tendenz zu exponentiellem Anstieg, wie die Nahrungsmittelproduktion, der Ressourcenverbrauch und die Umweltverschmutzung, vervielfachen sich nicht selbstständig, sondern werden durch die Bevölkerung und das Kapital *angetrieben*. Es gibt keine positive Rückkopplungsschleife, die bewirken könnte, dass ins Grundwasser gelangte Pestizide noch mehr Pestizide erzeugen oder dass sich Kohle unterirdisch vermehrt und so weitere Kohle hervorbringt. Die physikalischen und biologischen Auswirkungen des Anbaus von 6 Tonnen

Weizen pro Hektar machen es nicht einfacher, 12 Tonnen pro Hektar anzubauen. Ab einem gewissen Punkt – wenn die Grenzen erreicht sind – wird jede Verdopplung des Nahrungsmittelanbaus oder des Mineralienabbaus nicht leichter, sondern schwieriger als die vorausgegangene Verdopplung.

Der (tatsächlich erfolgte) exponentielle Anstieg in der Nahrungsmittelproduktion und im Verbrauch von Rohstoffen und Energie beruht somit nicht auf den Eigenschaften ihrer Systemstruktur, sondern darauf, dass die exponentiell anwachsende Bevölkerung und Wirtschaft mehr Nahrungsmittel, Rohstoffe und Energie benötigten und diese erfolgreich erzeugen bzw. beschaffen konnten. Ebenso haben Umweltverschmutzung und Abfälle nicht aufgrund eigener positiver Rückkopplungsmechanismen zugenommen, sondern weil in der menschlichen Wirtschaft die Durchsatzmengen von Rohstoffen und Energie immer weiter zugenommen haben.

Eine zentrale Annahme des Modells World3 ist, dass die Bevölkerung und das Kapital aufgrund ihrer Systemstruktur exponentiell wachsen können. Das ist keine willkürliche Annahme. Sie wird gestützt durch die beobachtbaren Charakteristika des globalen sozioökonomischen Systems und historische Entwicklungsmuster. Wachstum von Bevölkerung und Kapital führt zu einem Anwachsen des ökologischen Fußabdrucks der Menschheit, solange sich die Konsumpräferenzen nicht gravierend ändern und die Effizienz der Ressourcennutzung nicht drastisch verbessert wird. Zu keiner dieser Veränderungen ist es bisher gekommen. Die menschliche Bevölkerung und das Industriekapital sowie die zu ihrer Erhaltung notwendigen Durchsatzmengen an Energie und Rohstoffen sind mindestens ein Jahrhundert lang exponentiell angewachsen; allerdings erfolgte das Wachstum nicht immer reibungslos und einfach, und es wurde stark von anderen Rückkopplungsschleifen beeinflusst. Die Welt ist also weitaus komplizierter als ein einfacher Wachstumsprozess. Und dies gilt auch für das Modell World3, wie wir noch zeigen werden.

Wachstum der Weltbevölkerung

Im Jahr 1650 zählte die Weltbevölkerung rund eine halbe Milliarde Menschen. Sie wuchs um etwa 0,3% im Jahr, was einer Verdopplungszeit von nahezu 240 Jahren entspricht.

Bis 1900 war die Weltbevölkerung auf 1,6 Milliarden Menschen angewachsen und nahm um 0,7–0,8% jährlich zu. Die Verdopplungszeit belief sich damals auf 100 Jahre.

Im Jahr 1965 lebten auf der Welt insgesamt 3,3 Milliarden Menschen. Die jährliche Wachstumsrate war auf 2% angestiegen, das bedeutet eine Verdopplungszeit von rund 36 Jahren. Somit wuchs die Bevölkerung von 1650 an nicht nur exponentiell, sondern vielmehr *super*exponentiell – denn die Wachstums-rate selbst nahm zu. Dieser Anstieg hatte einen erfreulichen Grund: Die Sterberate ging zurück. Zwar sanken auch die Geburtenraten, aber deutlich langsamer. Daraus ergab sich insgesamt ein Bevölkerungsanstieg.

Nach 1965 nahmen die Sterberaten weiter ab, aber die durchschnittlichen Geburtenraten fielen noch schneller (Abbildung 2-4). Während die Bevölke-rung bis zum Jahr 2000 von 3,3 Milliarden auf etwas über 6 Milliarden anstieg, sank die Wachstums*rate* von 2,0 auf 1,2 % jährlich.[5]

Diese Umkehr im Bevölkerungswachstum ist erstaunlich und deutet auf grundlegende Veränderungen hin: zum einen bei kulturellen Faktoren, die die Entscheidung der Menschen bezüglich ihrer Familiengröße beeinflussen, und zum anderen bei technischen Fortschritten, mit denen solche Entscheidungen wirksam umgesetzt werden können. Die durchschnittliche Kinderzahl pro Frau ging von 5 in den 1950er-Jahren auf 2,7 in den 1990er-Jahren zurück. In Europa betrug die durchschnittliche Kinderzahl an der Wende zum 21. Jahrhundert 1,4 Kinder pro Paar – und damit erheblich weniger, als zum Ausgleich der Sterbefälle erforderlich wäre.[6] Somit wird die europäische Bevöl-kerung voraussichtlich langsam schrumpfen – von 728 Millionen 1998 auf 715 Millionen im Jahr 2025.[7]

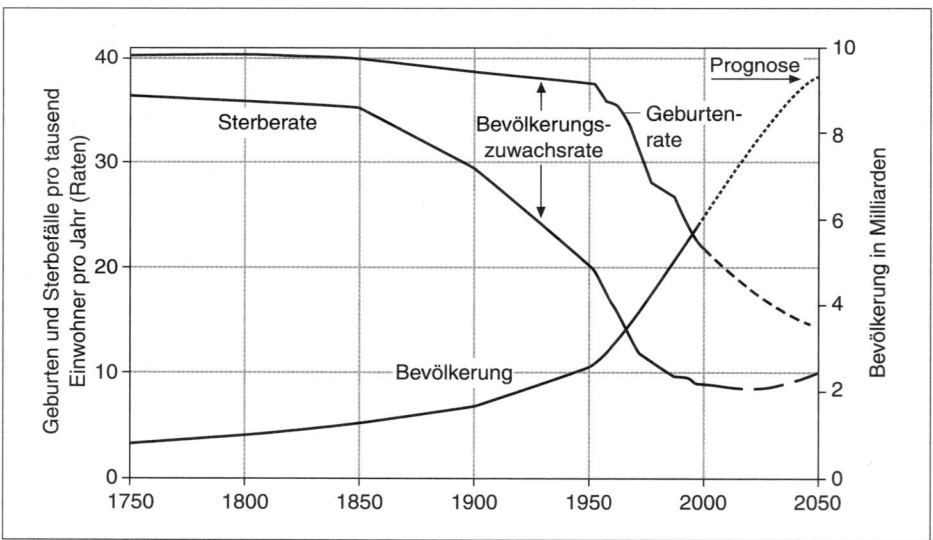

Abbildung 2-4 Demographischer Übergang der Weltbevölkerung
Der Unterschied zwischen Geburtenrate und Sterberate bestimmt, mit welcher Rate die Bevölke-rung anwächst. Bis etwa 1965 sank die durchschnittliche Sterberate schneller als die Geburten-rate, sodass die Rate des Bevölkerungswachstums anstieg. Seit 1965 ist die durchschnittliche Geburtenrate schneller zurückgegangen als die Sterberate. Daher ist die Wachstumsrate der Bevölkerung beträchtlich gesunken – obschon das exponentielle Wachstum weiter anhält. (Quelle: UN)

Dieser Rückgang der Fruchtbarkeit bedeutet nicht, dass die Weltbevölkerung insgesamt aufgehört hat zu wachsen – oder exponentiell zu wachsen. Lediglich die Verdopplungszeit hat sich verlängert (von 36 Jahren bei einer Wachstumsrate von 2 % jährlich auf 60 Jahre bei 1,2 % jährlich) und wird sich wohl noch weiter verlängern. Die Zahl der netto hinzugekommenen Erdbewohner lag im Jahr 2000 sogar höher als 1965, trotz geringerer Wachstumsrate. Tabelle 2-3 zeigt, warum: Die geringere Wachstumsrate von 2000 multipliziert mit der größeren Bevölkerungszahl ergibt einen höheren absoluten Zuwachs.

Ab Ende der 1980er-Jahre stieg die jährlich zur Weltbevölkerung hinzukommende Zahl von Menschen schließlich nicht mehr weiter an. Aber die Zunahme um 75 Millionen Menschen im Jahr 2000 war dennoch beträchtlich – in diesem Jahr ist danach mehr als neunmal die gesamte Bevölkerung von New York City hinzugekommen. Oder genauer: Da fast der gesamte Zuwachs auf der Südhalbkugel erfolgte, entspräche dieser jährliche Zuwachs dem Hinzukommen der gesamten Bevölkerung der Philippinen – oder zehnmal von Peking oder sechsmal von Kalkutta. Selbst bei optimistischen Prognosen für einen weiteren Rückgang der Geburtenraten steht uns noch ein großer Bevölkerungsanstieg bevor, insbesondere in den weniger industrialisierten Ländern (Abbildung 2-5).

Die Dynamik des Bevölkerungssystems wird von den beiden folgenden zentralen Rückkopplungsmechanismen gesteuert:

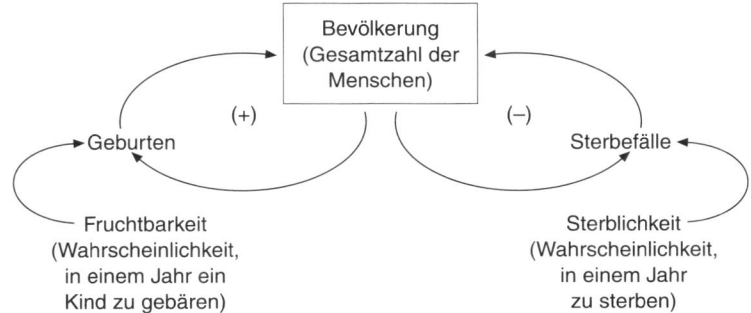

Rückkopplungen der Geburten und Sterbefälle

Links ist die *positive Rückkopplung* dargestellt, die zu exponentiellem Wachstum führen kann. Je größer die Bevölkerung, desto mehr Geburten erfolgen pro Jahr. Auf der rechten Seite erkennt man eine *negative Rückkopplung*: Je mehr Todesfälle, umso mehr schrumpft der Bevölkerungsbestand. Während positive Rückkopplungen zu explosivem Wachstum führen, wirken negativ rückgekoppelte tendenziell wachstumsregulierend; sie halten ein System in einem akzeptablen Bereich oder bringen es wieder in einen stabilen Zustand, in dem die Bestandsgrößen über längere Zeit mehr oder weniger konstant bleiben. Eine negative Rückkopplungsschleife kehrt während des Durchlaufens

Tabelle 2-3 Zuwachs der Weltbevölkerung

Jahr	Bevölkerung (Milliarden)	×	Wachstumsrate (% pro Jahr)	=	jährlicher Zuwachs (Millionen Menschen pro Jahr)
1965	3,33	×	2,03	=	68
1970	3,69	×	1,93	=	71
1975	4,07	×	1,71	=	70
1980	4,43	×	1,70	=	75
1985	4,82	×	1,71	=	82
1990	5,25	×	1,49	=	78
1995	5,66	×	1,35	=	76
2000	6,06	×	1,23	=	75

(Quelle: UN)

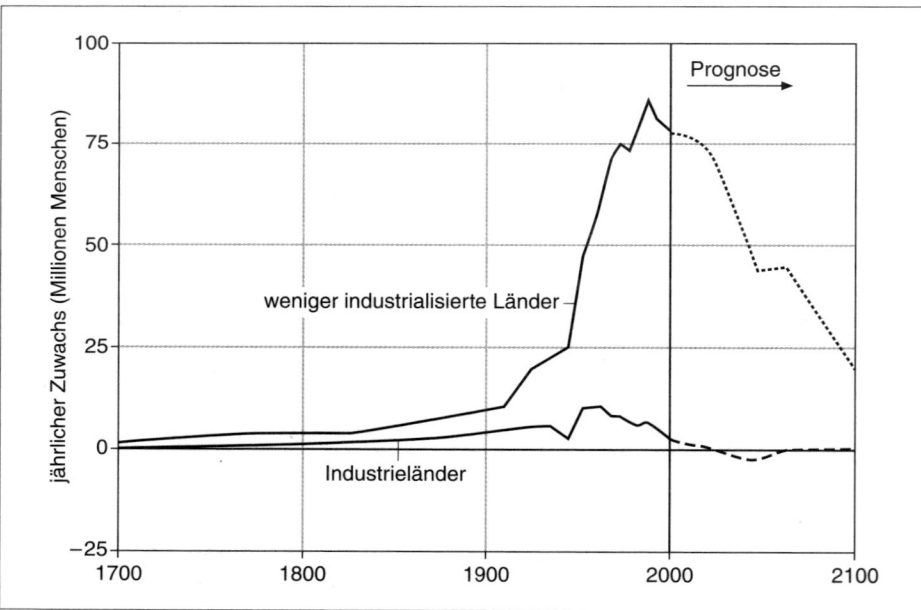

Abbildung 2-5 Jahreszuwachs der Weltbevölkerung
Bis vor nicht allzu langer Zeit nahm die Zahl der Menschen zu, um die die Weltbevölkerung jedes Jahr anstieg. Den Prognosen der Vereinten Nationen (UN) zufolge wird dieser jährliche Zuwachs bald stark zurückgehen. Diese Prognosen gehen von einem raschen Sinken der Geburtenraten in den weniger industrialisierten Ländern aus. (Quelle: UN; D. Bogue)

der Schleife die Änderung eines Elements um, sodass dieses Element selbst letztlich *entgegengesetzt* zu seiner anfänglichen Änderung verändert wird.

Die Zahl der jährlichen Sterbefälle entspricht der Gesamtbevölkerungszahl multipliziert mit der durchschnittlichen Sterblichkeit (Mortalität); die Zahl der Geburten entspricht der Gesamtbevölkerungszahl multipliziert mit der durchschnittlichen Fruchtbarkeit (Fertilität). Die Wachstumsrate einer Bevölkerung entspricht der Fruchtbarkeit, vermindert um die Sterblichkeit. Natürlich sind weder die Fruchtbarkeit noch die Sterblichkeit konstant. Sie hängen von wirtschaftlichen, demographischen und Umweltfaktoren ab, beispielsweise Einkommen, Bildung, Gesundheitsfürsorge, Maßnahmen zur Familienplanung, Religion, Altersstruktur der Bevölkerung und Ausmaß der Umweltverschmutzung.

Die verbreitetste Theorie dazu, *wie* sich die Fruchtbarkeit und Sterblichkeit ändern und *warum* die Wachstumsrate der Weltbevölkerung zurückgeht, wird als *demographischer Übergang* bezeichnet. Sie steckt auch im Modell World3. Dieser Theorie zufolge sind in Gesellschaften vor der Industrialisierung sowohl die Fruchtbarkeit als auch die Sterblichkeit hoch, und die Bevölkerung wächst langsam. Wenn sich die Ernährung und die medizinische Versorgung verbessern, sinken die Sterberaten; die Geburtenraten bleiben jedoch noch eine oder zwei Generationen lang hoch. Dadurch vergrößert sich die Spanne zwischen Fruchtbarkeit und Sterblichkeit, was zu einem raschen Bevölkerungswachstum führt. Sobald sich Lebensweise und Lebensgewohnheiten so entwickeln, wie es für voll industrialisierte Gesellschaften typisch ist, fallen schließlich auch die Geburtenraten, und das Bevölkerungswachstum verlangsamt sich.

Die tatsächlichen demographischen Erfahrungen aus sechs Ländern sind in Abbildung 2-6 dargestellt. Wie man sieht, sind die Geburten- und Sterberaten in Ländern wie Schweden, die schon seit langem industrialisiert sind, sehr langsam gesunken. Der Unterschied zwischen den beiden war nie sehr groß; die Bevölkerung wuchs nie um mehr als 2% jährlich. Während des gesamten demographischen Übergangs sind die Bevölkerungen der meisten nördlichen Länder höchstens auf das Fünffache angewachsen. Im Jahr 2000 lag die Fruchtbarkeit in nur wenigen Industrienationen oberhalb der Schwelle, die die Sterbefälle ausgleicht; daher wird in den meisten dieser Nationen in den kommenden Jahren die Bevölkerung zurückgehen. Wo nach wie vor ein Zuwachs erfolgt, geschieht dies aufgrund von Zuwanderungen oder aufgrund der bestehenden Altersverteilung (mehr junge Menschen erreichen das fortpflanzungsfähige Alter, als ältere Menschen aus diesem herauskommen) oder aus beiden Gründen.

Auf der Südhalbkugel gingen die Sterberaten später, aber viel schneller zurück. Dadurch entstand ein großer Unterschied zwischen den Geburten- und Sterberaten. In diesem Teil der Welt wuchs die Bevölkerung also viel schneller, als es im Norden jemals der Fall war (eine Ausnahme bildet Nord-

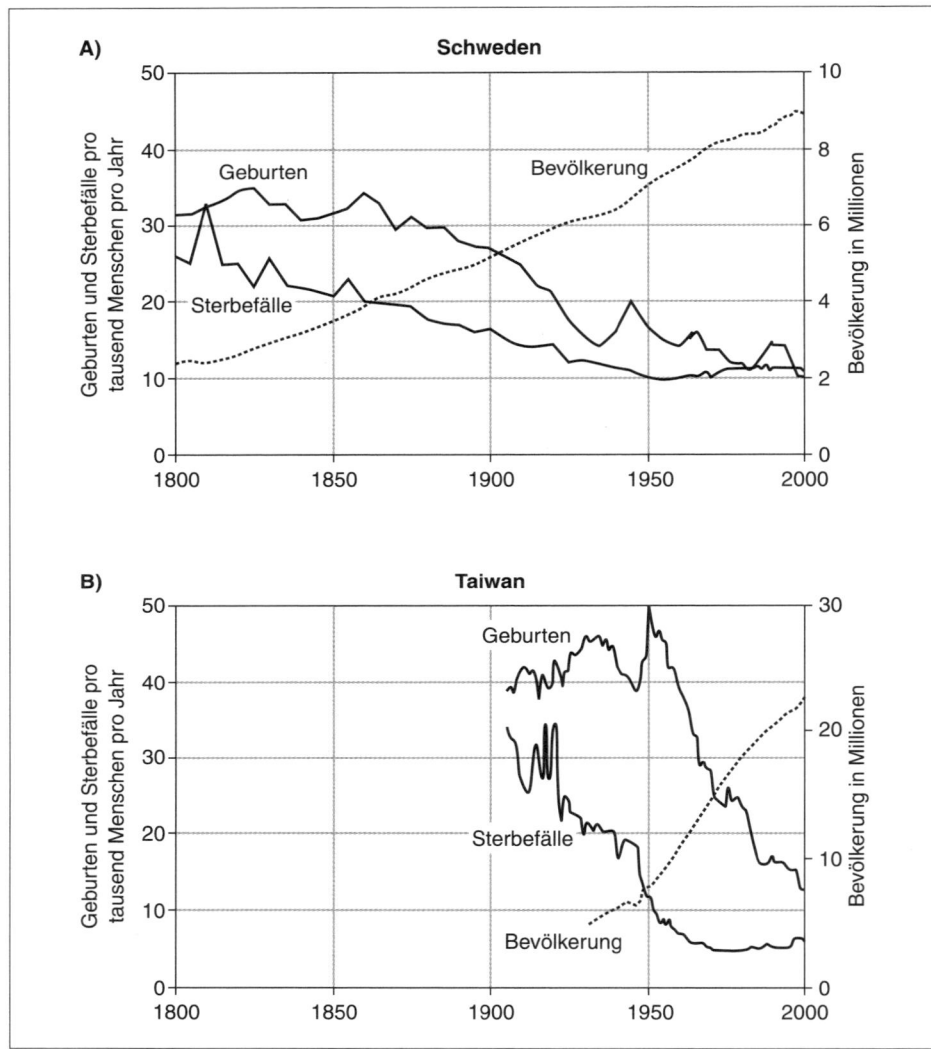

Abbildung 2-6 Demographische Übergänge in Industrieländern (A) und weniger industrialisierten Ländern (B)

Beim demographischen Übergang sinkt zunächst die Sterberate einer Nation, gefolgt von ihrer Geburtenrate. In Schweden dauerte der demographische Übergang etwa 200 Jahre, wobei die Geburtenrate ständig nur geringfügig über der Sterberate lag. In dieser Zeit stieg die Bevölkerung Schwedens um weniger als das Fünffache an. Japan ist ein Beispiel für ein Land, in dem der Übergang in weniger als einem Jahrhundert vollzogen wurde. In den weniger industrialisierten Ländern war Ende des 20. Jahrhunderts der Unterschied zwischen den Geburten- und Sterberaten weit größer als je zuvor in den heute industrialisierten Ländern. (Quellen: N. Keyfitz und W. Flieger; J. Chesnais; UN; PRB; UK ONS; Republik China)

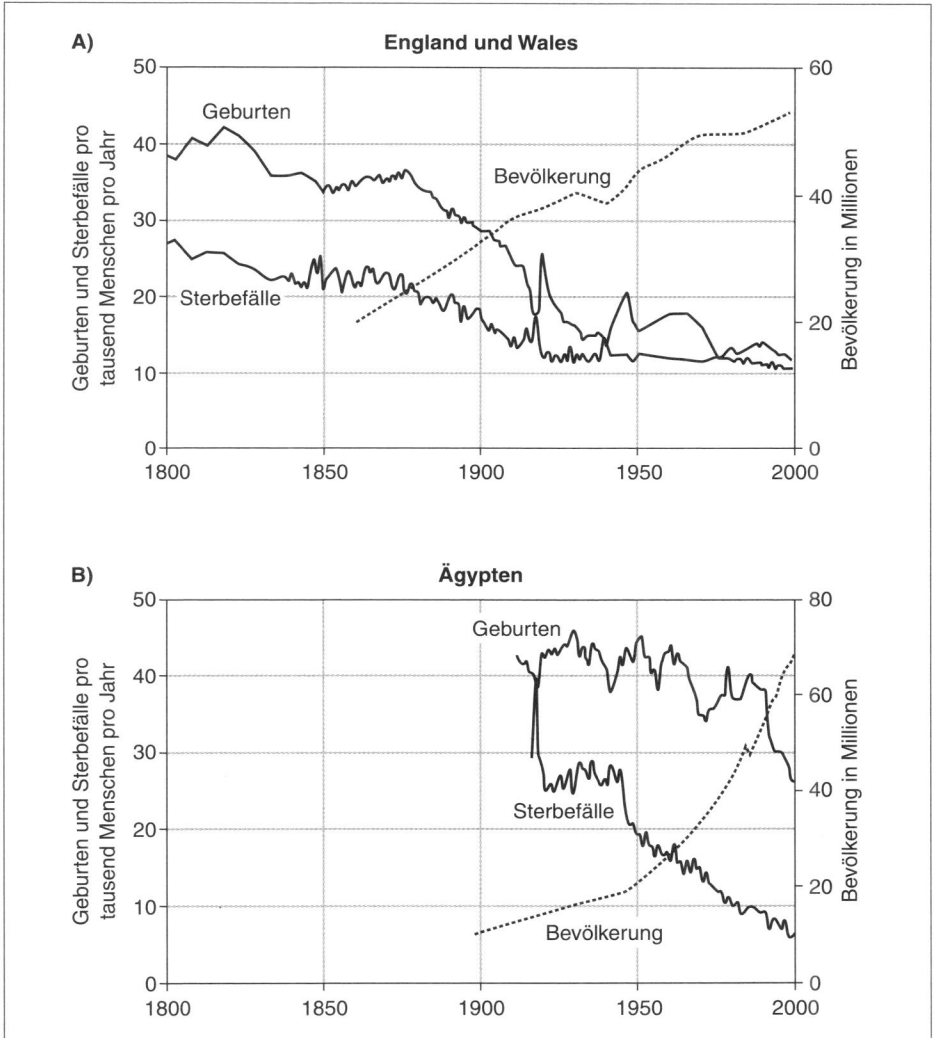

**Abbildung 2-6 Demographische Übergänge in Industrieländern (A) und weniger industriali-
sierten Ländern (B)**

amerika, das viele Einwanderer aus Europa aufnahm). Die Bevölkerungszahlen vieler Länder der Südhalbkugel sind bereits auf das Zehnfache angewachsen und wachsen noch weiter. Ihr demographischer Übergang ist bei weitem
noch nicht abgeschlossen.

Unter Demographen ist noch umstritten, *warum* es offenbar einen solchen
mit der Industrialisierung in Zusammenhang stehenden demographischen

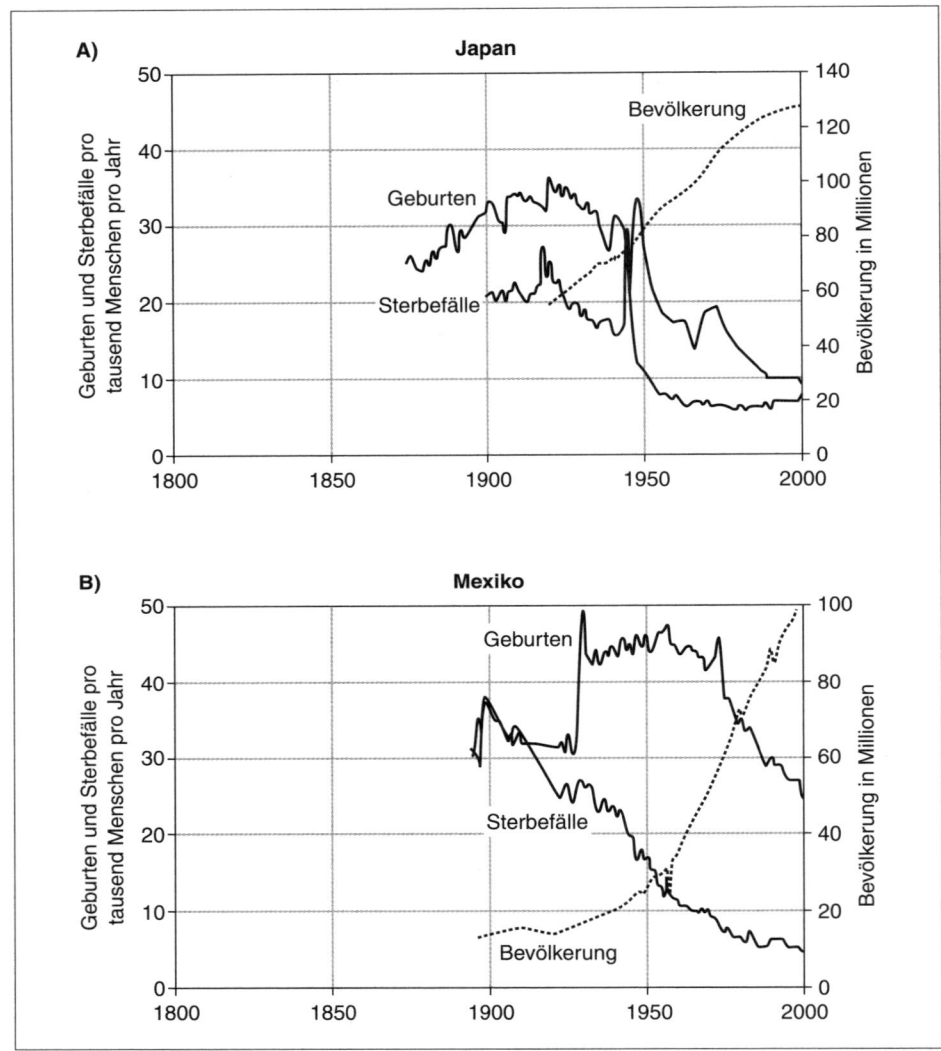

**Abbildung 2-6 Demographische Übergänge in Industrieländern (A) und weniger industriali-
sierten Ländern (B)**

Übergang gibt. Die treibenden Kräfte sind sicherlich sehr komplex; mit steigenden Einkommen lässt sich die Entwicklung nicht allein erklären. Abbildung 2-7 zeigt beispielsweise die Korrelation zwischen dem Pro-Kopf-Einkommen (gemessen als Bruttonationaleinkommen [BNE] oder Bruttosozialprodukt[8] pro Person und Jahr) und den Geburtenraten in verschiedenen Ländern
der Welt. Es besteht eindeutig ein enger Zusammenhang zwischen hohen

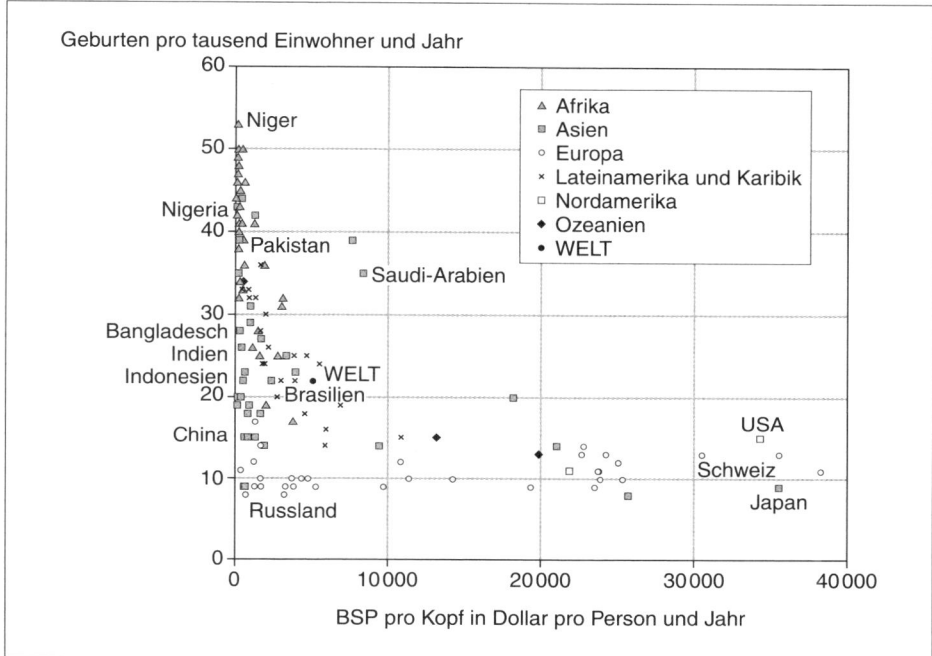

Abbildung 2-7 Geburtenraten und Bruttosozialprodukt pro Kopf im Jahr 2001
Wenn eine Gesellschaft wohlhabender wird, nimmt die Geburtenrate zumeist ab. In den ärmsten Nationen werden jährlich pro tausend Einwohner 20–50 oder mehr Kinder geboren. In keiner der reichsten Nationen übersteigt die jährliche Geburtenrate 20 Neugeborene pro tausend Einwohner. (Quelle: PRB; Weltbank)

Einkommen und niedrigen Geburtenraten. Genauso gibt es aber auch verblüffende Ausnahmen – insbesondere bei niedrigen Einkommen. So weist China gemessen an seinem Einkommensniveau eine auffallend niedrige Geburtenrate auf. In einigen Ländern im Nahen Osten und in Afrika dagegen sind die Geburtenraten in Relation zum Pro-Kopf-Einkommen unverhältnismäßig hoch.

Die Wirtschaftskraft ist für den Rückgang der Geburtenraten wahrscheinlich weniger entscheidend; *direktere* Bedeutung hat das Ausmaß, in dem sich wirtschaftliche Verbesserungen tatsächlich auf das Leben aller Familien, insbesondere auf das der Frauen, auswirken. Wichtiger für Prognosen als das Bruttosozialprodukt pro Kopf sind Faktoren wie Ausbildung und Beschäftigung (speziell für Frauen), Familienplanung, geringe Kindersterblichkeit, eine relativ gerechte Verteilung der Einkommen und Chancengleichheit.[9] Wie sich in China, Sri Lanka, Costa Rica, Singapur, Thailand, Malaysia und einigen anderen Ländern gezeigt hat, können die Geburtenraten selbst bei bescheidenem Einkommen sinken, wenn den meisten Familien die Möglichkeit zu Schulbildung, medizinischer Grundversorgung und Familienplanung geboten wird.

Das Modell World3 enthält zahlreiche gegensätzliche Einflüsse auf die Geburtenrate. Wir nehmen an, dass eine wohlhabendere Wirtschaft für bessere Ernährung und Gesundheitsversorgung sorgt, wodurch die Sterberaten zurückgehen, und dass sich dadurch auch die Familienplanung verbessert und die Kindersterblichkeit verringert, wodurch die Geburtenraten sinken. Weiterhin nehmen wir an, dass sich durch die Industrialisierung auf lange Sicht (mit einer gewissen Verzögerung) die angestrebte Familiengröße reduziert, weil die Versorgung von Kindern teurer wird und sich damit die unmittelbaren wirtschaftlichen Vorteile für ihre Eltern verringern. Und wir gehen davon aus, dass ein kurzfristiger Anstieg der Einkommen es den Familien erlaubt, mehr Kinder großzuziehen – im Bereich der erwünschten Kinderzahl –, während eine kurzfristige Stagnation der Einkommen das Gegenteil bewirkt.[10]

Mit anderen Worten: Das Modell geht von einem langfristigen demographischen Übergang aus und erzeugt diesen in der Regel auch, moduliert durch geringfügige kurzzeitige Reaktionen auf steigende oder sinkende Einkommen. Die Tendenz der Modellbevölkerung zu exponentiellem Wachstum erhöht sich zunächst und schwächt sich dann durch Zwänge, Möglichkeiten, Techniken und Normen der industriellen Revolution wieder ab.

In der „realen Welt" wächst die Bevölkerung zur Jahrtausendwende nach wie vor exponentiell an, trotz rückläufiger Wachstumsrate. Der Rückgang der Wachstumsrate lässt sich nicht einfach mit den gestiegenen Pro-Kopf-Einkommen erklären. Wirtschaftswachstum ist keine Garantie für bessere Lebensqualität, größere Entscheidungsfreiheit für Frauen oder geringere Geburtenraten. Aber es trägt sicherlich dazu bei, diese Ziele zu erreichen. Von einigen auffallenden Ausnahmen abgesehen finden sich die niedrigsten Geburtenraten der Welt überwiegend in den reichsten Wirtschaftsnationen. Daher ist es doppelt wichtig, die Ursachen und Auswirkungen von Wirtschaftswachstum im Modell World3 und in der realen Welt zu verstehen.

Globales Wirtschaftswachstum

Öffentliche Diskussionen über Wirtschaftsfragen sind oft geprägt durch Missverständnisse, die meist dadurch entstehen, dass zwischen dem Geld an sich und den in Geldwert ausgedrückten realen Dingen nicht deutlich unterschieden wird.[11] Wir müssen diese Unterschiede hier sorgfältig herausarbeiten. Abbildung 2-8 zeigt, wie wir das Wirtschaftssystem in World3 darstellen, wie wir es in diesem Buch betrachten und wie man unserer Meinung nach sinn-

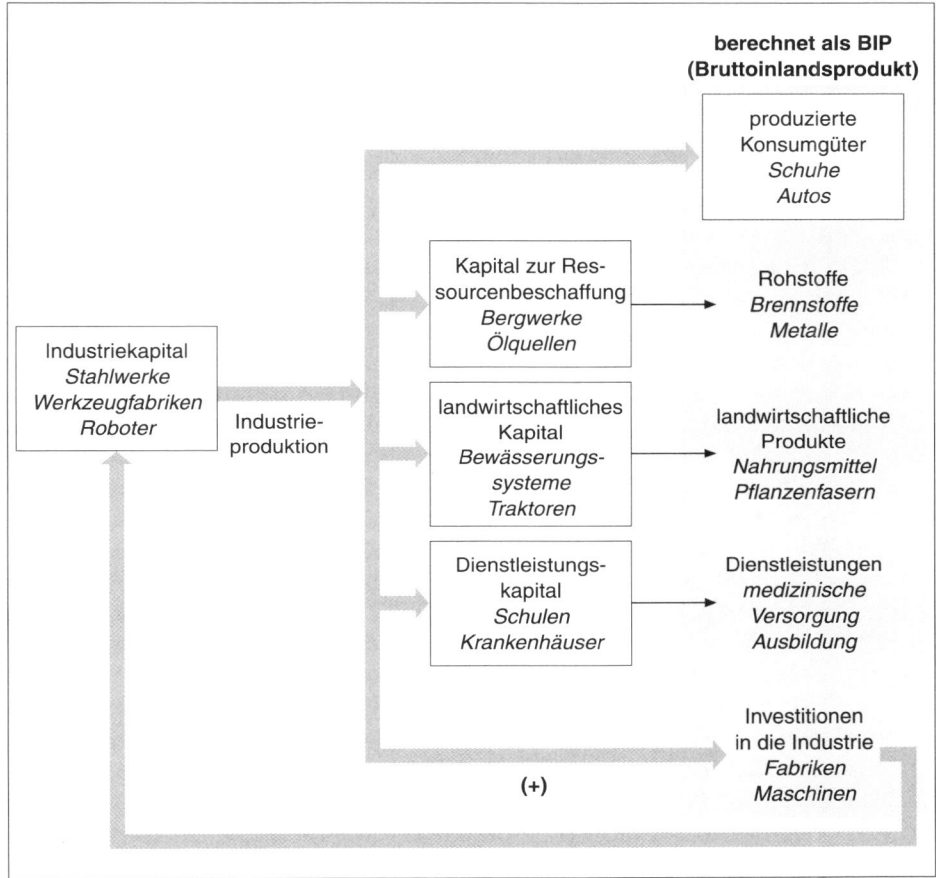

Abbildung 2-8 Materielle Kapitalflüsse in der Wirtschaft bei World3
Entscheidend für das Verhalten der simulierten Wirtschaft in World3 sind die Erzeugung und Verteilung der industriellen Produktion. Die Höhe des Industriekapitals bestimmt, wie hoch die jährliche Industrieproduktion ausfallen kann. Diese verteilt sich auf fünf Sektoren in Abhängigkeit von den Zielen und Bedürfnissen der Bevölkerung. Ein Teil des Industriekapitals wird verbraucht; ein Teil fließt in den Ressourcensektor, um die Versorgung mit Rohstoffen zu gewährleisten. Ein Teil fließt in die Landwirtschaft, um neue Anbauflächen zu erschließen und den Ertrag zu steigern. Ein weiterer Teil wird in Dienstleistungen investiert, und der Rest fließt in die Industrie, um die Kapitalabnutzung auszugleichen und den Bestand an Industriekapital weiter zu vergrößern.

vollerweise über die Wirtschaft angesichts der natürlichen Grenzen nachdenken sollte. Unser Schwerpunkt liegt auf der *materiellen Wirtschaft*, den realen Dingen, für welche die Grenzen der Erde gelten, nicht auf der *Geldwirtschaft*; diese ist eine gesellschaftliche Erfindung, die die physikalischen Gesetze unseres Planeten unberücksichtigt lässt.

Industriekapital bezieht sich hier auf die eigentliche „Hardware" – die Maschinen und Fabriken, mit denen Produkte hergestellt werden. (Natürlich mithilfe von Arbeitskräften, Energie und Rohstoffen, Land und Wasser, Technik, Geldmitteln, Management sowie den Leistungen natürlicher Ökosysteme und biogeochemischer Kreisläufe unseres Planeten. Wir werden auf diese Hilfsfaktoren der Produktion im nächsten Kapitel noch zurückkommen.) Den durch das Industriekapital erzeugten Strom realer Produkte (Verbrauchsgüter und Investitionsgüter) bezeichnen wir als *Industrieproduktion*.

Ein Teil der Industrieproduktion besteht aus Ausstattung oder Gebäuden für Krankenhäuser, Schulen, Banken und Einzelhandelsgeschäfte. Dies bezeichnen wir als *Dienstleistungskapital*. Das Dienstleistungskapital produziert seinen eigenen Strom nichtmaterieller Leistungen, denen aber ein realer Wert zukommt – wie medizinische Versorgung und Ausbildung.

Eine andere Form der Industrieproduktion liefert das *landwirtschaftliche Kapital* – Traktoren, Scheunen, Bewässerungssysteme, Erntemaschinen. Es dient zur Erzeugung der *landwirtschaftlichen Produktion*, die vor allem aus Nahrungsmitteln und Pflanzenfasern besteht.

Ein Teil der Industrieproduktion wird gebildet von Bohrtürmen, Ölquellen, Maschinen für den Bergbau, Pipelines, Pumpen, Tankern, Raffinerien und Schmelzhütten. All dies zählt zum *Kapital zur Ressourcenbeschaffung*. Es erzeugt die Rohstoff- und Energieströme, die zum Betrieb der anderen Arten von Kapital erforderlich sind.

Ein Teil der Industrieproduktion besteht aus *Konsum-* oder *Verbrauchsgütern*: Kleidung, Fahrzeuge, Radios, Kühlschränke und Häuser. Die Menge der Konsumgüter pro Person ist ein wichtiger Indikator für den materiellen Wohlstand der Bevölkerung.

Ein weiterer Teil der Industrieproduktion erweitert und erneuert das *Industriekapital*. Dies bezeichnen wir als *Investitionen* – Stahlwerke, Stromgeneratoren, Drehbänke und andere Maschinen gehören dazu. Sie gleichen die Kapitalabnutzung aus und können den Bestand an Industriekapital erhöhen und auf diese Weise eine noch höhere Produktion in der Zukunft ermöglichen.

Bei allen bisher erwähnten Dingen handelte es sich um materielle Dinge, nicht um Geldmittel. Geld hat in der „realen Welt" die Funktion, Informationen über die relativen Kosten und Werte dieser Dinge zu vermitteln (Werte, die ihnen von den Herstellern zugemessen und von den Verbrauchern über die Nachfrage am Markt geregelt werden). Geld vermittelt und fördert die Ströme des materiellen Kapitals und der Produkte. Der jährliche Geldwert des gesamten in Abbildung 2-8 dargestellten materiellen Outputs von Endprodukten und Dienstleistungen ist definiert als das Bruttoinlandsprodukt (BIP).

Wir werden in verschiedenen Abbildungen und Tabellen noch auf das BIP Bezug nehmen, weil die Wirtschaftsdaten der Welt hauptsächlich in Geldwert ausgedrückt werden und nicht durch materielle Dinge. Uns interessiert aber, *wofür* das BIP steht: für den realen Kapitalbestand, Industrieprodukte, Dienstleistungen, Ressourcen, landwirtschaftliche Produkte und Konsumgüter. Diese Dinge – nicht die Dollars oder Euros – ermöglichen das Funktionieren der Wirtschaft und der Gesellschaft. Diese Dinge sind es – nicht die Dollars oder Euros –, die unserem Planeten entnommen und ihm letztlich durch Entsorgung in den Boden, in die Luft oder ins Wasser wieder zugeführt werden.

Wir haben bereits erwähnt, dass das Industriekapital durch Selbstvermehrung exponentiell anwachsen kann. Die Rückkopplungsmechanismen zur Darstellung dieser Selbstvermehrung ähneln jenen, die wir für das System der Bevölkerung skizziert haben:

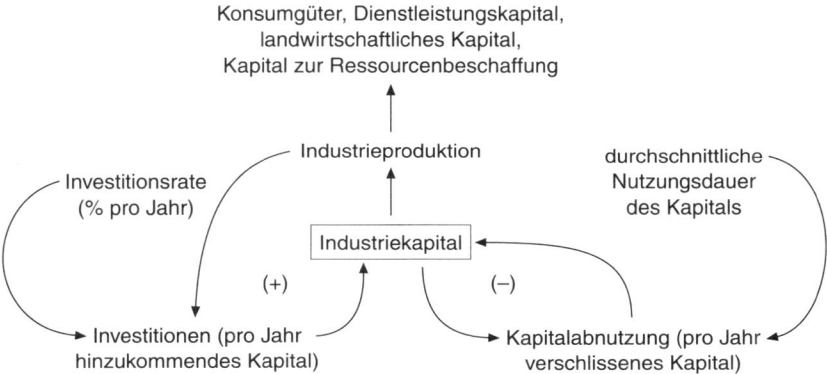

Rückkopplungsstruktur des Industriekapitals

Mit einem bestimmten Bestand von Industriekapital (Fabriken, Lastkraftwagen, Computer, Kraftwerke) kann jährlich eine bestimmte Menge von industriellem Output produziert werden, solange die dafür notwendigen Inputs in ausreichendem Maße vorhanden sind. Einen gewissen Prozentsatz der jährlichen Produktion bilden Investitionsgüter – Webstühle, Motoren, Förderbänder, Stahl, Zement. Diese tragen wiederum dazu bei, den Kapitalstock zu erhöhen und dadurch die Kapazitäten für die zukünftige Produktion zu erweitern. Dies lässt sich als „Geburtenrate" des Kapitals verstehen. Der investierte Anteil ist – genau wie die menschliche Fruchtbarkeit – variabel und hängt von Entscheidungen, Wünschen und Einschränkungen ab. In dieser positiven Rückkopplungsschleife kommt es zu Verzögerungen, da die Planung, Finanzierung und die Bauzeit für größere Kapitalanlagen wie eine Eisenbahnstrecke, ein Elektrizitätswerk oder eine Raffinerie Jahre oder sogar Jahrzehnte in Anspruch nehmen können.

Wie bei der Bevölkerung gibt es auch beim Kapital sowohl eine positive Rückkopplung („Geburten") als auch eine negative („Sterbefälle"). Da Maschinen und Fabriken sich mit der Zeit abnutzen oder technisch veralten, werden sie stillgelegt, abgerissen, recycelt oder verschrottet. Die Rate der Kapitalabnutzung entspricht der Sterberate im Bevölkerungssystem. Je mehr Kapital vorhanden ist, desto mehr verschleißt jedes Jahr. Damit verringert sich das Kapital von Jahr zu Jahr, sofern nicht ausreichend neue Investitionen getätigt werden, um das abgenutzte Kapital zu ersetzen. Genau wie Bevölkerungen während der Industrialisierung einen demographischen Übergang durchmachen, so lassen sich auch bei den Anlagenbeständen eines Wirtschaftssystems ständig Prozesse von Wachstum und Wandel beobachten. Vor der Industrialisierung sind Wirtschaftssysteme vor allem durch Landwirtschaft und Dienstleistungen geprägt. Wenn die Rückkopplung des Kapitalzuwachses zu wirken beginnt, verzeichnen alle Wirtschaftssektoren Zuwächse, aber eine Zeit lang wächst der Industriesektor am schnellsten. Später, wenn das industrielle Fundament geschaffen ist, wächst in erster Linie der Dienstleistungssektor (siehe Abbildung 2-9). Dieser Übergang wird im Modell World3 als Standardprozess des Wirtschaftswachstums verwendet, solange nicht absichtlich Veränderungen vorgenommen werden, um andere Möglichkeiten zu erforschen.[12]

Hoch industrialisierte Gesellschaften werden manchmal als Dienstleistungsgesellschaften bezeichnet, aber auch sie brauchen weiterhin eine umfangreiche landwirtschaftliche und industrielle Basis. Krankenhäuser, Schulen, Banken, Geschäfte, Restaurants und Hotels sind Bestandteil des Dienstleistungssektors. Man beobachte nur, wie Lastwagen sie mit Lebensmitteln,

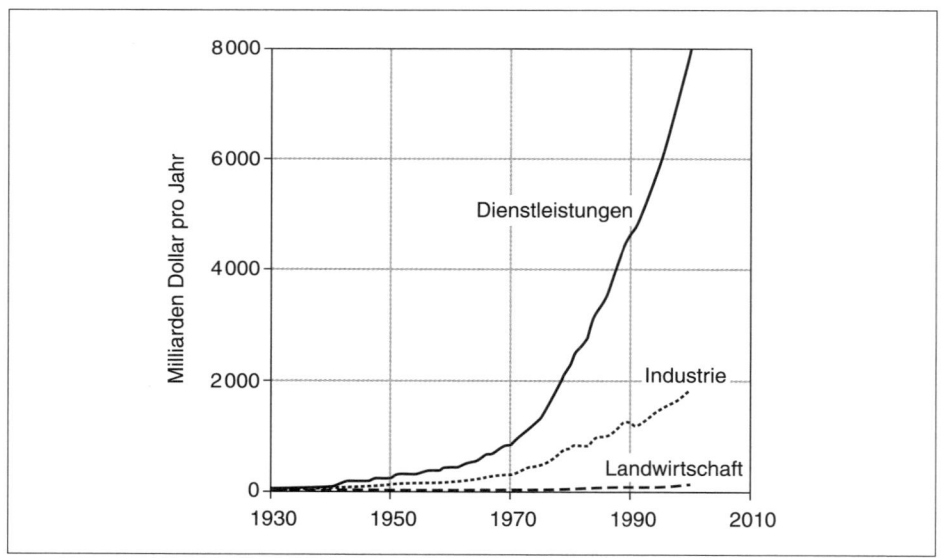

Abbildung 2-9 Bruttoinlandsprodukt der USA, aufgeteilt nach Sektoren
Die historische Entwicklung des Geldwerts der US-Wirtschaftsproduktion, aufgeteilt auf Dienstleistungen, Industrie und Landwirtschaft, zeigt den Übergang zu einer Dienstleistungswirtschaft. Man beachte, dass die Dienstleistungen zwar den größten Anteil der Wirtschaft ausmachen, dass Industrie und Landwirtschaft absolut gesehen aber ebenfalls weiterhin anwachsen. (Quelle: U. S. Bureau of Economic Analysis)

Papier, Brennstoff und Geräten beliefern, wie die Müllabfuhr ihre Abfälle abtransportiert, oder man messe, was durch ihre Abwasserleitungen fließt und durch ihre Schornsteine aufsteigt – dann wird schnell klar, dass für Dienstleistungsunternehmen ein konstanter, beträchtlicher materieller Durchsatz von den Quellen zu den Senken der Erde nötig ist. Zusammen mit der Industrie leisten sie einen erheblichen Beitrag zum ökologischen Fußabdruck der Menschheit.

Stahlwerke und Bergwerke können weit entfernt von den Büros der Informationswirtschaft liegen. Der Rohstoffverbrauch nimmt sicher nicht mehr so schnell zu wie der Geldwert des Endprodukts. Doch wie Abbildung 2-9 zeigt, schrumpft auch in einer „post-industriellen" Wirtschaft die industrielle Basis nicht. Information ist ein wunderbares, wertvolles, nicht materielles Gut, das aber typischerweise in einem Computer gespeichert wird. 1997 bestand ein Computer aus 25 kg Kunststoff, Metall, Glas und Silizium, verbrauchte 150 Watt Strom, und bei seiner Herstellung entstanden 63 kg Abfälle.[13] Die Menschen, die Informationen erzeugen, verarbeiten und benutzen, essen nicht nur Lebensmittel, sondern fahren auch Autos, leben in Häusern, arbeiten in geheizten oder klimatisierten Gebäuden und verwenden und entsorgen – selbst im Zeitalter der elektronischen Kommunikation – große Mengen Papier.

Die positive Wachstumsrückkopplung im weltweiten Kapitalsystem hat bewirkt, dass die Industrie schneller wächst als die Bevölkerung. Von 1930 bis 2000 stieg der Geldwert der globalen Industrieproduktion um den Faktor 14 (wie aus Abbildung 1-2 zu ersehen). Wäre die Bevölkerungszahl in diesem Zeitraum konstant geblieben, so wäre der materielle Lebensstandard ebenfalls um einen Faktor 14 angestiegen, doch wegen des Bevölkerungswachstums nahm die durchschnittliche Pro-Kopf-Produktion nur um das Fünffache zu. Zwischen 1975 und 2000 hat sich die Industriewirtschaft etwa verdoppelt, während die Pro-Kopf-Produktion nur um ungefähr 30% zunahm.

Mehr Menschen, mehr Armut, noch mehr Menschen

Wachstum ist notwendig, damit Armut verschwindet. Das scheint einleuchtend. Weniger einleuchtend ist hingegen für die zahlreichen Befürworter dieser These, dass Wachstum bei der gegenwärtigen Struktur des Wirtschaftssystem nicht zu einem Ende der Armut führen wird. Im Gegenteil, die derzeitigen Wachstumsformen erhalten die Armut aufrecht und vergrößern die Kluft zwischen Reichen und Armen. Im Jahr 1998 mussten mehr als 45% der Weltbevölkerung mit Durchschnittseinkommen von 2 Dollar am Tag oder weniger auskommen. Damit gab es zu diesem Zeitpunkt mehr arme Menschen als 1990 – nach einem Jahrzehnt beachtlicher Einkommenszuwächse für viele Menschen.[14] Der 14fache Anstieg der weltweiten Industrieproduktion seit 1930 hat zwar einige Menschen sehr reich gemacht, aber der Armut kein Ende gesetzt. Es gibt keinen Grund für die Annahme, dass eine weitere Zunahme um das 14fache (sofern dies innerhalb der Grenzen unserer Erde möglich wäre) zu einem Ende der Armut führen würde; dazu müsste das globale System so umstrukturiert werden, dass diejenigen vom Wachstum profitieren, die es am meisten nötig haben.

Im gegenwärtigen System konzentriert sich das Wirtschaftswachstum weitgehend auf die bereits wohlhabenden Länder und fließt in unverhältnismäßig hohem Maße den reichsten Menschen in diesen Ländern zu. Abbildung 2-10 zeigt die Entwicklung des Bruttosozialprodukts pro Kopf in den zehn bevölkerungsreichsten Nationen der Welt sowie in der Europäischen Union. Die Kurven verdeutlichen, wie sich durch jahrzehntelanges Wachstum die Kluft zwischen den reichen und den armen Ländern systematisch vergrößert hat.

Nach Angaben des Entwicklungsprogramms der Vereinten Nationen (United Nations Development Programme) hatten 1960 die in den reichsten Nationen lebenden 20% der Weltbevölkerung ein 30-mal so hohes Pro-Kopf-Ein-

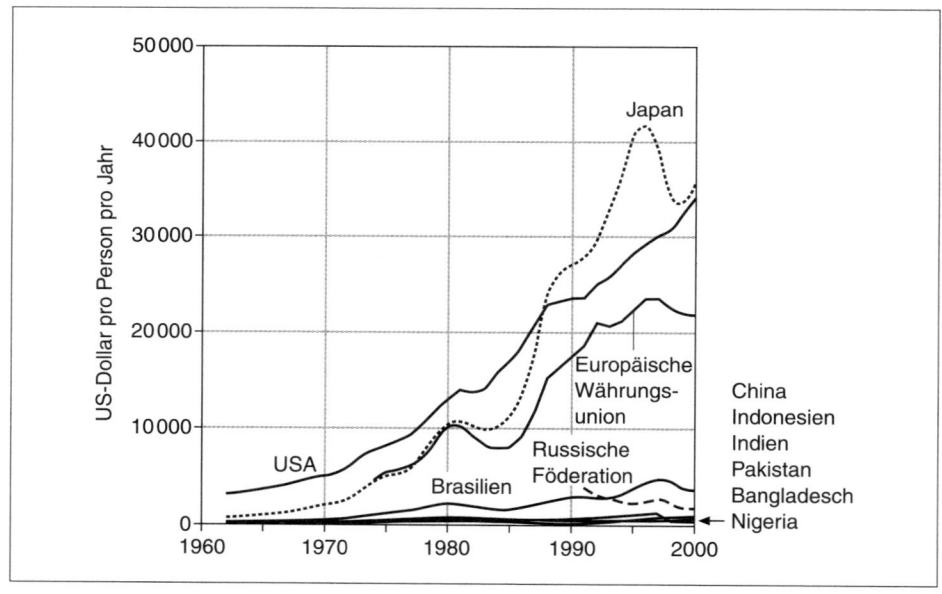

Abbildung 2-10 Pro-Kopf-Bruttosozialprodukte der zehn bevölkerungsreichsten Länder der Erde und der Europäischen Währungsunion
Wirtschaftswachstum erfolgt hauptsächlich in den bereits wohlhabenden Nationen. In den sechs Ländern Indonesien, China, Pakistan, Indien, Bangladesch und Nigeria lebt zusammen fast die Hälfte der Weltbevölkerung. Ihre Pro-Kopf-Bruttosozialprodukte bewegen sich kaum von der Nulllinie weg, wenn sie im gleichen Maßstab wie die Pro-Kopf-Bruttosozialprodukte der reicheren Nationen aufgetragen werden. (Quelle: Weltbank)

kommen wie die 20% aus den ärmsten Nationen. 1995 war das durchschnittliche Einkommensverhältnis zwischen den reichsten und den ärmsten Fünfteln der Bevölkerung von 30:1 auf 82:1 gestiegen. In Brasilien flossen 1960 noch 18% des Nationaleinkommens an die ärmere Hälfte der Bevölkerung, 1995 waren es nur noch 12%. Den reichsten 10% der Brasilianer flossen 1960 54% des Nationaleinkommens zu, 1995 waren es bereits 63%.[15] Ein durchschnittlicher afrikanischer Haushalt konsumierte 1997 20% weniger als 1972.[16] Nach einem Jahrhundert Wirtschaftswachstum herrschen in der Welt enorme Ungleichheiten zwischen Reichen und Armen. Zwei Indikatoren hierfür, der Anteil verschiedener Einkommensgruppen am Bruttoweltprodukt und am Energieverbrauch, sind in Abbildung 2-11 dargestellt.

Wenn wir als Systemdynamiker erkennen, dass ein Muster in vielen Teilen eines Systems über lange Zeiträume erhalten bleibt, dann schließen wir daraus, dass die Ursachen hierfür in der Rückkopplungsstruktur des Systems zu suchen sind. Solange diese Systemstruktur nicht verändert wird, kann sich auch das Verhaltensmuster nicht grundsätzlich ändern – selbst wenn man das System noch stärker und schneller antreiben würde. Das herkömmliche Wachstum hat die Kluft zwischen Reichen und Armen vergrößert. Weiteres Wachstum wie bisher wird diese Lücke niemals schließen. Nur eine Verände-

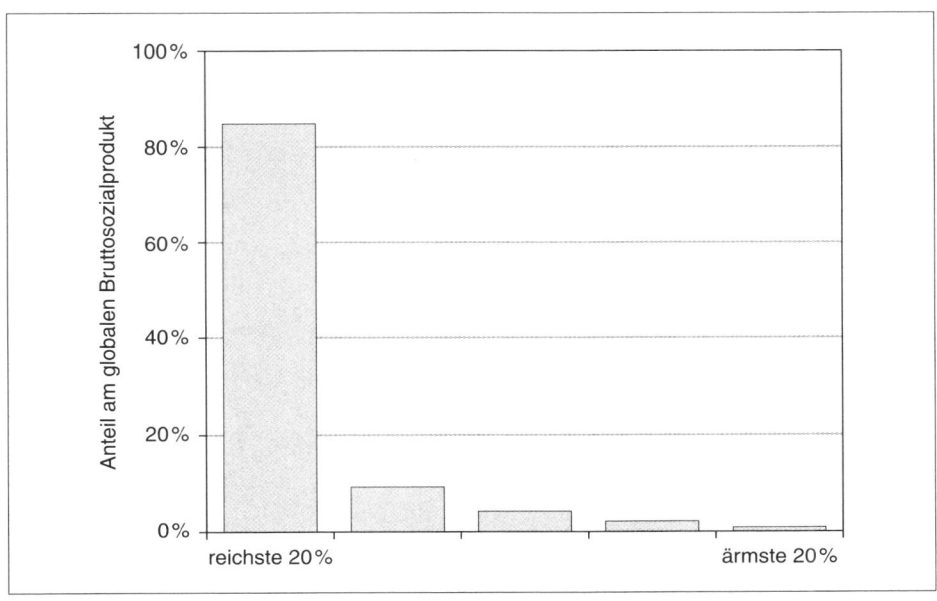

Abbildung 2-11 Globale Ungleichheiten
Reichtum und Chancen sind auf der Welt extrem ungleich verteilt. Die reichsten 20% der Weltbevölkerung haben die Kontrolle über mehr als 80% des weltweiten Bruttosozialprodukts und verbrauchen nahezu 60% der kommerziellen Energie. (Quelle: Weltbank)

rung der Systemstruktur – der Wirkungsketten von Ursachen und Wirkungen – kann dies bewirken.

Welcher strukturbedingte Prozess sorgt dafür, dass sich die Kluft zwischen Reichen und Armen selbst bei einem enormen Wirtschaftswachstum ständig vergrößert? Wir sehen die Ursache in zwei unterschiedlichen typischen Systemstrukturen. Die erste ergibt sich aus gewissen gesellschaftlichen Übereinkommen – die zum Teil in vielen Kulturen verbreitet sind, zum Teil aber auch nur in bestimmten Kulturen; sie *belohnen systematisch die Privilegierten mit Macht und Ressourcen, mit denen diese noch mehr Privilegien gewinnen.* Beispiele hierfür reichen von offener oder versteckter ethnischer Diskriminierung bis zu Steuerschlupflöchern für Reiche; von minderwertiger Ernährung für die Kinder der Armen bis zu elitärer Schulbildung für die Kinder der Reichen, von Bestechungsgeldern für politische Vorteile – selbst in angeblichen Demokratien – bis zu der simplen Tatsache, dass Zinszahlungen systematisch von jenen, die zu wenig Geld zum Leben haben, denjenigen zufließen, die mehr haben, als sie brauchen.

In der Systemdynamik wird für solche Rückkopplungsstrukturen die Typenbezeichnung „Erfolg den Erfolgreichen" verwendet.[17] Es handelt sich hierbei um positive Rückkopplungen, die die Erfolgreichen mit den Mitteln zum Erfolg belohnen. Sie sind geradezu typisch für Gesellschaften, die keine Strukturen etabliert haben, mit denen die Unterschiede bewusst ausgeglichen werden. (Beispiele für solche ausgleichenden Strukturen sind unter anderem Anti-Diskriminierungsgesetze, mit zunehmendem Einkommen steigende Steuersätze, Bildung und medizinische Versorgung für alle, „Sicherheitsnetze", die in schweren Zeiten Betroffene auffangen, Vermögenssteuern und demokratische Prozesse, die den Einfluss des Geldes von der Politik fern halten.)

Keine dieser „Erfolg den Erfolgreichen"-Rückkopplungen wurde explizit in das Modell World3 aufgenommen. World3 ist kein Modell der Dynamik von Einkommen, Reichtum oder Machtverteilung; in seinem Mittelpunkt steht der Gesamtzusammenhang zwischen der Weltwirtschaft und den Grenzen des Wachstums.[18] Daher geht es von einer Fortdauer der gegenwärtigen Verteilungsmuster aus.

Es gibt jedoch eine Struktur in World3, welche die Verbindungen zwischen dem Bevölkerungs- und Kapitalsystem widerspiegelt, wie wir sie in diesem Kapitel beschrieben haben. Diese Struktur hält Armut, Bevölkerungswachstum und die Tendenz des globalen Systems, seine Grenzen zu überschreiten, aufrecht. Wie wir in späteren Kapiteln noch zeigen werden, muss diese Struktur verändert werden, wenn wir eine nachhaltige Gesellschaft erreichen wollen.

Die armutserhaltende Systemstruktur ergibt sich aus der Tatsache, dass es für wohlhabende Bevölkerungen leichter ist, ihr Kapital zu sparen, zu investieren und zu vermehren, als für arme. Die Reichen haben nicht nur mehr Macht, die Bedingungen des Marktes zu bestimmen, neue Technologien zu erwerben und sich Ressourcen zu sichern; durch jahrhundertelanges Wachstum hat sich bei ihnen auch ein großer Kapitalbestand angehäuft, der sich selbst vermehrt. Da ihre grundlegenden Bedürfnisse gedeckt sind, können sie relativ viel investieren, ohne dass die gegenwärtige Bevölkerung wesentliche Dinge entbehren muss. Dank des geringen Bevölkerungswachstums können sie einen größeren Teil der Produktion in wirtschaftliches Wachstum stecken, denn der relative Bedarf für Gesundheit und Ausbildung, der bei einer rasch wachsenden Bevölkerung erheblich wäre, nimmt ab.

In armen Ländern hingegen kann der Kapitalzuwachs mit dem Wachstum der Bevölkerung nur sehr schwer Schritt halten. Erträge, die wieder investiert werden könnten, fließen wahrscheinlich eher in den Bau von Schulen und Krankenhäusern und die Erfüllung grundlegender Konsumbedürfnisse. Weil die Grundbedürfnisse nur wenig für Investitionen in die Industrie übrig lassen, wächst die Wirtschaft langsam. Der demographische Übergang bleibt in einem Zustand stecken, wo die Kluft zwischen den Geburten- und Sterberaten besonders groß ist. Wenn für Frauen keine attraktiven Möglichkeiten in Ausbildung und Wirtschaft bestehen, bleibt Kinderkriegen eine ihrer wenigen Möglichkeiten, in die Zukunft zu investieren; somit wächst die Bevölkerung, ohne reicher zu werden – wie man oft hört: „Die Reichen werden reicher, und die Armen kriegen Kinder."

Armut führt zu Bevölkerungswachstum, Bevölkerungswachstum führt zu Armut – welchem Pfeil in diesem Regelkreis mehr Bedeutung zukommt, wird bei internationalen Konferenzen oft leidenschaftlich diskutiert, ohne dass man sich einigen könnte.

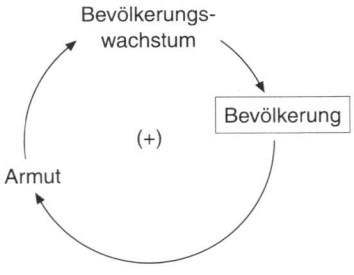

Armut und Bevölkerung

In Wirklichkeit beeinflussen alle Teile dieser positiven Rückkopplungsschleife nachdrücklich das Bevölkerungsverhalten in ärmeren Regionen. Sie bilden eine „Systemfalle", eine Rückkopplungsschleife nach dem Motto „weniger Erfolg den Erfolglosen". Diese sorgt dafür, dass die Armen arm bleiben und die Bevölkerung weiter wächst. Wenn ein Teil der Produktion statt in Investitionen in den Konsum fließt, verlangsamt das Bevölkerungswachstum das Anwachsen des Kapitals. Armut fördert wiederum das Bevölkerungswachstum, weil sie die Menschen in einer Situation gefangen hält, in der sie keine Ausbildung, keine medizinische Versorgung, keine Familienplanung, keine

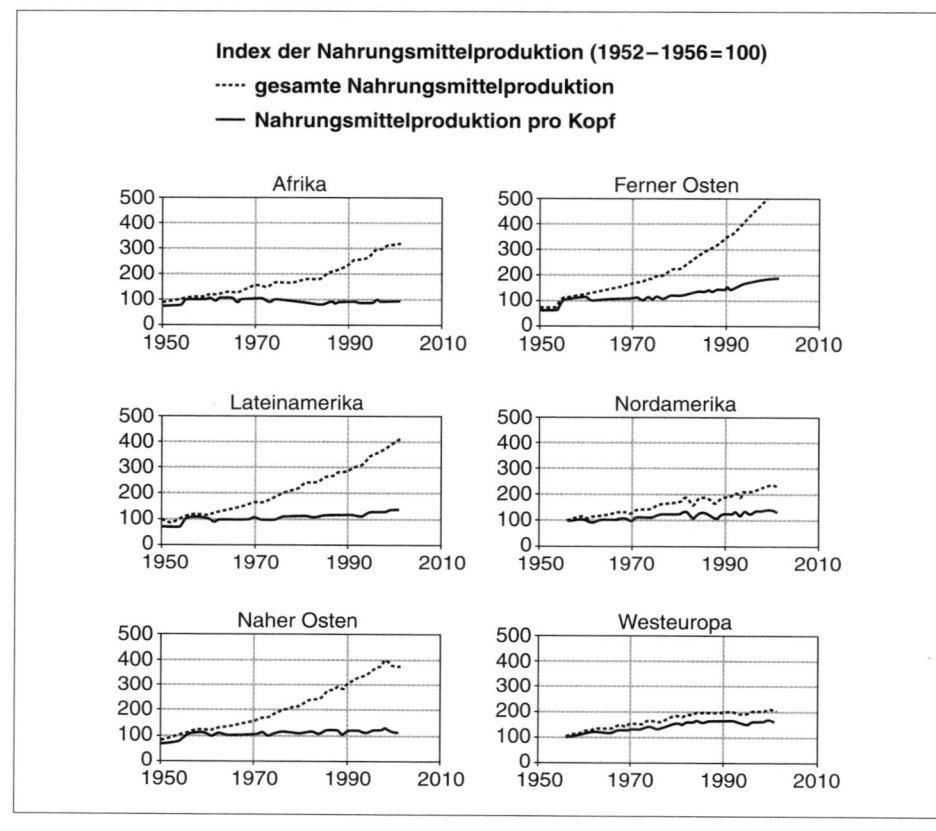

Abbildung 2-12 Nahrungsmittelproduktion in verschiedenen Regionen der Erde
Die Nahrungsmittelproduktion (Index 100 = Nahrungsmittelproduktion 1952–1956) hat sich in den vergangenen 50 Jahren in Regionen der Welt, in denen der Hunger am größten ist, verdoppelt oder verdreifacht; doch die Nahrungsmittelproduktion pro Person hat sich in diesen Regionen kaum verändert, weil die Bevölkerung fast genauso schnell angewachsen ist. In Afrika ging die Pro-Kopf-Nahrungsmittelproduktion zwischen 1996 und 2001 um 9 % zurück. (Quelle: FAO)

Entscheidungsfreiheit, keine Macht und keine Aufstiegsmöglichkeiten haben; ihnen bleibt nur die Hoffnung, dass ihre Kinder für zusätzliches Einkommen sorgen oder die Familie bei der Arbeit unterstützen können.

Eine Folge dieser Falle zeigt Abbildung 2-12. Die Nahrungsmittelproduktion ist in allen Regionen der Südhalbkugel im Laufe der vergangenen 20 Jahre beträchtlich gestiegen, meist hat sie sich verdoppelt oder verdreifacht. Pro Kopf gerechnet hat sie sich aufgrund des raschen Bevölkerungswachstums jedoch kaum verbessert, in Afrika ist sie sogar beständig zurückgegangen. Die einzigen Regionen, in denen die Nahrungsmittelproduktion das Bevölkerungswachstum deutlich übertroffen hat, sind Europa und der Ferne Osten.

Die Grafiken in Abbildung 2-12 verdeutlichen eine doppelte Tragödie. Da ist zunächst eine menschliche Tragödie: Eine große landwirtschaftliche Leistung – eine enorme Steigerung der Nahrungsmittelproduktion – führte nicht dazu, dass die Menschen besser ernährt wurden, sondern schaffte es lediglich, noch mehr Menschen unzureichend zu ernähren. Die zweite Tragödie betrifft die Umwelt. Für die Erhöhung der Nahrungsmittelproduktion setzte man Methoden ein, die Böden, Gewässer, Wälder und Ökosysteme schädigten – ein Preis, der zukünftige Produktionsanstiege immer schwieriger macht.

Aber jede positive Rückkopplung, die ein System zu zerstören droht, kann auch umgekehrt werden, sodass sich das System wieder erholt. Mehr Armut bedeutet mehr Bevölkerung, was wiederum mehr Armut zur Folge hat. Umgekehrt bewirkt geringere Armut dann aber auch langsameres Bevölkerungswachstum, was wiederum die Armut vermindert. Wenn über einen ausreichend langen Zeitraum genügend investiert wird, wenn Produkte und Arbeitskräfte fair bezahlt werden, wenn ein zunehmender Teil der Produktion viel direkter den Armen zufließt – insbesondere in die Ausbildung und Beschäftigung von Frauen und in die Familienplanung –, dann lassen sich die Auswirkungen der Rückkopplung von Bevölkerung und Armut umkehren. Soziale Fortschritte können das Bevölkerungswachstum verringern. Das wiederum kann zu höheren Investitionen in das Industriekapital führen, wodurch mehr Güter produziert und Dienstleistungen angeboten werden können. Wachsender Konsum von Gütern und Dienstleistungen trägt dazu bei, das Bevölkerungswachstum noch weiter zu verringern.

Wo man dem Wohlergehen der gesamten Bevölkerung – besonders der Armen – die nötige Aufmerksamkeit schenkt, findet diese Umkehr statt. Das ist ein Grund dafür, warum die Wachstumsrate der Weltbevölkerung sinkt und der demographische Übergang voranschreitet.

In anderen Teilen der Welt verbessert sich die Lebenssituation der Menschen jedoch nicht wesentlich – immer dort, wo die Ungleichheit in der Kultur verwurzelt ist, wo es an Ressourcen und dem Willen fehlt, in das Wohlergehen der Bevölkerung zu investieren oder wo den Regierungen aufgrund von Finanzproblemen „strukturelle Anpassungen" aufgezwungen wurden, die Investitionen in andere Bereiche lenken als in Ausbildung und in Gesundheitswesen. Dort gibt es keine allgemeine Verbesserung der Lebensbedingungen. Diese Bevölkerungen bleiben in Armut gefangen. Sie wachsen weiterhin rasch an und laufen Gefahr, dass ihr Bevölkerungswachstum nicht durch sinkende Geburtenraten, sondern durch steigende Sterberaten gestoppt wird. So ist zu erwarten, dass in Simbabwe, Botswana, Namibia, Sambia und Swasiland schon früh im 21. Jahrhundert ein Nullwachstum der Bevölkerung eintreten wird – aus einem tragischen Grund: weil immer mehr junge Erwachsene und Kinder an Aids sterben.[19]

Das exponentielle Wachstum von Bevölkerung und Industrieproduktion beruht auf der selbstvermehrenden Struktur des sozioökonomischen Systems der „realen Welt". Die komplizierten Zusammenhänge führen aber dazu, dass einige Teile der Welt langsames Bevölkerungswachstum und schnelles industrielles Wachstum entwickeln, während sich bei anderen langsames Wachstum der Industrie und schnelles Bevölkerungswachstum ergeben. Aber in beiden Fällen wachsen sowohl die Bevölkerung als auch das materielle Kapital weiter an.

Ist es vorstellbar, dass dieses materielle Wachstum dauerhaft anhalten kann? Unsere Antwort lautet: Nein! Durch das Wachstum von Bevölkerung und Kapital vergrößert sich ständig der ökologische Fußabdruck der Menschheit – die Belastung des globalen Ökosystems durch den Menschen –, es sei denn, es käme zu erfolgreichen Bemühungen, diese Entwicklung zu verhindern. Im Prinzip lässt sich (durch technische oder andere Mittel) der ökologische Fußabdruck aller menschlicher Aktivitäten rasch genug verringern, um weiteres Wachstum von Bevölkerung und Industriekapital zu ermöglichen. Wir glauben allerdings nicht, dass dies in der Praxis gelingen wird. Beobachtungen aus aller Welt zeigen aber zweifellos, dass dieser Fußabdruck noch nicht ausreichend verkleinert wird. Vielmehr wächst er weiter (siehe Abbildung V-1 im Vorwort), wenn auch langsamer als die Wirtschaft.

Spätestens wenn der Fußabdruck die Schwelle der Nachhaltigkeit überschritten hat – was bereits geschehen ist –, muss er wieder verkleinert werden. Das kann durch kontrollierte Maßnahmen geschehen (zum Beispiel durch eine rasche Verbesserung der Ökoeffizienz) oder durch die Kräfte der Natur (etwa durch Rückgang der Holznutzung, wenn die Wälder schwinden). Die Frage lautet nicht, ob das Wachsen des ökologischen Fußabdrucks aufhören wird, sondern nur, wann und wodurch.

Die Bevölkerung wird irgendwann aufhören zu wachsen, weil entweder die Geburtenraten noch weiter abnehmen oder die Sterberaten zunehmen – oder beides. Auch das Wachstum der Industrie wird zu einem Ende kommen – entweder aufgrund rückläufiger Investitionsraten oder durch zunehmende Abnutzung oder durch beides. Wenn wir uns auf diese Trends einstellen, können wir versuchen, sie mit Vernunft unter Kontrolle zu bringen, indem wir uns für die beste der verfügbaren Optionen entscheiden. Sofern wir die Trends ignorieren, werden uns die natürlichen Systeme ein Ergebnis vorsetzen, bei dem das Wohlergehen der Menschheit nicht berücksichtigt ist.

Die Geburten- und Sterberaten werden letztlich ebenso wie die Investitions- und Abnutzungsraten gegenseitig angeglichen werden – entweder durch die Entscheidungen der Menschen oder durch Rückkopplungswirkungen überlasteter Quellen und Senken der Erde. Der Anstieg der exponentiellen Wachstumskurve wird sich verlangsamen, flacher werden und schließlich Nullwachstum erreichen oder sogar zurückgehen. Die menschliche Gesellschaft und die Erde könnten dann bereits in einem verheerenden Zustand sein.

Man macht es sich viel zu einfach, wenn man die Dinge als „schlecht" oder „gut" bewertet und diese Einstufung als unverrückbar erachtet. Viele Generationen lang galten Bevölkerungswachstum und ein Anwachsen des Kapitals als gut und erstrebenswert. Auf einem dünn besiedelten Planeten mit zunächst reichlich verfügbaren Ressourcen war diese positive Einschätzung wohl begründet. Jetzt, da wir die ökologischen Grenzen immer besser kennen, könnten wir dazu neigen, jegliches Wachstum als schlecht zu bewerten.

In einem Zeitalter, das die Grenzen kennt, müssen wir jedoch subtiler vorgehen und alles sorgfältiger bewerten, bevor Entscheidungen über Maßnahmen getroffen werden. Viele Menschen in verzweifelter Lage benötigen ganz dringend mehr Nahrung, Unterkünfte und materielle Güter. Andere Menschen sind auf ganz andere Weise verzweifelt: Sie versuchen durch materielles Wachstum Bedürfnisse zu befriedigen, die ebenfalls sehr reell, aber nicht materiell sind – sie streben nach Akzeptanz, Selbstbestätigung, Gemeinschaft und Identität. Daher hat es keinen Sinn, Wachstum entweder uneingeschränkt gutzuheißen oder bedingungslos abzulehnen. Stattdessen müssen wir uns fragen: *Wachstum wovon? Für wen? Zu welchen Kosten? Und wer bezahlt sie? Was brauchen wir hier wirklich, und wie können wir die Bedürfnisse der wirklich Bedürftigen am direktesten und effizientesten befriedigen? Wie viel ist genug? Welche Verpflichtungen haben wir mit anderen zu teilen?*

Die Antworten auf diese Fragen können uns den Weg weisen in eine genügsame, gerechte Gesellschaft. Andere Fragen zeigen den Weg zu einer nachhaltigen Gesellschaft: *Wie viele Menschen können mit einem bestimmten materiellen Durchsatz versorgt werden – im Rahmen eines bestimmten ökologischen Fußabdrucks? Wie hoch darf der Verbrauch von Rohstoffen sein? Und wie lange können wir sie nutzen? Wie belastet ist das System, von dem die menschliche Bevölkerung, die Wirtschaft und alle anderen Lebewesen abhängen? Wie gut wird dieses System mit verschiedenen Belastungen fertig und wie stark dürfen diese sein? Wie viel ist zu viel?*

Um diese Fragen beantworten zu können, müssen wir unsere Aufmerksamkeit von den Ursachen des Wachstums auf dessen Grenzen lenken. Das ist unsere Absicht für Kapitel 3.

Anmerkungen

1. Dieser Versuch ist beschrieben bei Linda Booth-Sweeney und Dennis Meadows, *The Systems Thinking Playbook*, Vol. 3 (Durham, NH: University of New Hamphire, 2001), 36–48.
2. Dieses Rätsel verdanken wir Robert Lattes.
3. Diese Näherung ergibt nur dann sinnvolle Werte für Verdopplungszeiten, wenn der Zinseszins fortlaufend eingerechnet wird. So ergäbe eine Wachstumsrate von 100% pro Tag eine Verdopplungszeit von ungefähr 0,72 Tagen – 17 Stunden –, wenn die wachsende Größe pro Stunde um 4,17% zunähme. Wird der Zuwachs nur einmal am Tag berechnet, wie im weiter unten angeführten Beispiel mit den Erdnüssen, beträgt die Verdopplungszeit einen Tag.
4. World Bank, *The Little Data Book 2001* (Washington, DC: World Bank, 2001), 164.
5. Population Reference Bureau, *1998 World Population Data Sheet*.

6. United Nations Population Division, *1998 Revision: World Population Estimates and Projections* (New York: United Nations Department of Economic and Social Affairs, 1998).

7. PRB, *1998 Data Sheet*.

8. Das Bruttonationaleinkommen (BNE) oder Bruttosozialprodukt entspricht dem Bruttoinlandsprodukt (BIP) plus dem Einkommen aus dem Ausland. Das BIP ist der Geldwert für die Produktion von Gütern und Dienstleistungen innerhalb der Staatsgrenzen.

9. Siehe zum Beispiel Partha S. Dasgupta, „Population, Poverty and the Local Environment", *Scientific American*, Februar 1995, 40; Bryant Robery, Shea O. Rutstein und Leo Morris, „The Fertility Decline in Developing Countries", *Scientific American*, Dezember 1993, 60; und Griffith Feeney, „Fertility Decline in East Asia", *Science* 266 (2. Dezember 1994), 1518.

10. Einzelheiten in Donella H. Meadows, „Population Sector", in: D. L. Meadows et al., *Dynamics of Growth in a Finite World* (Cambridge, MA: Wright-Allen Press, 1974).

11. Diese Verwirrung verdeutlicht eine Geschichte, die uns Anfang der 1970er-Jahre der große Geologe M. King Hubbert erzählte. Als die Briten während des Zweiten Weltkriegs erfuhren, dass die Japaner kurz vor dem Einmarsch auf der Malaiischen Halbinsel standen – die die ganze Welt mit Kautschuk belieferte –, unternahmen sie gewaltige Anstrengungen, um sämtlichen Kautschuk, den sie auftreiben konnten, in ein sicheres Lager in Indien zu bringen. Als die Japaner einmarschierten, hatten sie es gerade geschafft, genügend Kautschuk nach Indien zu verfrachten, um – wie sie hofften – für die Dauer des Krieges die Versorgung mit Gummireifen und anderen wichtigen Gummiprodukten zu gewährleisten. Aber eines Nachts ging der gesamte Kautschukbestand in Flammen auf und wurde völlig zerstört. „Macht nichts", meinten einige britische Ökonomen, als sie die Nachricht erhielten. „Er war versichert."

12. Siehe William W. Behrens III, Dennis L. Meadows und Peter M. Milling, „Capital Sector", in: *Dynamics of Growth in a Finite World*.

13. John C. Ryan und Alan Thein Durning, *Stuff: The Secret Lives of Everyday Things* (Seattle: Northwest Environment Watch, 1997), 46.

14. World Bank, *World Development Indicators – 2001* (Washington, DC: World Bank, 2001), 4.

15. United Nations Development Programme, *Human Development Report 1998* (New York und Oxford: Oxford University Press, 1998), 29.

16. Ebenda, 2.

17. Siehe zum Beispiel Peter Senge, *The Fifth Discipline* (New York: Doubleday, 1990), 385–386.

18. Indem wir von den gegenwärtigen Verteilungsmustern auf der Welt ausgehen, modellieren wir implizit auch in unserem Modell „Erfolg-den-Erfolgreichen"-Rückkopplungsschleifen. Sie gelten, solange wir sie nicht durch Eingriffe verändern.

19. Lester R. Brown, Gary Gardner und Brian Halweil, „Beyond Malthus: Sixteen Dimensions of the Population Problem", *Worldwatch Paper 143* (Washington, DC: Worldwatch Institute, September 1998).

Kapitel 3

Die Grenzen: Quellen und Senken

Für die Technologien, mit denen wir die Kosten für Ressourcen konstant zu
halten oder sogar zu senken vermochten, brauchten wir oft – direkt oder
indirekt – immer größere Mengen Brennstoff ... dieser Luxus wird zu einem
kostspieligen Bedürfnis und macht es erforderlich, dass ein immer größerer
Anteil unseres Nationaleinkommens in den Sektor der Ressourcenverarbeitung
fließt, um die gleichen Mengen von Ressourcen bereitstellen zu können.
Weltkommission für Umwelt und Entwicklung (Brundtland-Kommission), 1987

Unsere Sorge um einen Zusammenbruch beruht nicht auf der Vorstellung,
dass die globale Gesellschaft demnächst die Energie- und Rohstoffvorräte
des Planeten aufgebraucht haben wird. Jedes mit World3 berechnete Szenario
zeigt, dass im Jahr 2100 immer noch ein erheblicher Anteil der im Jahr 1900
vorhandenen Ressourcen verfügbar sein wird. Wenn wir die Berechnungen von
World3 analysieren, gründet sich unsere Besorgnis eher auf die wachsenden
Kosten, die durch die zunehmende Überlastung der Quellen und Senken der
Erde entstehen. Noch liegen uns nicht genügend Daten über diese Kosten vor,
und das Thema ist reichlich umstritten. Dennoch lassen die vorliegenden
Erkenntnisse für uns einen Schluss zu: Die zunehmende Nutzung erneuerbarer
Rohstoffe, die Erschöpfung von nicht erneuerbaren Ressourcen sowie die
Überlastung der Schadstoffsenken der Erde bewirken zusammen, langsam
und unerbittlich, dass immer mehr Energie und Kapital erforderlich werden,
um die von der Wirtschaft benötigte Menge und Qualität der Stoffflüsse zu
sichern. Diese Kosten entstehen aus einer Mischung von materiellen, gesell-
schaftlichen und Umweltfaktoren. Irgendwann werden sie so hoch sein, dass
sich ein weiteres Wachstum der Industrie nicht mehr aufrechterhalten lässt.
Dann wird die positive Rückkopplung, die zu einer Expansion der materiellen
Wirtschaft geführt hat, die Richtung ändern; in der Wirtschaft wird ein
Schrumpfungsprozess einsetzen.

Beweisen können wir diese Behauptung nicht. Wir können lediglich versuchen, sie zu begründen und die Richtung anzudeuten, in der konstruktive
Lösungen gesucht werden müssen. Dazu liefern wir in diesem Kapitel eine
Fülle von Informationen über Quellen und Senken. Wir fassen die Situation
und die Aussichten für verschiedene Ressourcen zusammen, die gebraucht
werden, um das in diesem Jahrhundert noch zu erwartende Wirtschafts- und
Bevölkerungswachstum ausreichend zu versorgen. Die Liste der notwendigen

Inputs ist umfangreich und verschiedenartig, lässt sich aber in zwei Hauptkategorien unterteilen.

Zur ersten Kategorie gehören die physischen Voraussetzungen, die sämtlichen biologischen und industriellen Aktivitäten zugrunde liegen – fruchtbare Böden, Mineralien, Metalle, Energie sowie die Ökosysteme der Erde, die Abfallstoffe aufnehmen und das Klima bestimmen. Im Grunde sind das quantitativ erfassbare Dinge wie Hektar Ackerland und Wälder, Kubikkilometer Süßwasser, Tonnen Metalle und Milliarden Barrel Erdöl. Allerdings sind diese Größen in der Praxis erstaunlich schwer zu quantifizieren. Ihre Gesamtmenge ist nicht genau bekannt. Sie stehen auf unterschiedliche Weise in Wechselwirkung – in manchen Fällen kann eine Ressource eine andere ersetzen, in anderen Fällen erschwert die Produktion einer Ressource die Erzeugung einer anderen. *Ressourcen*, *Reserven*, *Verbrauch* und *Produktion* werden unterschiedlich definiert, sie sind unvollständig erforscht, die Bürokratien von Staat und Wirtschaft verfälschen oder verheimlichen die Zahlen oft zugunsten ihrer eigenen politischen und wirtschaftlichen Ziele. Und Informationen über reale materielle Größen werden außerdem in der Regel mit ökonomischen Kennwerten ausgedrückt, etwa dem Geldwert. Preise aber werden vom Markt bestimmt und gehorchen Regeln, die völlig anders sind als die Naturgesetze, denen Stoff- und Energieflüsse unterliegen. Dennoch werden wir uns in diesem Kapitel vor allem mit den naturgesetzlichen Bedingungen befassen.

Die zweite Kategorie von Anforderungen für Wachstum bilden die gesellschaftlichen Bedürfnisse. Selbst wenn die physischen Systeme der Erde eine viel größere, stärker industrialisierte Gesellschaft versorgen könnten, hängt das tatsächliche Wachstum der Wirtschaft und der Bevölkerung von ganz anderen wichtigen Faktoren ab: Frieden und soziale Stabilität, Gerechtigkeit und persönliche Sicherheit, ehrliche und weitsichtige Entscheidungsträger, Ausbildung und Offenheit für neue Ideen, die Bereitschaft, Fehler einzugestehen und zu experimentieren, sowie die institutionalisierten Grundlagen für einen stetigen und angemessenen technischen Fortschritt.

Diese gesellschaftlichen Faktoren sind schwer zu bestimmen und lassen sich kaum mit der eigentlich notwendigen Genauigkeit vorhersagen. Weder in diesem Buch noch in World3 werden sie explizit und ausführlich betrachtet. Uns fehlen die Daten und das Wissen über die Wirkbeziehungen, die für die formalen Analysen notwendig wären. Wir wissen jedoch, dass fruchtbares Land, genügend Energie, notwendige Ressourcen und eine intakte Umwelt für Wachstum zwar wichtig, aber nicht ausreichend sind. Selbst wenn diese Voraussetzungen physisch vorhanden sind, können gesellschaftliche Probleme ihre Verfügbarkeit einschränken. Wir gehen hier allerdings von den bestmöglichen gesellschaftlichen Bedingungen aus.

Die Rohstoffe und die Energie, die die Bevölkerung und Industrieanlagen verbrauchen, müssen irgendwo herkommen. Sie werden der Erde entnommen. Und sie verschwinden nicht. Am Ende ihrer wirtschaftlichen Nutzung werden

Materialien entweder recycelt und wieder verwertet oder sie werden zu Abfällen und Schadstoffen; Energie wird als nicht mehr nutzbare Wärme abgegeben. Stoff- und Energieströme fließen von den *Quellen* unseres Planeten durch das *wirtschaftliche Subsystem* zu den *Senken* unserer Erde, die Abfälle und Schadstoffe aufnehmen (Abbildung 3-1). Durch Rezyklierung und eine schadstoffärmere Produktion lassen sich die Abfälle und Schadstoffe pro Verbrauchseinheit drastisch verringern, aber nie ganz vermeiden. Die Menschen werden immer Nahrung, Wasser, saubere Luft, eine Behausung und viele Arten von Rohstoffen benötigen, um aufzuwachsen, gesund zu bleiben, ein produktives Leben zu führen, Kapital zu erzeugen und sich fortzupflanzen. Für Maschinen und Gebäude werden immer Energie, Wasser, Luft, verschiedene Metalle, Chemikalien und Naturstoffe benötigt, um damit Waren und Dienstleistungen zu produzieren, um sie zu warten und zu reparieren und um damit noch mehr Maschinen und Gebäude zu bauen. Für die Durchsatzmengen der produzierenden Quellen und der absorbierenden Senken aber gibt es Grenzen, wenn die Menschen und die Wirtschaft nicht darunter leiden und die Regenerations- und Regulationsprozesse der Erde nicht beeinträchtigt werden sollen.

Diese Grenzen sind komplex, weil die Quellen und Senken selbst Teil eines dynamischen, vernetzten Systems sind, das durch die biogeochemischen Kreis-

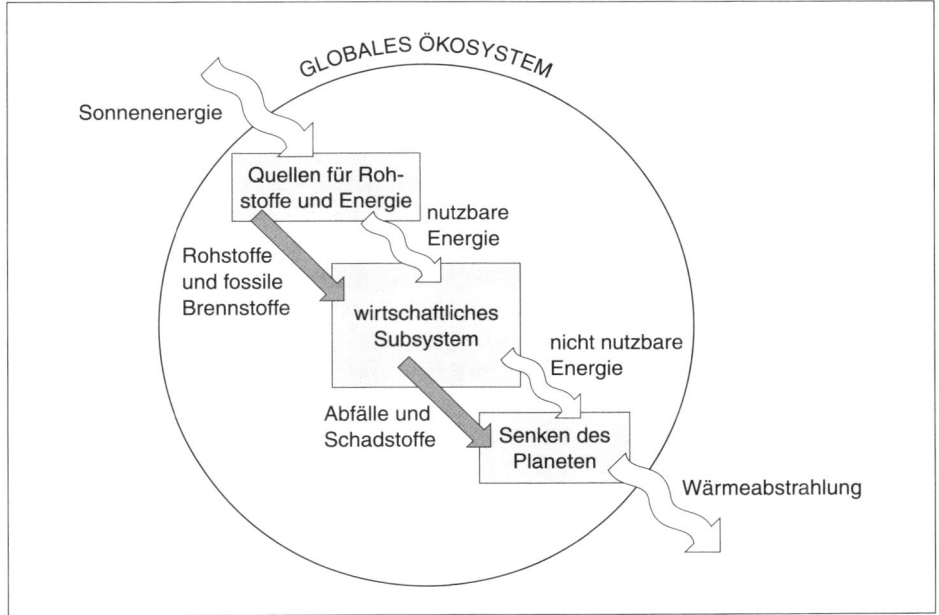

Abbildung 3-1 Bevölkerung und Kapital im globalen Ökosystem
Bevölkerung und Kapital können nur durch die ständige Aufnahme von Energie, Brennstoffen und nicht erneuerbaren Ressourcen existieren; sie geben Wärme, Abfälle und Schadstoffe ab, die Luft, Wasser und Böden des Planeten verschmutzen. (Quelle: R. Goodland, H. Daly und S. El Serafy)

läufe des Planeten aufrechterhalten wird. Es gibt kurzfristige Grenzen (beispielsweise die in Tanklagern gespeicherte Menge raffinierten Erdöls) und langfristige Grenzen (die Menge unterirdisch zugänglichen Erdöls). Quellen und Senken können miteinander in Wechselwirkung stehen, und das gleiche natürliche System kann als Nährstoffquelle wie auch als Schadstoffsenke fungieren. Ein Stück Boden zum Beispiel kann eine Quelle für Nahrungspflanzen sein und eine Senke für sauren Regen, der durch Luftverschmutzung entsteht. Inwieweit ein System eine dieser beiden Funktionen erfüllen kann, hängt mitunter davon ab, wie weit es durch die andere in Anspruch genommen wird.

Der Wirtschaftswissenschaftler Herman Daly hat drei einfache Grundregeln vorgeschlagen, nach denen man beurteilen kann, wo die Grenzen für nachhaltigen Durchsatz von Rohstoffen und Energie liegen:[1]

- Bei *erneuerbaren Ressourcen* – wie Böden, Wasser, Wälder, Fischbestände – darf die Nutzungsrate, wenn sie nachhaltig sein soll, nicht größer sein als die Regenerationsrate der Quelle. (So ist Fischfang nicht nachhaltig, wenn mehr Fische gefangen werden, als nachwachsen können.)
- Bei *nicht erneuerbaren Ressourcen* – wie fossilen Brennstoffen, hochwertigen Mineralerzen, fossilem Grundwasser – darf die Nutzungsrate die Nutzungsrate nachhaltig genutzter erneuerbarer Ressourcen nicht überschreiten, die die nicht erneuerbare Ressource ersetzen sollen. (So würde ein Ölvorkommen beispielsweise nachhaltig genutzt, wenn Teile des Ertrags daraus systematisch in Windparks, Photovoltaikanlagen und Aufforstungen investiert würden, sodass nach Erschöpfung der Ölvorräte ein gleichwertiger Strom erneuerbarer Energie vorhanden wäre.)
- Bei einem *Schadstoff* darf die Emissionsrate nicht größer sein als die Rate, mit der er in seiner Senke abgebaut, absorbiert oder unschädlich gemacht werden kann. (Beispielsweise dürfen nährstoffreiche Abwässer in einen Fluss, einen See oder das Grundwasser nur in Mengen eingeleitet werden, die von Bakterien und anderen Organismen noch absorbiert werden können, ohne dass durch Überdüngung das aquatische Ökosystem destabilisiert wird und „kippt".)

Nicht nachhaltig sind also alle Aktivitäten, die dazu führen, dass der Bestand einer erneuerbaren Ressource zurückgeht; dass der Schadstoffpegel einer Senke ansteigt; oder dass der Bestand einer nicht erneuerbaren Ressource sich verringert, ohne dass die Aussicht besteht, sie durch eine erneuerbare zu ersetzen. Früher oder später werden solche Aktivitäten eingedämmt werden müssen. Die Regeln von Daly sind oft diskutiert worden – unter Wissenschaftlern, Unternehmern, Politikern und Bürgern –, aber wir haben nie irgendjemanden gefunden, der sie in Frage stellt. (Allerdings haben wir auch kaum jemanden gefunden, der ernsthaft versucht hat, nach diesen Regeln zu leben.)

Sollte es grundlegende Gesetze zur Nachhaltigkeit geben, dann gehören diese sicherlich dazu. Die Frage ist nicht, ob sie richtig sind; es geht aber darum, ob die Weltwirtschaft sie beherzigt, und was geschieht, wenn sie das nicht tut.

Wir wollen anhand der drei Kriterien von Daly einen raschen Überblick über die von der menschlichen Wirtschaft genutzten Quellen und Senken geben. Fragen wir zunächst bei den erneuerbaren Ressourcen nach: *Werden sie stärker genutzt, als sie sich regenerieren?* Für nicht erneuerbare Ressourcen, deren Bestände sich zwangsläufig verringern, fragen wir: *Wie rasch werden die hochwertigen Materialien verbraucht? Wie entwickeln sich die tatsächlichen Kosten bei Energie und Kapital, die für ihre Beschaffung erforderlich sind?* Schließlich wollen wir uns noch den Schadstoffen und Abfällen zuwenden: *Werden sie schnell genug unschädlich gemacht? Oder reichern sie sich in der Umwelt an?*

Diese Fragen beantworten wir nicht mit dem Modell World3 (nichts in diesem Kapitel baut auf dem Modell auf), sondern anhand global ermittelter Daten, Quelle für Quelle und Senke für Senke – sofern solche Daten existieren.[2] Wir werden in diesem Kapitel nur wenige der zahlreichen Wechselwirkungen von Quellen- und Senkenfunktionen ansprechen (beispielsweise die Tatsache, dass man zum Anbau von mehr Nahrungspflanzen mehr Energie braucht; oder dass die bei einer Erhöhung der Energieproduktion freigesetzten Schadstoffe zu Veränderungen des Klimas führen und sich auf die landwirtschaftlichen Erträge auswirken können).

Wir behandeln hier Grenzen, die die Wissenschaft gegenwärtig kennt; das bedeutet natürlich nicht unbedingt, dass es die wichtigsten sind. Wir werden mit Sicherheit noch Überraschungen erleben – erfreuliche wie unerfreuliche. Auch die hier erwähnten Techniken werden sicher in Zukunft noch verbessert werden. Andererseits werden neue Probleme auftauchen, die heute noch völlig unbekannt sind.

Den Zustand der Erde und die Perspektiven für ihre physischen Bedingungen werden wir etwas detaillierter behandeln. Unsere Analyse liefert kein einfaches, eindeutiges Bild der Lage der Menschheit in Bezug zu den Grenzen des Wachstums. Sie wird Ihnen jedoch helfen, sich Ihr eigenes Bild zu machen darüber, inwiefern diese Grenzen existieren und welchen Einfluss die gegenwärtige Politik auf sie hat. Selbst wenn man die Lücken in unserem derzeitigen Wissen über die Grenzen berücksichtigt, glauben wir, dass die in diesem Kapitel vorgebrachten Belege Sie von folgenden Schlüssen überzeugen werden:

- Die menschliche Wirtschaft verbraucht heute viele kritische Ressourcen und produziert Abfälle mit Durchsatzraten, die nicht nachhaltig durchgehalten werden können. Quellen werden erschöpft, Senken gefüllt, bisweilen sogar überfüllt. In den meisten Fällen lassen sich selbst die gegenwärtigen Durchsatzmengen auf lange Sicht nicht aufrechterhalten, und höhere erst recht nicht. Wir erwarten, dass viele von ihnen noch in diesem Jahrhundert ihr Maximum erreichen und danach zurückgehen werden.

▨ Diese hohen Durchsatzraten sind nicht notwendig. Durch technische Neuerungen, Umverteilung und institutionelle Veränderungen könnten sie erheblich verringert werden – bei gleicher oder sogar höherer durchschnittlicher Lebensqualität der Weltbevölkerung.

▨ Die Belastung der natürlichen Umwelt durch den Menschen hat bereits das dauerhaft tragbare Ausmaß überschritten und kann nicht mehr länger als eine oder zwei Generationen auf diesem Niveau gehalten werden. Als Folge zeigen sich bereits zahlreiche negative Auswirkungen auf die menschliche Gesundheit und die Wirtschaft.

▨ Die tatsächlichen Kosten für Rohstoffe nehmen zu.

Die Belastung der Umwelt durch den Menschen ist außerordentlich komplex und schwierig zu quantifizieren. Am brauchbarsten scheint uns derzeit die Vorstellung vom ökologischen Fußabdruck, die wir deshalb auch hier verwenden wollen. Dieser Begriff umfasst den gesamten Einfluss der Menschheit auf die Natur: Er summiert alle Auswirkungen des Abbaus von Ressourcen, der Schadstoffemissionen, des Energieverbrauchs, der Zerstörung der biologischen Vielfalt, der Verstädterung und aller anderen Auswirkungen materiellen Wachstums. Der ökologische Fußabdruck lässt sich nicht leicht bestimmen, doch in den vergangenen zehn Jahren wurden hier große Fortschritte erzielt. Und es werden sicher weitere folgen.

Einen viel versprechenden Ansatz haben wir bereits im Vorwort erwähnt: Alle menschlichen Ansprüche an das globale Ökosystem werden in eine entsprechende Fläche (in Hektar) Erde umgerechnet, die notwendig ist, um die „bereitgestellten ökologischen Leistungen" auf Dauer zu sichern. Die Fläche der Erde ist jedoch begrenzt. Somit liefert dieser Ansatz eine Antwort auf die Frage, ob die Menschheit mehr Ressourcen beansprucht als dauerhaft verfügbar sind. Abbildung V-1 im Vorwort zeigt, dass die Antwort hierauf „ja" lautet. Nach dieser Methode der Bestimmung des ökologischen Fußabdrucks hätte die Menschheit zur Jahrtausendwende eine 1,2-mal größere Fläche Land benötigt, als überhaupt zur Verfügung stand. Kurzum, sie hatte das globale Limit bereits um 20% überschritten. Glücklicherweise gibt es viele Möglichkeiten, wie wir diese Belastungen verringern, wieder hinter die Grenzen zurückkehren und die menschlichen Bedürfnisse und Hoffnungen weit nachhaltiger befriedigen können. Auf den folgenden Seiten werden wir viele dieser Möglichkeiten erörtern.[3]

Erneuerbare Ressourcen

Nahrung, Land, Boden

Die hochwertigen potenziellen Anbauflächen werden bereits zum größten Teil
landwirtschaftlich genutzt, und welche Kosten die Umwandlung der verbliebenen
Wälder, Grasländer und Feuchtgebiete in Ackerland für die Umwelt mit sich
bringt, ist bekannt ... Ein Großteil der übrigen Böden ist weniger fruchtbar und
empfindlicher ... Bei einer Analyse der weltweiten Bodenerosion wurde geschätzt,
dass die oberste Bodenschicht je nach Region gegenwärtig 16- bis 300-mal schneller
abgetragen wird, als sie wieder regeneriert werden kann.

World Resources Institute, 1998

Zwischen 1950 und 2000 hat sich die Getreideproduktion weltweit mehr als
verdreifacht – von rund 590 auf über 2000 Millionen Tonnen pro Jahr. Sie stieg
von 1950 bis 1975 im Schnitt jährlich um 3,3 %, das war mehr als die 1,9-pro-
zentige jährliche Zunahme der Weltbevölkerung (Abbildung 3-2). Während
der letzten Jahrzehnte hat sich die Zuwachsrate der Getreideproduktion
jedoch verlangsamt und ist schließlich unter die Rate des Bevölkerungswachstums gesunken. Ihr Maximum erreichte die Pro-Kopf-Getreideproduktion
ungefähr 1985, seither ist ein stetiger leichter Rückgang zu verzeichnen.[4]

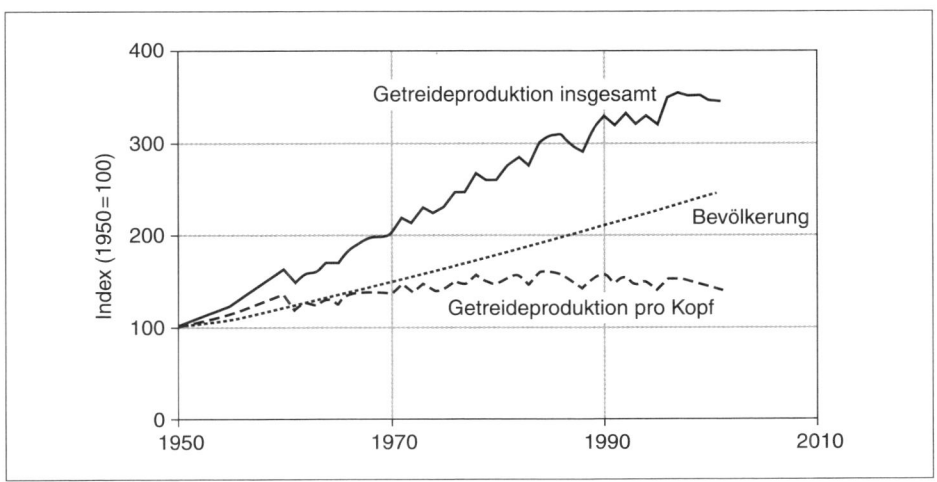

Abbildung 3-2 Globale Getreideproduktion
Die Landwirte der Erde produzierten im Jahr 2000 dreimal so viel Getreide wie 1950. Aufgrund des
Bevölkerungswachstums stieg die Pro-Kopf-Produktion jedoch bis zu einem Maximum Mitte der
1980er-Jahre und ist seither leicht zurückgegangen. Dennoch liegt die Getreideproduktion pro
Kopf heute um 40 % höher als 1950. (Quellen: FAO; PRB)

Dennoch gibt es – zumindest theoretisch – genügend Nahrungsmittel, um alle Menschen ausreichend zu ernähren. Die Gesamtmenge des um das Jahr 2000 auf der Welt produzierten Getreides könnte acht Milliarden Menschen am Existenzminimum ernähren, wenn die Ernte gleichmäßig verteilt und nicht an Tiere verfüttert würde, keine Einbußen durch Schädlinge zu verzeichnen wären und kein geerntetes Getreide vor dem Verzehr verderben würde. Getreide bildet ungefähr die Hälfte des weltweiten landwirtschaftlichen Ertrags (gemessen in Kalorien). Addiert man den jährlichen Ertrag an Knollen- und Blattgemüse, Früchten, Fisch und tierischen Produkten von Weidetieren, die nicht mit Getreide gefüttert werden, dann ergibt dies so viel Nahrung, dass die gesamte Bevölkerung von sechs Milliarden Menschen (Stand zur Jahrtausendwende) abwechslungsreich und gesund ernährt werden könnte.[5]

Die Verluste nach der Ernte schwanken je nach Nutzpflanze und Ort zwischen 10 und 40%.[6] Die weltweite Verteilung von Nahrungsmitteln ist äußerst ungleich, und ein Großteil der Getreideernte dient als Futter für Tiere und nicht der Ernährung von Menschen. Deshalb herrscht weiterhin Hunger – trotz theoretisch ausreichender Versorgung. Nach Schätzungen der Ernährungs- und Landwirtschaftsorganisation der Vereinten Nationen (FAO – Food and Agriculture Organization) sind rund 850 Millionen Menschen chronisch unterernährt; sie bekommen weniger Nahrung, als ihr Körper braucht.[7]

Diese hungernden Menschen sind in erster Linie Frauen und Kinder. In den Entwicklungsländern ist eines von drei Kindern unterernährt.[8] In Indien leiden etwa 200 Millionen Menschen chronisch unter Hunger, in Afrika mehr als 200 Millionen, in Bangladesch 40 Millionen, in Afghanistan 15 Millionen.[9] Ungefähr neun Millionen Menschen verhungern alljährlich oder sterben indirekt an Unterernährung. Das entspricht im Schnitt 25 000 Toten pro Tag.

Bisher ist die Zahl der hungernden Menschen trotz Bevölkerungswachstum etwa konstant geblieben. Die geschätzte Zahl von Hungertoten pro Jahr ist langsam gesunken. Das ist ein erstaunlicher Erfolg; obwohl die Bevölkerung der Erde wächst und die Grenzen immer enger werden, hat sich der Hunger nicht verschlimmert. Aber nach wie vor gibt es einzelne Gebiete, in denen die Menschen verzweifelt unter Hunger leiden, und größere Regionen mit chronischer Unterernährung.

Am Fortbestehen des Hungers sind aber nicht die physischen Grenzen der Erde schuld – jedenfalls noch nicht. Es könnten mehr Nahrungsmittel produziert werden. So zeigt Abbildung 3-3 Trends bei den Getreideerträgen in verschiedenen Ländern und weltweit. Wegen der unterschiedlichen Böden und Klimate ist nicht zu erwarten, dass jeder Hektar Land die Höchsterträge der optimalen Anbaugebiete erbringen kann. Aber sicherlich ließen sich die Erträge vielerorts durch bereits bekannte, weithin praktizierte Verfahren erhöhen.

Bei einer eingehenden Untersuchung der Böden und Klimate in 117 Ländern Lateinamerikas, Afrikas und Asiens gelangte die FAO zu der Einschät-

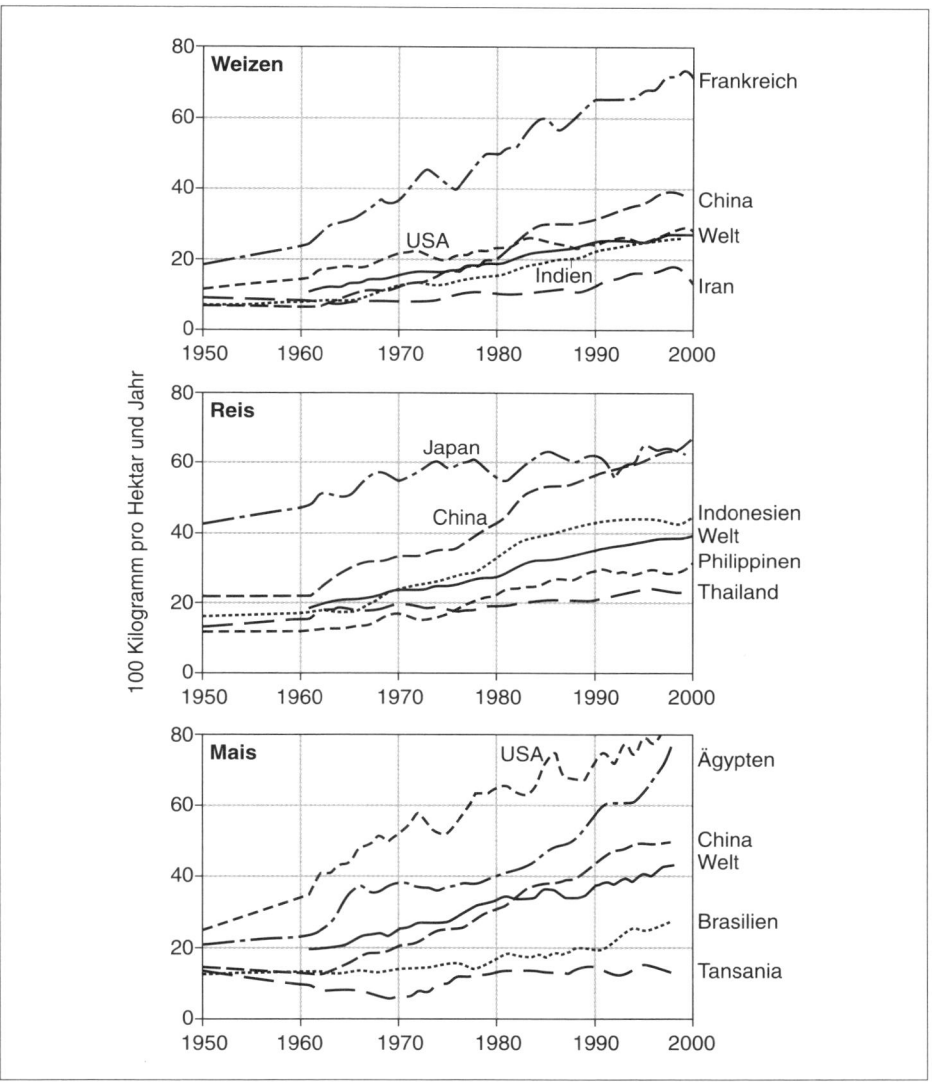

Abbildung 3-3 Getreideerträge
In den Industrieländern werden bereits hohe Weizen-, Reis- und Maiserträge erzielt. In einigen Ländern mit voranschreitender Industrialisierung, wie China, Ägypten und Indonesien, steigen sie rapide an; in anderen, weniger industrialisierten Ländern sind die Erträge nach wir vor sehr gering, haben aber noch erhebliches Steigerungspotenzial. (Damit jährliche Witterungsschwankungen nicht so sehr zu Buche schlagen, wurden für diese Kurven jeweils die Durchschnittserträge für Zeiträume von drei Jahren ermittelt.) (Quelle: FAO)

zung, dass nur 19 dieser Länder *nicht* in der Lage wären, ihre Bevölkerung im Jahr 2000 mit der Ernte von eigenen Anbauflächen zu ernähren, wenn sie jeden landwirtschaftlich nutzbaren Hektar bebauen und die technisch möglichen Höchsterträge erzielen würden. Dieser Studie zufolge könnten die 117 untersuchten Länder ihre Nahrungsproduktion versechzehnfachen – sofern sie sämtliche kultivierbaren Flächen dafür nutzen würden, kein Boden durch Erosion verloren gehen würde, die Witterungsbedingungen und das Management optimal wären und es keine Einschränkungen beim Einsatz landwirtschaftlicher Hilfsmittel (wie Industriedünger, Schädlings- und Unkrautbekämpfungsmittel) gäbe.[10]

Natürlich sind diese Bedingungen absolut unrealistisch. Man muss von den tatsächlichen Wetterbedingungen und den jeweiligen Anbautechniken ausgehen, außerdem braucht man Landflächen auch für andere Zwecke als für die Nahrungsmittelproduktion (beispielsweise für Wälder und Weiden, für menschliche Siedlungen, zum Schutz von Wassereinzugsgebieten und zur Erhaltung der biologischen Vielfalt). Schließlich ist die Belastung der Gewässer mit Düngemitteln und Pestiziden ein großes Problem. Damit sind die praktischen Möglichkeiten der Nahrungsmittelproduktion weit geringer als die theoretischen. Wie bereits erwähnt, ist die Getreideproduktion pro Kopf tatsächlich seit 1985 rückläufig.

> Im Zeitraum seit dem Zweiten Weltkrieg haben die landwirtschaftliche Produktion und Produktivität in den Entwicklungsländern einen bemerkenswerten Aufschwung erlebt. Während dieses Wachstum in vielen landwirtschaftlich genutzten Regionen offenbar nachhaltig erfolgte, gründete es in anderen Gebieten auf nicht nachhaltigen Methoden: der Rodung neuer Flächen mit geringerem Produktionspotenzial oder höherer Empfindlichkeit und der Intensivierung der Produktion durch Auslaugung oder Zerstörung der Bodenfruchtbarkeit.[11]

Die augenfälligste Einschränkung bildet die Anbaufläche.[12] Schätzungen der potenziell landwirtschaftlich nutzbaren Flächen der Erde reichen von zwei bis vier Milliarden Hektar – je nachdem, was man als landwirtschaftlich nutzbar oder *kultivierbar* betrachtet. Davon werden derzeit ungefähr 1,5 Milliarden Hektar landwirtschaftlich genutzt – eine Fläche, die seit drei Jahrzehnten nahezu konstant geblieben ist. Die Nahrungsmittelproduktion stieg fast ausschließlich aufgrund höherer Erträge, nicht durch eine Ausdehnung der Anbauflächen. Das bedeutet aber nicht, dass diese Flächen durchgängig landwirtschaftlich genutzt werden. Ständig wird neues Ackerland erschlossen, während einstmals produktive Flächen durch Erosion, Versalzung, Ausbreitung von Städten (Urbanisierung) und Wüstenbildung (Desertifikation) verloren gehen. Bislang wurden die Verluste durch die neu hinzugekommenen Flächen weitgehend ausgeglichen – zumindest flächenmäßig, nicht jedoch bezüglich der Qualität, denn die besten Anbauflächen werden im Allgemeinen zuerst erschlossen. So kommt es, dass Böden, die einst hervorragende Ernten brachten, nun degenerieren, während weniger fruchtbares Land urbar gemacht wird.[13]

Nach einer Einschätzung des Umweltprogramms der Vereinten Nationen von 1986 haben die Menschen im Laufe der vergangenen 1000 Jahre ungefähr zwei Milliarden Hektar produktives Ackerland in Ödland verwandelt.[14] Das ist mehr als die gegenwärtig genutzte Anbaufläche. Etwa 100 Millionen Hektar bewässerter Flächen gingen durch Versalzung verloren, auf weiteren 110 Millionen Hektar ist die Produktivität deutlich zurückgegangen. Auch die Humusschicht geht immer schneller verloren: 25 Millionen Tonnen jährlich waren es vor der industriellen Revolution, 300 Millionen Tonnen pro Jahr im Laufe der letzten Jahrhunderte und 760 Millionen Tonnen jährlich in den vergangenen 50 Jahren.[15] Durch diesen Humusverlust verschlechtert sich nicht nur die Bodenfruchtbarkeit, sondern zusätzlich reichert sich Kohlendioxid in der Atmosphäre an.

Die erste globale Einschätzung der Bodenverluste beruhte auf vergleichbaren Studien von mehreren hundert regionalen Fachleuten; sie wurde 1994 veröffentlicht. Die Schlussfolgerung war, dass 38 % (562 Millionen Hektar) der gegenwärtig landwirtschaftlich genutzten Fläche bereits degradiert sind (dazu 21 % der permanenten Weideflächen und 18 % der Waldgebiete).[16] Das Ausmaß der Schädigungen reicht von leicht bis schwer.

Es ist uns nicht gelungen, globale Zahlen für die Umwandlung von Ackerland in Straßen und Siedlungen zu finden, aber die Verluste müssen beträchtlich sein. So breitet sich die indonesische Hauptstadt Jakarta so stark aus, dass schätzungsweise 20 000 Hektar Ackerflächen im Jahr verschwinden. In Vietnam sind bereits jährlich 20 000 Hektar Reisfelder durch urbane Erschließung verloren gegangen. Thailand wandelte zwischen 1989 und 1994 34 000 Hektar landwirtschaftliche Nutzflächen in Golfplätze um. China verlor durch Erschließung von Baugebieten zwischen 1987 und 1992 6,5 Millionen Hektar landwirtschaftlich nutzbare Flächen und wandelte gleichzeitig 3,8 Millionen Hektar Wälder und Weiden in Ackerland um. Die USA asphaltieren pro Jahr rund 170 000 Hektar Ackerland.[17]

Aufgrund solcher Entwicklungen haben zwei erneuerbare Ressourcen stark abgenommen. Da ist zum Ersten die Bodenqualität landwirtschaftlicher Nutzflächen (Krumentiefe, Humusgehalt, Fruchtbarkeit). Über einen langen Zeitraum machen sich diese Verluste nicht im Ertrag bemerkbar, weil Bodennährstoffe mit chemischen Düngemitteln ersetzt werden können.[18] Der Düngemitteleinsatz verschleiert die Überbeanspruchung der Böden, aber nur zeitweise. Düngemittel sind nämlich ein nicht nachhaltiger Input in das Landwirtschaftssystem; sie führen dazu, dass sich Hinweise auf verringerte Bodenfruchtbarkeit erst mit Verzögerung zeigen – eines jener Strukturmerkmale, die zu einer Grenzüberschreitung führen.

Die zweite nicht nachhaltig genutzte Quelle ist das Land selbst. Wenn Millionen von Hektar degradieren und aufgegeben werden, während die Anbaufläche mehr oder weniger konstant bleibt, dann bedeutet dies zwangsläufig, dass die potenziell nutzbaren Flächen (überwiegend Wälder, wie wir später in diesem Kapitel noch sehen werden) schrumpfen, wogegen die Fläche des unfruchtbaren Ödlands weiter zunimmt. Um genügend Nahrung für die menschliche Bevölkerung zu produzieren, muss man ständig neue Flächen erschließen, und gleichzeitig gehen erschöpfte, versalzte, erodierte oder asphaltierte Böden verloren. Dass sich diese Praxis nicht unendlich fortsetzen kann, ist einleuchtend.

Wenn die Bevölkerung exponentiell anwächst, die kultivierten Flächen aber ungefähr konstant geblieben sind, dann geht die Anbaufläche pro Kopf zurück. Tatsächlich sank sie von 0,6 Hektar 1950 auf 0,25 Hektar im Jahr 2000. Nur dank steigender Erträge konnte die wachsende Bevölkerung weiterhin mit weniger Land pro Kopf ernährt werden. Ein durchschnittlicher Hektar Reisanbaufläche erbrachte 1960 einen jährlichen Ertrag von 2 Tonnen und 1995 von 3,6 Tonnen. In Versuchsanstalten wurden sogar schon maximale Erträge von 10 Tonnen erzielt. Die Maiserträge in den USA stiegen von durchschnittlich 5 Tonnen pro Hektar 1967 auf über 8 Tonnen 1997; die besten Erzeuger erreichen in optimalen Jahren sogar 20 Tonnen.

Was kann man aus diesen Daten über die potenzielle zukünftige Verknappung landwirtschaftlicher Nutzflächen schließen? Abbildung 3-4 veranschaulicht mehrere Szenarien für das kommende Jahrhundert. Sie zeigt die Wechselbeziehungen zwischen der landwirtschaftlich genutzten Fläche, dem Bevölkerungswachstum, den durchschnittlichen Erträgen und dem Ernährungsstandard.

Der grau unterlegte Bereich zeigt die Gesamtmenge potenziell kultivierbarer Flächen, von den gegenwärtigen 1,5 Milliarden Hektar bis zu der theoretischen Obergrenze von vier Milliarden Hektar. Die Flächen am oberen Rand des grauen Bereichs sind weit weniger produktiv als die am unteren Rand. Natürlich könnte die insgesamt landwirtschaftlich genutzte Fläche zurückgehen, aber wir wollen in Abbildung 3-4 annehmen, dass kein Land mehr verloren geht. Weiterhin setzen wir für jedes Szenario voraus, dass die Weltbevölkerung entsprechend der mittleren Vorhersage der Vereinten Nationen weiter wachsen wird.

Es ist schon verblüffend: Generell erkennt man einen stetigen Aufwärtstrend, aber die Maximalwerte der Maiserträge haben sich in den letzten 25 Jahren offenbar nicht verändert. Die durchschnittlichen Maiserträge steigen jährlich nach wie vor um 90 kg pro Hektar an, aber die Investitionen in die Forschungen zur Maiszüchtung sind auf das Vierfache gestiegen. Wenn jeder Schritt vorwärts immer schwieriger wird, bedeutet das eine Verschlechterung des Verhältnisses von Nutzen zu Kosten. Kenneth S. Cassman, 1999

Mir fällt kein überzeugendes Argument dafür ein, wo das Wachstum [des Ertrags] im nächsten halben Jahrhundert herkommen soll. Vernon Ruttan, 1999

Die maximalen Reiserträge sind 30 Jahre lang gleich geblieben. Die Biomasse lässt sich nicht mehr steigern, aber dafür gibt es keine einfache Erklärung. Robert S. Loomis, 1999

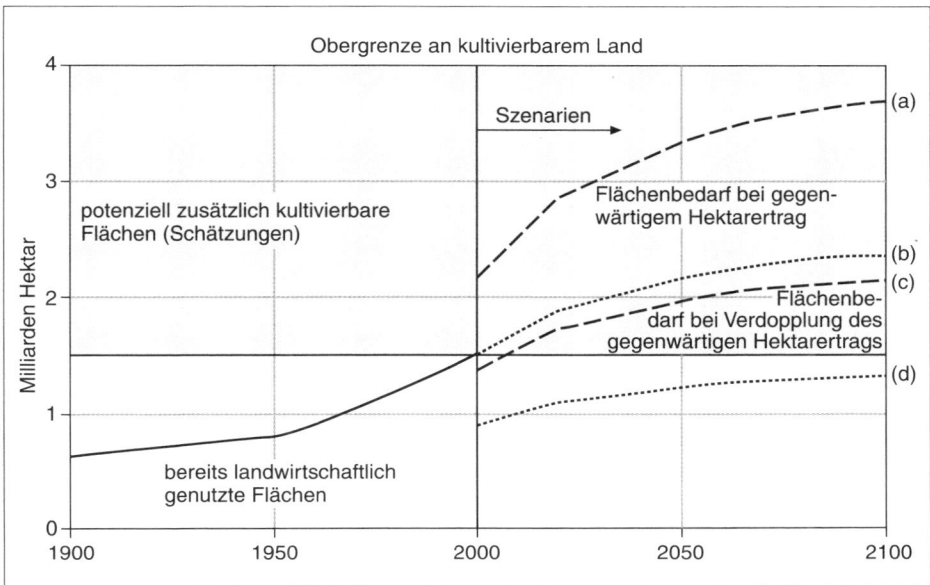

Abbildung 3-4 Mögliche zukünftige Entwicklung landwirtschaftlich genutzter Flächen
Im 21. Jahrhundert werden wahrscheinlich noch 1,5–4,0 Milliarden Hektar potenziell landwirtschaftlich nutzbare Flächen vorhanden sein, hier dargestellt durch den grau unterlegten Bereich – vorausgesetzt, dass sich das Bevölkerungswachstum nach den mittleren Prognosen der Vereinten Nationen entwickelt. Die Szenarien nach 2000 zeigen, wie viel Land für die Nahrungsmittelproduktion bei gegenwärtigem Hektarertrag und bei doppeltem Hektarertrag erforderlich wäre, um die derzeitige Nahrungsversorgung aufrechtzuerhalten und weltweit einen durchschnittlichen Standard zu erreichen, wie er für Westeuropa im Jahr 2000 typisch war. (Quellen: UN; FRB; FAO; G. M. Higgins et al.)

Es wird deutlich, dass Ertragssteigerungen immer langsamer erfolgen und immer teurer werden. Amerikanische Landwirtschaftsexperten äußerten bereits 1999 ihre Besorgnis über das „Ertragsplateau".[19] Erosion, Klimawandel, teure fossile Brennstoffe, absinkende Grundwasserspiegel und andere Faktoren könnten ebenfalls zu einem Rückgang der Erträge vom gegenwärtigen Niveau führen; wir wollen jedoch für Abbildung 3-4 annehmen, dass die Erträge in diesem Jahrhundert gleich bleiben oder sich verdoppeln.

Wenn man gleich bleibende Erträge voraussetzt, zeigt Kurve (a), wie viele Hektar Land erforderlich wären, um die Bevölkerung nach dem durchschnittlichen westeuropäischen Standard des Jahres 2000 zu ernähren. Kurve (b) gibt die Fläche an, die bei Aufrechterhaltung der derzeitigen unzureichenden Ernährung der Weltbevölkerung über das gesamte Jahrhundert erforderlich wäre. Für den Fall, dass sich die Erträge verdoppeln, zeigt Kurve (c), wie viel Hektar Land für die Ernährung der Weltbevölkerung nach dem durchschnittlichen westeuropäischen Standard von 2000 benötigt würden. Kurve (d) zeigt die erforderliche Fläche für die gegenwärtige unzureichende Ernährung der Weltbevölkerung über das gesamte Jahrhundert.

Abbildung 3-4 macht deutlich, wie rasch bei anfänglich ausreichender Anbaufläche exponentielles Bevölkerungswachstum zu einer Verknappung der Anbaufläche führen kann.

Darüber hinaus zeigt Abbildung 3-4, wie viele Anpassungsreaktionen möglich sind, je nachdem, wie widerstandsfähig die Ressourcenbasis ist und wie flexibel die Menschheit mit technischen oder gesellschaftlichen Anpassungen reagieren kann. Sofern keine weiteren Anbauflächen mehr verloren gehen, sich die Erträge weltweit verdoppeln lassen und degradierte Flächen wieder nutzbar gemacht werden können, ist für alle sechs Milliarden Menschen, die heute leben, genügend zu essen da. Das gilt selbst für die nahezu neun Milliarden Menschen, die für Mitte des 21. Jahrhunderts erwartet werden. Ebenso könnte Nahrung aber auch rasch zu einem begrenzenden Faktor werden – und zwar nicht nur lokal, sondern global: wenn beispielsweise die Erosion zunimmt und die derzeitige Bewässerungsintensität sich nicht aufrechterhalten lässt; wenn sich die Erschließung oder Wiederherstellung von Flächen als zu kostspielig erweist; wenn sich die durchschnittlichen globalen Erträge nur schwer oder mit hohem ökologischem Risiko verdoppeln lassen oder wenn das Bevölkerungswachstum sich nicht entsprechend der Vorhersagen der Vereinten Nationen einpendelt. Es würde so aussehen, als würde dieser Mangel plötzlich entstehen, aber er wäre nur die logische Folge der exponentiellen Entwicklung.

Dass die landwirtschaftliche Ressourcenbasis nicht nachhaltig genutzt wird, hat viele Ursachen: beispielsweise Armut und Verzweiflung, die Ausbreitung menschlicher Siedlungen, Überweidung und Raubbau oder einfach Unwissenheit. Weitere Gründe sind, dass sich die kurzfristige Orientierung am Ertrag eher auszahlt als langfristig angelegte Erhaltungsmaßnahmen. Oft verstehen die Betriebsleiter auch zu wenig von Ökologie, insbesondere von Bodenökosystemen.

Neben Böden und Landfläche gibt es weitere begrenzende Faktoren für die Nahrungsmittelproduktion, darunter Wasser (worauf wir gleich noch eingehen werden), Energie sowie Quellen und Senken für die in der Landwirtschaft genutzten Chemikalien.[20] In manchen Teilen der Welt sind einige dieser Grenzen bereits überschritten. Böden erodieren, durch Bewässerungsanlagen sinkt der Grundwasserspiegel, und der Abfluss von Feldern verunreinigt Oberflächengewässer und Grundwasser. In den großen Gewässern der Erde gibt es beispielsweise bereits 61 größere tote Zonen – Bereiche, in denen ausgewaschene Nährstoffe, vor allem aus Düngemitteln und erodiertem Boden, praktisch das gesamte aquatische Leben ausgelöscht haben. Manche dieser Zonen sind das ganze Jahr vorhanden, andere nur im Sommer, nachdem der Wasserabfluss im Frühjahr Düngemittelrückstände von flussaufwärts gelegenen Ackerflächen ausgewaschen hat. Die Todeszone im Mississippi-Delta erstreckt sich über 21 000 km^2, das entspricht der Größe Hessens.[21] Anbaumethoden, die ökologische Störungen in solch riesigem Ausmaß hervorrufen, sind nicht nachhaltig – und auch nicht notwendig.

Es gibt aber auch viele Gebiete, in denen der Boden nicht erodiert, keine landwirtschaftlich genutzten Flächen aufgegeben werden und keine Agrarchemikalien Land und Wasser verschmutzen. Schon seit Jahrhunderten sind Ackerbaumethoden bekannt und in Gebrauch, welche die Böden fruchtbar halten und verbessern – etwa das Anlegen von Terrassen, Konturpflügen, Kompostierung, Zwischenfruchtanbau, Mischkulturen und Fruchtwechsel. Mit anderen, besonders für die Tropen geeigneten Methoden wie „Alley-Cropping" (der Anbau von Feldfrüchten unter Reihen von langfristig genutzten Bäumen) und Agroforstwirtschaft wird in Versuchsanstalten und Farmen experimentiert.[22] In landwirtschaftlichen Betrieben aller Art lassen sich sowohl in gemäßigten als auch in tropischen Zonen auf nachhaltige Weise hohe Erträge erzielen, ohne in großem Stil Kunstdünger und Pestizide einzusetzen, oft sogar *ohne irgendwelche* Kunstdünger und Pestizide.

Man beachte, dass im vorigen Satz von *hohen Erträgen* die Rede war. „Bio"-Bauern müssen nachweislich keineswegs mit primitiven Methoden arbeiten und sich mit landwirtschaftlichen Praktiken und der geringen Produktivität zufrieden geben, wie sie vor 100 Jahren üblich waren. Die meisten von ihnen bauen ertragreiche Sorten an, erleichtern sich die Arbeit durch Maschinen und wenden fortschrittliche ökologische Düngungs- und Schädlingsbekämpfungsmethoden an. Ihre Erträge sind meist genauso hoch wie die ihrer Nachbarn, die Chemikalien einsetzen – die Gewinne sogar höher.[23] Würde nur ein Bruchteil der Forschung, die sich mit der Anwendung von Chemikalien und der genetischen Veränderung von Nutzpflanzen befasst, auf ökologische Produktionsmethoden ausgerichtet, dann könnte der ökologische Landbau seine Produktivität sogar noch steigern.

> Im Vergleich zu konventionellen, hoch intensiven landwirtschaftlichen Methoden können die Verfahren des ökologischen Landbaus die Fruchtbarkeit von Böden verbessern; sie wirken sich zudem weniger schädlich auf die Umwelt aus. Mit diesen alternativen Methoden lassen sich auch ebenso hohe Erträge erzielen wie mit konventionellen.[24]

Eine nachhaltige Landwirtschaft ist also nicht nur möglich, sondern wird an vielen Stellen auch schon praktiziert. Millionen von Bauern in allen Teilen der Welt wenden ökologisch verträgliche Anbautechniken an und machen dabei die Erfahrung, dass die Erträge kontinuierlich steigen, wenn die geschädigten Böden sich wieder regenerieren. Zumindest in den reichen Ländern verlangen die Verbraucher zunehmend umweltverträglich erzeugte Produkte und sind auch bereit, dafür einen höheren Preis zu bezahlen. In den USA und Europa wuchs der Markt für Produkte aus ökologischem Anbau in den 1990er-Jahren jährlich um 20–30%. Im Jahr 1998 belief sich der Absatz von ökologisch produzierten Nahrungsmitteln und Getränken auf den großen Weltmärkten auf insgesamt 13 Milliarden Dollar.[25]

Warum sind wir bisher noch nicht auf die Zukunftsaussichten genetisch veränderter Nutzpflanzen eingegangen? Weil über diese Technik noch kein endgültiges Urteil gefällt ist – im Gegenteil, wir sind mitten in einer gewaltigen Kontroverse. Es ist weder klar, ob Gentechnik notwendig ist, um die Welt zu ernähren, noch, ob sie nachhaltig ist. Die Menschen hungern nicht, weil es zu wenig Nahrungsmittel zu kaufen gibt; sie hungern, weil sie sich den Kauf nicht leisten können. Die Produktion größerer Mengen teurer Nahrungsmittel wird ihnen nicht weiterhelfen. Vielleicht könnte die Gentechnik zu einer Steigerung der Erträge führen; aber es gibt noch eine Vielzahl nicht ausgeschöpfter Möglichkeiten, Erträge auch ohne genetische Eingriffe zu steigern, die ja zum einen hoch technisiert (und daher dem einfachen Landwirt gar nicht zugänglich) und zum anderen ökologisch riskant sind. Der Einsatz biotechnisch erzeugter Nahrungspflanzen führt bereits zu erheblichen ökologischen und landwirtschaftlichen Rückschlägen sowie heftigen Reaktionen der Verbraucher.[26]

Mit der derzeit angebauten Nahrungsmittelmenge könnten alle Menschen mehr als adäquat ernährt werden, und man könnte auch noch mehr Nahrung erzeugen. Dies wäre auch mit einer weit geringeren Schadstoffbelastung der Umwelt machbar, auf weniger Landfläche und mit geringerem Verbrauch fossiler Brennstoffe. Dadurch könnten Millionen von Hektar renaturiert oder zum Anbau von Faserstoffen, Futtermitteln oder zur Energieproduktion genutzt werden. Es ließe sich erreichen, dass die Landwirte eine angemessene Entlohnung dafür erhalten, dass sie die Welt ernähren. Aber bislang hat es weitgehend am politischen Willen gefehlt, dies zu verwirklichen. Die gegenwärtige Realität sieht anders aus: In vielen Teilen der Welt verarmen die Böden, die Landflächen gehen zurück, und die Nährstoffquellen für den Nahrungsanbau verschwinden – und das Gleiche gilt für die auf Landwirtschaft basierenden Wirtschaftssysteme und Gesellschaften. In diesen Regionen hat die landwirtschaftliche Produktion durch die gegenwärtigen Praktiken bereits zahlreiche Grenzen überschritten. Sofern es nicht rasch zu Veränderungen kommt – Veränderungen, die ohne weiteres möglich sind –, wird sich die wachsende menschliche Bevölkerung darauf einstellen müssen, dass immer weniger Landwirte für ihre Ernährung sorgen müssen, während sich der Zustand der landwirtschaftlichen Ressourcenbasis ständig verschlechtert.

Wasser

In vielen Entwicklungs- und Industrieländern sind die gegenwärtigen Methoden der Wassernutzung langfristig oft nicht aufrechtzuerhalten ... Die Welt steht vor wachsenden Problemen hinsichtlich der Menge und Qualität des Wassers auf lokaler und regionaler Ebene ... Einschränkungen der Wasserverfügbarkeit und die Verschlechterung der Wasserqualität schwächen eine der grundlegenden Ressourcen, auf denen die menschliche Gesellschaft gründet.   *UN Comprehensive Assessment of the Freshwater Resources, 1997*

Trinkwasser ist keine globale Ressource. Es ist als regionale Ressource innerhalb bestimmter Wassereinzugsgebiete verfügbar und daher auf ganz unterschiedliche Weise begrenzt. In manchen Wassereinzugsgebieten gelten jahreszeitliche Einschränkungen, die von der Wasserspeicherfähigkeit in Trockenperioden abhängen. An anderen Orten werden Grenzen durch die Geschwindigkeit bestimmt, mit der sich die Grundwasservorräte wieder füllen, Schneedecken abschmelzen oder Bodenwasser in Waldböden gespeichert wird. Wasser stellt jedoch nicht nur eine Quelle, sondern auch eine Senke dar. Deshalb kann seine Nutzbarkeit auch dadurch eingeschränkt sein, wie stark es flussaufwärts oder unterirdisch durch Schadstoffe belastet wird.

Dass Wasser von Natur aus eine regionale Ressource ist, hält die Menschen nicht davon ab, globale Aussagen darüber abzugeben – Aussagen, die immer besorgter klingen. Wasser ist eine unersetzliche und die lebenswichtigste Ressource. Wenn sie ihre Grenzen erreicht, beeinflusst dies auch die Durchsätze anderer lebenswichtiger Ressourcen: Nahrungsmittel, Energie, Fisch und Wildtiere. Die Nutzung anderer Ressourcen – zum Beispiel Nahrungsmittel, Mineralien und Waldprodukte – kann die verfügbare Menge und die Qualität des Wassers weiter beeinträchtigen. In einer zunehmenden Zahl von Wassereinzugsgebieten weltweit wurden die Grenzen bereits zweifelsfrei überschritten. In einigen der ärmsten und reichsten Gesellschaften geht der Pro-Kopf-Wasserverbrauch aufgrund steigender Kosten, Wassermangels oder Risiken für die Umwelt bereits zurück.

Abbildung 3-5 ist nur beispielhaft, denn sie fasst viele regionale Wassereinzugsgebiete global zusammen. Wir könnten für jede einzelne Region ein ähnliches Diagramm zeichnen, und es hätte die gleichen allgemeinen Merkmale: eine Grenze, einige Faktoren, die die Grenze verengen oder erweitern, sowie eine Annäherung an die Grenze – und mancherorts auch deren Überschreitung.

Im oberen Teil des Diagramms ist die physische Obergrenze des menschlichen Wasserverbrauchs eingezeichnet: Sie entspricht dem gesamten jährlichen Durchfluss der Fließgewässer der Erde (einschließlich der Auffüllung aller Grundwasserspeicher). Von dieser erneuerbaren Ressource wird nahezu das gesamte Trinkwasser für die Menschen und die Wirtschaft entnommen.

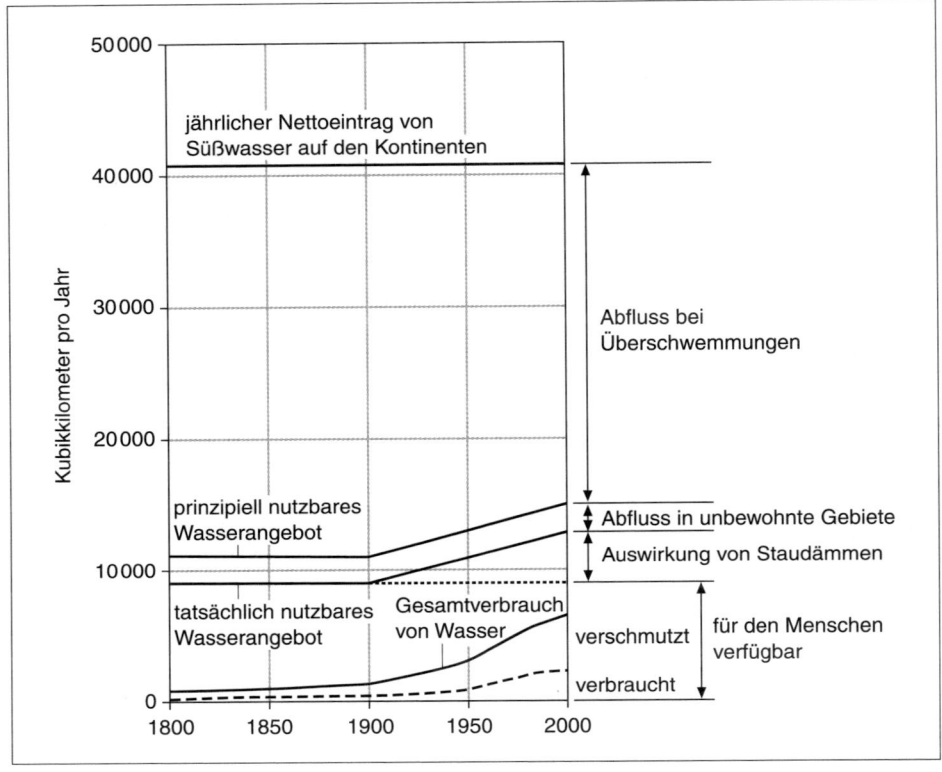

Abbildung 3-5 Trinkwasservorräte
Diese Darstellung des weltweiten Vorrats und Verbrauchs an Trinkwasser zeigt, wie rasch bei steigendem Verbrauch und zunehmender Verschmutzung die Grenze der insgesamt verfügbaren Wassermenge erreicht sein kann. Es wird auch deutlich, wie wichtig der Bau von Staudämmen zur Sicherung einer stabilen Versorgung ist. (Quellen: P. Gleick; S. L. Postel et al.; D. Bogue; UN)

Die Wassermenge ist gigantisch: 40 700 km^3 im Jahr – damit könnte man alle vier Monate die fünf Großen Seen Nordamerikas füllen. Angesichts der derzeitigen Wasserentnahme von etwas mehr als einem Zehntel dieser Menge – 4430 km^3 im Jahr – scheint diese Grenze noch in weiter Ferne.[27]

In der Praxis kann jedoch nicht der gesamte Süßwasserdurchfluss genutzt werden. Ein Großteil davon ist nur zu bestimmten Jahreszeiten verfügbar. Immerhin 29 000 km^3 fließen jährlich bei Überschwemmungen ins Meer. Damit bleiben nur 11 000 km^3, auf die wir als ganzjährige Ressource zählen können, die Summe der ständigen Durchflussmenge von Flüssen und der Grundwasserneubildung.

Wie Abbildung 3-5 verdeutlicht, hebt der Mensch diese Einschränkungen zum Teil auf, indem er Staudämme baut und so überschüssige Abflussmengen auffängt. Am Ende des 20. Jahrhunderts konnte durch Staudämme die verwertbare Abflussmenge um rund 3500 km^3 pro Jahr erhöht werden.[28] (Durch die Staudämme wird natürlich auch Land überflutet, oftmals hervorragendes Ackerland, und sie dienen der Stromerzeugung. Außerdem erhöhen aufgestaute Gewässer die Verdunstung aus dem Flusstal, verringern den Netto-abfluss und verändern Ökosysteme im Wasser und im Uferbereich. Früher oder später verschlammen Stauseen und können damit ihre Funktion zur Sicherung eines nachhaltigen Wasserflusses nicht mehr erfüllen. Sie sorgen vielmehr für eine weitere sehr langfristige Verzögerung der Rückkopplung der Grenzwirkungen – mit vielen positiven und negativen Nebenwirkungen.)

Neben dem Bau von Staudämmen gibt es noch andere Möglichkeiten, die Grenzen der verfügbaren Wassermenge zu erweitern. Hierzu zählen beispielsweise die Entsalzung von Meerwasser oder der Transport von Wasser über weite Entfernungen. Solche Maßnahmen können lokal eine wichtige Rolle spielen, benötigen aber sehr viel Energie und sind kostspielig. Bisher werden sie so selten angewandt, dass sie in dem Diagramm in globalem Maßstab nicht in Erscheinung treten.[29]

Nicht der gesamte stetige Wasserdurchfluss erfolgt in bewohnten Gebieten. Das Amazonasbecken ist mit 15% am weltweiten Abfluss beteiligt, aber dort leben nur 0,4% der Weltbevölkerung. Die Flüsse im hohen Norden Nordamerikas und Eurasiens bringen jährlich 1800 km^3 Wasser in Gebiete, in denen nur sehr wenige Menschen leben. Der stabile, für Menschen aber nicht leicht zugängliche Abfluss beläuft sich auf ungefähr 2100 km^3 im Jahr.

11 000 km^3 stetigen Durchflusses plus 3500 km^3 aus Stauseen minus 2100 km^3, die nicht zugänglich sind, ergeben insgesamt 12 400 km^3 zugängliche, dauerhaft verfügbare Wassermenge im Jahr. Das ist die vorhersehbare Obergrenze der erneuerbaren Trinkwasservorräte, die für den menschlichen Gebrauch zur Verfügung stehen.[30]

Die vom Menschen „aufgebrauchte" Wassermenge (Wasser, das entnommen wird, aber nicht in die Flüsse oder in das Grundwasser zurückgelangt, weil es verdunstet, von Nahrungspflanzen aufgenommen oder Bestandteil von Produkten wird) beträgt 2290 km^3 im Jahr. Weitere 4490 km^3 dienen vor allem dazu, Schadstoffe zu verdünnen und abzuleiten. Diese beiden Kategorien belaufen sich also auf 6780 km^3 jährlich – das entspricht etwas mehr als der Hälfte des gesamten stetigen Süßwasserdurchflusses.

Bedeutet dies, dass noch Raum für eine weitere Verdopplung des Wasserverbrauchs zur Verfügung steht? Kann es zu einer weiteren Verdopplung kommen?

Wenn der durchschnittliche Pro-Kopf-Bedarf unverändert bleibt und die menschliche Bevölkerung bis zum Jahr 2050 auf neun Milliarden anwächst, wie von den Vereinten Nationen derzeit angenommen wird, würden die Menschen dann pro Jahr 10 200 km^3 Wasser entnehmen – 82% des globalen stetigen Süßwasserdurchflusses. Wenn jedoch mit der wachsenden Bevölkerung auch der Pro-Kopf-Bedarf ansteigt, wird es schon lange vor dem Jahr

2100 zu gravierenden Einschnitten der globalen Wasserversorgung kommen. Während des 20. Jahrhunderts nahm der Wasserverbrauch ungefähr doppelt so schnell zu wie die Bevölkerung.[31] Aber mit zunehmender Wasserknappheit wird sich der Pro-Kopf-Verbrauch wahrscheinlich stabilisieren und sogar zurückgehen. Die Verbrauchskurve beginnt sich bereits deutlich abzuflachen, in einigen Gebieten ist der Verbrauch sogar schon rückläufig. Weltweit beträgt er nur die Hälfte dessen, was aufgrund von Hochrechnungen der exponentiellen Wachstumskurven vor 30 Jahren vorhergesagt worden war.[32]

Nachdem sich der Wasserverbrauch der Vereinigten Staaten im 20. Jahrhundert etwa alle 20 Jahre verdoppelt hatte, erreichte er um 1980 ein Maximum und ist seither wieder um rund 10% gefallen (Abbildung 3-6). Dieser Rückgang hat vielfältige Ursachen, die alle mit der Frage zusammenhängen, was passiert, wenn Wirtschaftssysteme allmählich an die Grenzen ihrer Wasserversorgung stoßen. Der Verbrauch durch die Industrie fiel um 40%. Das lag zum Teil daran, dass die Schwerindustrie in andere Teile der Welt verlagert wurde, aber auch an Verordnungen zur Wasserreinhaltung. Durch sie wurde es wirtschaftlich attraktiv oder gesetzlich vorgeschrieben (oder auch beides),

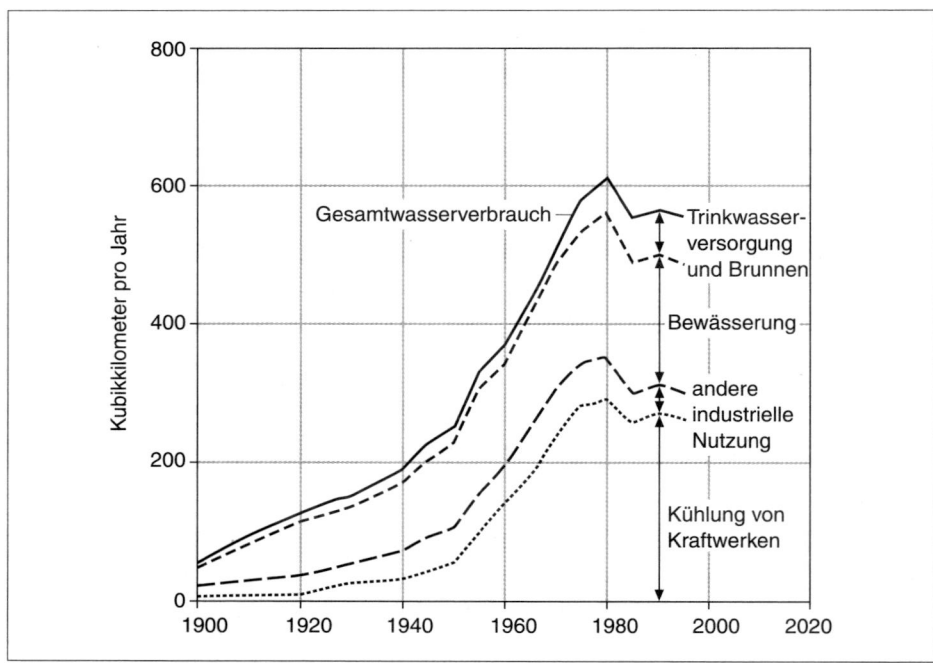

Abbildung 3-6 Wasserverbrauch in den USA
Der Wasserverbrauch in den Vereinigten Staaten stieg von Beginn des 20. Jahrhunderts bis in die 1980er-Jahre um durchschnittlich 3% jährlich. Seitdem ist er wieder leicht zurückgegangen und hat sich eingependelt. (Quelle: P. Gleick)

Wasser effizienter zu nutzen, es wieder aufzubereiten und Abwasser vor der Ableitung zu reinigen. Dass zur Bewässerung geringere Wassermengen verbraucht wurden, lag zum einen an erhöhter Effizienz und zum anderen daran, dass die sich ausdehnenden Städte den Landwirten das Wasser wegkauften (und dadurch Flächen aus der Nahrungsmittelproduktion abzogen). Der Verbrauch der Gemeinden stieg an, aber lediglich durch das Bevölkerungswachstum. Der Pro-Kopf-Verbrauch ging zurück, insbesondere in den trockenen Regionen des Landes, wo steigende Wasserpreise dazu führten, dass mehr wassersparende Geräte gekauft wurden.[33]

Zwar ist der Pro-Kopf-Wasserverbrauch in den Vereinigten Staaten zurückgegangen, aber mit jährlich 1500 m³ pro Kopf ist er nach wie vor sehr hoch. Ein durchschnittlicher Bewohner der Dritten Welt verbraucht nur ein Drittel davon, ein durchschnittlicher Afrikaner aus Ländern südlich der Sahara nur ein Zehntel.[34] Nach wie vor ist eine Milliarde Menschen nicht mit sauberem Trinkwasser versorgt. Die Hälfte der menschlichen Bevölkerung verfügt nicht über elementare sanitäre Einrichtungen.[35] Ihr Wasserbedarf wird sicherlich steigen, jedenfalls sollte es so sein. Leider leben sie in den Regionen der Erde mit der größten Wasserknappheit.

> Etwa ein Drittel der Weltbevölkerung lebt in Ländern, in denen die Trinkwasserversorgung in mittlerem bis hohem Maße gefährdet ist – unter anderem durch den erhöhten Bedarf einer wachsenden Bevölkerung und durch menschliche Aktivitäten. Bis zum Jahr 2025 werden sich nicht weniger als zwei Drittel der Weltbevölkerung in einer solchen Stresssituation befinden. Wasserknappheit und Wasserverschmutzung führen schon in vielen Gebieten zu gesundheitlichen Problemen, schränken die wirtschaftliche und landwirtschaftliche Entwicklung ein und schädigen zahlreiche Ökosysteme. Sie können auch die weltweite Versorgung mit Nahrungsmitteln gefährden und lassen in vielen Regionen der Erde die Wirtschaft stagnieren.[36]

Aus den Flüssen Colorado, Huáng Hé, Nil, Ganges, Indus, Chao Phraya, Syrdarja und Amudarja wird so viel Wasser zur Bewässerung und für die Wasserversorgung von Städten abgeleitet, dass ihre Flussbetten für einen Teil des Jahres oder – in ihrem unteren Bereich – sogar das gesamte Jahr trocken fallen. In den indischen Agrarstaaten Punjab und Haryana sinkt der Grundwasserspiegel jährlich um einen halben Meter. In Nordchina werden pro Jahr 30 km³ Wasser zu viel aus den Brunnen gepumpt (ein Grund dafür, warum der Huáng Hé trocken fällt). Aus dem Ogallala-Aquifer wird ein Fünftel der bewässerten Fläche in den USA mit Grundwasser versorgt, aber jährlich werden 12 km³ Wasser zu viel entnommen. Aufgrund der Erschöpfung der Wasservorräte musste auf einer Million Hektar Farmland die Bewässerung eingestellt werden. Im Central Valley in Kalifornien, wo die Hälfte des Obstes und Gemüses des Landes wächst, wird im Schnitt etwa 1 km³ Wasser pro Jahr zu viel entnommen. In ganz Nordafrika und im Mittleren Osten entnimmt man Wasser aus Grundwasservorkommen in der Wüste, die kaum oder gar nicht wieder aufgefüllt werden.[37]

> Die Grundwasserübernutzung beschleunigt sich ständig. Auf allen Kontinenten mit Ausnahme von Antarktika ist die Grundwassernutzung nicht nachhaltig.
>
> Peter Gleick, *The World's Waters 1998–1999*

Es ist auf Dauer nicht durchzuhalten, dass Grundwasser schneller abgepumpt wird, als es wieder aufgefüllt werden kann. Daher wird der Mensch seine vom Grundwasser abhängigen Aktivitäten so zurückschrauben müssen, dass die Wiederauffüllrate damit Schritt halten kann. Oder er wird sie ganz einstellen müssen, wenn infolge der übermäßigen Ausbeutung der Grundwasserleiter zerstört wird – durch Eindringen von Salzwasser oder Absenkung des Landes. Anfangs wirken sich solche Reaktionen auf Wasserknappheit vor allem lokal aus, aber wenn mehr und mehr Länder dazu gezwungen sind, werden die Folgen auch international spürbar sein. Die ersten Symptome hierfür sind wahrscheinlich höhere Getreidepreise.

Länder, in denen Wasserknappheit herrscht, befriedigen die wachsenden Bedürfnisse von Städten und Industrie oft, indem sie Wasser von Bewässerungsprojekten abziehen. Die daraus resultierenden Produktionseinbußen gleichen sie dann durch Getreideimporte aus. Da eine Tonne Getreide 1000 Tonnen Wasser entspricht, ist der Import von Getreide die effizienteste Art, Wasser einzuführen … Zwar besteht immer die Möglichkeit, dass militärische Konflikte um Wasser ausbrechen, wahrscheinlicher scheint jedoch, dass der Konkurrenzkampf um Wasser zukünftig auf den Getreidemärkten der Welt stattfindet … Iran und Ägypten … importieren heute mehr Weizen als Japan, das seit je der weltweit führende Importeur war. In beiden Ländern … belaufen sich die Importe auf 40% oder mehr des gesamten Getreideverbrauchs … Auch zahlreiche andere unter Wasserknappheit leidende Länder importieren einen Großteil ihres Getreides. Marokko führt beispielsweise die Hälfte seines Getreides ein. Für Algerien und Saudi-Arabien beträgt der Anteil über 70%. Jemen importiert nahezu 80% seines Getreides und Israel mehr als 90% … In Kürze wird auch China gezwungen sein, sich über den globalen Getreidemarkt zu versorgen.[38]

Welche Konsequenzen es für eine Gesellschaft hat, wenn sie die Grenzen ihrer Wasserversorgung überzieht, hängt davon ab, ob diese Gesellschaft reich oder arm ist, ob sie Nachbarn mit einem Wasserüberschuss hat und ob sie gut mit diesen Nachbarn auskommt. Reiche Gesellschaften können Getreide importieren. Reiche Gesellschaften mit wohlwollenden Nachbarn wie Südkalifornien können Kanäle, Pipelines und Pumpen für den Import von Wasser bauen. (Wenngleich in diesem Fall einige der Nachbarn nach und nach ihr Wasser zurückfordern.) Reiche Gesellschaften mit großen Erdölvorräten wie Saudi-Arabien können mithilfe fossiler Brennstoffe Meerwasser entsalzen (solange es noch fossile Brennstoffe gibt). Reiche Gesellschaften, auf die nichts davon zutrifft, wie Israel, können neuartige Techniken erfinden, die jeden Tropfen Wasser so effizient wie möglich nutzen, und ihre Wirtschaft weitgehend auf wassersparende Prozesse umstellen. Manche Nationen können sich mit militärischer Gewalt die Wasservorräte ihrer Nachbarn aneignen oder sich Zugang zu ihrem Wasser verschaffen. Gesellschaften ohne solche Möglichkeiten müssen strenge Pläne zur Rationierung und Regulierung erstellen oder Hunger leiden und/oder internationale Konflikte um Wasser durchstehen.[39]

Wie bei der Nahrungsversorgung gibt es auch bei der Wasserversorgung zahlreiche Möglichkeiten, auf Nachhaltigkeit hinzuwirken; nicht den Versuch, mehr zu beschaffen, sondern durch Anstrengungen, durch effiziente Nutzung mit weniger auszukommen. Hier eine kurze Auflistung der Möglichkeiten:[40]

- Anpassung der Wasserqualität an die Nutzungsanforderungen. So kann zur Toilettenspülung oder zum Rasensprengen Grauwasser aus Waschbecken, Duschen und Badewannen anstelle von Trinkwasser verwendet werden.
- Einsatz von Tropfbewässerung. Hierdurch lässt sich der Wasserverbrauch um 30–70% senken, während die Erträge um 20–90% steigen.
- Installation von Wasserhähnen, Toilettenspülungen und Waschmaschinen mit Wassersparvorrichtungen. Der Verbrauch von 0,3 m^3 Wasser pro Person und Tag in einem durchschnittlichen amerikanischen Haushalt könnte durch wassersparende Spül- und Waschmaschinen – die bereits kostengünstig angeboten werden – um die Hälfte gesenkt werden.
- Abdichten von Lecks. Den Ausbau der Wasserversorgung lassen sich viele städtische Wasserwerke viel Geld kosten, obwohl sie durch Abdichten maroder Leitungen für einen Bruchteil der Kosten genauso viel Wasser gewinnen könnten. In einer durchschnittlichen Großstadt der USA geht durch solche undichten Leitungen etwa ein Viertel des Wassers verloren.
- Anpassung der Landwirtschaft an die klimatischen Verhältnisse. So sollte man keine Pflanzen mit hohem Wasserbedarf wie Luzerne oder Mais in der Wüste anbauen und bei der Gestaltung seines Gartens einheimische Pflanzen bevorzugen, die nicht zusätzlich bewässert werden müssen.
- Wiederaufbereitung von Wasser. Einige Industriezweige – insbesondere im unter Wasserknappheit leidenden Kalifornien – haben auf diesem Gebiet Pionierarbeit geleistet und effiziente, kostengünstige Techniken entwickelt, mit denen Wasser wieder gewonnen, gereinigt und wieder verwertet werden kann.
- Auffangen von Regenwasser in Stadtgebieten. Durch Regenrinnen an Dächern und Zisternen kann genauso viel Niederschlagswasser gesammelt und nutzbar gemacht werden wie durch einen großen Staudamm – aber mit sehr viel geringerem Kostenaufwand.

Diese sinnvollen Praktiken ließen sich am einfachsten verwirklichen, wenn die Wasser-Subventionierung abgeschafft würde. Wenn im Preis des Wassers auch nur teilweise die finanziellen, sozialen und Umweltkosten berücksichtigt würden, würde dies automatisch zu einem vernünftigeren Verbrauch führen. Sowohl in Denver als auch in New York stellte man fest, dass sich durch die Einführung von Wasseruhren und einen progressiven Wassertarif (steigender

Preis bei steigendem Verbrauch) der Verbrauch pro Haushalt um 30–40%
senken lässt.

Und dann ist da noch der Klimawandel (mehr dazu später). Wenn er sich
ungehindert weiter verstärkt, dann könnte das den Wasserkreislauf, die Meeresströmungen, die Niederschläge und Abflussmuster beeinflussen und die
Wirksamkeit von Staudämmen und Bewässerungssystemen und anderer Anlagen zur Speicherung und Bereitstellung von Wasser überall auf der Erde beeinträchtigen. Nachhaltigkeit der Wassernutzung erfordert ein stabiles Klima,
und das setzt Nachhaltigkeit der Energienutzung voraus. Die Menschheit hat
es mit einem einzigen großen vernetzten System zu tun.

Wälder

> Weltweit ist eindeutig ein Trend zu massivem Verlust von Waldgebieten
> festzustellen … Gegenwärtig beschleunigt sich der Verlust von Waldfläche,
> der Verlust verbliebener Primärwälder und der Qualitätsverlust der noch
> vorhandenen Waldbestände … Viele der verbliebenen Wälder leiden unter
> zunehmender Verarmung [ihrer Artenvielfalt und ökologischen Qualität],
> und alle sind bedroht.
>
> *Weltkommission für Wälder und nachhaltige Entwicklung, 1999*

Ein intakter Waldbestand stellt eine Ressource dar, die wichtige Funktionen
ausübt, die sich mit ökonomischen Maßstäben nicht bewerten lassen. Wälder
dämpfen Klimaschwankungen, verhindern Überschwemmungen und speichern Wasser für Zeiten der Dürre. Sie vermindern die Erosionswirkung von
Niederschlägen, wirken bodenbildend, stabilisieren Böden in Hanglagen und
halten Flüsse und Meeresküsten, Bewässerungskanäle und Stauseen frei von
Schlamm. Sie beherbergen und ernähren zahlreiche Arten von Lebewesen.
Allein in den tropischen Wäldern, die nur 7% der Erdoberfläche bedecken,
leben vermutlich mindestens 50% aller Arten der Erde. Viele dieser Arten, von
Rattanpalmen über Pilze bis zu Lebewesen, die Arzneimittel, Farbstoffe oder
Nahrungsmittel liefern, haben einen Marktwert und können ohne die schüt-
zenden Bäume ihres Lebensraums nicht existieren.

Durch die Aufnahme und Speicherung von großen Mengen Kohlenstoff
tragen Wälder dazu bei, den Gehalt von Kohlendioxid in der Atmosphäre zu
stabilisieren und damit die Wirkung des Treibhauseffekts und der globalen
Erwärmung zu mindern. Und nicht zuletzt sind naturnahe Wälder wunderbare
Orte, die man gern besucht, um sich zu erholen und seelischen Frieden zu
finden.

Bevor der Mensch mit der landwirtschaftlichen Erschließung begann, gab
es auf der Erde 6–7 Milliarden Hektar Wald. Davon sind nur noch 3,9
Milliarden verblieben, einschließlich der rund 0,2 Milliarden Hektar Holzplan-

tagen. Mehr als die Hälfte der natürlichen Wälder der Erde ist seit 1950 verloren gegangen. Zwischen 1990 und 2000 schrumpfte die Fläche der natürlichen Wälder um 160 Millionen Hektar oder etwa 4%.[41] Die größten Verluste erfuhren die Tropen; die Naturwälder der gemäßigten Zonen wurden schon lange vor 1990 während der Industrialisierung von Europa und Nordamerika zerstört.

Der Verlust von Wäldern ist ein augenfälliger Hinweis auf nicht nachhaltige Nutzung – der Bestand einer erneuerbaren Ressource schrumpft. Aber im Rahmen dieses deutlichen globalen Trends gibt es komplexe lokale Unterschiede.

Wir müssen bei der Ressource Wald zwei Aspekte unterscheiden: Fläche und Qualität. Es besteht ein gewaltiger Unterschied zwischen einem Hektar Urwald (Primärwald) mit 300 Jahre alten Bäumen und einem frisch bepflanzten Kahlschlag, auf dem in den nächsten 50 Jahren kein wirtschaftlich wertvoller Baum stehen wird und der nie wieder die ökologische Vielfalt eines Primärwaldes aufweisen wird. Dennoch unterscheiden viele Länder bei Angaben zu ihren Waldflächen nicht zwischen diesen beiden Waldformen.

Die Qualität eines Waldes ist viel schwerer zu bestimmen als seine Fläche. Kaum umstritten sind Daten zur Qualität, die sich auf die Fläche beziehen – Statistiken über die verbliebene Waldfläche, auf der noch nie gerodet wurde (so genannter Primärwald, naturbelassener oder Urwald). Die Statistiken zeigen, dass diese wertvollen Wälder mit hoher Geschwindigkeit in geringerwertige umgewandelt werden.

Nur ein Fünftel (1,3 Milliarden Hektar) der ursprünglichen Walddecke der Erde verbleibt heute noch in großen Beständen relativ unberührter natürlicher Wälder.[42] Die Hälfte davon bilden die borealen Nadelwälder in Russland, Kanada und Alaska; die tropischen Regenwälder im Amazonasbecken machen einen Großteil der übrigen Wälder aus. Riesige Flächen sind durch Holzeinschlag, Bergbau, Rodung für landwirtschaftliche Zwecke und andere menschliche Aktivitäten bedroht. Nur etwa 0,3 Milliarden Hektar stehen offiziell unter Schutz (doch ein Teil dieses Schutzes besteht nur auf dem Papier; in vielen dieser Wälder werden regelmäßig illegal Bäume gefällt und/ oder Tiere gewildert).

Die Vereinigten Staaten (ohne Alaska) haben bereits 95% ihrer ursprünglichen Waldfläche eingebüßt. In Europa gibt es so gut wie keine Primärwälder mehr. In China sind drei Viertel der Wälder und nahezu alle naturbelassenen Wälder verschwunden (siehe Abbildung 3-7). In der gemäßigten Zone nimmt die Fläche der nach Abholzung wieder neu nachgewachsenen Wälder (so genannte Sekundärwälder) leicht zu. In vielen gehen aber Bodennährstoffe, Artenvielfalt, Baumgröße, Holzqualität und Wachstumsrate zurück. Sie werden daher nicht nachhaltig bewirtschaftet.

Weniger als die Hälfte der verbliebenen natürlichen Wälder findet sich in den gemäßigten Breiten (1,6 Milliarden Hektar), der Rest in den Tropen (2,1

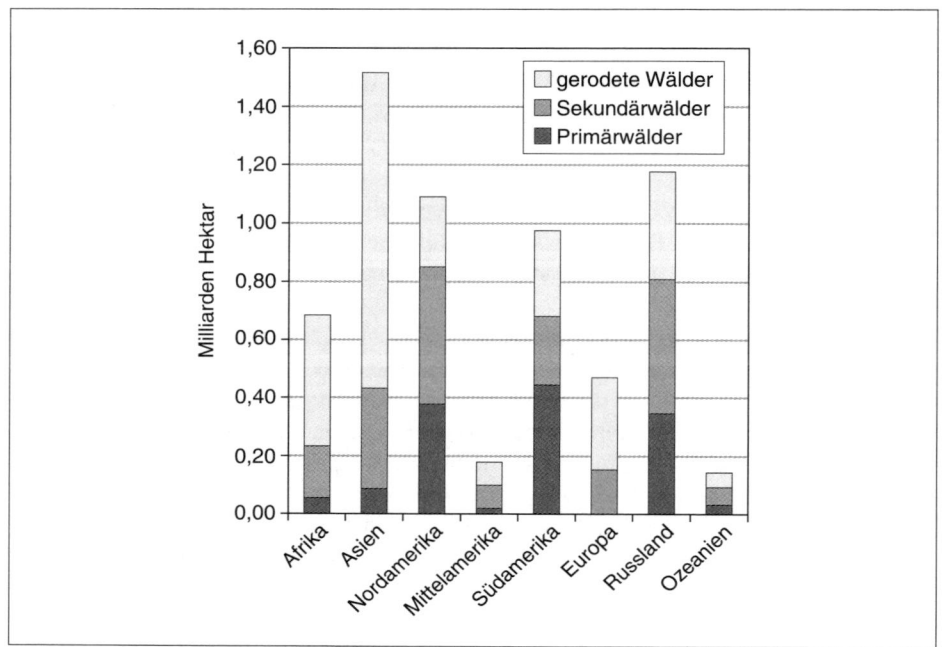

Abbildung 3-7 Die verbliebenen naturbelassenen Wälder
1997 war nur noch ein geringer Anteil der ursprünglichen Waldfläche der Erde unberührter „Urwald" – so genannter Primärwald. (Quelle: WRI)

Milliarden Hektar). Zwischen 1990 und 2000 ging die Fläche natürlicher Wälder in den gemäßigten Zonen nur leicht zurück, um etwa 9 Millionen Hektar – das entspricht einem Verlust von rund 0,6% in diesem Jahrzehnt. Die Hälfte dieser natürlichen Wälder wurde in intensiv bewirtschaftete Baumplantagen für die Papierherstellung und Nutzholzgewinnung umgewandelt. Zusätzlich wurde etwa die gleiche Fläche wieder aufgeforstet.

Während die Waldfläche in den gemäßigten Breiten weitgehend stabil bleibt, gehen die tropischen Wälder flächenmäßig stark zurück. Nach Berichten der FAO wurden zwischen 1990 und 2000 mehr als 150 Millionen Hektar der noch verbliebenen natürlichen Tropenwälder der Erde anderen Nutzungen zugeführt – das entspricht etwa der Fläche Mexikos. Somit lagen die Verluste in den 1990er-Jahren bei rund 15 Millionen Hektar pro Jahr oder 7% in diesem Jahrzehnt.

Das sind die offiziellen Zahlen, aber niemand weiß genau, wie rasch die Tropenwälder wirklich abgeholzt werden. Die Zahlen schwanken von Jahr zu Jahr und sind sehr umstritten. Schon dies allein – die Tatsache, dass die Verlustrate der Ressource unklar ist – stellt eine der strukturellen Ursachen für die Grenzüberschreitung dar.

Den ersten ernst zu nehmenden Versuch, die Abholzungsrate der Tropenwälder abzuschätzen, unternahm 1980 die FAO; sie gelangte dabei zu einer jährlichen Verlustrate von 11,4 Millionen Hektar. Mitte der 1980er-Jahre war die Abholzung auf schätzungsweise mehr als 20 Millionen Hektar pro Jahr gestiegen. Nach einigen politischen Veränderungen, vor allem in Brasilien, war der Verlust 1990 anscheinend wieder auf rund 14 Millionen Hektar jährlich zurückgegangen. Bei einer neuen Einschätzung der FAO im Jahre 1999 wurden die jährlichen Waldverluste – zum überwiegenden Teil in den Tropen – auf 11,3 Millionen Hektar pro Jahr geschätzt. Die letzte Schätzung am Ende dieses Jahrzehnts kam, wie bereits erwähnt, auf 15,2 Millionen Hektar im Jahr.

Gezählt wurden hierfür lediglich permanente Umwandlungen von Wäldern in andere Landnutzungsformen (in erster Linie für Ackerbau und Weideland, daneben Straßen und Siedlungen). *Was nicht zählte, ist Holzeinschlag* (da ein Wald, in dem Holz geschlagen wird, nach wie vor als Wald zählt). Ebenso wenig berücksichtigt wurden Waldbrände, denen zwischen 1997 und 1998 in Brasilien 2 Millionen Hektar zum Opfer fielen, in Indonesien ebenfalls 2 Millionen Hektar und 1,5 Millionen Hektar in Mexiko und Mittelamerika. (Abgebrannte Waldflächen werden nach wie vor als Wälder eingestuft.) Wenn wir die Nettorate hinzurechnen, mit der als tropische Wälder bezeichnete Flächen baumlos werden, übersteigt die Gesamtfläche sicherlich 15 Millionen Hektar im Jahr und könnte einen jährlichen Anteil von 1% der Waldfläche ausmachen.

Trotz der Unsicherheit der Daten können wir uns anhand der ungefähren Zahlen eine Vorstellung davon machen, welches Schicksal den natürlichen Tropenwäldern wahrscheinlich bevorsteht, wenn das gegenwärtige System nicht verändert wird. In Abbildung 3-8 ist als Ausgangspunkt die geschätzte Gesamtfläche tropischer Wälder im Jahr 2000 – 2,1 Milliarden Hektar – aufgetragen. Wir nehmen an, dass der gegenwärtige Verlust 20 Millionen Hektar im Jahr beträgt – das ist höher als die offiziellen Schätzungen der FAO und soll Waldbrände, nicht nachhaltigen Holzeinschlag und nicht gemeldete Abholzungen berücksichtigen. Die horizontale Linie im Diagramm stellt die Grenze für die Waldrodung dar, wenn 10% der heutigen Tropenwälder erhalten bleiben sollen. (Dies entspricht ungefähr dem Prozentsatz der Fläche tropischer Wälder, der gegenwärtig in irgendeiner Form unter Schutz gestellt ist.[43])

Bei einer konstant bleibenden Entwaldung von 20 Millionen Hektar im Jahr werden die nicht unter Schutz stehenden Primärwälder in 95 Jahren verschwunden sein. Die gerade Linie in Abbildung 3-8 zeigt diese Entwicklungsmöglichkeit. In diesem Falle bleiben die treibenden Kräfte der Waldzerstörung unverändert; weder verstärken sie sich noch schwächen sie sich im Laufe des Jahrhunderts ab.

Bei einer exponentiellen Zunahme der Entwaldung etwa mit der gleichen Rate, mit der die Bevölkerung der tropischen Länder wächst (rund 2% im

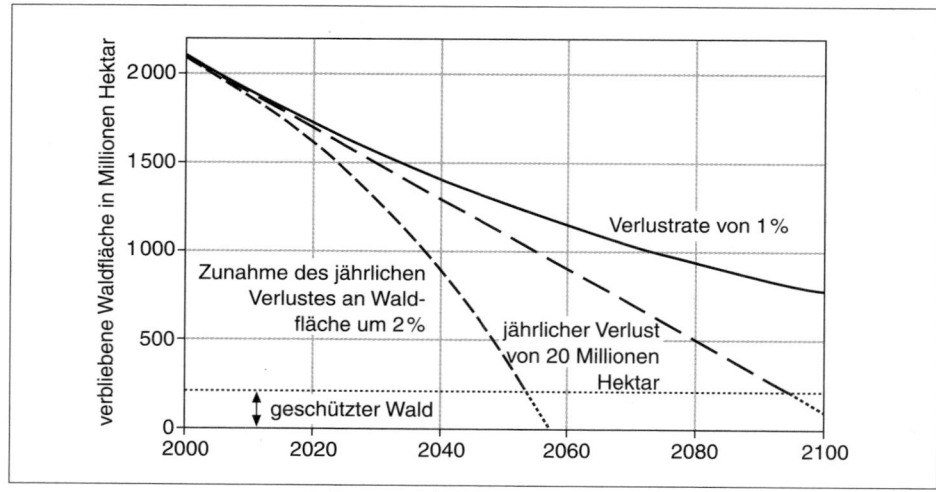

Abbildung 3-8 Entwicklungen bei der Abholzung tropischer Wälder
Vorhersagen zum künftigen Verlust tropischer Wälder orientieren sich an Annahmen zur demographischen, rechtlichen und wirtschaftlichen Entwicklung. Drei Szenarien sind in diesem Diagramm dargestellt. Wenn der für die 1990er-Jahre typische Verlust von 20 Millionen Hektar pro Jahr weiterhin jährlich um 2 % zunimmt, werden sämtliche ungeschützten Wälder bis 2054 verschwunden sein. Sofern die Verlustrate konstant bei 20 Millionen Hektar im Jahr bleibt, verschwinden die nicht unter Schutz stehenden Wälder bis etwa 2094. Bei einer jährlichen Verlustrate von 1 % schrumpft die Waldfläche alle 72 Jahre um die Hälfte.

Jahr), werden die nicht geschützten Wälder schon in etwa 50 Jahren vollkommen verschwunden sein. Diese Kurve entspricht der Situation, in der eine Kombination aus Bevölkerungswachstum und Wachstum der Holzindustrie dazu führt, dass die Verlustrate der Wälder exponentiell ansteigt.

Falls die jährliche Entwaldungsrate einem konstanten Anteil der verbliebenen Waldfläche entspricht (sagen wir, jährlich würden 1 % der Fläche gerodet), fällt die Abholzung jedes Jahr im Vergleich zum Vorjahr etwas geringer aus, weil die Fläche sich jedes Jahr verringert. Wenn sich dies fortsetzt, wird nach 72 Jahren die Hälfte der Fläche tropischer Wälder verschwunden sein. Diese Kurve bezeichnet eine Situation, bei der jede Abholzung die nächste weniger wahrscheinlich macht, vielleicht weil die am nächsten liegenden, wertvollsten Wälder zuerst abgeholzt werden.

In Wirklichkeit wird die Zukunft wahrscheinlich eine Kombination all dieser Möglichkeiten bringen. Wenn sich durch das Wachstum von Bevölkerung und Wirtschaft der Bedarf an Waldprodukten und Rodungsflächen erhöht, wird Holzeinschlag durch weitere Wege und abnehmende Holzqualität zunehmend kostspieliger. Gleichzeitig wird wahrscheinlich der – umweltbedingte und politische – Druck zum Schutz der verbliebenen Wälder und zur Verlagerung der Holzproduktion auf Hochertragsplantagen steigen.

Gleichgültig, wie sich diese widersprüchlichen Trends auflösen, eines scheint sicher: Die gegenwärtige Nutzung von Produkten aus tropischen Primärwäldern – Wäldern, die natürlich gewachsen sind, ohne der menschlichen Wirtschaft Kosten zu verursachen, und deren Bäume genügend Zeit hatten, zu stattlicher Größe und hohem Wert heranzuwachsen – ist nicht nachhaltig.

Die Böden, die klimatischen Verhältnisse und die Ökosysteme der Tropen unterscheiden sich stark von denen in gemäßigten Breiten. Tropische Wälder sind artenreicher und wachsen schneller, sind aber empfindlicher. Wir wissen nicht, ob sie auch nur eine Rodung oder einen Waldbrand überleben, ohne dass es zu einer ernsthaften Schädigung der Böden und des Ökosystems kommt. Zwar bemüht man sich, Methoden zu entwickeln, mit denen man tropische Wälder selektiv oder streifenweise durchforsten kann, um so Naturverjüngung zu ermöglichen, aber die meisten zur Zeit praktizierten Einschlagsverfahren behandeln die Tropenwälder, insbesondere ihre wertvollsten Baumarten, doch wie nicht erneuerbare Ressourcen.[44]

Die Ursachen für den Verlust tropischer Wälder sind von Land zu Land verschieden. Treibende Kräfte sind unter anderem multinationale Holz- und Papierfirmen, die nach höheren Erträgen trachten; Regierungen, die die Exporte erhöhen, um damit Auslandsschulden zu tilgen; Viehzüchter und Landwirte, die Wälder in Ackerflächen oder Weideland umwandeln, und Menschen ohne Grundbesitz, die um Brennholz oder ein Stück Land ringen, auf dem sie Nahrungsmittel anbauen können. Diese Akteure ergänzen sich oft: Die Regierungen locken Firmen an, diese ernten Holz, und die Armen dringen auf der Suche nach Siedlungsraum in die Wälder vor – auf Straßen, die für den Holztransport geschaffen wurden.

Es gibt noch eine weitere treibende Kraft für die nicht nachhaltige Nutzung von Wäldern, die in den gemäßigten Breiten ebenso wirksam ist wie in den Tropen. In einer Welt, in der qualitativ hochwertiges Nutzholz immer knapper wird, kann ein einzelner alter Baum 10 000 Dollar oder mehr wert sein. Dieser Wert stellt eine enorme Verlockung dar. So werden Waldressourcen aus öffentlichem Besitz für private Gewinne verschleudert, heimlich Abholzungslizenzen vergeben, Abrechnungen gefälscht, gefällte Stämme bewusst als minderwertige Baumarten klassifiziert und Einschlagsmengen oder gerodete Flächen falsch angegeben. Bestehende Gesetze und Vorschriften werden nur halbherzig umgesetzt, Beziehungen und Schmiergelder bestimmen das Geschäft. All diese Praktiken gibt es nicht nur in tropischen Gebieten.

> Wie die Kommission feststellte, ist das augenfälligste – am weitesten verbreitete und eklatanteste – Problem auf dem Forstsektor gleichzeitig auch das am wenigsten diskutierte, … die weite Verbreitung korrupter Praktiken.[45]

Selbst in solchen tropischen Ländern, in denen kaum Korruption herrscht und die auf ihre Ressourcen achten, schrumpft die Waldfläche, aber es lässt sich schwer feststellen, wie schnell. Die Ausgabe dieses Buches von 1992 enthielt

Karten zum Waldverlust in dem kleinen Land Costa Rica. Weil wir diese Abbildung auf den neuesten Stand bringen wollten, nahmen wir Kontakt mit dem Forschungszentrum für nachhaltige Entwicklung an der Universität von Costa Rica auf – und mussten erfahren, dass die Daten früherer Jahre revidiert werden mussten, als bessere Messtechniken zur Verfügung standen.

Verschlimmert wird das Problem der Entwaldung noch durch die wachsende Nachfrage nach Waldprodukten. Zwischen 1950 und 1996 nahm der Papierverbrauch weltweit um das Sechsfache zu. Nach Prognosen der FAO wird er bis zum Jahr 2010 von 280 auf 400 Millionen Tonnen ansteigen.[46] In den Vereinigten Staaten liegt der durchschnittliche Pro-Kopf-Verbrauch bei 330 kg Papier im Jahr, in anderen Industrienationen bei 160 kg, aber in den Entwicklungsländern sind es lediglich 17 kg. Zwar wird immer mehr Papier rezykliert, doch der Verbrauch von neuem Holz zur Zellstoffherstellung wächst weiter um 1–2% im Jahr.

Der gesamte Holzverbrauch für alle Zwecke – Bauholz, Papierprodukte und Brennholz – nimmt zu, obgleich die Wachstumsrate zurückgeht (Abbildung 3-9). Ein Grund für die geringere Wachstumsrate in den 1990er-Jahren scheint der Verfall der Wirtschaft in Asien und Russland zu sein. Daher könnte die Stabilisierung beim Verbrauch von Rundholz lediglich ein vorübergehendes Phänomen sein. Wenn alle Menschen auf der Welt genauso viel Holz für die

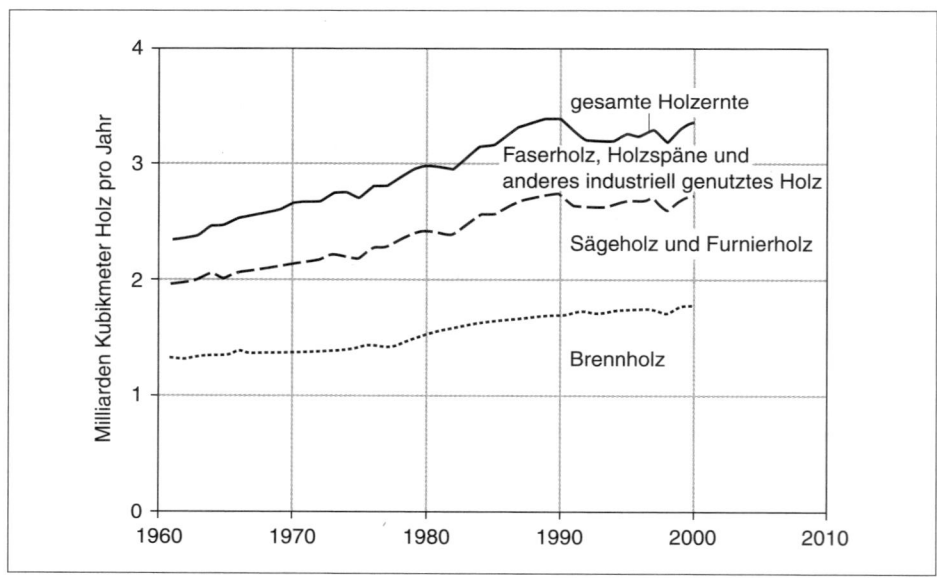

Abbildung 3-9 Der globale Holzverbrauch
Der Verbrauch von Holz steigt weiter, wenn auch mit geringerer Geschwindigkeit. Ungefähr die Hälfte des in den Wäldern der Erde geschlagenen Holzes dient als Brennmaterial (Quelle: FAO)

verschiedenen Zwecke verbrauchten wie Menschen in den Industrieländern heute, würde sich der Holzverbrauch insgesamt mehr als verdoppeln.[47]

Es gibt allerdings auch Trends, die den Holzbedarf reduzieren können, etwa durch Rezyklierung und eine effizientere Nutzung von Forstprodukten. Bei einer Zunahme dieser Trends könnte die Welt ihren Bedarf an Holzprodukten leicht mit viel geringeren Durchsatzmengen aus den Wäldern decken. Zum Beispiel:

- *Papierwiederverwertung.* Etwa die Hälfte des in den Vereinigten Staaten hergestellten Papiers ist Recyclingpapier; in Japan liegt der Anteil über 50% und in Holland bei 96%. Weltweit stammen 41% des Papiers und der Kartonagen aus der Wiederverwertung.[48] Wenn es der Welt gelänge, dem Vorbild von Holland zu folgen, würde sich der Anteil des rezyklierten Papiers mehr als verdoppeln.

- *Effizienz der Sägewerke.* Moderne Sägewerke verarbeiten 40–50% der angelieferten Stämme zu verkäuflichem Nutzholz (den Rest zu Brennholz, Papier oder Pressspanplatten). Weniger effiziente Sägewerke, insbesondere in den Entwicklungsländern, nutzen nur 25–30% der Stämme. Wenn diese ineffizienten Sägewerke auf den neuesten Stand gebracht würden, könnten sie von jedem geschlagenem Baum doppelt so viel Nutzholz liefern.[49]

- *Effizientere Verbrennung.* Mehr als die Hälfte des in Wäldern geschlagenen Holzes wird von armen Familien zum Kochen und Heizen sowie für kleinere Gewerbe (Ziegelherstellung, Brauerei, Trocknen von Tabak) verwendet, oft in ausgesprochen ineffizienten Öfen oder offenen Feuern. Durch effizientere Öfen oder alternative Brennstoffe könnte der menschliche Bedarf bei weitaus geringerem Waldverbrauch, geringerer Luftverschmutzung und geringerem Arbeitsaufwand gedeckt werden.

- *Effizientere Papiernutzung.* Die Hälfte der weltweiten Papier- und Kartonproduktion wird für Verpackungsmaterial und Werbeprospekte verwendet. Ein durchschnittlicher US-Haushalt erhält jährlich 550 unaufgefordert zugesandte Werbeprospekte, von denen die meisten ungelesen im Papierkorb landen. Trotz des elektronischen Zeitalters – oder vielleicht auch gerade deswegen – hat sich der Papierverbrauch pro Kopf in den Vereinigten Staaten von 1965 bis 1995 verdoppelt. Unerwünschte Werbepost und unnötige Verpackung ließen sich verhindern; Laserdrucker und Faxgeräte, die nur eine Seite bedrucken, und viele andere verschwenderische Techniken könnte man verbessern.

- *Preise, bei denen die vollen Kosten zu Buche schlagen.* Direkte und indirekte staatliche Subventionen für Abholzung könnten beseitigt und dafür Holzeinschlagssteuern entsprechend dem Wertverlust der Bestände eingeführt werden; dadurch würden die Preise für Holzprodukte die tatsächlichen Kosten realistischer widerspiegeln.

Durch Fortschritte wie diese ließe sich in den Industrieländern der Durchsatz an Holz aus Wäldern – und die Flut von Abfallprodukten bei der Entsorgung – wahrscheinlich um mindestens die Hälfte reduzieren, und das ganz ohne oder mit nur geringen Einbußen an Lebensqualität.

Gleichzeitig könnten die wertvollen Faserstoffe aus Wäldern wesentlich schonender produziert werden. Anstelle von Kahlschlägen, vor allem an Steilhängen, könnte man selektiv oder in Streifen einschlagen. Verbleibende unberührte Pufferstreifen an Flüssen würden die Erosion verringern und aquatische Ökosysteme vor schädlichem Sonnenlicht schützen. Man könnte vereinzelt tote Bäume als Lebensraum stehen oder gefällte liegen lassen.

Das Interesse an einer Zertifizierung, an der die Verbraucher Produkte aus Wäldern mit nachhaltiger, umweltverträglicher Bewirtschaftung erkennen können, nimmt zu. Ende 2002 hatte der Forest Stewardship Council (FSC) insgesamt 30 Millionen Hektar Wald als „nachhaltig bewirtschaftet" eingestuft. Diese Zahl ist zwar niedrig, nimmt aber rasch zu und verdeutlicht die Macht des Marktes – in diesem Fall die Macht der Verbraucher durch ihre Nachfrage nach zertifiziertem Holz.

Auf bereits gerodeten Flächen oder auf armen Böden könnten hochproduktive Holzplantagen angelegt werden. Solche Plantagen können erstaunliche Holzmengen pro Hektar und Jahr erzeugen; sie nehmen damit den Druck von natürlichen Wäldern.

Ein extremes Beispiel: Die ertragreichsten tropischen Holzplantagen können (jedenfalls für eine Weile) bis zu 25 m^3 Holz pro Hektar im Jahr erbringen. Das übertrifft die jährliche Wachstumsrate in natürlichen Wäldern der gemäßigten Breiten, die einen Ertrag von rund 2,5 m^3 pro Hektar im Jahr liefern, um den Faktor 10. Bei dieser hohen Produktivität wären etwa 140 Millionen Hektar notwendig (etwa die vierfache Fläche Malaysias), um die ganze heutige Welt mit Frischfaser, Bauholz und Brennholz zu versorgen. Sollte es gelingen, die Produktivität zu verdoppeln – 50 m^3 Holz pro Hektar im Jahr – würde man etwa 70 Millionen Hektar benötigen (etwa die Fläche Somalias), um den gegenwärtigen weltweiten Bedarf zu decken. Um die enorme Produktivität tropischer Plantagen nachhaltig aufrechtzuerhalten, müsste sich allerdings die Plantagenwirtschaft stärker „biologisch" orientieren: mit Pflanzung von Mischwäldern oder einem Wechsel der Arten und natürlicheren, umweltverträglicheren Düngungs- und Schädlingsbekämpfungsmethoden als gegenwärtig üblich.

Es gibt viele Möglichkeiten, die Nutzungsrate von Wäldern wieder in den nachhaltigen Bereich zurückzubringen. Keine der notwendigen Maßnahmen ist unmöglich; jede wird irgendwo in der Welt praktiziert, aber nicht weltweit. Daher schrumpfen die Wälder weiter.

Obgleich sich die Gesellschaft in den letzten Jahren zunehmend der Auswirkungen der weltweiten Entwaldung bewusst geworden ist, hat das die Entwaldungsrate nicht nennenswert verringert.[50]

Arten und Ökosystemleistungen

> Der Living Planet Index ist ein Indikator für den Zustand der natürlichen
> Ökosysteme der Erde. Er ... bezieht sich auf die Artenvielfalt der Lebewesen
> in Wäldern, Süßgewässern und Meer. Der Index zeigt insgesamt einen
> Rückgang von 37 % zwischen 1970 und 2000.
>
> *World Wide Fund for Nature, 2002*

Böden, Gewässer und Wälder sind offensichtlich Quellen, auf die der Mensch
angewiesen ist; er benötigt den Durchsatz aus ihnen, um zu überleben und
seine Wirtschaft zu erhalten. Daneben gibt es eine Reihe weiterer Quellen, die
mindestens genauso wichtig, aber weit weniger offensichtlich sind, weil ihnen
in der menschlichen Wirtschaft nie ein Geldwert beigemessen wurde. Es handelt sich dabei um nicht kommerziell genutzte, nicht vermarktete natürliche
Arten, die von ihnen gebildeten Ökosysteme und die Leistungen dieser Ökosysteme, indem sie die von allen Lebewesen benötigte Energie und Stoffe
aufnehmen, verwenden und wieder in den Kreislauf zurückführen.

Für diese alltäglichen, unschätzbar wertvollen Beiträge dieser biotischen
Quellen hat sich der Ausdruck *Ökosystemleistungen* eingebürgert. Dazu gehören:

- die Reinigung von Luft und Wasser,
- die Aufnahme und Speicherung von Wasser und dadurch die Abschwächung der Auswirkungen von Dürren und Überschwemmungen,
- das Zersetzen, Entgiften und Absondern von Abfallstoffen,
- die Regenerierung von Bodennährstoffen, der Aufbau der Bodenstruktur,
- die Bestäubung,
- die Kontrolle von Schädlingen,
- die Verteilung von Samen und Nährstoffen,
- die Abschwächung von Wind- und Temperaturextremen, stabilisierender
  Einfluss auf das Klima,
- die Lieferung einer großen Vielfalt landwirtschaftlicher, medizinischer und
  industrieller Produkte,
- die Evolution und Erhaltung des Genpools und der Biodiversität, die die
  genannten Aufgaben erfüllt,
- Lektionen in Überlebens-, Widerstands-, Evolutions- und Diversifikati-
  onsstrategien, die sich über drei Milliarden Jahre lang bewährt haben,
- einzigartige ästhetische, seelische und geistige Erbauung.[51]

Auch wenn sich der Wert dieser Leistungen nicht messen lässt, versucht der
Mensch sie dennoch irgendwie zu bemessen. Alle Versuche, die Leistungen der
Natur in Geldwert auszudrücken, führen zu Schätzungen von Billionen Dollar
im Jahr; das ist weit mehr als der Geldwert der weltweiten jährlichen Wirtschaftsleistung.[52]

Der oben zitierten Beurteilung des WWF zufolge hat die Welt in den letzten 30 Jahren einen bedeutenden Anteil ihrer Ökosystemleistungen eingebüßt. Dennoch ist dies sehr schwer quantitativ zu belegen. Am häufigsten versucht man, auch wenn dies nicht besonders viel aussagt, die Zahl der Arten und ihre Aussterberate zu ermitteln.

Erstaunlicherweise ist dies bisher unmöglich. Wissenschaftliche Schätzungen der Zahl der Arten unterscheiden sich um einen Faktor 10: Ihre Zahl liegt wahrscheinlich irgendwo zwischen 3 und 30 Millionen.[53] Davon sind bisher nur etwa 1,5 Millionen benannt und klassifiziert worden. Zumeist handelt es sich dabei um die großen, auffälligen Arten: Blütenpflanzen, Säugetiere, Vögel, Fische und Reptilien. Über die Myriaden von Insektenarten weiß die Wissenschaft weit weniger, und noch viel weniger über die Mikroorganismen.

Da niemand weiß, wie viele Arten es überhaupt gibt, kann auch niemand genau sagen, wie viele laufend verloren gehen. Es besteht aber kein Zweifel, dass die Zahl der Arten rapide abnimmt. Die meisten Biologen zögern nicht, das derzeitige Artensterben als „Massenaussterben" zu bezeichnen.[54] Nach Aussage von Ökologen hat es seit den Ereignissen, denen am Ende der Kreidezeit vor 65 Millionen Jahren die Dinosaurier zum Opfer fielen, keine derartige Aussterbewelle mehr gegeben.

Zu solchen Schlussfolgerungen gelangen sie in erster Linie aufgrund der Geschwindigkeit, mit der heute Lebensräume verloren gehen. Hier nur zwei Beispiele:

- Madagaskar ist eine biologische Schatzkammer; in den Wäldern im Osten der Insel leben 12 000 bekannte Pflanzen- und 190 000 bekannte Tierarten, von denen mindestens 60% nirgendwo sonst auf der Erde vorkommen. Aber mehr als 90% dieser Wälder wurden bereits abgeholzt, vor allem für die landwirtschaftliche Nutzung.
- Im Westen von Ecuador gab es einst zwischen 8000 und 10 000 Pflanzenarten, von denen etwa die Hälfte endemisch war. Jede Pflanzenart war die Lebensgrundlage von 10–30 Tierarten. Seit 1960 wurden nahezu alle Wälder im Westen von Ecuador in Bananenplantagen, menschliche Siedlungen und Flächen zur Erdölförderung umgewandelt.

Wie vielleicht zu erwarten, sterben die meisten Arten dort aus, wo der Artenreichtum am größten ist. Dies betrifft vor allem tropische Wälder, Korallenriffe und Feuchtgebiete. Mindestens 30% der Korallenriffe der Erde befinden sich in einem kritischen Zustand. Von den 1997 weltweit untersuchten Riffen zeigten 95% Anzeichen von Schädigungen und Artenverlust.[55] Feuchtgebiete sind sogar noch stärker gefährdet. Es sind Orte intensiver biologischer Aktivität, unter anderem stellen sie die Brutstätten zahlreicher Fischarten. Insgesamt machen – oder machten – Feuchtgebiete nur 6% der Erdoberfläche aus. Etwa die Hälfte ist bereits durch Flussbegradigung, Ausbaggerung, Geländeauffüllung, Trockenlegung und Torfabbau verloren gegangen. Nicht berücksichtigt ist hier, wie viel davon durch Schadstoffbelastung geschädigt ist.

Abschätzungen des weltweiten Artensterbens gründen zunächst auf Daten über den Verlust von Lebensräumen, der sich recht genau feststellen lässt. Danach wird abgeschätzt, wie viele Arten in diesen Lebensräumen gelebt haben könnten; diese Schätzungen sind zwangsläufig ungenau. Anschließend wird versucht, einen Zusammenhang zwischen Lebensraumverlust und Artenverlust herzustellen. Nach einer Faustregel verbleiben selbst dann noch 50 % der Arten am Leben, wenn 90 % des Lebensraums verloren gegangen sind.

Diese Hochrechnungen sind Gegenstand erheblicher Diskussionen.[56] Aber wie bei den anderen Zahlen, mit denen wir uns in diesem Kapitel auseinander zu setzen versuchen, ist die generelle Richtung klar. Bezüglich der großen, relativ gut erforschten Tierarten schätzen Wissenschaftler heute, dass 24 % der 4700 Säugetierarten, ungefähr 30 % der 25 000 Fischarten und 12 % der annähernd 10 000 Vogelarten vom Aussterben bedroht sind.[57] Das Gleiche gilt für 34 000 der 270 000 bekannten Pflanzenarten.[58] Die geschätzten Aussterberaten sind heute 1000-mal höher als ohne Eingriffe des Menschen.[59]

Der Artenverlust ist keine befriedigende Messmethode für die Nachhaltigkeit der Biosphäre – denn niemand kennt die Grenzen. Den Verlust wie vieler und welcher Arten kann ein Ökosystem verkraften, bevor das ganze System zusammenbricht? Man hat dies mit einem Flugzeug verglichen, bei dem während des Flugs nach und nach die Nieten entfernt werden, die es zusammenhalten; die große Frage ist, wie viele Nieten entfernt werden können, bis das Flugzeug abstürzt. Zumindest stehen die Nieten eines Flugzeugs nicht untereinander in Wechselwirkung. Anders in Ökosystemen: Die Arten hängen voneinander ab. Wenn eine Art verschwindet, können mit ihr durch eine lange Kettenreaktion auch noch weitere verschwinden.

Weil so schwierig festzustellen ist, mit welcher Geschwindigkeit die Zahl der Arten auf der Erde zurückgeht, hat der WWF mit seinem *Living Planet Index* eine andere Methode entwickelt, um den Rückgang der biologischen Vielfalt zu quantifizieren. Statt das Abnehmen der Artenzahl zu verfolgen, analysiert der WWF die Populationsgrößen einer großen Zahl unterschiedlicher Arten. Von diesen Trends wird dann ein Durchschnittswert ermittelt, und so erhält man eine quantitative Schätzung, wie sich die Population einer „typischen" Art im Laufe der Zeit verändert. Mithilfe dieser Methode gelangte der WWF zu dem Schluss, dass die „durchschnittliche" Population seit 1970 um mehr als ein Drittel abgenommen hat.[60] Mit anderen Worten: Die Zahl der Tiere und Pflanzen geht rapide zurück. Die Quelle der Ökosystemleistungen wird also offensichtlich nicht nachhaltig genutzt. Auf diese Tatsache wies im Jahr 1992 nachdrücklich der Appell „Warnung der Wissenschaftler der Welt an die Menschheit" hin. Herausgegeben wurde er von rund 1700 weltweit führenden Wissenschaftlern, darunter den meisten Nobelpreisträgern der Naturwissenschaften.

> Unsere massiven Eingriffe in das weltweit verflochtene Netz des Lebens könnten – in Verbindung mit den Schäden an der Umwelt durch Entwaldung, Artenverlust und Klimawandel – weit verbreitete Schadwirkungen auslösen, etwa durch unvorhersehbare Zusammenbrüche wesentlicher biologischer Systeme, deren Wechselwirkungen und Dynamiken wir bisher nur unzureichend verstehen. Ungewissheit über Art und Umfang dieser Auswirkungen ist keine Entschuldigung für Selbstzufriedenheit oder das Hinausschieben des verantwortlichen Umgangs mit der Bedrohung.[61]

Nicht erneuerbare Ressourcen

Fossile Brennstoffe

> Unsere Analysen der Entdeckung von Erdölfeldern und der weltweiten Erdölproduktion legen nahe, dass die Versorgung mit herkömmlichem Öl innerhalb des nächsten Jahrzehnts nicht mehr mit der Nachfrage wird Schritt halten können … Die Entdeckung [von Erdöl] erreichte weltweit Anfang der 1960er-Jahre ihren Höhepunkt und ging danach stetig zurück … Es gibt nur eine begrenzte Menge Rohöl auf der Welt, und die Industrie hat bereits 90 % davon gefunden. *Colin J. Campbell und Jean H. Laherrère, 1998*

> Gegenwärtig besteht kaum kurzfristige Besorgnis hinsichtlich der Versorgung mit Erdöl … Die Erdölvorräte der Erde sind jedoch begrenzt, und die weltweite Produktion wird irgendwann einen Höchststand erreichen und dann allmählich zurückgehen … Gängigen Schätzungen zufolge wird die weltweite Produktion erst in 10–20 Jahren – zwischen 2010 und 2025 – ihr Maximum erreichen. *World Resources, 1997*

In ihren Aussagen über den Zeitpunkt des Produktionsmaximums unterscheiden sich Optimisten und Pessimisten um einige Jahrzehnte. Es besteht jedoch grundsätzlich Übereinstimmung darüber, dass Erdöl der am stärksten begrenzte fossile Brennstoff ist und dass seine Produktion irgendwann in der ersten Hälfte dieses Jahrhunderts ihren Höchststand erreichen wird. Der jährliche Energieverbrauch durch die menschliche Wirtschaft stieg zwischen 1950 und 2000 im Schnitt um 3,5 % jährlich. Der weltweite Energieverbrauch nahm kaum beeinflusst durch Kriege, Rezessionen, Preisschwankungen und technischen Wandel ungleichmäßig, aber unerbittlich zu (Abbildung 3-10). Zum größten Teil wird diese Energie in den Industrieländern verbraucht. Ein durchschnittlicher Westeuropäer verbraucht 5,5-mal so viel kommerzielle Energie[62] wie ein durchschnittlicher Afrikaner. Ein durchschnittlicher Nordamerikaner verbraucht neunmal so viel wie ein durchschnittlicher Inder.[63] Aber dies gilt nur für kommerziell gelieferte Energie. Viele Menschen müssen ohne sie auskommen:

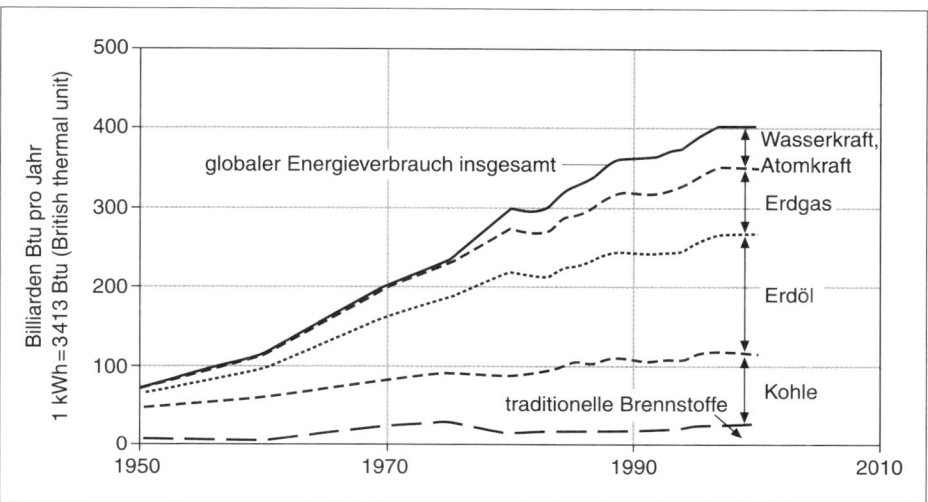

Abbildung 3-10 Globaler Energieverbrauch
Der weltweite Energieverbrauch hat sich zwischen 1950 und 2000 dreimal verdoppelt. Nach wie vor dominieren fossile Brennstoffe in der Versorgung mit Primärenergie: Der Anteil der Kohle erreichte sein Maximum um 1920 – sie machte damals mehr als 70 % der gesamten Brennstoffe aus. Der Verbrauch von Erdöl erreichte sein Maximum mit etwas mehr als 40 % Anfang der 1980er-Jahre. In Zukunft wird wahrscheinlich Erdgas, das die Umwelt weniger stark belastet als Kohle und Erdöl, einen höheren Anteil am weltweiten Energieverbrauch erreichen. (Quellen: UN; U.S. DoE)

Mehr als ein Viertel der Weltbevölkerung hat keinen Zugang zu Elektrizität, und zwei Fünftel sind zur Deckung ihres grundlegenden Energiebedarfs überwiegend auf herkömmliche Biomasse angewiesen. Zwar wird die Zahl der Menschen ohne Stromversorgung in den kommenden Jahrzehnten zurückgehen, aber Prognosen zufolge werden auch 2030 noch 1,4 Milliarden Menschen ohne Elektrizität auskommen müssen. Und die Zahl der Menschen, die Holz, Pflanzenreste und tierische Abfallprodukte als wichtigste Brennstoffe zum Kochen und Heizen nutzen, wird sogar noch ansteigen.[64]

Die meisten Energieanalytiker erwarten, dass der weltweite Energieverbrauch weiterhin steigen wird. Das von der Internationalen Energiebehörde in ihrem oben zitierten Ausblick *World Energy Outlook 2002* präsentierte „Referenz"-Szenario beschreibt eine Zunahme des weltweiten Primärenergieverbrauchs von 2000 bis 2030 um zwei Drittel. Und selbst das „alternative" (stärker ökologisch ausgerichtete) Szenario führt zu einem Anstieg des weltweiten Energieverbrauchs von mehr als 50% in diesem Zeitraum von 30 Jahren. Bei einer Analyse für die dänische Energiebehörde ergab sich, dass sechsmal so viel Energie (Endenergie beim Verbraucher) erforderlich wäre, wie weltweit im Jahr 2000 bereitgestellt wurde, um den grundlegenden Energiebedarf von 9,3 Milliarden Menschen – so viele könnte die Weltbevölkerung im Jahr 2050 umfassen – vollständig zu decken.[65]

Mehr als 80% der im Jahr 2000 genutzten kommerziellen Energie stammt aus nicht erneuerbaren fossilen Brennstoffen: Erdöl, Erdgas und Kohle. Die unterirdischen Vorräte dieser fossilen Brennstoffe nehmen ständig und unerbittlich ab. Um festzustellen, ob wir ein Nachhaltigkeitsproblem auf Seiten der Quellen des Durchsatzes vor uns haben (auf die Senken werden wir später zu sprechen kommen), müssen wir fragen, wie rasch diese Quellen erschöpft werden und ob schnell genug erneuerbarer Ersatz entwickelt wird, um diesen Rückgang zu kompensieren.

In dieser Sache herrscht enorme Verwirrung – selbst bei der Frage, ob diese von Natur aus nicht erneuerbaren Brennstoffe überhaupt erschöpft werden. Diese Verwirrung entsteht, weil dem falschen Signal Aufmerksamkeit geschenkt wird. Der Begriff *Ressource* bezieht sich auf die Gesamtmenge eines Stoffes in der Erdkruste; der Begriff *Reserve* bezeichnet hingegen diejenige Menge, die bereits entdeckt oder deren Vorkommen als sicher gelten kann und die daher – unter vernünftigen Annahmen für die Technik- und Preisentwicklung – auch gefördert werden kann. Ressourcenvorräte gehen durch Verbrauch unerbittlich zurück. Die Mengenangaben für die Reserven können aber noch zunehmen, wenn neue Vorräte entdeckt werden, die Preise ansteigen und sich die Techniken verbessern. Oft aber wurden fälschlicherweise Aussagen über Ressourcen aufgrund von Beobachtungen der Reserven gemacht.

Zwischen 1970 und 2000 verbrannte die Weltwirtschaft 700 Milliarden Barrel Erdöl, 87 Milliarden Tonnen Kohle und 50 Billionen m³ Erdgas. Im selben 30-Jahres-Zeitraum wurden jedoch neue Lagerstätten von Erdöl, Kohle und Erdgas entdeckt (und bei alten wurden die Zahlen nach oben korrigiert). Infolgedessen ist das Verhältnis der bekannten Reserven zur Produktion[66] – der Zeitraum, für den die nutzbaren Ressourcen bei der gleichen Produktion wie heute noch reichen – sogar angestiegen, wie aus Tabelle 3-1 zu ersehen ist.

Zu diesem Anstieg des Verhältnisses der Reserven zur Produktion kam es trotz des deutlich gestiegenen Verbrauchs von Erdgas (um etwa 130% von 1970 bis 2000), Erdöl (um etwa 60%) und Steinkohle (um etwa 145%). Aber bedeutet dieser Anstieg, dass im Jahr 2000 größere Mengen fossiler Brennstoffe zur Versorgung der menschlichen Wirtschaft im Boden lagerten als 1970?

Nein, natürlich nicht. Nach drei Jahrzehnten Abbau gab es 700 Milliarden Barrel Erdöl, 87 Milliarden Tonnen Kohle und 50 Billionen m³ Erdgas *weniger*. Fossile Brennstoffe sind nicht erneuerbare Ressourcen. Bei der Verbrennung werden sie in Kohlendioxid, Wasserdampf, Schwefeldioxid und einige weitere Substanzen umgewandelt, die sich nicht wieder zu fossilen Brennstoffen zusammenschließen, jedenfalls nicht in einem für den Menschen relevanten Zeitraum. Vielmehr handelt es sich um Abfall- und Schadstoffe, die in die Senken der Erde eingehen.

Tabelle 3-1 Jährliche Produktion, Verhältnis von Reserven zur Produktion (R/P) und zeitliche Reichweite für die Erdöl-, Erdgas- und Kohlevorräte

	1970 jährliche Produktion	1970 R/P „Lebens- dauer" (Jahre)	2000 jährliche Produktion	2000 R/P „Lebens- dauer" (Jahre)	zeitliche Reichweite der Ressource (Jahre)
Erdöl	17 Milliarden Barrel	32	28 Milliarden Barrel	37	50–80
Erdgas	1,06 Billionen m³	39	2,46 Billionen m³	65	160–310
Kohle	2,2 Milliarden Tonnen	2300	5 Milliarden Tonnen	217	sehr lange

Die Schätzungen für die Ressourcen sind definiert als die Summe der „bekannten Reserven" und der „verbleibenden unentdeckten Ressourcen". Eine Ressource dividiert durch die Produktion im Jahr 2000 ergibt den Zeitraum, wie lange diese Ressource ab 2000 voraussichtlich noch ausreichen wird (bei gleich bleibender Förderung). Die Zahl für die Kohlereserven von 1970 ist nicht mit der von 2000 vergleichbar, weil die Reserven unterschiedlich definiert wurden. Kohle war und ist der am reichlichsten vorhandene fossile Brennstoff (Quellen: U. S. Bureau of Mines; U. S. DoE)

Wer die in den vergangenen 30 Jahren neu entdeckten Vorräte als Anzeichen dafür betrachtet, dass fossile Brennstoffe nicht unmittelbar begrenzt seien, sieht nur einen Teil des Energiesystems.

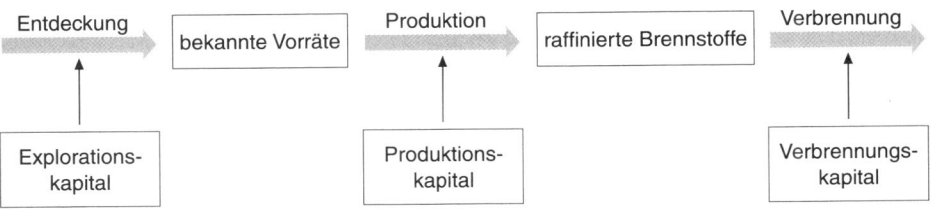

Teil des Energiesystems von den bekannten Vorräten bis zur Verbrennung von Brenn- und Treibstoffen

Für die *Entdeckung* neuer Lagerstätten fossiler Brennstoffe in der Erdkruste wird *Explorationskapital* (Bohrinseln, Flugzeuge, Satelliten und hoch technisierte Sonden) benötigt; durch die Entdeckung erhöhen sich die *bekannten Reserven*, die zwar bekannt, aber noch nicht gefördert sind. Durch den Prozess der *Produktion* (Förderung) wird dieser Bestand mithilfe von *Produktionskapital* (Anlagen und Geräte für Bergbau, Pumpen, Raffinieren und Transport) an die Erdoberfläche gebracht und in die Lager und Tanks für raffinierte Brennstoffe geliefert. Ab dort werden die raffinierten Brennstoffe durch das *Ver-*

brennungskapital (Kessel, Automobile, Kraftwerke) verbrannt, wobei nutzbare Wärme entsteht.[67]

Solange die Entdeckungsrate die Förderrate übersteigt, nimmt der Bestand an bekannten Reserven zu. Aber das Diagramm oben zeigt nur einen Teil des Systems. Ein vollständigeres Schaubild würde auch die eigentlichen Quellen und Senken der fossilen Brennstoffe enthalten.

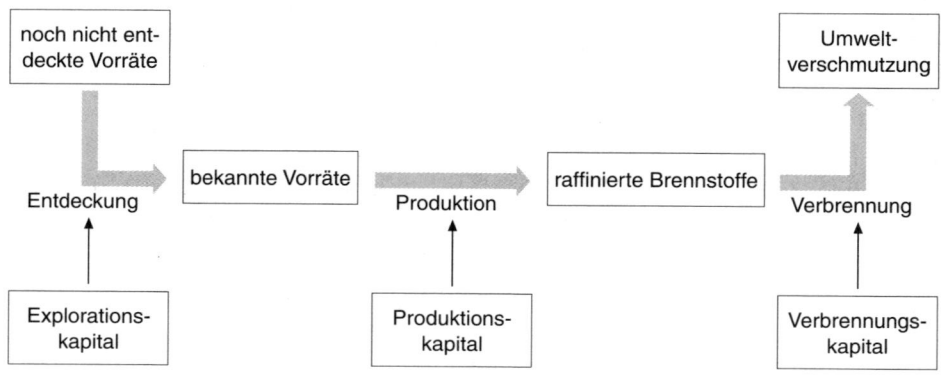

Gesamtes Energiesystem von bisher unentdeckten Vorräten bis zur Umweltbelastung durch Verbrennung

Wenn der Bestand *bekannter Reserven* durch die *Produktion* verringert wird, investieren Unternehmen in die Exploration, um den Bestand wieder aufzufüllen. Aber dabei werden immer nur weitere Teile des eigentlich vorhandenen Grundbestands fossiler Brennstoffe in der Erdkruste entdeckt, der nicht wieder aufgefüllt wird. Der Bestand an *noch nicht entdeckten Reserven* könnte sehr groß sein, aber er ist endlich und nicht erneuerbar.

Am anderen Ende des Durchsatzes entstehen durch die Verbrennung Schadstoffe, die letztendlich in die Senke eingehen – in die biogeochemischen Kreisläufe der Erde. Durch diese werden die Schadstoffe wieder in den Kreislauf zurückgeführt oder unschädlich gemacht, oder die Kreisläufe werden selbst durch die Schadstoffe vergiftet oder geschädigt. Auch in allen anderen Stadien des Durchflusses fossiler Brennstoffe, von der Entdeckung über die Produktion, die Raffination, den Transport und die Lagerung, werden verschiedene Schadstoffe ausgestoßen. Zwar ist es bei guter Prozessführung gelungen, Schadstoffemissionen durch erhebliche Verbesserungen der ökologischen Effizienz im Laufe der letzten zehn Jahre zu senken, aber in den Vereinigten Staaten stellt die Energieerzeugung trotzdem immer noch eine der Hauptquellen für die Verschmutzung des Grundwassers dar.

Niemand weiß, welche Seite der Durchsatzkette fossiler Brennstoffe stärker begrenzend wirken wird, die Quellen oder die Senken. Vor 30 Jahren, kurz vor der Erhöhung der Ölpreise durch die OPEC, schien der Flaschenhals eindeutig auf Seiten der Quellen zu sein. Heute richtet sich das Augenmerk viel stärker auf Klimawandel, sodass nun offenbar die Senken die größere Einschränkung darstellen. Es gibt solche enormen Kohlemengen, dass wir glauben, ihr Verbrauch wird durch die Kohlendioxidsenke in der Atmosphäre begrenzt. Beim Erdöl könnten die Einschränkungen von beiden Seiten herkommen. Durch seine Verbrennung entstehen Treibhausgase und andere Schadstoffe, und Erdöl wird sicherlich als erster fossiler Brennstoff erschöpft sein. Erdgas gilt heute vielen als diejenige Ressource, durch die sich die Energieproduktion aufrechterhalten lässt, bis sich nachhaltige Energiequellen etabliert haben. Aber bisher hat es gewöhnlich 50 Jahre gedauert, bis die Gesellschaft den Übergang von einer vorherrschenden Energiequelle zu einer anderen geschafft hat. Unterdessen könnte die Lebensqualität abnehmen, sei es durch klimatische Veränderungen oder durch Einschränkungen des Verbrauchs fossiler Brennstoffe.

Schätzungen der noch nicht entdeckten Erdöl- und Erdgasreserven schwanken stark und können nie ganz zuverlässig sein; dennoch haben wir in Tabelle 3-1 einige Schätzwerte aufgenommen. Wegen der geringen Verlässlichkeit schwanken sie in einem großen Bereich. Demnach könnten die verbliebenen Erdölressourcen (definiert als die Summe der gegenwärtig entdeckten und noch nicht entdeckten Reserven) bei einem Verbrauch wie im Jahr 2000 noch 50–80 Jahre lang ausreichen, Erdgas hingegen 160–310 Jahre. Die Kohlevorräte sind sogar noch umfangreicher. Allerdings werden die Kosten zur Erschließung der Ressourcen steigen, je mehr diese erschöpft sind. Und zu den Produktionskosten könnten noch politische Kosten kommen: Im Jahr 2000 stammten 30 % der weltweiten Erdölproduktion aus dem Mittleren Osten, und 11 % kamen aus der ehemaligen Sowjetunion; zusammen verfügen diese beiden Regionen über zwei Drittel aller bekannten Erdölreserven.

Die Erschöpfung des Erdöls wird sich nicht als völliger Produktionsstopp bemerkbar machen, als plötzliches Austrocknen der Hähne. Vielmehr werden die Investitionen in die Exploration immer geringere Erträge bringen, die verbliebenen Reserven werden auf immer weniger Länder konzentriert sein, und schließlich wird auf ein Maximum der weltweiten Produktion ein allmählicher Rückgang folgen. Die Vereinigten Staaten können hierfür als Fallstudie dienen. Mehr als die Hälfte ihrer ursprünglich enormen Ölvorräte ist schon ausgebeutet. Die meisten neuen Erdöllagerstätten wurden in den 1940er- und 1950er-Jahren entdeckt, die nationale Ölproduktion erreichte ihr Maximum um 1970, und der Bedarf an Erdöl wird heute zunehmend durch Importe gedeckt (siehe Abbildung 3-11).

Das Gleiche passiert gerade in globalem Maßstab. Abbildung 3-12 zeigt den bisherigen und den wahrscheinlichen zukünftigen Verlauf der weltweiten Erdölproduktion. Letzterer beruht auf ähnlichen Annahmen bezüglich der Ressourcen wie in Tabelle 3-1. Demnach ist zu erwarten, dass der Erdölverbrauch vom heutigen Stand nicht mehr viel ansteigen und dann nach einigen

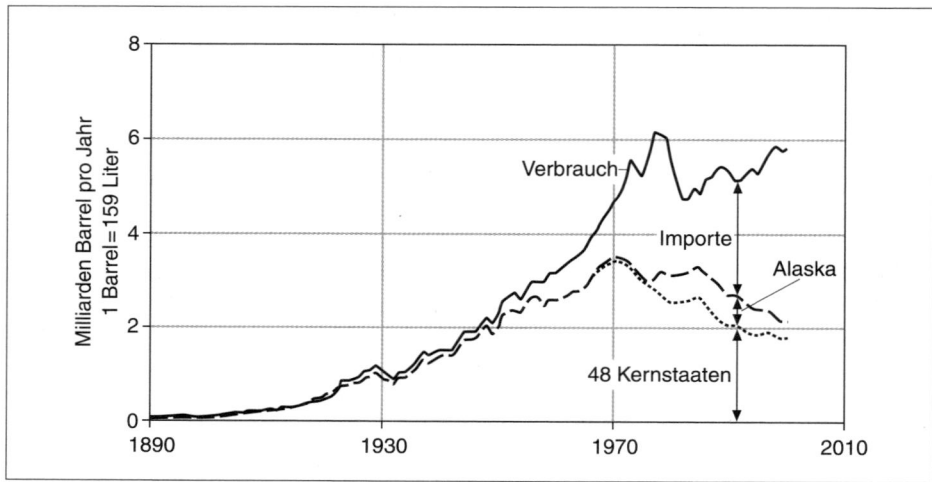

Abbildung 3-11 Erdölproduktion und -verbrauch in den USA
Die nationale Erdölproduktion in den Vereinigten Staaten erreichte 1970 ihren Höchststand; seither ist die Produktion in den 48 zusammenhängenden Staaten um 40 % zurückgegangen. Selbst neu entdeckte Lagerstätten in Alaska konnten diesen Rückgang nicht kompensieren. (Quellen: API; EIA/DoE)

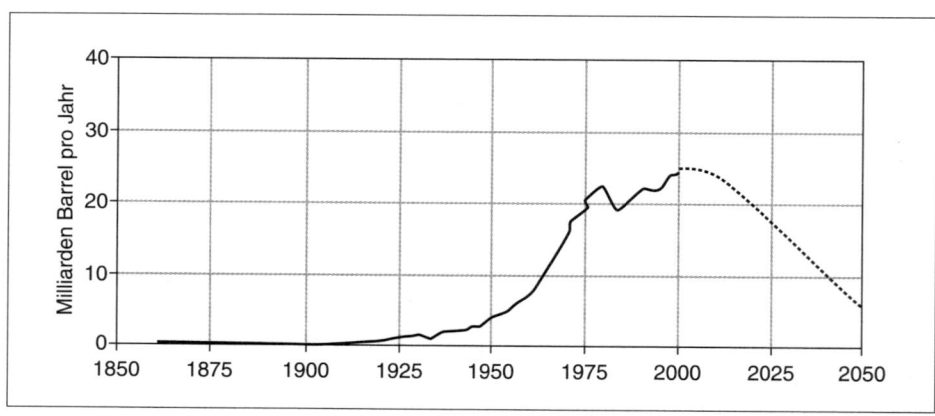

Abbildung 3-12 Szenario für die globale Erdölproduktion
Die durchgezogene Linie zeigt die globale Erdölproduktion bis zum Jahr 2000. Die wahrscheinlichste Entwicklung der zukünftigen Produktion wurde mit dem Verfahren des Geologen M. King Hubbert geschätzt. Die gestrichelte Linie rechts zeigt die wahrscheinliche Jahresproduktion, wenn die letztendlich förderbaren Erdölvorräte 1,8 Billionen Barrel betragen (Fläche unterhalb der Kurve). (Quelle: K. S. Deffeyes)

Jahrzehnten für den Rest des 21. Jahrhunderts allmählich zurückgehen wird. Dieses Szenario wird gestützt durch die Tatsache, dass die Entdeckungsraten weltweit ihren Höhepunkt bereits in den 1960er-Jahren erreicht haben und dass mittlerweile zunehmend schwerer zugängliche – und somit kostspieligere – Ressourcen gefördert werden, nicht nur in Alaska, sondern auch in den Tiefen des Arktischen Ozeans und in abgelegenen Gebieten Sibiriens.

In vielen Anwendungsbereichen bildet Erdgas einen nahe liegenden Ersatz für Erdöl. Von allen fossilen Brennstoffen setzt es pro Energieeinheit die wenigsten Schadstoffe frei – Treibhausgase wie CO_2 eingeschlossen. Daher besteht ein berechtigtes Interesse daran, Erdöl und Kohle baldmöglichst durch Erdgas zu ersetzen. Dadurch wird sich die Erschöpfung der Erdgasvorräte in einem Ausmaß beschleunigen, das all jene, die die Dynamik exponentiellen Wachstums immer noch nicht in vollem Umfang begriffen haben, überraschen wird. Die Abbildungen 3-13 und 3-14 verdeutlichen, warum.

Im Jahr 2000 betrug das Verhältnis von Reserven zu Produktion bei Erdgas weltweit 65 Jahre; wenn also die derzeit bekannten Reserven weiterhin mit der gleichen Verbrauchsrate genutzt würden wie im Jahr 2000, würden sie

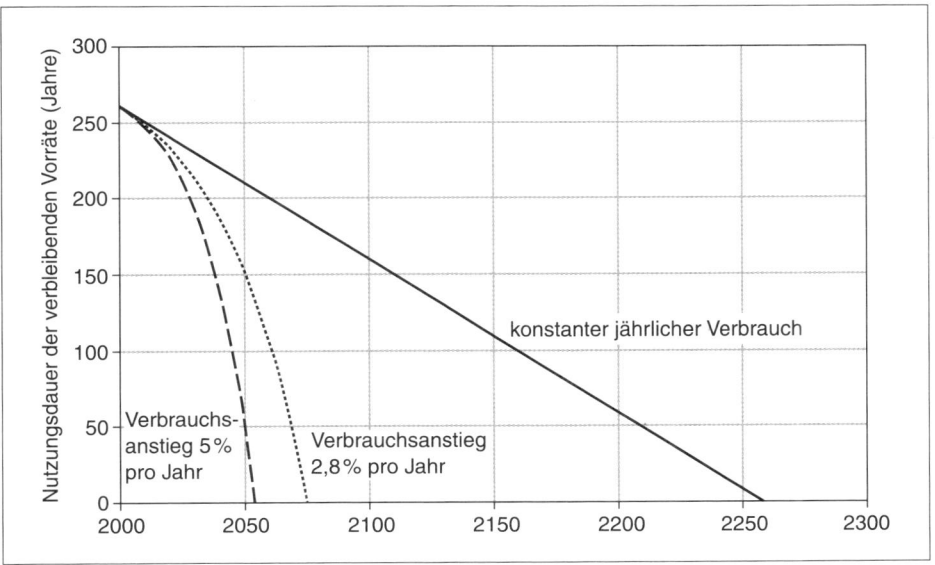

Abbildung 3-13 Wie die Erschöpfung der globalen Erdgasvorräte verlaufen könnte
Wenn die restlichen und „letztlich förderbaren" Erdgasvorräte bei der Verbrauchsrate von 2000 noch 260 Jahre lang reichen, dann lässt sich dieser Verbrauch also bis 2260 aufrechterhalten. Da Erdöl knapp wird und die Verbrennung von Kohle Umweltprobleme verursacht, könnte sich der Verbrauch von Erdgas in den kommenden Jahrzehnten jedoch beschleunigen. Würde er weiterhin wie heute um 2,8 % jährlich steigen, so wären die angenommenen Bestände bis zum Jahr 2075 erschöpft. Bei einem jährlichen Anstieg von 5 % wären die gesamten Erdgasvorräte der Welt schon 2054 erschöpft.

bis zum Jahr 2065 ausreichen. Zwei Dinge werden dafür sorgen, dass diese einfache Hochrechnung nicht aufgeht. Zum einen wird man weitere Reserven entdecken, und zum anderen wird der jährliche Erdgasverbrauch über den Wert von 2000 ansteigen.

Daher sollte man als Ausgangspunkt besser Schätzungen der verbliebenen Erdgasvorräte (also die Summe der derzeit entdeckten und noch nicht entdeckten Reserven) heranziehen. Zur Veranschaulichung wollen wir annehmen, dass die Erdgasressourcen letztlich ausreichen, um die Welt beim Verbrauch von 2000 260 Jahre lang zu versorgen. Dies liegt irgendwo in dem in Tabelle 3-1 angegebenen geschätzten Bereich von 160–310 Jahren. Sofern der Verbrauch konstant dem des Jahres 2000 entspricht, nehmen die Erdgasvorräte linear ab, wie die Diagonale in Abbildung 3-13 verdeutlicht, und reichen 260

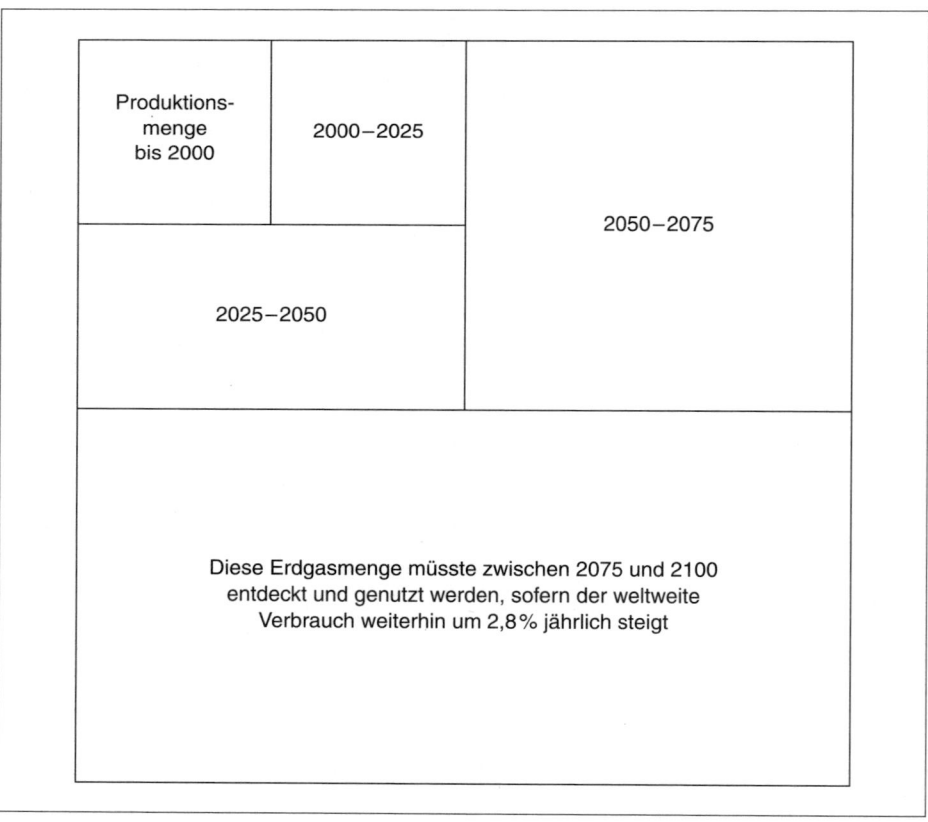

Abbildung 3-14 Wie viel Erdgas entdeckt werden muss, um den steigenden Verbrauch zu decken
Wenn der Erdgasverbrauch weiterhin jährlich um 2,8 % ansteigt, müssten alle 25 Jahre genauso viele neue Erdgasvorräte entdeckt werden, wie bis dahin schon entdeckt worden sind.

Jahre. Steigt der Erdgasverbrauch jedoch weiterhin um etwa 2,8% jährlich an, wie es seit 1970 der Fall war, wird der vermeintliche Vorrat für 260 Jahre exponentiell beschleunigt schwinden, wie die schwach gepunktete Kurve in Abbildung 3-13 zeigt. Dann wären die Vorräte nicht erst 2260 erschöpft, sondern bereits 2075 – sie würden also statt 260 Jahre nur 75 Jahre ausreichen.

Wenn allerdings die Nachfrage nach Erdgas als Ersatz für Kohle und Erdöl als Energieträger zunimmt, weil man Klimaveränderungen aufhalten und die Erschöpfung der Erdölvorräte hinauszögern möchte, dann könnte der Verbrauch auch stärker steigen als um 2,8% im Jahr. Bei einem jährlichen Anstieg um 5% wäre der vermeintliche „260-Jahres-Vorrat" bereits nach 54 Jahren aufgebraucht (fett gepunktete Kurve in Abbildung 3-13).

Abbildung 3-14 zeigt, wie viele Vorräte neu entdeckt werden müssten, um einen stetigen Anstieg des Erdgasverbrauchs um jährlich 2,8% zu decken. Nach der Mathematik des exponentiellen Wachstums müsste sich die Menge an entdecktem und gefördertem Erdgas alle 25 Jahre verdoppeln.

Entscheidend ist dabei nicht die Feststellung, dass die Erdgasvorräte der Erde zur Neige gehen werden. Die beträchtlichen verbliebenen Vorräte werden eine ganz wesentliche Rolle als „Übergangsenergieträger" spielen, bis dauerhafter nutzbare Energiequellen erschlossen sind. Entscheidend ist, dass die fossilen Brennstoffe überraschend begrenzt sind, vor allem bei exponentiell wachsendem Verbrauch; daher sollten wir sie nicht vergeuden. Auf der Zeitskala der Menschheitsgeschichte wird die Ära der fossilen Brennstoffe nur eine kurze Episode bleiben.

Weil es aber erneuerbaren Ersatz für fossile Brennstoffe gibt, muss auf der Erde nie Energieknappheit herrschen. Zwei Optionen stehen zur Verfügung, bei denen die Nutzung bereits ab der Quelle nachhaltig, umweltfreundlich, technisch praktikabel und in zunehmendem Maße wirtschaftlich ist. Die erste Option ist höhere *Effizienz* – die bessere Nutzung der Energie. Sie lässt sich rasch realisieren. Die andere ist die Gewinnung von *erneuerbarer Energie aus der Sonneneinstrahlung.* Ihre Realisierung wird nur unwesentlich länger in Anspruch nehmen. Manche wenden ein, dass die Kernenergie ebenfalls zu der kleinen Gruppe potenzieller Lösungen für das Energieproblem der Erde gehört, doch diese Ansicht teilen wir nicht, weil die Probleme bei der Entsorgung radioaktiver Abfälle noch immer nicht gelöst und die beiden anderen Lösungen sehr viel praktikabler sind. Sie lassen sich rascher umsetzen, sind billiger, sicherer und auch in ärmeren Nationen viel leichter zu etablieren.

Energieeffizienz bedeutet, unter geringerem Energieverbrauch letztlich die gleichen Energiedienstleistungen zu erzeugen – in Form von Licht, Wärme oder Kühlung, Transport von Personen und Fracht, Pumpen von Wasser und Antrieb von Maschinen. Das bedeutet, dass der gleiche oder sogar ein höherer materieller Lebensstandard aufrechterhalten wird, meist zu geringeren Kosten – und zwar nicht nur bei den direkten Energiekosten, sondern auch durch weniger Umweltverschmutzung, eine geringere Inanspruchnahme der nationalen Energiequellen und weniger Konflikte über die Standorte von Kraftwerken. Für viele Länder bedeutet dies zudem niedrigere Auslandsschulden und Militärausgaben, mit denen sie den Zugang zu Ressourcen im Ausland sichern oder kontrollieren.

Die Techniken für höhere Energieeffizienz, von Wärmedämmung bis zu sparsameren Motoren, machen so rasche Fortschritte, dass die Schätzungen des Energiebedarfs für bestimmte Aufgaben jedes Jahr nach unten korrigiert werden müssen. Eine kompakte Energiesparlampe gibt die gleiche Lichtmenge ab wie eine normale Glühbirne, verbraucht dabei aber nur ein Viertel des Stroms. Durch den Einbau wärmedämmender Fenster mit Doppel- oder Dreifachverglasung in sämtlichen Gebäuden der Vereinigten Staaten könnte das Land doppelt so viel Energie sparen, wie es gegenwärtig aus dem Alaska-Erdöl gewinnt. Mindestens zehn Autofirmen haben Prototypen konstruiert, die mit einem Liter Benzin 30–60 km fahren können (das entspricht einem Verbrauch von 1,6–3,3 Litern auf 100 km). Inzwischen ist für Fahrzeuge sogar schon von Spitzentechniken die Rede, die 70 km pro Liter schaffen sollen (was einem Verbrauch von 1,4 Litern auf 100 km entspricht). Entgegen weit verbreiteter Meinungen bestehen diese effizienten Fahrzeuge sämtliche Sicherheitstests, und einige werden in der Herstellung nicht mehr kosten als die heutigen Modelle.[68]

Die Berechnungen, wie viel Energie sich durch eine effizientere Energienutzung einsparen ließe, variieren entsprechend den technischen und politischen Vorstellungen der Menschen, die sie durchführen. Bei konservativer Berechnung scheint sicher, dass die Wirtschaft der USA mit bereits vorhandenen Techniken und mit dem gleichen oder sogar geringeren Kostenaufwand als heute das Gleiche leisten könnte wie heute, dafür aber nur halb so viel Energie benötigen würde. Damit würden die USA auf das gegenwärtige Effizienzniveau von Westeuropa[69] aufrücken – und der weltweite Erdölbedarf würde sich um 14 % verringern, der Kohlebedarf ebenfalls um 14 % und der Erdgasbedarf um 15 %. Ähnliche oder sogar noch höhere Steigerungen der Energieeffizienz sind in Osteuropa und in den weniger industrialisierten Ländern der Dritten Welt möglich.

Nach Ansicht von Optimisten ist dies nur der Anfang. Ihrer Meinung nach könnten auch Westeuropa und Japan – bereits heute die Regionen mit der höchsten Energieeffizienz – ihre Energieeffizienz mit Techniken, die bereits vorhanden sind oder höchstwahrscheinlich innerhalb der nächsten 20 Jahre verfügbar sein werden, noch verdoppeln oder gar vervierfachen. Mit einer solchen Energieeffizienz könnte man einen Großteil oder den gesamten Energiebedarf der Erde aus erneuerbaren solaren Quellen decken: durch direkte Nutzung der Solarenergie mit Solarkollektoren und Photovoltaik oder durch indirekte Nutzung in Windkraft, Wasserkraft und Energie aus Biomasse. Die Sonne führt der Erde täglich 10 000-mal mehr Energie zu, als die Menschheit derzeit verbraucht.[70]

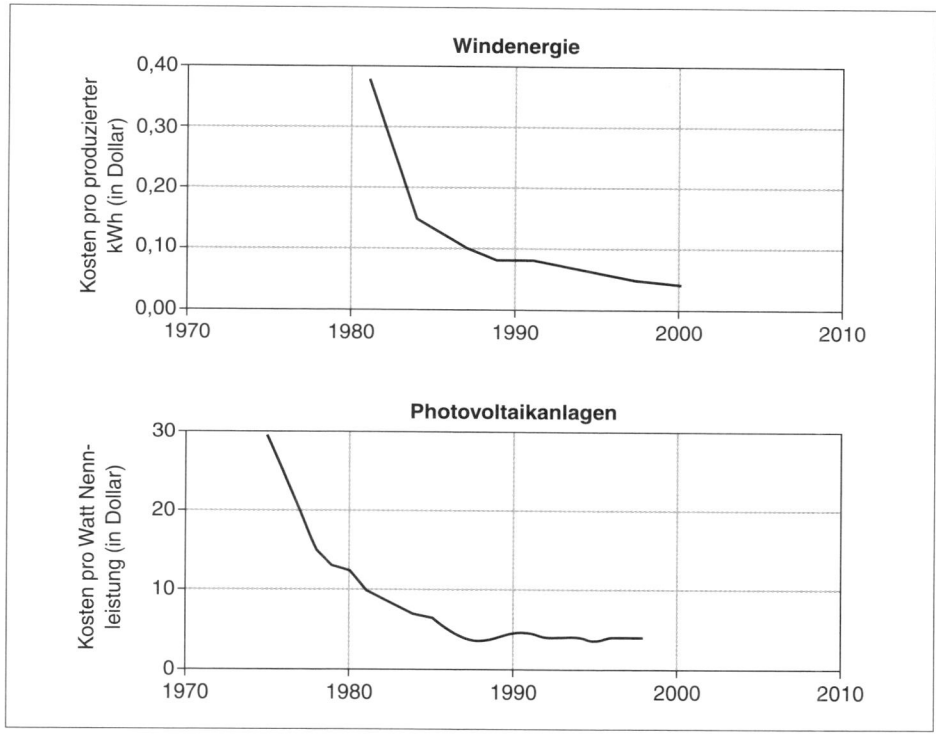

Abbildung 3-15 Kosten für Strom aus Windkraftanlagen und Photovoltaikanlagen
Zwischen 1980 und 2000 sind die Kosten für Strom aus Windkraft- und Photovoltaikanlagen
drastisch gesunken. Die Windkraft kann jetzt mit neuen Kraftwerken für fossile Brennstoffe kon-
kurrieren. (Quellen: AWEA; EIA/DoE)

Bei der Nutzung der Sonnenenergie kommt der technische Fortschritt
langsamer voran als bei der Erhöhung der Energieeffizienz, aber dennoch
hat es ständig Verbesserungen gegeben. Die Kosten für Energie aus Photovol-
taik- und Windkraftanlagen sind in den letzten 20 Jahren erheblich gesunken
(Abbildung 3-15). Im Jahr 1970 betrugen die Kapitalkosten für photovoltaisch
erzeugten Solarstrom 120 Dollar pro Watt Leistung der Anlage; im Jahr 2000
waren es nur noch 3,50 Dollar pro Watt.[71] In der Dritten Welt stellen Photovoltaikanlagen bereits die kostengünstigste Alternative für die Versorgung von
Dörfern und Bewässerungsprojekten dar, die die Kapitalkosten für den
Anschluss an ein weit entferntes Stromnetz nicht aufbringen können.

Bei dem heutigen Kostenaufwand hat Windenergie das Potenzial für sehr
rasches Wachstum. Ende 2002 überstieg die Kapazität der weltweit installierten Windkraftanlagen 31 000 MW – das ist vergleichbar mit mehr als 30
Kernreaktoren. Dies entspricht einem Kapazitätszuwachs von 28 % seit Ende
2001 und einer Vervierfachung in den fünf Jahren seit Ende 1997.[72] Verände-

rungen dieser Größenordnung rufen vielerlei Spekulationen über die zukünftige Energieversorgung hervor.

Meiner Meinung nach erleben wir gerade die letzten Tage der traditionellen Erdölfirmen... Die gesamte Weltwirtschaft würde sich ändern, wenn man mit der Brennstoffzelle seines vor dem Haus geparkten Autos das Haus auch gleich mit Strom versorgen könnte. Das Energieversorgungsnetz eines gesamten Landes ähnelt dann eher dem Internet als einem Großrechner. Wären alle Autos auf den Straßen der Vereinigten Staaten mit Brennstoffzellen ausgestattet, dann wäre die Stromerzeugungskapazität fünfmal so groß wie die heute installierte Kraftwerksleistung.[73]

Allerdings sind auch die erneuerbaren Energiequellen nicht ganz unschädlich für die Umwelt und nicht unbegrenzt. Windkraftanlagen benötigen Land und Zugangsstraßen. Manche Typen von Solarzellen enthalten giftige Stoffe. Durch Staudämme von Wasserkraftwerken werden Landflächen überflutet und natürliche Flussläufe zerstört. Energie aus Biomasse kann nur so nachhaltig sein, wie die land- und forstwirtschaftlichen Praktiken zur Produktion dieser Biomasse. Wegen der relativ geringen Energiedichte und der täglichen Schwankungen der Sonneneinstrahlung werden bei der direkten Nutzung solarer Quellen meist große Sammelflächen und komplexe Speicheranlagen[74] benötigt, und für alle Nutzungstechniken sind physisches Kapital und ein durchdachtes Management erforderlich. Erneuerbare Energiequellen sind immer vom Durchsatz her begrenzt; sie sind zwar für immer verfügbar, aber eben nur mit begrenztem Durchsatz (Leistung). Sie können weder eine unendlich große Bevölkerung noch eine rasch wachsende Industrie versorgen. Aber sie können die Energiegrundlage für die nachhaltige Gesellschaft der Zukunft liefern. Diese Energiequellen sind reichlich vorhanden, überall verbreitet und vielgestaltig. Von ihnen geht eine geringere und in der Regel weniger schädliche Schadstoffbelastung aus als von fossilen Brennstoffen oder Kernenergie.

Wenn die nachhaltigsten Quellen, die die Umwelt am wenigsten belasten, erschlossen und mit hoher Effizienz genutzt würden, könnten sie den Bedarf der Menschheit decken, ohne dabei Grenzen zu überschreiten. Das erfordert nur den politischen Willen, einige technische Fortschritte und geringfügige gesellschaftliche Veränderungen.

Da die (bisher noch nicht entdeckten) Erdgasreserven offenbar relativ ergiebig sind, schien es zur Jahrtausendwende, dass die stärksten Einschränkungen der Energienutzung eher bei den Senken liegen. Die Problematik des Klimawandels, die der Ausstoß von Kohlendioxid bei der Energienutzung nach sich zieht, werden wir später in diesem Kapitel erörtern.

Material

Abbau oder Förderung natürlicher Primärressourcen machen es oft erforderlich, große Mengen von Material zu bewegen oder zu verarbeiten, die die Umwelt verändern oder sogar schädigen können, ohne dass ihnen ein wirtschaftlicher Wert zukommt. Um beispielsweise Zugang zu Lagerstätten von Metallen, Mineralerzen oder Kohleflözen zu erlangen ... müssen zunächst riesige Mengen darüber liegenden Materials oder Abraums bewegt werden. Roherze müssen oft verarbeitet oder konzentriert werden, bevor man sie kommerziell nutzen kann, aber beim Verarbeitungsprozess fallen große Mengen an Abfallstoffen an, die entsorgt werden müssen ... Alle diese Stoffdurchsätze sind Teil der wirtschaftlichen Aktivitäten eines Landes, aber die meisten davon tauchen nie in der Geldwirtschaft auf ... In der ökonomischen Buchhaltung erscheinen sie meist nicht. Dadurch ergeben sich Statistiken, in denen die Abhängigkeit der Industriewirtschaft von den natürlichen Ressourcen unterbewertet wird.   *World Resources Institute, 1997*

Nur 8% der Weltbevölkerung besitzen ein Auto. Hunderte Millionen von Menschen leben in unzureichenden Behausungen oder haben überhaupt kein Dach über dem Kopf, geschweige denn einen Kühlschrank oder ein Fernsehgerät. Wenn die Zahl der Menschen weltweit zunimmt und wenn diese mehr und bessere Wohnungen, eine bessere medizinische Versorgung und Ausbildung, Autos, Kühlschränke und Fernsehgeräte erhalten sollen, dann benötigen sie Stahl, Beton, Kupfer, Aluminium, Kunststoff und viele andere Materialien.

Der Materialdurchsatz von der Erde durch die Wirtschaft und wieder zurück zur Erde lässt sich auf die gleiche Weise grafisch darstellen wie der Durchsatz fossiler Brennstoffe – mit einer Ausnahme: Anders als fossile Brennstoffe werden Materialien wie Metalle und Glas nach der Verwendung nicht in Verbrennungsgase umgewandelt. Entweder werden sie irgendwo als feste Abfälle deponiert oder sie werden rezykliert und wieder verwendet, oder sie werden zerkleinert, pulverisiert, verdampft oder auf andere Weise im Boden, in Gewässern oder in der Luft verteilt.

Abbildung 3-16 zeigt die Entwicklung des weltweiten Verbrauchs von fünf wichtigen Metallen zwischen den Jahren 1900 und 2000. Wie die Daten verdeutlichen, ist der Verbrauch zwischen 1950 und 2000 um mehr als das Vierfache gestiegen.

Pro Jahr können von einem Menschen nur begrenzte Mengen Kupfer, Nickel, Zinn und ähnlicher Metalle verbraucht werden, das gilt selbst für Reiche. Diese Grenze kann allerdings recht hoch sein, zumindest wenn man den amerikanischen Lebensstandard als Indikator heranzieht. Bei den meisten Metallen liegt der Verbrauch in den Industrieländern pro Kopf durchschnittlich acht- bis zehnmal höher als in der Dritten Welt. Falls irgendwann tatsächlich neun Milliarden Menschen einen genauso hohen Verbrauch haben sollten wie ein durchschnittlicher Amerikaner Ende des 20. Jahrhunderts, müsste die

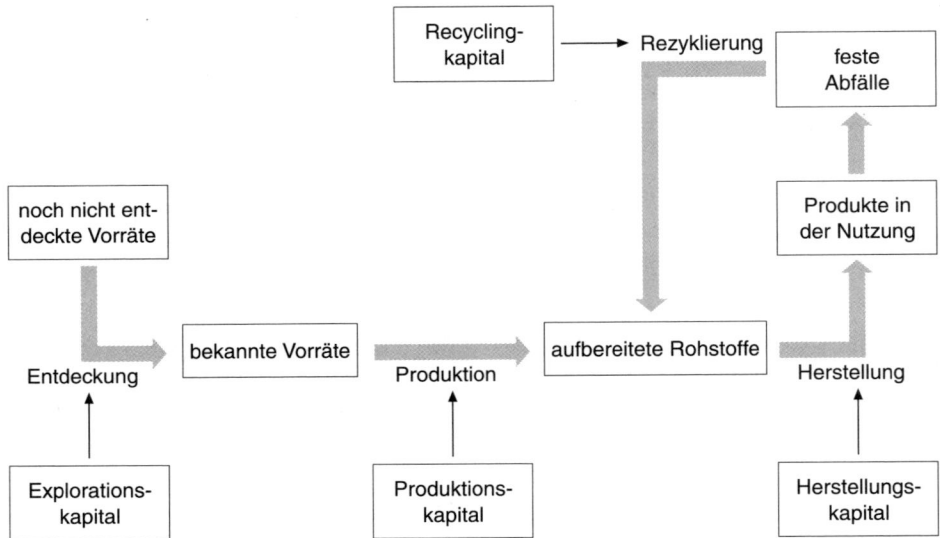

Rohstoffnutzung von bisher unentdeckten Vorräten bis zur Rezyklierung

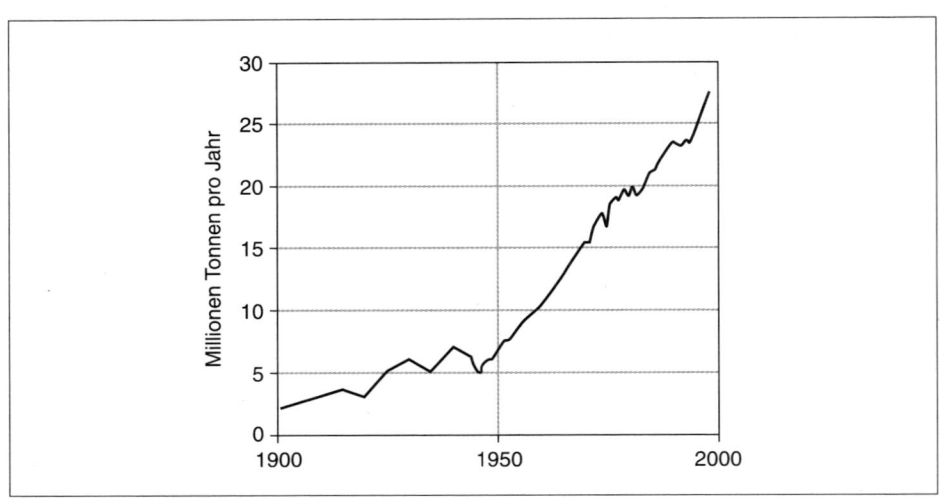

Abbildung 3-16 Weltweiter Verbrauch von fünf wichtigen Metallen
Der Verbrauch von Kupfer, Blei, Zink, Zinn und Nickel stieg während des 20. Jahrhunderts drastisch an. (Quelle: Klein Goldewijk und Battjes; U. S. Bureau of Mines; USGS; U. S. CRB)

Stahlproduktion weltweit um das Fünffache zunehmen, die Produktion von Kupfer um das Achtfache und die von Aluminium um das Neunfache.

Die meisten Menschen spüren intuitiv, dass ein solcher Durchsatz an Materialien weder möglich noch erforderlich ist. Nicht möglich ist er, weil die Quellen und Senken der Erde beschränkt sind. Alle Stadien des Durchsatzes von Materialien von der Quelle bis zur Senke – von der Aufbereitung über die Fertigung, die Verteilung und die Nutzung – hinterlassen Spuren der Verschmutzung und Belastung der Umwelt. Diese sind in der heutigen Größenordnung aber nicht notwendig, weil in den reichen Nationen derzeit der Materialdurchsatz pro Kopf verschwenderisch ist, ebenso wie der Durchsatz von Nahrungsmitteln, Wasser, Holz und Energie. Eine hohe Lebensqualität ließe sich auch mit geringerer Schädigung unseres Planeten aufrechterhalten.

Es gibt jedoch Anzeichen dafür, dass die Welt diese Lektion langsam lernt. Abbildung 3-17 zeigt die Entwicklung der Stahlproduktion. Mitte der 1970er-Jahre geschah etwas, was den bisher glatten exponentiellen Wachstumstrend unterbrach. Zur Erklärung für diesen Rückgang der Wachstumsrate gibt es mehrere Theorien. Alle scheinen in gewissen Teilen zuzutreffen:

- Der aufkommende Trend zur „Entmaterialisierung", mit weniger mehr zu erreichen, wurde durch ökonomische Kostenvorteile und technische Möglichkeiten angetrieben.
- Die Ölpreisschocks von 1973 und 1979 führten zu einem steilen Anstieg der Preise von Metallen mit energieaufwendiger Herstellung; dies erhöhte

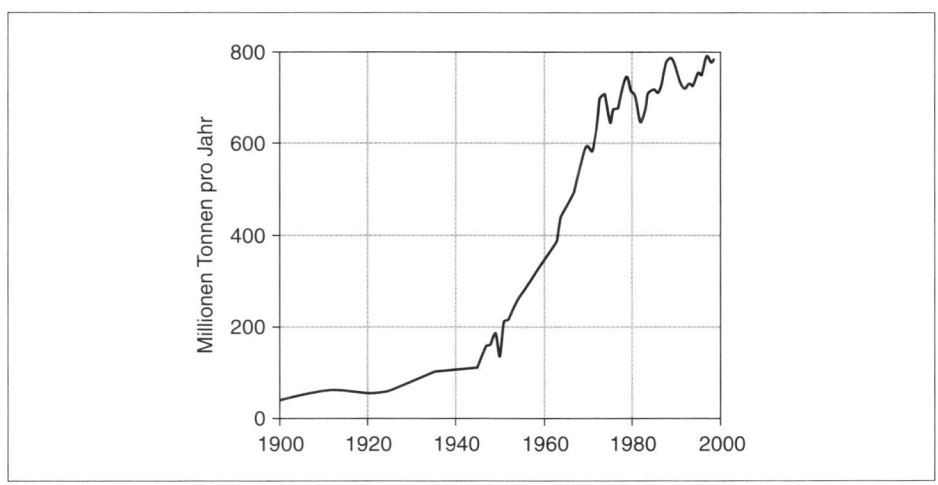

Abbildung 3-17 Weltweiter Stahlverbrauch
Der Verbrauch von Stahl entwickelt sich in einer S-förmigen Kurve. (Quelle: Klein Goldewijk und Battjes; U.S. Bureau of Mines; USGS; U.S. CRB)

den Anreiz, in allen Anwendungsbereichen Energie und Materialien zu sparen.

▨ Die gleichen höheren Preise sowie die Umweltgesetzgebung und die Problematik der Entsorgung fester Abfälle förderten die Rezyklierung.

▨ All diese Zwänge beschleunigten eine technische Revolution. Metalle wurden zunehmend durch Kunststoffe, Keramik und andere Materialien ersetzt. Produkte aus Metallen – wie Autos, Getränkedosen und vieles andere – wurden leichter.

▨ Als die Wirtschaft in den 1980er-Jahren stagnierte, erlitten die Sektoren der Schwerindustrie die größten Einbußen. Dies führte zu einem unverhältnismäßig hohen Rückgang der Nachfrage nach den wichtigsten Metallen.[75]

Die wirtschaftlichen Ursachen für den langsameren Anstieg des Materialverbrauchs wirken vielleicht nur vorübergehend, aber die technischen Veränderungen sind vermutlich von Dauer, ebenso wie der Druck durch die Umwelt, den Materialdurchsatz zu verringern. Interessanterweise sind die Materialpreise während der letzten Jahrzehnte stetig gefallen, was darauf hindeutet, dass das Angebot die Nachfrage übertraf.[76]

Arme Gesellschaften haben schon seit je aufgrund knapper Quellen Materialien aufbereitet und wieder verwertet. Die reichen Gesellschaften erlernen die Wiederverwertung nun wieder neu, da die Grenzen der Senken erreicht werden. Hierbei verwandelt sich das Recycling von einer arbeitsintensiven zu einer kapital- und energieintensiven Tätigkeit, an der mechanische Kompostanlagen, Shredder, Sortieranlagen, Faultürme, Schlammmischer, Rücknahmeautomaten (zur Rückgabe von Pfandflaschen) und Managementgesellschaften beteiligt sind, die Programme zur Abfallverwertung für die Industrie oder Gemeinden erstellen.

Zukunftsorientierte Hersteller konstruieren ihre Produkte von Teekesseln bis zu Autos von vornherein so, dass sie später wieder leicht in ihre Bestandteile zerlegt und diese recycelt werden können. Bei einem neuen BMW zum Beispiel sind die Kunststoffteile für eine einfache Rezyklierung konstruiert. Bei Kunststoffen wird immer häufiger der jeweilige Stofftyp angegeben und Typen werden weniger vermischt, sodass eine Trennung und Wiederverwertung möglich ist.

Wenn sich geringfügige Veränderungen viele Male multiplizieren, kann das eine große Wirkung haben. Eine Änderung der Verschlüsse von Getränkedosen im Jahr 1976 hatte zur Folge, dass die Verschlüsse nun an den Dosen blieben und damit auch in den Recyclingprozess eingeschleust wurden. Um die Jahrtausendwende verbrauchten Amerikaner ungefähr 105 Milliarden (10^9) Getränkedosen im Jahr; davon waren rund 55 % recycelt. Das bedeutet, dass durch die Rezyklierung der kleinen Laschen jedes Jahr 16 000 Tonnen Aluminium und 200 Millionen Kilowattstunden Strom eingespart wurden.[77]

Materialien nach Gebrauch zu trennen und wieder zu verwerten ist ein Schritt in Richtung Nachhaltigkeit. Hiermit wurde begonnen, die Materialien ähnlich wie in der Natur – in geschlossenen Kreisläufen – durch die menschliche Wirtschaft zu schleusen. In der Natur werden die Abfallstoffe aus einem Prozess zu Ausgangsstoffen für einen anderen. Ganze Bereiche von Ökosystemen, insbesondere in den Böden, sind daran beteiligt, die Abfallstoffe der Natur in nutzbare Bestandteile zu zerlegen und diese den Lebewesen wieder zuzuführen. Die moderne menschliche Wirtschaft entwickelt nun ebenfalls einen solchen Recyclingsektor.[78]

Doch die Wiederverwertung von Abfällen ist nur das letzte, am wenigsten problematische Ende des Materialflusses. Nach einer Faustregel sind für jede Tonne Müll, die am Ende des Durchsatzes nach dem Gebrauch von Produkten anfällt, fünf Tonnen Abfall bei der Herstellung dieser Produkte entstanden und 20 Tonnen Abfälle bei der Gewinnung der Rohstoffe (durch Bergbau, Fördern, Abholzen oder Ackerbau).[79] Am besten lassen sich diese Abfallmengen reduzieren, indem man die Nutzungsdauer der Produkte verlängert und Materialflüsse an ihrer Quelle verringert.

Die Verlängerung der Nutzungsdauer von Produkten durch verbesserte Konstruktion, Reparatur und Wiederverwendung (zum Beispiel indem man Tassen spült, statt Einweggeschirr zu verwenden) ist effektiver als Rezyklierung, weil die Produkte weder zerkleinert, zermahlen, geschmolzen, gereinigt noch aus recyceltem Material neu hergestellt werden müssen. Eine Verdopplung der durchschnittlichen Nutzungsdauer von Produkten führt zur Halbierung des Energieverbrauchs, der Abfälle und Schadstoffe und der Erschöpfungsrate der zur Herstellung verwendeten Materialien. Um eindeutig festzustellen, wodurch sich der ökologische Fußabdruck minimieren lässt, muss man die Ökobilanz über den gesamten Produktzyklus analysieren, was oftmals überraschende Ergebnisse liefert.

Zur effizienteren Quellennutzung muss man Möglichkeiten finden, wie man das gleiche Ergebnis mit weniger Material erzielen kann. Wie bei der Verbesserung der Energieeffizienz ergeben sich auch hier ungeahnte Möglichkeiten. Im Jahr 1970 wog ein typischer amerikanischer Personenwagen mehr als drei Tonnen und bestand fast ganz aus Metall. Heute sind die gebräuchlichen Autos viel leichter und bestehen zu einem erheblichen Teil aus Kunststoff. Integrierte Schaltkreise für Computer werden auf winzige Siliziumchips geätzt und ersetzen schwere, aus vielen Komponenten zusammengelötete Bauteile. Eine kompakte Speicherkarte oder ein USB-Speicherstick passen in die Hemdentasche und können dabei so viel Informationen speichern wie 200 000 Buchseiten. Eine haardünne Glasfaser kann so viele Telefongespräche übertragen wie Hunderte von Kupferdrähten – sogar in besserer Tonqualität.

Für Produktionsprozesse zu Beginn der industriellen Revolution war der Einsatz hoher Temperaturen, enormer Drücke, aggressiver Chemikalien und enormer Kräfte charakteristisch. Heute machen sich die Wissenschaftler mehr und mehr die Intelligenz molekularer Maschinen und genetischer Programmierung zunutze. Durchbrüche in der Nano- und Biotechnik ermöglichen der

Industrie in zunehmendem Maße, chemische Reaktionen so durchzuführen, wie sie in der Natur ablaufen, indem sie die Moleküle gezielt zusammenfügen.

Rezyklierung, erhöhte Energieeffizienz, eine verlängerte Nutzungsdauer von Produkten und die effizientere Quellennutzung eröffnen in der Welt der Materialien ungeahnte Möglichkeiten. In globalem Maßstab hat das aber noch nicht zu einer Verringerung der gewaltigen Materialdurchsatzmengen in der Wirtschaft geführt. Bestenfalls wurde dadurch deren Wachstumsrate verringert. Milliarden Menschen möchten nach wie vor Kühlschränke und Autos haben. Zwar ist den meisten inzwischen bewusst, dass die Senken den Durchsatz von Materialien eher einschränken als die Quellen, doch durch die ständig steigende Nachfrage nach Materialien werden wir letztlich auch an die Grenzen der Quellen stoßen. Viele Materialien, die für die menschliche Gesellschaft besonders nützlich sind, kommen nur selten in höherer Konzentration in der Erdkruste vor. Daher verursacht ihr Abbau immer höhere Kosten – in Form von Energie, Kapital, Auswirkungen auf die Umwelt und sozialen Problemen.

Der Geologe Earl Cook zeigte auf, wie außerordentlich gering konzentriert und wie selten die meisten abbaubaren Erze sind.[80] Seit Cook vor 30 Jahren seine Analyse erstellte, haben sich die Techniken enorm verbessert, aber generell ist seine Studie noch immer gültig. Einige Mineralien, wie Eisen und Aluminium, kommen ausgesprochen häufig vor. Sie können in vielen Gebieten abgebaut werden, sodass die Quellen keine Einschränkung darstellen. Andere, wie Blei, Zinn, Silber und Zink, sind sehr viel begrenzter. Bei ihnen muss man viel eher damit rechnen, dass die Vorräte erschöpft werden.

Einen gewissen Eindruck, wie selten manche Mineralien sind, geben Daten zu Ressourcen und Reserven, die das Internationale Institut für Umwelt und Entwicklung (IIED, International Institute for Environment and Development) im Rahmen einer neueren Untersuchung der weltweiten Bergbauindustrie zusammengestellt hat. In Tabelle 3-2 sind die Daten für acht wichtige Mineralien zusammengefasst. Bei einem jährlichen Zuwachs von 2 % (was für einige Materialien hoch, für andere niedrig ist – aber kein schlechter Durchschnitt) würden die gegenwärtigen Reserven noch 15–80 Jahre zur Produktion reichen. Natürlich werden sich die Techniken verbessern und die Preise werden steigen, außerdem werden voraussichtlich neue Gebiete erschlossen und neue abbaubare Materialien entdeckt, daher ist die jeweilige Nutzungsdauer der Reserven niedrig angesetzt. Wie niedrig? Die Vorkommen dieser Mineralien in der Erdkruste werden so eingeschätzt, dass sich potenzielle Nutzungsdauern von 500–1000 Jahren ergeben. Ihre tatsächliche Verfügbarkeit liegt wahrscheinlich irgendwo dazwischen. Wie viele der vorhandenen Ressourcen wirklich zu nutzbaren Reserven werden können, hängt von den jeweiligen Energie- und Kapitalkosten ab, die sich erhöhen werden, weil die Kosten dieser Operationen für Gesellschaft und Umwelt zunehmend berücksichtigt werden müssen.

Die IIED-Studie unterstrich die Bedeutung, die den Senken als begrenzender Faktor bei unserer Nutzung von Mineralien möglicherweise zukommt.

Tabelle 3-2 Erwartete Nutzungsdauer der bekannten Reserven von acht Metallen

Metall	durchschnittliche jährliche Produktion 1997–1999 Millionen (10^6) Tonnen pro Jahr	durchschnittlicher jährlicher Anstieg der Produktion 1975–1999 Prozent pro Jahr	1999 bekannte Reserven Milliarden (10^9) Tonnen	erwartete Nutzungsdauer der bekannten Reserven bei einem jährlichen Produktionsanstieg von 2 % Jahre	Ressourcenbasis Billionen (10^{12}) Tonnen	erwartete Nutzungsdauer der Ressourcenbasis bei einem jährlichen Produktionsanstieg von 2 % Jahre
Bauxit	124	2,9	25	81	2 000 000	1070
Blei	3,1	-0,5	0,064	17	290	610
Eisen	560	0,5	74 000	65	1 400 000	890
Kupfer	12	3,4	0,34	22	1 500	740
Nickel	1,1	1,6	0,046	30	2,1	530
Silber	0,016	3,0	0,00028	15	1,8	730
Zink	0,8	1,9	0,19	20	2 200	780
Zinn	0,21	-0,5	0,008	28	40,8	760

Diese Tabelle verdeutlicht die enorme Kluft zwischen den bekannten Reserven und der Ressourcenbasis. Bekannte Reserven sind die gegenwärtig bekannten und mit heutigen Techniken und bei den heutigen Preisen abbaubaren Vorräte. Die Ressourcenbasis bezeichnet die Gesamtmenge, die vermutlich in der Erdkruste vorhanden ist. Die Menschheit wird niemals in der Lage sein, die gesamte Ressourcenbasis auszuschöpfen, aber die Menge der bekannten Reserven wird sich durch Preisänderungen, neue Techniken und neue Entdeckungen sicherlich erhöhen. (Quelle: MMSD)

Zwar haben die Trends beim Abbau und bei der Nutzung von Mineralien sowie die Schätzungen der vorhandenen Ressourcenbasis unsere Befürchtung verringert, dass die Mineralvorräte der Erde „zur Neige gehen"; aber dafür wird nun den potenziellen Einschränkungen der Verfügbarkeit von Mineralien durch gesellschaftliche und Umweltfaktoren erhöhte Aufmerksamkeit zuteil. Unter anderem könnten folgende Entwicklungen die Verfügbarkeit von Mineralien einschränken:

- die Verfügbarkeit von Energie oder die Auswirkungen der Energienutzung auf die Umwelt, weil sich der Energieverbrauch pro Einheit gewonnener Mineralien erhöht, je geringer die Konzentration in den Erzen ist;
- die Verfügbarkeit von Wasser für den Abbau von Mineralien oder die Auswirkungen auf die Umwelt durch den Verbrauch immer größerer Wassermengen bei abnehmender Konzentration in den Mineralerzen;
- gesellschaftliche Entscheidungen, das Land vorzugsweise für andere Zwecke zu nutzen als zum Mineralabbau, sei es zur Erhaltung der biologischen Vielfalt und ursprünglicher Wildnisgebiete, aufgrund seiner kulturellen Bedeutung oder zu landwirtschaftlichen Zwecken, um die Nahrungsversorgung zu gewährleisten;
- schwindende Bereitschaft der Gesellschaft, die Auswirkungen der Mineralindustrie weiterhin zu dulden;
- veränderte Landnutzung;
- ökosystemare Grenzen der Anreicherung von Mineralprodukten oder Nebenprodukten (insbesondere Metallen) in der Luft, im Wasser, im Boden oder in der Vegetation.[81]

Abbildung 3-18 veranschaulicht, wie die Erschöpfung der Mineralvorräte voranschreitet – am Beispiel der ständig sinkenden Konzentration bei Kupfererz. Abbildung 3-19 zeigt die Folgen der abnehmenden Erzkonzentration. Mit sinkendem Gehalt an nutzbarem Metall in den Erzen steigt auch überraschend schnell die Gesteinsmenge, die abgebaut, zerkleinert und aufbereitet werden

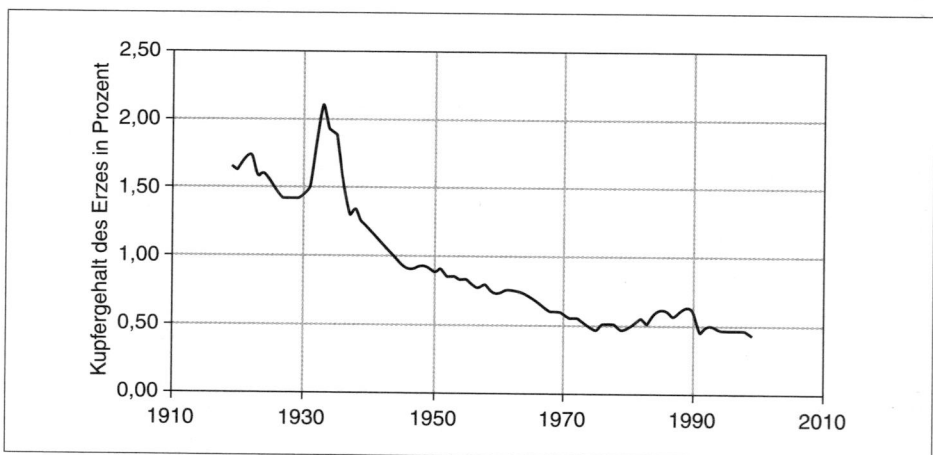

Abbildung 3-18 Abnehmende Qualität der in den USA abgebauten Kupfererze
Vor 1910 wurden in den Vereinigten Staaten Erze mit einem durchschnittlichen Kupfergehalt von 2–2,5 % abgebaut. Seither ist der durchschnittliche Kupfergehalt stetig zurückgegangen. Das Maximum in den 1930er-Jahren und der leichte Anstieg in den 1980er-Jahren waren Folgen wirtschaftlicher Depressionen: In diesen Zeiträumen wurden Minen mit geringem Ertrag stillgelegt und nur noch solche ausgebeutet, deren Erze viel Kupfer enthielten. (Quellen: U. S. Bureau of Mines; USGS)

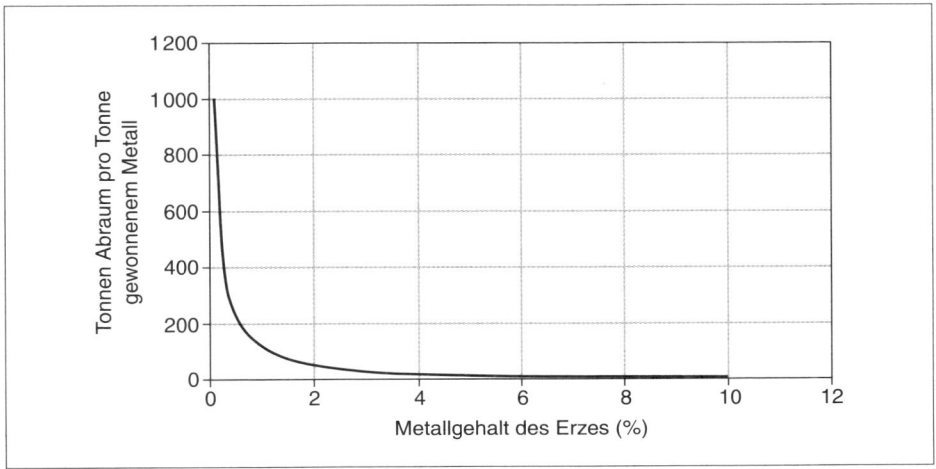

Abbildung 3-19 Wenn Erzvorräte erschöpft werden, erhöht sich der Abraum ernorm
Wenn der durchschnittliche Metallgehalt von Erzen durch Erschöpfung von 8 % oder mehr auf 3 %
zurückgeht, nimmt der Abraum, der beim Abbau pro Tonne gewonnen Metalls anfällt, nur unmerk-
lich zu. Sinkt jedoch der Metallgehalt unter 3 %, nimmt die Abraummenge pro Tonne so drastisch
zu, dass irgendwann die Kosten der Abraumbeseitigung den Wert des gewonnenen Metalls übersteigen.

muss, um eine Tonne Metall zu gewinnen. Als der durchschnittliche Kupfergehalt des in Butte im US-Bundesstaat Montana abgebauten Erzes von 30 auf
0,5 % fiel, erhöhte sich der pro Tonne Kupfer anfallende Abraum von 3 auf 200
Tonnen. Dieser Anstieg der Abfallmenge verläuft weitgehend parallel zum
Anstieg der für die Produktion jeder Tonne des Endmaterials erforderlichen
Energiemenge. Die Erschöpfung der Metallerze beschleunigt daher die Erschöpfung der fossilen Brennstoffe und belastet die Senken der Erde zunehmend.

Senken für Schadstoffe und Abfälle

Während der letzten Jahrzehnte ist der Mensch als neue Kraft in der Natur
aufgetreten. Er sorgt dafür, dass physikalische, chemische und biologische Systeme
auf neue Art und Weise, rascher und weiträumiger verändert werden als je zuvor auf
der Erde. Die Menschen haben sich unwissentlich auf ein gewaltiges Experiment mit
ihrem Planeten eingelassen. Wie dieses Experiment ausgehen wird, ist ungewiss, aber
es wird tiefgreifende Auswirkungen auf das gesamte Leben auf der Erde haben.

Jane Lubchenco, 1998

Als 1972 in Stockholm die Weltumweltkonferenz stattfand, hatten lediglich
zehn Staaten Umweltministerien oder -behörden. Mittlerweile gibt es kaum

noch Länder ohne solche Einrichtungen. Eine Fülle von Umweltbildungsprogrammen wurde ins Leben gerufen, und zahlreiche Interessengruppen bildeten sich, die für unterschiedliche Umweltbelange eintraten. Die Bilanz dieser relativ neuen Umweltschutzeinrichtungen fällt sehr unterschiedlich aus. Wir dürfen weder davon ausgehen, dass die Welt ihre Umweltprobleme im Griff hat, noch davon, dass es überhaupt keinen Fortschritt gegeben hat.

Die größten Erfolge erzielte man bei bestimmten Giftstoffen, die für den Menschen eindeutig gesundheitsschädlich und leicht erfassbar sind und die man einfach verbieten kann. Abbildung 3-20 zeigt beispielsweise, dass das Verbot der Verwendung von Blei in Kraftstoffen zu einem Rückgang der Bleikonzentration im menschlichen Blut geführt hat. Auch die Konzentrationen anderer Schadstoffe sind in bestimmten Gebieten in den letzten Jahrzehnten gesunken, etwa von Cäsium-137 in Finnland und von DDT in den baltischen Staaten.

In den Industrieländern wurden durch gezielte Anstrengungen mit beträchtlichem Aufwand Teilerfolge bei der Verringerung einiger der verbreitetsten – aber nicht aller – Luft- und Wasserschadstoffe erzielt. Wie Abbildung 3-21 zeigt, konnte man in den G7-Staaten[82] die Emissionen von Schwefeldioxid durch Filter in Schornsteinen und die Umstellung auf schwefelarme Brennstoffe um fast 40% senken. Schadstoffe wie Kohlendioxid und Stickoxide lassen sich chemisch nur schwer aus der Luft filtern, ihr Ausstoß blieb aber trotz des Wirtschaftswachstums seit 20 Jahren fast konstant, vor allem aufgrund erhöhter Energieeffizienz.

Die Entwicklung der Schadstoffbelastung im Rhein ist ein hervorragendes Beispiel für die Erfolge und Rückschläge bei der Bekämpfung der Wasserverschmutzung. Nach dem Zweiten Weltkrieg war der Sauerstoffgehalt im Rhein durch zunehmende Verschmutzung immer mehr zurückgegangen. Um 1970 hatte er ein Minimum erreicht, bei dem kein Leben mehr möglich war. Bis 1980 verbesserte sich die Situation aber wieder deutlich, vor allem deshalb, weil sehr stark in Kläranlagen investiert wurde. Toxische Schwermetalle wie Quecksilber und Cadmium entfernten die Kläranlagen jedoch nicht; ihre Konzentration begann erst zu sinken, als die Rheinanliegerstaaten sich auf strengere gesetzliche Regelungen gegen die Verschmutzung einigten. Dies hatte zur Folge, dass das Rheinwasser im Jahr 2000 fast keine Schwermetalle mehr enthielt. Sie sind aber nach wie vor in den Bodensedimenten enthalten und verbleiben insbesondere im Rheindelta in hoher Konzentration, weil sie chemisch nicht abbaubar sind. Der Gehalt an Chloriden ist ebenfalls weiterhin hoch. Die Staaten am Unterlauf haben bisher noch keine Möglichkeit gefunden, auf die Hauptquelle für die Einleitung von Chloriden – die Salzminen im Elsass – wirksam Druck auszuüben, auch wenn diese wohl irgendwann geschlossen werden. Die Belastung mit Stickstoff durch die Auswaschung von Düngemitteln aus Feldern ist ebenfalls nach wie vor hoch. Diese Verschmutzungsquellen sind so breit verteilt, dass sie durch Kläranlagen nicht

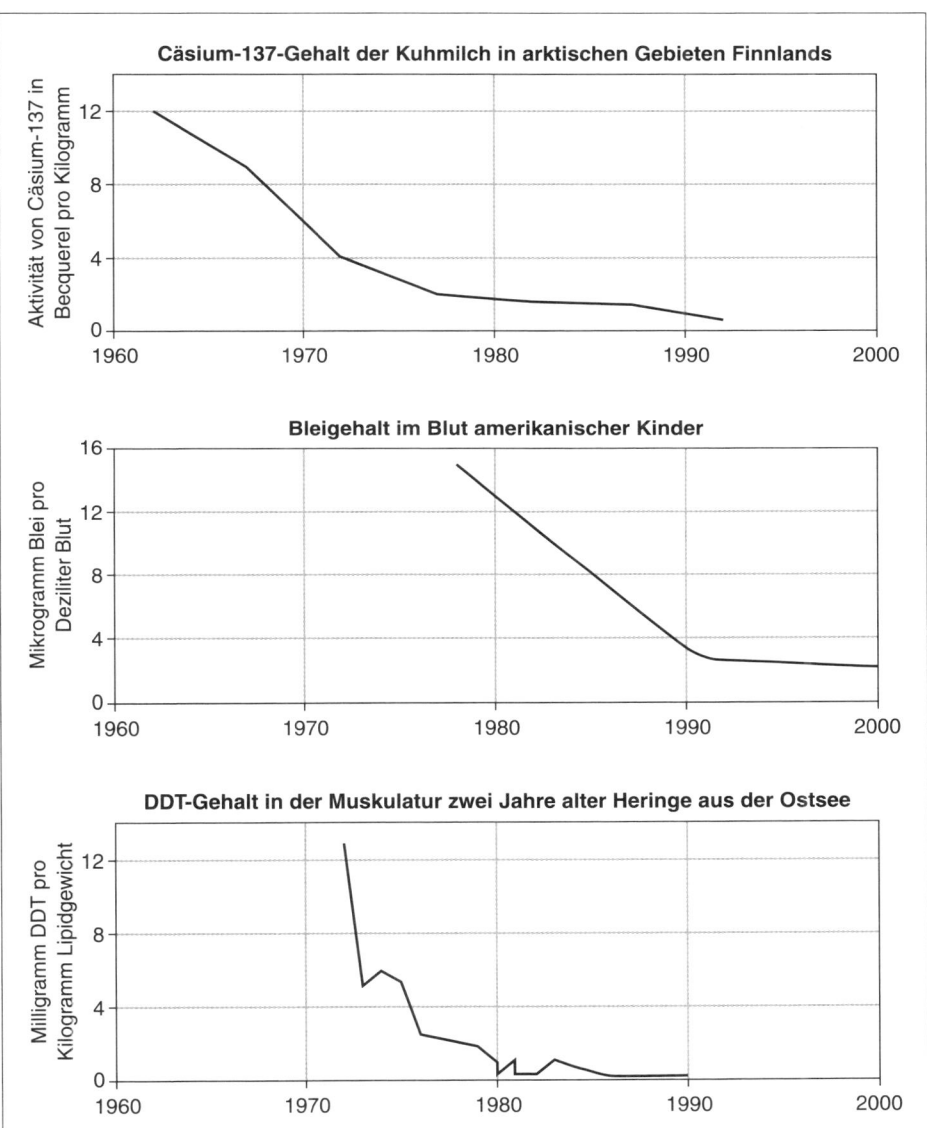

Abbildung 3-20 Abnahme der Schadstoffbelastung von Mensch und Umwelt
In bestimmten Gebieten ist der Gehalt einiger Schadstoffe im Laufe der letzten Jahrzehnte gesunken. Die einschneidendsten Verbesserungen brachten völlige Verbote toxischer Substanzen wie Blei in Kraftstoffen und des Pestizids DDT sowie von Atombombentests in der Atmosphäre. (Quellen: Schwedisches Umweltforschungsinstitut; AMAP; EPA)

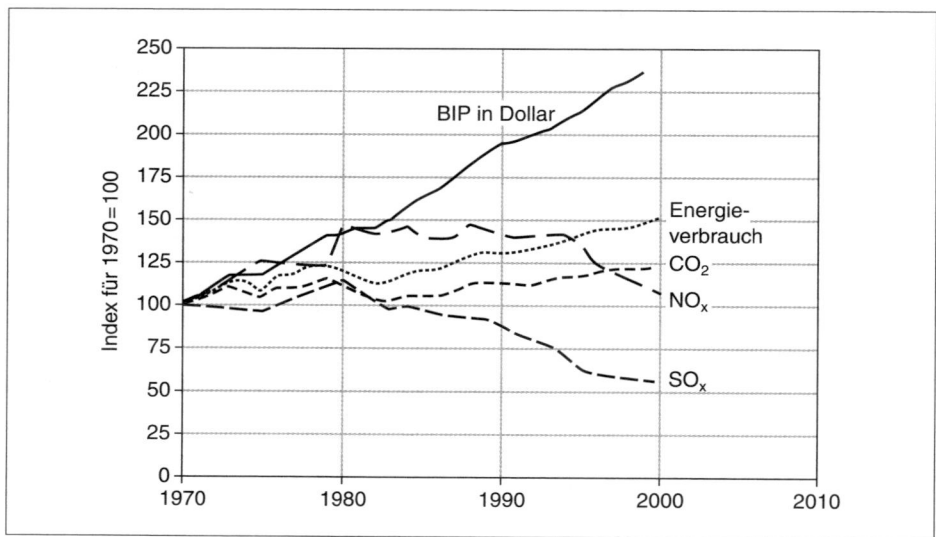

Abbildung 3-21 Trends bei den Emissionen ausgewählter Luftschadstoffe
In den Industrieländern wurden enorme Anstrengungen unternommen, die Energieeffizienz zu erhöhen und Emissionen einzuschränken. Obgleich sich das Wirtschaftsaufkommen dieser Länder (gemessen am Bruttoinlandsprodukt) seit 1970 verdoppelt hat, sind die Emissionen von Kohlendioxid (CO_2) und Stickoxiden (NO_x) fast konstant geblieben (vor allem aufgrund der erhöhten Energieeffizienz); die Emissionen von Schwefeloxiden (SO_x) sind sogar um 40 % zurückgegangen (ebenfalls durch höhere Energieeffizienz sowie durch entsprechende Filter). (Quellen: Weltbank; OECD; WRI)

erfasst werden können; daher lässt sich der Stickstoffeintrag nur verringern, wenn sich im gesamten Wassereinzugsgebiet die Anbaumethoden ändern. Trotz allem war es ein Grund zum Feiern, als 1996 nach 60 Jahren wieder der erste Lachs am Oberrhein bei Baden-Baden auftauchte.[83]

In ähnlicher Weise haben auch andere Industrienationen viel investiert, um die Wasserqualität ihrer großen Flüsse und Wasserwege zu verbessern. Durch die Investition von Milliarden Dollar in Klärwerke konnten ehemalige Kloaken wieder in Gewässer verwandelt werden, die für Lachse geeignet sind. Das berühmteste Beispiel hierfür ist wahrscheinlich die Themse. Aber selbst das Wasser im Hafen von New York ist seit 1970 wieder sauberer geworden (Abbildung 3-22).[84] Das bedeutet, dass die Schadstoffemissionen pro Einheit menschlicher Aktivitäten tatsächlich schneller gesenkt werden konnten, als es dem deutlichen Anstieg der Aktivitäten entsprochen hätte. Der ökologische Fußabdruck auf den Gewässern hat sich verkleinert. Das Gleiche gilt für die Luftqualität in vielen Industrieländern. Durch ein Zusammenwirken von strengen Gesetzen, Investitionen in Abgasfilter und eine Umstellung auf sauberere Produktionstechniken wurde die Luftverschmutzung (beispielsweise

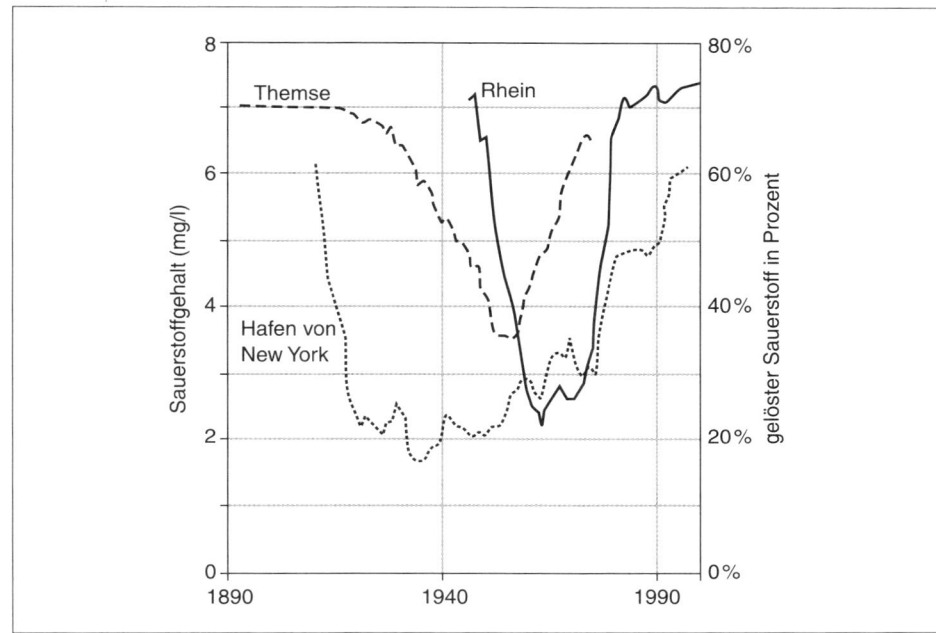

Abbildung 3-22 Sauerstoffgehalt verschmutzter Gewässer
Durch organische Schadstoffe kann sich der Gehalt des lebenswichtigen Sauerstoffs in Flüssen
verringern. Seit den 1960er- und 1970er-Jahren hat sich durch erhebliche Investitionen in Kläranlagen der Sauerstoffgehalt im Rhein, in der Themse und im Hafenbecken von New York deutlich
verbessert. (Quelle: A. Goudie; P. Kristensen und H. Ole Hansen; OCED; DEP)

durch Rußpartikel, Schwefeldioxid, Kohlenmonoxid und Blei) in Großbritannien und in den Vereinigten Staaten in den letzten Jahrzehnten ganz erheblich
gesenkt. Selbst die Konzentrationen von Schadstoffen, die schwieriger in den
Griff zu bekommen sind, wie NO_2 und Ozon in den unteren Schichten der
Atmosphäre, konnten verringert werden.[85] Auch in diesem Fall gelang dies
trotz einer recht deutlichen Zunahme von Aktivitäten wie Stromerzeugung,
Heizung oder Transport von Personen und Gütern. Selbst bei der Beseitigung
moderner Giftstoffe wie PCB, DDT und anderer Pestizide gab es Fortschritte.[86] Aber hier waren die Erfolge eher lokal begrenzt, und das Gesamtbild ist
sehr unterschiedlich, weil viele dieser schwer abbaubaren Substanzen, die sich
biologisch anreichern, in der Atmosphäre um die ganze Welt transportiert
werden und sich noch im Körperfett weit entfernter Populationen von Lebewesen konzentrieren.
   So sieht der Stand der Dinge in den reichen Ländern aus, denen genügend
Geld zur Kontrolle von Schadstoffen zur Verfügung steht. Die weltweit
höchste Luft- und Wasserverschmutzung findet sich heute in Osteuropa und
in den neu entstehenden Wirtschaftsnationen, wo an Ausgaben in Milliarden-

höhe zur Schadstoffbekämpfung einfach nicht zu denken ist. Dies wurde der Welt im Jahr 2001 vor Augen geführt, als der Himmel über Südostasien wochenlang durch den Rauch aus Waldbränden verdunkelt war.

Dieser Stand der Dinge gilt für die augenfälligsten Schadstoffe – diejenigen, deren Auswirkungen die Menschen direkt spüren und die deshalb die Aufmerksamkeit der Politik erregen. Die leicht erkennbaren Wasser- und Luftschadstoffe stehen zunehmend – recht erfolgreich – im Mittelpunkt der Bemühungen um verbesserte Ökoeffizienz bei führenden umweltbewussten Unternehmen. Solche Anstrengungen müssen jedoch dauerhaft beibehalten werden, wenn sie die Auswirkungen der ständigen Zunahme menschlicher Aktivitäten ausgleichen sollen.

Die problematischsten Schadstoffe sind – zumindest bislang – nukleare Abfälle, gesundheitsgefährdende Abfallstoffe sowie Schadstoffe, die eine Gefahr für die weltweiten biogeochemischen Kreisläufe darstellen, etwa Treibhausgase. Sie lassen sich wegen ihrer chemischen Eigenschaften nur sehr schwer herausfiltern und entgiften, sind für unsere Sinne kaum wahrnehmbar und mit ökonomischen und politischen Mitteln am schwierigsten unter Kontrolle zu bringen.

Keine Nation hat bisher das Problem der nuklearen Abfälle lösen können. In der Natur sind solche Abfälle wegen ihrer direkten Toxizität und ihrer mutagenen Wirkung eine Bedrohung für alle Lebewesen. Wenn sie in die falschen Hände geraten, können sie zu Instrumenten des Terrors werden. Die Natur hat keine Möglichkeit, sie in harmlose Stoffe umzuwandeln. Sie zerfallen entsprechend ihrer spezifischen Halbwertszeit, die Jahrzehnte, Jahrhunderte oder sogar Jahrtausende betragen kann. Sie entstehen als Nebenprodukt bei der nuklearen Stromerzeugung. Ihre Menge vermehrt sich ständig; derzeit werden sie unterirdisch oder in Wasserbecken innerhalb der Sicherheitsbehälter von Kernreaktoren gelagert – in der Hoffnung, dass der Mensch mit seinem technischen Einfallsreichtum und organisatorischem Geschick irgendwann eine Möglichkeit finden wird, sie gefahrlos zu entsorgen. Infolgedessen gibt es eine verbreitete, gesunde Skepsis gegenüber einer Nutzung der Kernenergie in großem Maßstab.

Eine weitere bedeutende Klasse problematischer Abfälle sind die vom Menschen synthetisch hergestellten Chemikalien. Da es sie nie zuvor auf der Erde gegeben hat, haben sich in der Natur auch keine Organismen entwickelt, die sie abbauen und damit ungefährlich machen können. Mehr als 65 000 industriell hergestellte Chemikalien werden derzeit kommerziell genutzt, doch nur für wenige liegen toxikologische Daten vor. Tag für Tag drängen neue Chemikalien auf den Markt, von denen viele nicht ausreichend auf ihre Giftwirkung überprüft worden sind.[87] Tagtäglich werden weltweit Tausende von Tonnen gefährlicher Abfälle produziert, zum überwiegenden Teil in den Industrieländern. Allmählich wird das Problem jedoch erkannt: Viele dieser Nationen bemühen sich inzwischen, die Böden und das Grundwasser wieder zu sanieren, nachdem sie jahrzehntelang durch die unverantwortliche Entsorgung von Chemikalien vergiftet wurden.

Schließlich gibt es noch Schadstoffe, deren Wirkung die Erde als Ganzes betrifft. Diese global wirkenden Schadstoffe betreffen uns alle – ganz gleich, woher sie stammen. Ein dramatisches Beispiel sind die Fluorchlorkohlenwasserstoffe (FCKW): industrielle Chemikalien, die sich auf die Ozonschicht der Stratosphäre auswirken. Die Ozon-Story ist insofern faszinierend, weil sie die erste eindeutige Konfrontation des Menschen mit einer globalen Grenze veranschaulicht. Unserer Meinung nach ist sie so wichtig, gibt aber auch so viel Grund zur Hoffnung, dass wir sie in Kapitel 5 ausführlicher behandeln wollen.

Nach Ansicht der meisten Wissenschaftler – und mittlerweile auch vieler Ökonomen – stellt der Treibhauseffekt bzw. der globale Klimawandel die nächste globale Grenze dar, mit der sich die Menschheit wird befassen müssen.

> Das Klima der Erde hat sich global wie auch regional verändert, und einige dieser Veränderungen sind auf menschliche Aktivitäten zurückzuführen.
> – Die Erde hat sich seit 1860 um 0,6 ± 0,2 °C erwärmt, wobei die letzten beiden Jahrzehnte die wärmsten des vergangenen Jahrhunderts waren.
> – Die Oberflächentemperaturen auf der Nordhalbkugel sind während des 20. Jahrhunderts wahrscheinlich stärker angestiegen als in irgendeinem anderen Jahrhundert in den letzten 1000 Jahren.
> – Die Niederschlagsverteilung hat sich geändert; in einigen Regionen hat die Zahl schwerer Niederschläge zugenommen.
> – Der Meeresspiegel ist seit 1900 um 10–20 cm angestiegen; die meisten Gletscher außerhalb der Polargebiete ziehen sich zurück; Umfang und Dicke des sommerlichen Meereises der Arktis verringern sich.
> – Durch menschliche Aktivitäten steigt in der Atmosphäre der Gehalt von Treibhausgasen an, welche die Atmosphäre erwärmen; in einigen Regionen nimmt auch die Konzentration von Sulfataerosolen (Schwefelaerosolen) zu, die eine Abkühlung der Atmosphäre bewirken.
> – Der überwiegende Teil der in den letzten 50 Jahren beobachteten Erwärmung geht auf menschliche Aktivitäten zurück.[88]

Jahrzehntelang haben Wissenschaftler gemessen, wie sich Kohlendioxid (CO_2) aus der Verbrennung fossiler Brennstoffe in der Atmosphäre anreichert. Bereits in unserem ersten Buch haben wir eine Zusammenfassung der CO_2-Daten veröffentlicht.[89] Es ist schon seit über 100 Jahren bekannt, dass Kohlendioxid die Wärmeabstrahlung behindert und dadurch die Temperatur auf der Erde erhöht – wie ein Treibhaus, das die Sonneneinstrahlung hineinlässt, aber die Abstrahlung von Wärme verhindert. Im Laufe der vergangenen 30 Jahre ist immer deutlicher geworden, dass sich noch weitere durch menschliche Aktivitäten entstandene Treibhausgase exponentiell in der Atmosphäre anreichern: Methan, Distickstoffoxid und die Fluorchlorkohlenwasserstoffe, die auch die Ozonschicht schädigen (Abbildung 3-23).

Eine globale Veränderung des Klimas lässt sich nicht so einfach in kurzer Zeit feststellen, weil die Witterungsbedingungen natürlicherweise von Tag zu Tag oder Jahr zu Jahr schwanken. Das Klima beschreibt das durchschnittliche

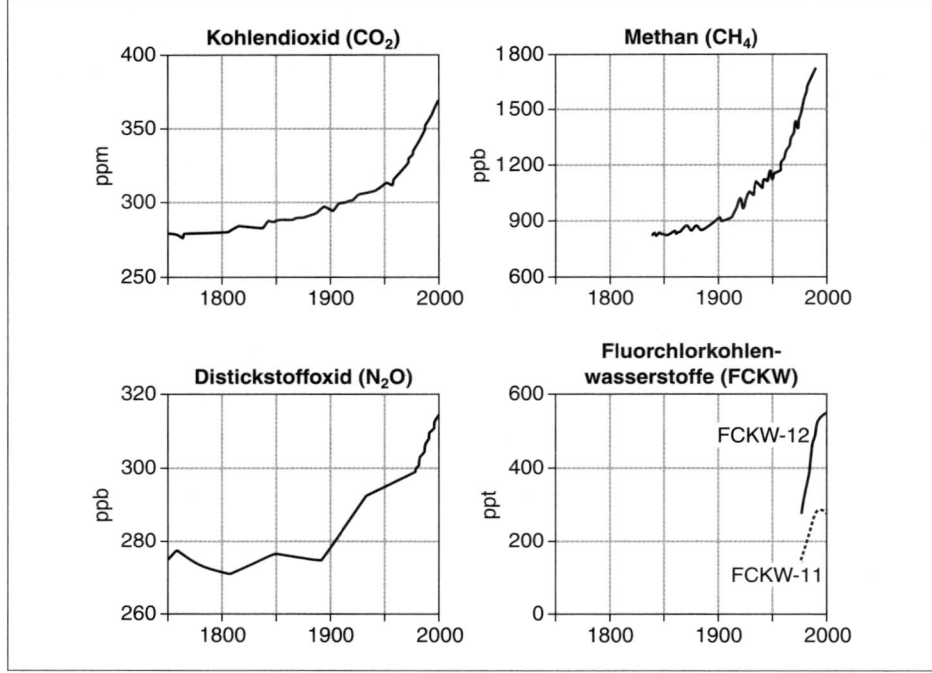

Abbildung 3-23 Globale Konzentrationen von Treibhausgasen
Kohlendioxid, Methan, Distickstoffoxid und Fluorchlorkohlenwasserstoffe verringern alle die Abstrahlung von Wärme von der Erdoberfläche in den Weltraum; dadurch erhöht sich die Temperatur der Erde. Die Konzentration dieser Gase in der Atmosphäre hat seit dem 19. Jahrhundert zugenommen – mit Ausnahme der FCKW, die erstmals Mitte des 20. Jahrhunderts synthetisiert wurden. (Quellen: CDIAC; UNEP)
(Angaben in Volumenanteilen: ppm (*parts per million*) = 10^{-6}, ppb (*parts per billion*) = 10^{-9}, ppt (*parts per trillion*) = 10^{-12})

Wetter über lange Zeiträume; daher lassen sich Veränderungen auch nur längerfristig feststellen. Hinweise auf eine globale Erwärmung waren jedoch bereits in den 90er-Jahren des letzten Jahrhunderts erkennbar und haben sich seither in alarmierender Geschwindigkeit gehäuft und bestätigt. Immer öfter lesen wir, das vergangene Jahr sei das heißeste seit Beginn der Aufzeichnungen gewesen – was nicht überrascht, wenn man den rasanten Anstieg der globalen Durchschnittstemperaturen betrachtet, wie er in Abbildung 3-24 dargestellt ist.

Auf Satellitenbildern ist zu erkennen, dass die Eis- und Schneedecke auf der Nordhalbkugel schrumpft. Das Packeis der Arktis wird immer dünner; erst unlängst staunten westliche Touristen an Bord eines russischen Eisbrechers, als sie bei der Ankunft am Nordpol offenes Wasser vorfanden. Zwischen 1980 und 1998 wurde über das Ausbleichen von Korallen an 100 verschiedenen

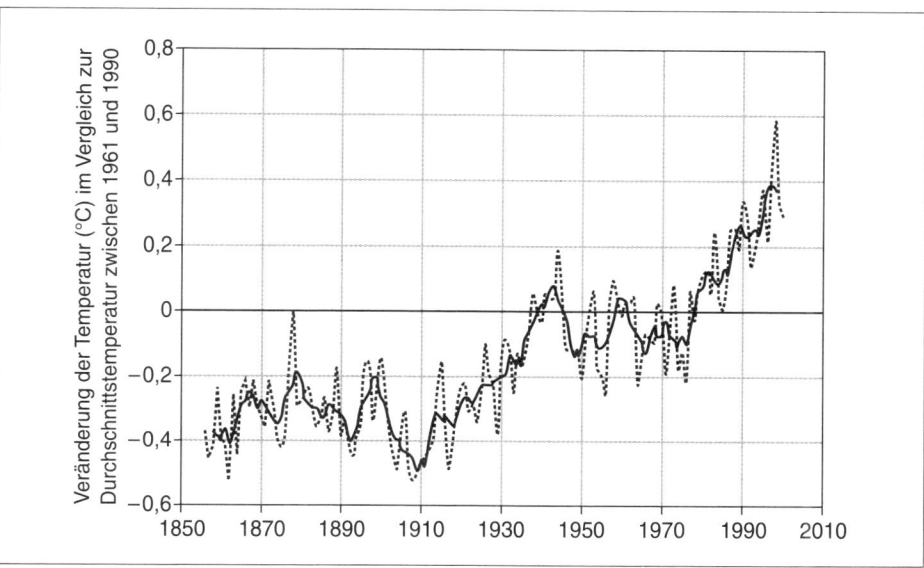

Abbildung 3-24 Der Anstieg der globalen Temperatur
Die globale Durchschnittstemperatur ist im Laufe des vergangenen Jahrhunderts um ungefähr
0,6 °C angestiegen. Die gestrichelte Linie zeigt das jeweilige Jahresmittel an, die dicke durchgezogene Linie die Durchschnittswerte für Zeiträume von jeweils fünf Jahren. (Quelle: CDIAC)

Orten in den Weltmeeren berichtet – ein Phänomen, bei dem sich die Korallenriffe weiß verfärben und absterben. In den 100 Jahren davor waren nur drei
Fälle bekannt geworden. Mit dem Ausbleichen reagieren die Korallen recht
schnell auf einen ungewöhnlichen Anstieg der Meerestemperatur.[90]

Selbst einige Wirtschaftswissenschaftler – eine Gruppe, die bekannt ist für
ihre Skepsis gegenüber der „Panikmache" von Umweltschützern – gelangen
mittlerweile zu der Überzeugung, dass in der Atmosphäre etwas Außerge-
wöhnliches, Bedeutendes vor sich geht, das möglicherweise auf den Menschen
zurückzuführen ist. Im Jahr 1997 verfasste eine Gruppe von mindestens 2000
Wirtschaftswissenschaftlern – darunter sechs Nobelpreisträger – eine Erklärung:

> Die Auswertung der vorliegenden Daten legt nahe, dass der Mensch einen erkennbaren Einfluss
> auf das globale Klima hat. Als Ökonomen sind wir der Ansicht, dass globale Klimaveränderungen
> beträchtliche Risiken für die Umwelt, die Wirtschaft, die Gesellschaft und die Weltpolitik mit sich
> bringen und dass daher präventive Schritte gerechtfertigt sind.[91]

Die zunehmende Besorgnis der Wirtschaftswissenschaftler könnte unter anderem darin gründen, dass sich seit etwa 1985 ein beunruhigender Aufwärtstrend
der messbaren wirtschaftlichen Verluste aufgrund von wetterbedingten Katastrophen beobachten lässt (Abbildung 3-25).

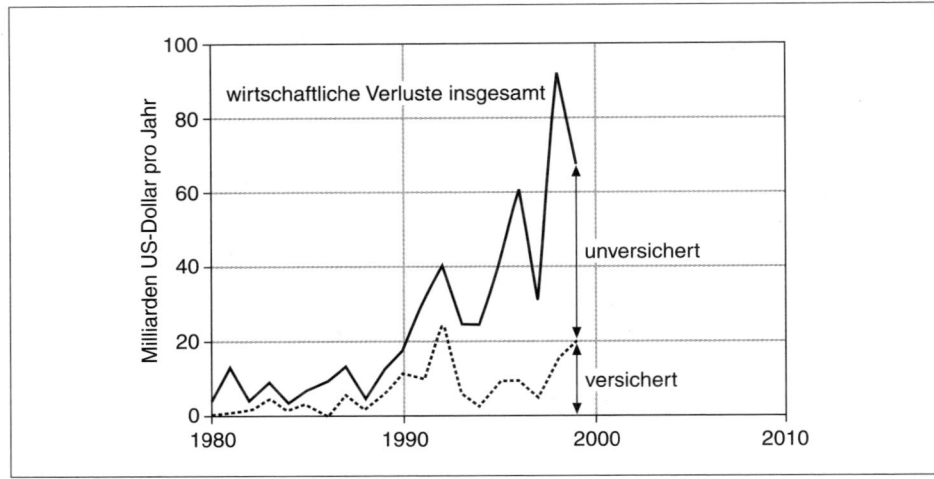

Abbildung 3-25 Weltweite wirtschaftliche Verluste durch wetterbedingte Katastrophen
Die letzten beiden Jahrzehnte des 20. Jahrhunderts waren gekennzeichnet durch zunehmende wirtschaftliche Verluste aufgrund von wetterbedingten Katastrophen. (Quelle: Worldwatch Institute)

Keine der oben erwähnten Beobachtungen *beweist*, dass der gerade stattfindende Klimawandel durch den Menschen verursacht ist. Selbst wenn dies zutrifft, lassen sich die Auswirkungen der globalen Klimaveränderungen auf das zukünftige Handeln des Menschen oder den Zustand von Ökosystemen nicht mit Sicherheit vorhersagen. Manche haben sich diese Unsicherheit zunutze gemacht und versucht, dadurch Verwirrung zu stiften.[92] Daher ist es wichtig, deutlich auszusprechen, was wir wirklich wissen. Dabei verlassen wir uns auf die mehreren hundert Wissenschaftler und Forscher des UN Intergovernmental Panel on Climate Change (IPCC; ein internationaler Ausschuss für Klimafragen), der seine Sicht der Dinge etwa alle fünf Jahre in einem sorgfältig zusammengestellten Bericht herausgibt:[93]

- Es ist sicher, dass menschliche Aktivitäten, insbesondere die Verbrennung fossiler Brennstoffe und die Entwaldung, zu einem Anstieg der Konzentration von Treibhausgasen in der Atmosphäre beitragen.
- Es ist sicher, dass der Gehalt von Kohlendioxid (dem wichtigsten Treibhausgas) in der Atmosphäre exponentiell ansteigt. Die CO_2-Konzentration wird seit Jahrzehnten überwacht. Der historische Verlauf der Konzentration lässt sich durch Analyse von eingeschlossenen Luftblasen in den verschiedenen Schichten der Eisbohrkerne von den polaren Eiskappen ermitteln.
- Treibhausgase behindern die Abstrahlung von Wärme von der Erde in den Weltraum. Diese Eigenschaft ihrer Molekülstruktur und ihrer spektroskopischen Absorptionsfrequenzen ist schon lange bekannt.

▨ Durch die zurückgehaltene Wärme erhöht sich die Temperatur an der Erdoberfläche über das normale Maß.

▨ Die Erwärmung wird ungleich verteilt sein und an den Polen stärker in Erscheinung treten als am Äquator. Weil Wetter und Klima der Erde größtenteils durch Temperaturunterschiede zwischen den Polen und dem Äquator bestimmt werden, ergeben sich daraus Veränderungen der Stärke und Richtung von Winden, Niederschlägen und Meeresströmungen.

▨ Auf einer stärker erwärmten Erde werden sich die Ozeane ausdehnen und der Meeresspiegel wird ansteigen. Wenn die Erwärmung so stark ist, dass die polaren Eiskappen in größerem Ausmaß schmelzen, wird der Meeresspiegel sehr deutlich, aber über einen längeren Zeitraum ansteigen.

Drei große Ungewissheiten bleiben dennoch. Eine davon ist, wie sich die globale Temperatur ohne den Einfluss des Menschen entwickelt hätte. Sollten langfristig wirksame klimatologische Faktoren, die nicht in Zusammenhang mit den Treibhausgasen stehen, zu einer Erwärmung der Erde führen, so werden diese durch die Wirkung der Treibhausgase verstärkt. Zum zweiten ist ungewiss, welche Bedeutung die globale Erwärmung für die Entwicklung der Temperaturen, Winde, Meeresströmungen, Niederschläge, Ökosysteme und der menschlichen Wirtschaft in den verschiedenen Regionen der Erde haben wird.

Die dritte große Ungewissheit betrifft Rückkopplungen. Die Kreisläufe von Kohlenstoff und Energie auf der Erde sind außerordentlich komplex. Vielleicht gibt es Mechanismen zur Selbstkorrektur, negative Rückkopplungsprozesse, die die Treibhausgasmenge oder die Temperatur stabilisieren. Einer dieser Prozesse ist bereits wirksam: Die Meere absorbieren etwa die Hälfte des vom Menschen zusätzlich abgegebenen Kohlendioxids. Dies reicht nicht aus, um den Anstieg des Kohlendioxidgehalts in der Atmosphäre aufzuhalten, aber es genügt, um ihn zu verlangsamen.

Vielleicht gibt es auch destabilisierende positive Rückkopplungen, die bei steigenden Temperaturen die Erwärmung zusätzlich fördern. Wenn beispielsweise infolge von Erwärmung die Schnee- und Eisdecken zurückgehen, reflektiert die Erde weniger Sonneneinstrahlung, was die Erwärmung verstärkt. Durch das Auftauen der Permafrostböden in der Tundra könnten riesige Mengen gefrorenen Methans frei werden; dieses Treibhausgas würde eine weitere Erwärmung nach sich ziehen, noch mehr Böden würden auftauen, und dadurch würde weiteres Methan freigesetzt.

Niemand weiß genau, wie die vielen möglichen negativen und positiven Rückkopplungseffekte auf den Anstieg der Treibhausgase in Wechselwirkung treten oder welche Rückkopplungsprozesse, die positiven oder die negativen, dominieren werden. Zum Glück hat sich die wissenschaftliche Forschung in den 1990er-Jahren stärker mit diesen Fragen befasst, und Computersimulationen erlauben immer bessere Vorhersagen über die wahrscheinlichen klimatischen Auswirkungen.[94] Die daraus resultierenden „Wettervorhersagen für 2050" sind hinlänglich beunruhigend, dass sie die Aufmerksamkeit der Öffentlichkeit wecken.

> Die Frage lautet nicht, ob sich das Klima in Zukunft infolge menschlicher Aktivitäten weiter verändern wird, sondern vielmehr, *wie sehr* (in welcher Größenordnung), *wo* (regionale Muster) und *wann* (mit welcher Geschwindigkeit) es sich verändern wird. Ebenso eindeutig ist, dass der Klimawandel sozio-ökonomische Sektoren in vielen Teilen der Welt beeinträchtigen wird, unter anderem bei der Wasserversorgung, in der Land- und Forstwirtschaft, in der Fischerei und bei menschlichen Siedlungen, in Ökosystemen (vor allem Korallenriffen) und in der Gesundheit der Menschen (insbesondere bei Krankheiten, die von anderen Lebewesen übertragen werden). Tatsächlich gelangte der dritte Einschätzungsbericht des IPCC zu dem Schluss, dass sich die Klimaveränderungen für die meisten Menschen negativ auswirken werden.[95]

Den Naturwissenschaftlern ist bekannt, dass auch in der Vergangenheit die Temperaturen auf der Erde stark geschwankt haben und dass sich dies weder rasch durch Selbstregulation ausgeglichen hat noch dass es glatt und regelmäßig verlaufen ist. Die Schwankungen waren immer chaotisch. Abbildung 3-26 zeigt die Entwicklung der weltweiten Temperatur und des Gehalts der beiden Treibhausgase Kohlendioxid und Methan in der Atmosphäre über einen Zeitraum von 160 000 Jahren.[96] Die Schwankungen der Temperaturen und des Treibhausgasgehalts verliefen mehr oder weniger parallel, wobei allerdings Ursache und Wirkung nicht klar sind. Höchstwahrscheinlich beeinflusst sich in einem komplizierten System aus Rückkopplungen alles gegenseitig.

Die wichtigste Botschaft aus Abbildung 3-26 ist jedoch, dass die *gegenwärtigen* Konzentrationen von Kohlendioxid und Methan in der Atmosphäre *weit höher sind als je zuvor in den letzten 160 000 Jahren*. Welche Folgen das auch immer haben mag, die menschlichen Treibhausgas-Emissionen füllen die atmosphärischen Senken zweifellos sehr viel schneller, als sie wieder geleert werden können. Es gibt ein signifikantes Ungleichgewicht in der Erdatmosphäre, das sich exponentiell verschlimmert.

Die durch dieses Ungleichgewicht in Gang gesetzten Prozesse mögen in menschlichen Zeitmaßstäben gemessen langsam ablaufen. Es wird wohl Jahrzehnte dauern, bis sich die Folgen direkt bemerkbar machen – beispielsweise durch Schmelzen des Eises, Anstieg des Meeresspiegels, Veränderung der Meeresströmungen, Verschiebung der Niederschlagsverteilung, stärkere Unwetter, Wanderungen von Insekten, Vögeln oder Säugetieren und Verschiebung der Verbreitungsgebiete von Tieren und Pflanzen. Aber ebenso plausibel wäre, dass sich das Klima ganz plötzlich verändert, durch positive Rückkopplungsmechanismen, die wir heute noch nicht verstehen. Ein Komitee der National Academy of Sciences berichtete im Jahr 2002:

> Neuere wissenschaftliche Ergebnisse zeigen, dass ausgeprägte, großflächige klimatische Veränderungen in sehr kurzen Zeiträumen stattgefunden haben. So erfolgte die Hälfte der Erwärmung des

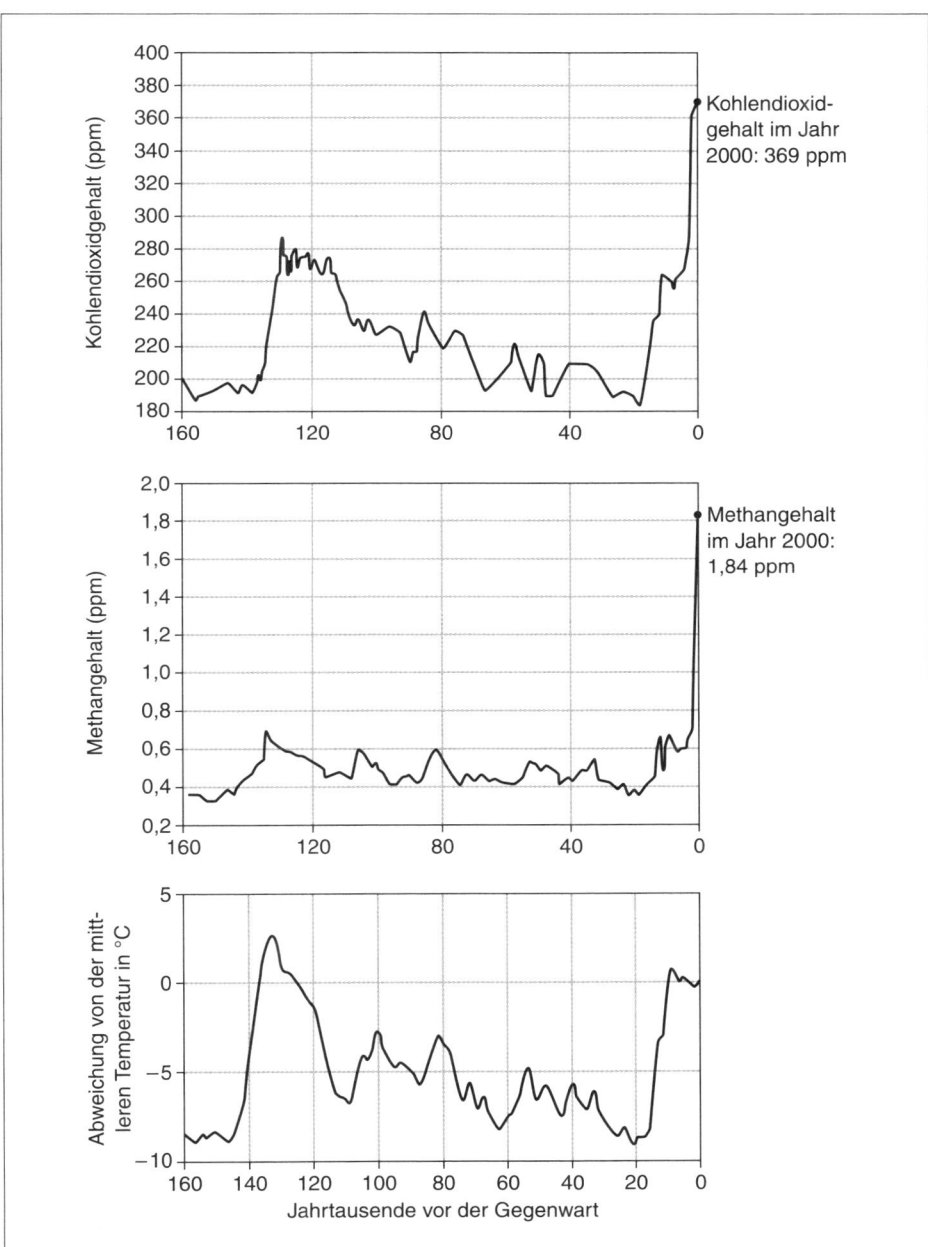

Abbildung 3-26 Treibhausgase und globale Temperaturen im Laufe der letzten 160 000 Jahre
Wie Messungen aus Eisbohrkernen zeigen, hat es auf der Erde ausgeprägte Temperaturschwan-
kungen (Eiszeiten und Zwischeneiszeiten) gegeben, und die Gehalte von Kohlendioxid und Methan
in der Atmosphäre haben etwa parallel zur globalen Temperatur geschwankt. In jüngster Zeit sind
die Konzentrationen dieser Treibhausgase allerdings sehr viel stärker angestiegen als jemals vor
Auftreten des Menschen. (Quelle: CDIAC)

> Nordatlantiks nach der letzten Eiszeit innerhalb nur eines Jahrzehnts. Mit ihr einher gingen signifikante Klimaveränderungen in weiten Teilen der Erde ... Für die abrupten Veränderungen der Vergangenheit haben wir noch keine endgültigen Erklärungen.[97]

Ganz gleich, ob dieser Anstieg langsam oder schnell verläuft, wir wissen, dass es Jahrhunderte, vielleicht sogar Jahrtausende dauern wird, bis sich die negativen Folgen wieder umkehren lassen.

Die in diesem Kapitel diskutierten nachteiligen Auswirkungen menschlicher Aktivitäten auf die Umwelt wären nicht notwendig gewesen. Sie waren alle vermeidbar. Die Verschmutzung der Umwelt gilt mittlerweile nicht mehr als Begleiterscheinung des Fortschritts, sondern als Zeichen von Ineffizienz und Sorglosigkeit. Wenn sich die Industrie dessen bewusst ist, kann sie rasch Wege finden, um ihre Emissionen und den Ressourcenverbrauch zu verringern. Dazu müssen Produktionsprozesse von Anfang bis Ende neu überdacht werden; so genannte „*End-of-pipe*"-Techniken (bei denen lediglich die Emissionen am Ende eines Produktionsprozesses verringert werden) müssen durch „sauberere Produktion" (Neuentwurf der Produkte und Produktionsprozesse mit dem Ziel, Emissionen und Ressourcenverbrauch zu minimieren) und „Industrieökologie" (bei der die Abfallprodukte einer Fabrik als Rohstoffe für eine andere dienen) ersetzt werden. Dafür gibt es Beispiele: Ein Hersteller von Leiterplatten kauft Ionenaustauscher, um Schwermetallabfälle wiederzugewinnen. Dabei profitiert er von den wiedergewonnenen Metallen, seine Wasserrechnung fällt niedriger aus, und die Beiträge zur Haftpflichtversicherung sinken. Ein Herstellungsbetrieb verringert den Ausstoß von Luft- und Wasserschadstoffen, senkt seinen Wasserverbrauch, reduziert seine festen Abfälle und spart dadurch jährlich Betriebskosten von mehreren hundert Millionen US-Dollar. Eine Chemiefirma entschließt sich, ihren CO_2-Ausstoß zu verringern, um zu erwartende Emissionsabgaben zu vermeiden, und spart dadurch gleichzeitig erhebliche Energiekosten.

Viele solcher Bemühungen haben sich – vielleicht etwas überraschend – selbst auf kurze Sicht als profitabel erwiesen, ganz abgesehen von der positiven Werbewirkung, die sich damit erzielen lässt. Die wirtschaftlichen Gewinne sind zweifellos ein gewichtiges Argument dafür, dass der ökologische Fußabdruck pro Verbrauchseinheit weiter verkleinert werden sollte.

Wenn die Nutzungsdauer für jedes Produkt, das die menschliche Wirtschaft durchläuft, verdoppelt werden könnte, wenn doppelt so viele Materialien recycelt werden könnten und wenn schon zur Herstellung der Produkte nur halb so viel Material benötigt würde, dann würde sich der Materialdurchsatz auf ein Achtel verringern.[98] Durch eine effizientere Nutzung der Energie, durch Verwendung erneuerbarer Energiequellen, durch weniger verschwenderischen Verbrauch von Land, Holz, Nahrungsmitteln und Wasser und durch Wiederaufforstung ließe sich der Anstieg der Treibhausgase und vieler anderer Schadstoffe aufhalten.

Jenseits der Grenzen

Eine grobe Einschätzung ... verdeutlicht, dass die gegenwärtige Beanspruchung von natürlichen Ressourcen und Ökosystemleistungen bereits die langfristige ökologische Tragfähigkeit der Erde überschreitet ... Würden alle Menschen auf der Erde den gleichen materiellen Lebensstandard genießen wie die Nordamerikaner, bräuchten wir drei Erden, um mit den herkömmlichen Technologien alle materiellen Bedürfnisse zu befriedigen ... Um den erwarteten Bevölkerungs- und Produktionszuwachs der nächsten vier Jahrzehnte entsprechend zu versorgen, bräuchten wir weitere sechs bis zwölf Planeten.
Mathis Wackernagel und William Rees, 1996

Die in diesem Kapitel angeführten Belege, dazu viele weitere in Datenbanken der ganzen Welt sowie die täglichen Berichte in den Medien zeigen allesamt, dass die menschliche Wirtschaft die Quellen und Senken der Erde nicht nachhaltig nutzt. Böden, Wälder, Oberflächen- und Grundwasser, Feuchtgebiete, die Atmosphäre und die Vielfalt der Natur werden immer mehr zerstört. Selbst in Gebieten, in denen die Bestände erneuerbarer Ressourcen noch stabil zu sein scheinen, wie die Wälder Nordamerikas oder die Böden Europas, können wir uns der Qualität, der Vielfalt und der Robustheit der Ressourcenbasis nicht mehr sicher sein. Immer mehr Schadstoffe reichern sich an und lassen die Senken überquellen. Die chemische Zusammensetzung der gesamten Erdatmosphäre verändert sich so, dass bereits messbare Störungen des Klimas daraus resultieren.

Leben vom Kapital, nicht vom Einkommen

Würden nur die Bestände einiger weniger Ressourcen zurückgehen, während die anderer stabil blieben oder sogar zunähmen, dann könnte man diskutieren, ob sich das traditionelle Wachstum fortsetzen ließe, indem man einfach eine Ressource durch eine andere ersetzt (obschon dies nur in begrenztem Maße geht). Wenn nur wenige Senken voll laufen, könnte der Mensch eine dieser Senken (etwa das Meer) durch eine andere ersetzen (beispielsweise die Luft). Da aber viele Vorräte schwinden und viele Senken voll laufen und da der ökologische Fußabdruck des Menschen die Grenze der Nachhaltigkeit überschritten hat, werden grundlegende Veränderungen unvermeidlich.

Die vorhandenen Grenzen, das sollte deutlich gesagt werden, betreffen nicht das Ausmaß wirtschaftlicher Aktivitäten des Menschen, die sich durch das globale Bruttosozialprodukt ausdrücken lassen, sondern diese Grenzen beschränken den ökologischen Fußabdruck menschlicher Aktivitäten. Kurzfristig betrachtet sind es keine absoluten Grenzen. Sie zu überschreiten bedeutet nicht, gegen eine unverrückbare Mauer zu rennen. Die Überschreitung lässt sich am einfachsten mit der ganz gewöhnlichen Fischerei vergleichen, bei der die jährlichen Fänge die nachwachsenden Bestände für eine längere Zeit überschreiten können – und zwar so lange, bis die Fischbestände verschwunden sind. Ähnlich können auch die Emissionen an Treibhausgasen selbst dann noch eine Weile ansteigen, wenn die Grenzen der Tragfähigkeit überschritten sind, bevor negative Rückkopplungen durch klimatische Veränderungen uns zur Verringerung der Emissionen zwingen. Aber nach der Grenzüberschreitung werden die Durchsätze schließlich auf jeden Fall zurückgehen müssen – ob aus freier Entscheidung der Menschen oder infolge der natürlichen Grenzen.

Viele Menschen haben zumindest schon auf lokaler Ebene erkannt, dass der menschliche Fußabdruck die lokalen Grenzen überschritten hat. In Jakarta werden mehr Luftschadstoffe ausgestoßen, als die menschliche Lunge ertragen kann. Die Wälder auf den Philippinen sind nahezu verschwunden. Auf Haiti sind die Böden mancherorts bereits bis auf den nackten Fels abgetragen. Die Kabeljaufischerei vor Neufundland musste eingestellt werden. Die Einwohner von Paris müssen sich im Sommer mit Geschwindigkeitsbeschränkungen abfinden, damit die Schadstoffbelastung durch Autoabgase nicht zu hoch wird. In mehreren europäischen Ländern fielen der Hitze bei den Rekordtemperaturen des Sommers 2003 Tausende von Menschen zum Opfer. Die Belastung des Rheins mit Chemikalien war viele Jahre lang so hoch, dass aus holländischen Häfen ausgebaggerter Schlamm heute als Sondermüll behandelt werden muss. In der Umgebung von Oslo fanden Skifahrer im Winter 2001 kaum irgendwo ausreichend Schnee.

Bei bestimmten Problemen wie den FCKW, die die Ozonschicht zerstören, hat man die Grenzüberschreitung nicht nur erkannt, sondern auch gezielte internationale Maßnahmen ergriffen, um korrigierend einzugreifen. Die globalen Bemühungen, die Emissionen von Treibhausgasen einzuschränken, kommen voran, wenn auch schleppend – sie werden immer wieder gebremst von eigennützigen, kurzsichtigen Regierungen, die die Interessen ihrer ebenso kurzsichtigen und eigennützigen Geldgeber vertreten. Die Vorgänge um das Protokoll von Kioto zeigen deutlich, wie schwierig es ist, eine Grenzüberschreitung zurückzunehmen.

Nach wie vor wird das *generelle Problem* der Grenzüberschreitung kaum diskutiert. Es gibt kaum Druck für den dringend benötigten technischen Fortschritt für effizientere Ressourcennutzung und kaum Bereitschaft, sich mit den treibenden Kräften des Bevölkerungs- und Kapitalwachstums auseinander zu setzen. 1987 hätte man die mangelnde Beachtung der Grenzüberschreitung vielleicht noch entschuldigen können. Damals hielten selbst gut informierte Gruppen wie die Weltkommission für Umwelt und Entwicklung, die die globalen Trends fest in den Blick nahm und als „einfach untragbar" bezeichnete, die Aussage „Die Menschheit hat ihre Grenzen überschritten" für politisch nicht opportun. Noch viel weniger befassten sie sich ernsthaft mit der Frage, was man dagegen unternehmen könne. Das lag möglicherweise daran, dass sie das selbst nicht glauben konnten. Aber jetzt, zur Jahrtausendwende, ist ein Leugnen der schrecklichen Wirklichkeit der Grenzüberschreitung und ihrer Folgen nicht mehr zu entschuldigen.

Dass dieses Thema gemieden wird, ist allzu verständlich und hat politische Gründe. Jeder Vorschlag zur Einschränkung von Wachstum führt zu erbitterten Diskussionen über die Verteilung – sowohl der verfügbaren Ressourcen als auch der Verantwortung für den gegenwärtigen Zustand. Allgemein ausgedrückt ist der ökologische Fußabdruck eines Reichen größer als der eines Armen. Der Fußabdruck eines Deutschen, so heißt es, sei zehnmal so groß wie der eines Einwohners von Mosambik, und ein Russe verbraucht genauso viele Ressourcen der Erde wie ein Deutscher – allerdings bei geringerem materiellem Lebensstandard. Wenn die Welt als Ganzes ihre Grenzen überschreitet, wer sollte dann etwas dagegen unternehmen? Die verschwenderischen Reichen oder die sich immer weiter vermehrenden Armen oder die ineffizienten einstigen Sozialisten? Im Interesse der Zukunft unseres Planeten kann die Antwort nur lauten: alle miteinander.

> Die beiden Hauptursachen für die Zerstörung der Umwelt sind die anhaltende Armut beim größten Teil der Erdbevölkerung und der exzessive Konsum einer Minderheit. So weiter zu machen wie bisher ist nicht tragbar, und wir können auch nicht mehr länger warten, bevor wir etwas unternehmen.[99]

Umweltexperten fassen die Ursachen für die Zerstörung der Umwelt mit der so genannten IPAT-Formel zusammen:

Umweltlast = Bevölkerung × Wohlstand × Technik
I (*impact*) = P (*population*) × A (*affluence*) × T (*technology*)

Die Umweltlast (I – entspricht dem ökologischen Fußabdruck), die eine Bevölkerung oder Nation auf die Quellen und Senken der Erde ausübt, ist das Produkt aus ihrer Bevölkerungszahl (P), dem Wohlstandsniveau (A), gemessen im Pro-Kopf-Verbrauch, und den Schäden (T) pro Produkteinheit, mit denen dieser Wohlstand erreicht wird. Um den ökologischen Fußabdruck der Menschheit zu verkleinern, sollte vernünftigerweise jede Gesellschaft dort zu Verbesserungen beitragen, wo es ihr am ehesten möglich ist. In der Dritten Welt wäre die Verringerung der Bevölkerung (P) die beste Möglichkeit, im Westen die Einschränkung des Wohlstands (A) und in Osteuropa Verbesserungen in technologischer Hinsicht (T).

Der Gesamtumfang der Verbesserungsmöglichkeiten überrascht. Bei genauerer Definition der einzelnen Größen der IPAT-Gleichung lässt sich erkennen, wie viele Wege es gibt, den ökologischen Fußabdruck zu verkleinern, und wie stark die Reduktionen ausfallen können (siehe Tabelle 3-3).[100]

Tabelle 3-3 Die Beziehung zwischen Bevölkerung, Wohlstand, Technik und Umweltbelastung

	Bevölkerungszahl ×	Wohlstandsfaktor	×	Technikfaktor	×	
$\dfrac{\text{Umweltbelastung}}{\text{Jahr}}$ =	Bevölkerungszahl ×	$\left(\dfrac{\text{Güterbedarf / Jahr}}{\text{Personen}}\right)$	×	$\left(\dfrac{\text{Materialdurchsatz}}{\text{Gütermenge}}\right)$	×	$\left(\dfrac{\text{Energiedurchsatz}}{\text{Materialdurchsatz}}\right)$ × $\left(\dfrac{\text{Umweltbelastung}}{\text{Energiedurchsatz}}\right)$
=	(Personen)					
=	Bevölkerungszahl ×	(Nachfragefaktor)	×	(Durchsatzfaktor)	×	(Effizienzfaktor) × (Emissionsfaktor)

Beispiel: CO_2-Emission durch Verbrauch von Plastikbehältern

$\dfrac{CO_2\text{-Emission}}{\text{Jahr}}$ =	Personen	× $\left(\dfrac{\text{Becher / Jahr}}{\text{Personen}}\right)$	× $\left(\dfrac{\text{Gramm Kunststoff}}{\text{Becher}}\right)$	× $\left(\dfrac{\text{Kilowattstunden}}{\text{Gramm Kunststoff}}\right)$	× $\left(\dfrac{CO_2\text{-Emission}}{\text{Kilowattstunden}}\right)$	
=	Bevölkerungszahl	Nachfragefaktor	Durchsatzfaktor	Effizienzfaktor	Emissionsfaktor	
Veränderungs-möglichkeiten:	– Familienplanung – Schulbildung der Frauen – Sozialfürsorge – Rolle der Frau – Landbesitz	– Werte – Preise – Vollkostenrechnung – gesellsch. Ziele – wie viel ist „genug"	– langlebige Produkte – Rohstoffwahl – sparsamer Entwurf – Rezyklierung – Wiederverwendung – Abfallaufarbeitung	– hoher Nutzungsgrad – hoher Umwandlungsgrad – verlustarme Verteilung – Koppelprozesse – Prozessverbesserungen	– harmlose Stoffe – Anlagengröße – Standort – Rückhaltetechnik – Emissions-kompensation	
Verbesserungs-spielraum:	etwa 2-mal	3- bis 10-mal	?	5- bis 10-mal	100- bis 1000-mal	
Zeitbedarf:	50 bis 100 Jahre	0 bis 50 Jahre	0 bis 20 Jahre	0 bis 30 Jahre	0 bis 50 Jahre	

Wohlstand wird bestimmt durch eine hohe Verbrauchsrate – beispielsweise die Zahl der Stunden, die mit Fernsehen, Autofahren oder Entspannung daheim verbracht werden. Der ökologische Fußabdruck des Wohlstands ist die dadurch entstehende Umweltlast bzw. der mit diesem Verbrauch in Zusammenhang stehende *Durchsatz* von Materialien, Energie und Emissionen. Wenn jemand beispielsweise drei Tassen Kaffee am Tag trinkt, kann der Fußabdruck ganz unterschiedlich ausfallen, je nachdem, ob er aus gewöhnlichen Porzellantassen oder aus Kunststoffbechern trinkt. Für die Porzellantassen benötigt man zum Reinigen Wasser und Spülmittel sowie einen gewissen Nachschub, um zerbrochene Tassen zu ersetzen. Trinkt jemand seinen Kaffee hingegen aus Styroporbechern, umfasst der dafür notwendige Durchsatz sämtliche im Laufe eines Jahres verbrauchten Becher sowie die zur Herstellung des Styropors und zum Transport der Becher an ihren Verbrauchsort und zur Entsorgung benötigte Menge von Erdöl und Chemikalien.

Die von der Technologie verursachte Umweltlast ist in Tabelle 3-3 definiert als die Energie, die benötigt wird, um den jeweiligen Materialfluss in Gang zu setzen und die Produkte zu liefern, multipliziert mit der Umweltbelastung pro Energieeinheit. Man braucht Energie, um den Ton für Keramiktassen abzubauen, zu brennen, die Tassen in die Haushalte zu transportieren und das Spülwasser aufzuheizen. Energie ist ebenfalls nötig, um das Erdöl für die Styroporbecher zu finden und zu fördern, es zu transportieren, zu raffinieren, die Kunststoffe zu synthetisieren, die Becher zu formen, auszuliefern und die gebrauchten Becher wieder auf die Müllhalde zu transportieren. Jede Form von Energienutzung belastet die Umwelt. Der ökologische Fußabdruck lässt sich jedoch technisch verringern, etwa durch Einrichtungen zur Kontrolle des Schadstoffausstoßes, durch effizientere Energienutzung oder durch eine Umstellung auf eine andere Energiequelle.

Veränderungen irgendeines Faktors in Tabelle 3-3 verändern den ökologischen Fußabdruck und rücken die menschliche Wirtschaft näher an die Grenzen der Erde heran oder weiter von ihnen weg. Eine Verringerung der Bevölkerung oder des pro Kopf benötigten Materialbestands trägt dazu bei, die Grenzen unseres Planeten besser einzuhalten. Das gilt auch für eine höhere Ökoeffizienz, also einen geringeren Verbrauch von Energie oder Materialien – und geringere Emissionen – pro Verbrauchseinheit. In der Tabelle sind einige der Maßnahmen aufgelistet, mit denen die einzelnen Größen der Gleichung reduziert werden könnten; weiterhin enthält sie einige Abschätzungen, um wie viel und in welchem Zeitraum jeder zur Umweltlast beitragende Faktor verringert werden könnte.

Durch eine derartige Darstellung wird deutlich, dass sehr viele Verbesserungsmöglichkeiten bestehen. Die Belastung von Quellen und Senken der Erde durch den Menschen könnte in erstaunlichem Maße reduziert werden. Selbst wenn wir auf jedem Gebiet, auf dem Veränderungen möglich sind, nur minimale Erfolge annehmen, könnte sich dadurch insgesamt gesehen die

Belastung des Planeten durch den Menschen um einen Faktor von *mehreren hundert oder mehr* verringern. Wenn es aber so viele Möglichkeiten gibt, warum tun wir uns dann so schwer, auch nur einige davon zu verfolgen? Und was wäre, wenn wir es täten? Was würde passieren, wenn sich die Trends bei der Bevölkerung, beim Wohlstand und bei der technischen Entwicklung umzukehren begännen? Und wie sieht es mit der Vernetzung dieser Faktoren untereinander aus? Was geschieht, wenn der ökologische Fußabdruck zwar durch technischen Fortschritt verkleinert wird, die Bevölkerung und das Kapital aber trotzdem weiter wachsen? Was geschieht, wenn der ökologische Fußabdruck nicht reduziert wird?

Diese Fragen betrachten die Vorräte von Ressourcen und die Senken für Schadstoffe nicht getrennt, wie in diesem Kapitel, sondern den gesamten ökologischen Fußabdruck, der mit der Bevölkerung und dem Kapital zusammenhängt, wobei diese selbst wieder untereinander in Wechselwirkung stehen. Um diese Fragen beantworten zu können, müssen wir von einer statischen Analyse, bei der wir jeweils nur einen Faktor betrachten, zu einer dynamischen Betrachtung des gesamten Systems übergehen.

Anmerkungen

1. Herman Daly, „Toward Some Operational Principles of Sustainable Development", *Ecological Economics* 2: 1–6, 1990. Weiter vertieft wird dieses Thema in der Einführung zu Herman Daly, *Beyond Growth* (Boston: Beacon Press, 1996).

2. Eine neuere, ausführliche systematische Übersicht über die bedrohlichsten globalen Grenzen findet sich in Lester Brown, *Eco-Economy* (New York: W. W. Norton, 2001), Kapitel 2 und 3. Einen breiten Überblick und Daten über globale Grenzen bietet World Resources Institute, *World Resources 2000–2001: People and Ecosystems: The Fraying Web of Life* (Oxford: Elsevier Science Ltd., 2002), Teil 2, „Data Tables".

3. Weitere Möglichkeiten, wie sich der Übergang zur Nachhaltigkeit bewerkstelligen und beschleunigen lässt, sind systematisch zusammengestellt in Brown, *Eco-Economy*, Kapitel 4–12.

4. Lester R. Brown, „Feeding Nine Billion", in Lester R. Brown et al., *State of the World 1999* (New York: W. W. Norton, 1999), 118.

5. Nach unserer Berechnung unter der Annahme einer Existenzgrundlage von 230 kg Getreide pro Kopf im Jahr.

6. WRI, *World Resources 1998–99*, 155.

7. FAO (United Nations Food and Agriculture Organization), *The Sixth World Food Survey* (Rom: FAO, 1996).

8. P. Pinstrup-Anderson, R. Pandya-Lorch und M. W. Rosengrant, *1997, The World Food Situation: Recent Developments, Emerging Issues, and Long-Term Prospects* (Washington, DC: International Food Policy Research Institute, 1997).

9. Lester R. Brown, Michael Renner und Brian Halweil, *Vital Signs 1999* (New York: W. W. Norton, 1999), 146.

10. G. M. Higgins et al., *Potential Population Supporting Capacities of Lands in the Developing World* (Rom: FAO, 1982). Diese fachwissenschaftliche Studie ist zusammengefasst in Paul Harrison, *Land, Food, and People* (Rom: FAO, 1984). Der Faktor 16 beruht auf extrem optimistischen Annahmen und

bezieht sich nur auf die Entwicklungsländer, in denen die Ertragshöhe zu Beginn sehr niedrig ist. Für die industrialisierten Länder hat die FAO keine entsprechende Studie durchgeführt.

11. Sara J. Scherr, „Soil Degradation: A Threat to Developing-Country Food Security by 2020?" *IFPRI Discussion Paper 27* (Washington, DC: IFPRI, Februar 1999), 45.

12. Nahrung aus dem Meer ist sogar noch stärker begrenzt als Nahrung vom Land, und ihr Verbrauch hat die Grenzen der Tragbarkeit noch deutlicher überschritten. Zukunftsprojekte für eine andere Nahrungsmittelproduktion als durch Landwirtschaft – Aquakultur, Hefekulturen in Fermentern usw. – werden als Nahrungsquellen nur eine untergeordnete Rolle spielen, vor allem weil sie sehr viel Energie und Kapital benötigen und die Umwelt belasten. Nahrung, die nicht überwiegend auf dem Land mithilfe der Photosynthese durch Sonnenenergie produziert wird, wäre sogar noch weniger nachhaltig als die gegenwärtige Nahrungsproduktion. Genetisch veränderte Nutzpflanzen werden – zumindest bisher – nur wegen ihrer Resistenz gegen Schädlinge oder Herbizide entwickelt, weil man dadurch kostspieligen Input einsparen möchte, und nicht zur Steigerung der Erträge.

13. Eine ausgezeichnete Zusammenfassung der Studien zum globalen Verlust an Böden bietet Scherr, „Soil Degradation".

14. United Nations Environment Programme, „Farming Systems Principles for Improved Food Production and the Control of Soil Degradation in the Arid, Semi-Arid, and Humid Tropics", Tagungsbericht einer Fachkonferenz, unter anderem finanziert durch das International Crops Research Institute for the Semi-Arid Tropics, Hyderabad, Indien, 1986.

15. B. G. Rosanov, V. Targulian und D. S. Orlov, „Soils", in *The Earth as Transformed by Human Action: Global and Regional Changes in the Biosphere Over the Past 30 Years*, herausgegeben von B. L. Turner et al. (Cambridge: Cambridge University Press, 1990). Siehe hierzu auch Brown, *Eco-Economy*, 62–68.

16. L. R. Oldeman, „The Global Extent of Soil Degradation", in *Soil Resilience and Sustainable Land Use*, herausgegeben von D. J. Greenland und T. Szaboles (Wallingford, UK: Commonwealth Agricultural Bureau International, 1994).

17. Alle Abbildungen in diesem Abschnitt stammen aus Gary Gardner, „Shrinking Fields: Cropland Loss in a World of Eight Billion", *Worldwatch Paper 131* (Washington, DC: Worldwatch Institute, 1996).

18. WRI, *World Resources 1998–99*, 157. Man schätzt, dass die globale Nahrungsproduktion zwischen 1945 und 1990 durch die Degradation der Böden gegenüber ihrem möglichen Niveau um 17% zurückgegangen ist.

19. Die Zitate von Cassman, Ruttan und Loomis stammen aus Charles C. Mann, „Crop Scientists Seek a New Revolution", *Science 283* (15. Januar 1999): 310.

20. Einen ausgezeichneten Überblick über all diese Faktoren und ihre möglichen Auswirkungen auf die Zukunft der Landwirtschaft bietet Rosamond Naylor, „Energy and Resource Constraints on Intensive Agricultural Production", *Annual Reviews of Energy and Environment* 21 (1996): 99–123.

21. Janet McConnaughey, „Scientists Seek Ways to Bring Marine Life Back to World's ‚Dead Zones'", *Los Angeles Times*, 8. August 1999.

22. Siehe hierzu beispielsweise Michael J. Dover und Lee M. Talbot, *To Feed the Earth: Agro-Ecology for Sustainable Development* (Washington, DC: WRI, 1987).

23. Über Bio-Landwirtschaft und ökologische Landwirtschaft mit geringem Input gibt es eine Fülle von Literatur. Globale Beispiele finden sich auf der Webseite der International Federation of Organic Agricultural Movements unter www.ifoam.org/

24. David Tilman, „The Greening of the Green Revolution", *Nature* 396 (19. November 1998): 211; siehe außerdem L. E. Drinkwater, P. Wagoner und M. Sarrantonio, „Legume-Based Cropping Systems Have Reduced Carbon and Nitrogen Losses", *Nature* 396 (19. November 1998): 262.

25. *FoodReview* Nr. 24–1 (Washington, DC: Food and Rural Economics Division, US Department of Agriculture, Juli 2001).

26. Siehe D. H. Meadows, „Poor Monsanto", in *Whole Earth Review*, Sommer 1999, 104.

27. Sandra Postel, Gretchen C. Daily und Paul R. Ehrlich, „Human Appropriation of Renewable Fresh Water", *Science* 271 (9. Februar 1996): 785–788. Aus diesem Artikel stammen sämtliche Zahlen für Abbildung 3–5.

28. Die Gesamtkapazität der künstlichen Stauseen beträgt ungefähr 5500 km³, aber nur etwas mehr als die Hälfte davon ist derzeit als dauerhaft aufrechterhaltbarer Durchfluss verfügbar.

29. Die globale Kapazität zur Meerwasserentsalzung betrug 1996 6,5 km³ im Jahr, das entspricht 0,1% des gesamten Wasserverbrauchs der Menschheit. Die Entsalzung von Meerwasser ist sehr kapital- und energieaufwendig. Sieben der zehn Länder mit der höchsten Entsalzungskapazität liegen am Persischen Golf, wo es an anderen Süßwasserressourcen mangelt, nicht erneuerbare fossile Brennstoffe hingegen billig sind. Peter H. Gleick, *The World's Water 1998–99* (Washington, DC: Island Press, 1999), 30.

30. Durch den Bau weiterer Staudämme könnte und wird die Grenze wohl weiter angehoben werden; allerdings wurden an den von der Fläche und Zugangsmöglichkeit günstigsten Stellen größtenteils bereits Stauseen angelegt. Immer mehr regt sich auch Widerstand gegen den Bau weiterer Staudämme, weil dadurch Ackerland, menschliche Siedlungen und Natur zerstört werden. Siehe hierzu auch den Abschlussbericht der World Commission on Dams (www.dams.org), *Dams and Development: A New Framework for Decision-Making* (London: Earthscan, 2000).

31. WRI, *World Resources 1998–99*, 188.

32. Gleick, *Water*, 14.

33. Ebenda, 1–2.

34. United Nations Development Programme, *Human Development Report 1998* (New York: Oxford University Press, 1998), 210.

35. Gleick, *Water*, 2.

36. UN Comprehensive Assessment of the Freshwater Resources of the World, 1997.

37. Diese und weitere Beispiele finden sich in Sandra Postel, *Pillar of Sand: Can the Irrigation Miracle Last?* (New York: W. W. Norton, 1999).

38. Lester R. Brown, „Water Deficits Growing in Many Countries", *Eco-Economy Update* (Washington, DC: Earth Policy Institute, 6. August 2002), 2–3.

39. Einige Fallstudien finden sich in Malin Falkenmark, „Fresh Waters as a Factor in Strategic Policy and Action", in *Global Resources and International Conflict*, herausgegeben von Arthur H. Westing (Oxford: Oxford University Press, 1986).

40. Die folgenden Beispiele und Zahlen stammen aus Postel, *Pillar*, und aus Paul Hawken, Amory Lovins und Hunter Lovins, *Natural Capital* (New York: Little, Brown, 1999), Kapitel 11.

41. Für die Waldflächen der Erde finden sich bei den einzelnen Autoren ganz verschiedene Angaben. Das liegt zum einen daran, dass „Wald" unterschiedlich definiert wird, und zum anderen daran, dass der Hauptlieferant der Daten, die FAO, ihre Beurteilungskriterien im Jahr 2000 geändert hat. In diesem Abschnitt verwenden wir die neuen Zahlen der FAO aus dem *Forest Resource Assessment* (FRA) (Rom: FAO, 2000), www.fao.org/Forestry/index.jsp

42. Dirk Bryant, Daniel Nielsen und Laura Tangley, *The Last Frontier Forests: Ecosystems and Economies on the Edge* (Washington, DC: WRI, 1997), 1, 9, 12.

43. Die Schätzung stammt vom UNEP's World Conservation Monitoring Center der UNEP in Großbritannien (www.unep-wcmc.org/forest/world); sie umfasst Wälder der IUCN-Schutzkategorien I bis VI und gibt einen globalen Durchschnittswert an. Der unter Schutz stehende Anteil ist in den gemäßigten und borealen Wäldern (im Norden) etwa genauso groß wie in den tropischen Wäldern (im Süden). Bezogen auf den Anteil der ursprünglichen Walddecke – also

der bewaldeten Fläche vor der Entwaldung durch den Menschen – muss die Prozentangabe halbiert werden.

44. Siehe Nels Johnson und Bruce Cabarle, „Surviving the Cut: Natural Forest Management in the Humid Tropics" (Washington, DC: WRI, 1993).

45. WCFSD, *Our Forests*, 48.

46. FAO, Provisional Outlook for Global Forest Consumption, Production, and Trade to 2010 (Rom: FAO, 1997).

47. Janet N. Abramovitz und Ashley T. Mattoon, „Reorienting the Forest Products Economy", in Brown et al., *State of the World 1999*, 73.

48. Brown et al., *State of the World 1999*, 65.

49. Abramovitz und Mattoon, „Forest Products", 64.

50. World Resources 1998–99: Environmental change and human health (Washington, DC: World Resources Institute, 1998).

51. Diese Auflistung wurde in veränderter Form übernommen aus Gretchen C. Daily (Hrsg.), *Nature's Services: Social Dependence on Natural Ecosystems* (Washington, DC: Island Press, 1997), 3–4.

52. Siehe hierzu Robert Costanza et al., „The Value of the World's Ecosystem Services and Natural Capital", *Nature* 387 (1997): 253–260. Costanza und seine Mitarbeiter schätzten den Wert der natürlichen Ökosystemleistungen (konservativ) auf 33 Billionen Dollar im Jahr; das globale Bruttosozialprodukt betrug zu dieser Zeit 18 Billionen Dollar jährlich.

53. Robert M. May, „How Many Species Inhabit the Earth?" *Scientific American*, Oktober 1992, 42.

54. Joby Warrick, „Mass Extinction Underway, Majority of Biologists Say", *Washington Post*, 21. April 1998, A4.

55. Don Hinrichson, „Coral Reefs in Crisis", *Bioscience*, Oktober 1997.

56. Siehe hierzu beispielsweise „Extinction: Are Ecologists Crying Wolf?" *Science* 253 (16. August 1991): 736 sowie weitere Artikel derselben Ausgabe, in denen sich die Besorgnis der Ökologen widerspiegelt.

57. Species Survival Commission, 2000 *IUCN Red List of Threatened Species* (Rote Liste der gefährdeten Arten) (Gland, Schweiz: International Union for the Conservation of Nature, 2000), zitiert in Brown, „Water Deficits", 69.

58. Constance Holden, „Red Alert for Plants", *Science* 280 (17. April 1998): 385.

59. SSC, Rote Liste der IUCN, 1.

60. WWF, *Living Planet Report 2002*.

61. „World Scientists' Warning to Humanity", Dezember 1992, unterzeichnet von mehr als 1600 Wissenschaftlern, darunter 102 Nobelpreisträgern; erhältlich über Union of Concerned Scientists, 26 Church Street, Cambridge, MA 02238, USA.

62. Der Begriff *kommerzielle Energie* bezieht sich auf Formen von Energie, die am Markt verkauft werden; hierzu zählt nicht die Energie, die Menschen aus gesammeltem Brennholz, Dung und anderer Biomasse für den Eigengebrauch erzeugen. *Nicht kommerzielle Energiequellen* sind größtenteils erneuerbar, werden aber nicht unbedingt auf nachhaltige Weise genutzt. Schätzungen zufolge machen sie rund 7% des gesamten Energieverbrauchs aus. WRI, *World Resources 1998–99*, 332.

63. U. S. Energy Information Administration, *International Energy Outlook 2003*, Tabelle A1, „World Total Energy Consumption by Region, Reference Case, 1990–2025 (Quadrillion BTU)", www.eia.doe.gov/oiaf/ieo/

64. International Energy Agency, *World Energy Outlook 2002* (Wien: IEA, 2002), www.worldenergy-outlook.org/weo/pubs/weo2002/weo2002.asp. Szenarien für die fernere Zukunft finden sich in World Energy Council, „Global Energy Scenarios to 2050 and Beyond", 1999, www.worldenergy.org/wec-geis/edc/

65. Bent Sørensen, „Long-Term Scenarios for Global Energy Demand and Supply", Energy & Environment Group, Universität Roskilde, Januar 1999.

66. *Produktion* ist ein irreführender Begriff für den Abbau fossiler Brennstoffe aus unterirdischen Lagerstätten. Produziert werden diese Brennstoffe über Millionen von Jahren hinweg durch die Natur. Die Menschen „produzieren" sie nicht – sie bauen sie ab, fördern sie oder entnehmen sie einfach. Dennoch wird häufig das Wort *Produktion* verwendet, beispielsweise in zusammengesetzten Begriffen wie *Reserven-Produktions-Verhältnis*. Daher haben wir es ebenfalls verwendet. Die Systemdynamik der Ressourcennutzung lässt sich mit mehreren Simulationsmodellen aus Hartmut Bossel, *Systemzoo 2 – Klima, Ökosysteme, Ressourcen* (Norderstedt: Books on Demand, 2004), 213–235, und auf der CD *Systemzoo* (Rosenheim: co.Tec Verlag, 2005) gut untersuchen.

67. Natürlich verbrennen Industrieanlagen und Maschinen zur Exploration, zum Abbau, zur Förderung, zum Transport und zum Raffinieren ebenfalls Brennstoffe. Gäbe es keine anderen Grenzen, dann würde der Nutzung fossiler Brennstoffe letztlich dann eine Grenze gesetzt, wenn die Gewinnung genauso viel Energie erfordert wie sie enthalten. Siehe hierzu Charles A. S. Hall und Cutler J. Cleveland, „Petroleum Drilling and Production in the United States: Yield per Effort and Net Energy Analysis", *Science* 211 (6. Februar 1981): 576.

68. Diese Information und die meisten zu diesem Thema angeführten Daten stammen von Amory Lovins und dem Rocky Mountain Institute. Detailliertere Informationen über die Möglichkeiten einer effizienteren Energienutzung im Transportwesen, in der Industrie und in Gebäuden finden sich in *Scientific American* 263, Nr. 3 (September 1990).

69. UNDP, *Human Development Indicators 2003*, http://hdr.undp.org/reports/global/2003/indicator/index.html

70. Der Mensch erzeugt durch Verbrennung fossiler Brennstoffe gegenwärtig eine Energieleistung von ungefähr 5 Terawatt (Milliarden Kilowatt). Der konstante Input durch die Sonneneinstrahlung auf die Erdoberfläche entspricht hingegen 80 000 Terawatt.

71. Lester Brown et al., *Vital Signs 2000* (New York: W. W. Norton, 2000), 58. Beide Abbildungen entsprechen dem Dollarstand von 1998.

72. American Wind Energy Association, „Record Growth for Global Wind Power in 2002" (Washington, DC: AWEA, 3. März 2002), 1.

73. Peter Bijur, Global Energy Address to the 17th Congress of the World Energy Council, Houston, 14. September 1998.

74. Der vielversprechendste Speichermechanismus ist vermutlich Wasserstoff aus der Spaltung von Wassermolekülen in Photovoltaikanlagen. Wasserstoff könnte in der Zukunft auch die Lösung für den Antrieb von Fahrzeugen sein. Eine Übersicht hierzu findet sich in Kapitel 5 von Brown, *Eco-Economy*.

75. Systematisch analysiert werden diese Möglichkeiten in John E. Tilton (Hrsg.), *World Metal Demand* (Washington, DC: Resources for the Future, 1990).

76. Organization for Economic Cooperation and Development, *Sustainable Development: Critical Issues* (Paris: OECD, 2001), 278.

77. Persönliche Mitteilung von Aleksander Mortensen von der norwegischen Recycling-Firma Tomra ASA (www.tomra.no). Im Jahr 2001 betrug die globale primäre Aluminiumproduktion ungefähr 21 Millionen Tonnen. Zusätzlich wurden 2,2 Millionen Tonnen aus Aluminiumabfällen rezykliert. (www.world-aluminium.org/iai/stats/index.asp). Die Informationen über die Getränkedosen stammen von www.canadean.com; die Angaben über Rezyklierung von www.container-recycling.org

78. WRI, *Resource Flows: The Material Basis of Industrial Economies* (Washington, DC: WRI, 1997); hierin findet sich eine Zusammenfassung der rückläufigen Materialintensität in vier Industrienationen.

79. Einen Überblick über die Abfallproduktion verschiedener Staaten gibt OECD, *Environmental Data: Compendium 1999* (Paris: OECD, 1999).

80. Earl Cook, Limits to Exploitation of Nonrenewable Resources", *Science* 20 (Februar 1976).

81. International Institute for Environment and Development and World Business Council for Sustainable Development, *Breaking New Ground: Mining, Minerals, and Sustainable Development* (London: Earthscan, 2002), 83.

82. Die Vereinigten Staaten, Japan, Großbritannien, Frankreich, Deutschland, Italien und Kanada.

83. Die Informationen im vorigen Abschnitt stammen aus Urs Weber, „The Miracle of the Rhine", *UNESCO Courier* (Juni 2000), und aus der Datenbank der Webseite der Internationalen Kommission zum Schutz des Rheins, www.iksr.org

84. Bjørn Lomborg, *The Skeptical Environmentalist: Measuring the Real State of the World* (Cambridge: Cambridge University Press, 2001), 203.

85. Ebenda, 167–176.

86. Ebenda, 205.

87. WCED, *Our Common Future*, 224.

88. Robert T. Watson, Vorsitzender des International Panel on Climate Change, beim Vortrag der entscheidenden Schlussfolgerungen des IPCC Third Assessment Report (Climate Change 2001) auf der Sixth Conference of Parties to the United Nations Framework Convention on Climate Change, 19. Juli 2001. Auch einsehbar unter www.ipcc.ch

89. D. H. Meadows et al., *Limits to Growth* (New York: Universe Books, 1972), 79. (Deutsche Ausgabe: *Die Grenzen des Wachstums.* Stuttgart: DVA, 1972, 60).

90. WWF, *Living Planet Report 1999* (Gland, Schweiz: WWF, 1999), 8.

91. R. T. Watson et al., *Climate Change 2001: Synthesis Report; Intergovernmental Panel on Climate Change* (Genf, Schweiz: IPCC, 2001). Ebenfalls einsehbar mit zahlreichen Illustrationen unter www.ipcc.ch

92. Eine besonders krasse Darstellung der Ansicht von Skeptikern bezüglich des Klimas und aller anderen Umweltthemen findet sich in Lomborg, *The Skeptical Environmentalist.*

93. Siehe hierzu die außerordentlich informative Webseite der Climate Research Unit der University of East Anglia, Norwich, Großbritannien, www.cru.uea.ac.uk

94. Siehe beispielsweise „Global Warming. Stormy Weather", *Time*, 13. November 2000, 35–40; enthält regionale Wettervorhersagen für Europa bis zum Jahr 2050.

95. Watson et al., *Climate Change 2001.*

96. Diese Daten stammen aus Eisbohrkernen der Antarktis. Das Polareis hat sich über Tausende von Jahren Schicht für Schicht angelagert. In jeder Schicht sind winzige, aus prähistorischer Zeit erhaltene Luftbläschen eingeschlossen. Mittels Isotopenanalyse lassen sich die Schichten der Bohrkerne datieren und Rückschlüsse auf die Temperaturen in der Vergangenheit ziehen. Durch direkte Analyse der Luftbläschen erhält man die Kohlendioxid- und Methankonzentrationen.

97. Committee on Abrupt Climate Change, *Abrupt Climate Change – Inevitable Surprises* (Washington, DC: National Academy Press, 2002), 1.

98. Eingehend erörtert werden die viel versprechenden Möglichkeiten in Ernst Ulrich von Weizsäcker, Amory Lovins und L. Hunter Lovins, *Factor Four: Doubling Wealth, Halving Resource Use* (London: Earthscan, 1997). (Deutsch: *Faktor Vier – Doppelter Wohlstand, halbierter Naturverbrauch.* München: Droemer Knaur, 1995).

99. UNEP, *Global Environmental Outlook 2000* (London: Earthscan, 1999).

100. Wir verwenden hier die ursprünglich von Amory Lovins aufgestellte Gleichung in einer etwas abgewandelten Formulierung.

Kapitel 4

World3: die Dynamik des Wachstums in einer begrenzten Welt

Sofern sich die gegenwärtigen Vorhersagen zum Bevölkerungswachstum als richtig erweisen und sich die Verhaltensmuster der Menschheit auf dem Planeten nicht ändern, werden Wissenschaft und Technik wahrscheinlich weder in der Lage sein, die irreversible Zerstörung der Umwelt noch anhaltende Armut in weiten Teilen der Welt zu verhindern.

Royal Society of London und U. S. National Academy of Sciences, 1992

Die Faktoren, die das Wachstum von Bevölkerung und Industrie bestimmen, sind verknüpft mit zahlreichen langfristigen Trends, die einander verstärken und miteinander in Konflikt stehen. Die Geburtenraten sinken schneller als erwartet, aber die Bevölkerung wächst dennoch weiter. Viele Menschen werden wohlhabender und fragen mehr Industrieprodukte nach. Gleichzeitig fordern sie geringere Umweltbelastung. Die für das Wachstum der Industrie erforderlichen Energie- und Stoffflüsse lassen die Vorräte nicht erneuerbarer Ressourcen schwinden und zerstören immer mehr die erneuerbaren Ressourcen. Aber ständig gibt es Fortschritte bei der Entwicklung von Techniken, mit denen neue Reserven entdeckt und Materialien effizienter genutzt werden können. Jede Gesellschaft hat mit Kapitalmangel zu kämpfen, denn Investitionen werden gebraucht, um mehr Ressourcen zu finden, mehr Energie zu produzieren, Umweltbelastungen zu beseitigen und Schulen, medizinische Versorgung und andere soziale Dienstleistungen zu verbessern. Aber diese Investitionen stehen in Konkurrenz zum immer stärker steigenden Bedarf an Gebrauchsgütern.

Wie beeinflussen sich diese Trends in den kommenden Jahrzehnten gegenseitig, und wie werden sie sich weiterentwickeln? Um ihre Auswirkungen verstehen zu können, benötigen wir ein Modell, das komplexer ist als die Gedankenmodelle in unseren Köpfen. In diesem vierten Kapitel befassen wir uns mit World3, dem von uns entwickelten und verwendeten Computermodell. Wir fassen hier die wesentlichen strukturellen Eigenheiten von World3 zusammen und gehen auf verschiedene wichtige Erkenntnisse ein, die es uns über das 21. Jahrhundert liefert.

Zweck und Struktur von World3

Wir möchten immer gern Gewissheit über die zukünftige Entwicklung haben. Wenn uns aber jemand ein Modell als Grundlage für die Diskussion über die Zukunft präsentiert, kann das zu Missverständnissen und Frustration führen. Mit dieser Schwierigkeit haben wir kämpfen müssen, seit wir vor mehr als 30 Jahren die erste Ausgabe dieses Buches veröffentlichten. In einem klassischen Science-Fiction-Roman wird dieses Problem durch eine Unterhaltung zwischen einem Analytiker namens Seldon und seinem Herrscher veranschaulicht.

> „Ich habe mitbekommen, dass Sie es für möglich halten, die Zukunft vorherzusagen."
> Seldon fühlte sich plötzlich unbehaglich. Es schien, als ob seine Theorie ständig falsch verstanden würde. Vielleicht hätte er seinen Vortrag gar nicht erst halten sollen.
> Er erklärte: „Eigentlich nicht ganz. Was ich getan habe, geht längst nicht so weit ... Ich habe lediglich ... aufgezeigt, ... dass es möglich ist, von einem gewählten Ausgangspunkt aus entsprechende Annahmen zu machen, die das Chaos verhindern. Dadurch wird es möglich, die Zukunft vorherzusagen, natürlich nicht in allen Einzelheiten, aber in groben Zügen; nicht mit Gewissheit ..."
> Der Herrscher, der aufmerksam zugehört hatte, erwiderte: „Aber bedeutet das nicht, dass Sie gezeigt haben, wie man die Zukunft vorhersagen kann?"[1]

Im Weiteren werden wir in diesem Buch oft mithilfe von World3 Szenarien erstellen, anhand derer wir zukünftige Entwicklungen „in groben Zügen" diskutieren können. Um Verwirrung über unsere Absichten möglichst zu vermeiden, beginnen wir mit einigen Definitionen und Warnhinweisen über Modelle generell.

Unter einem Modell versteht man eine vereinfachte Darstellung der Realität. Würde es sich um eine perfekte Kopie handeln, wäre es nutzlos. So würde eine Straßenkarte Autofahrern nichts nützen, wenn alle Einzelheiten der jeweiligen Landschaft eingetragen wären – sie beschränkt sich daher weitgehend auf Straßen und stellt zum Beispiel Gebäude und Pflanzen nicht in allen Einzelheiten dar. Mit einem kleinen Flugzeugmodell kann man sehr gut die Dynamik eines bestimmten Flügelprofils in einem Windkanal analysieren, aber es liefert keine Informationen über den Komfort für die Passagiere beim Flug im echten Flugzeug. Ein Gemälde ist ein grafisches Modell, das eine Stimmung oder die räumliche Lage von Merkmalen einer Landschaft wiedergeben kann. Aber es gibt keine Antwort auf Fragen bezüglich der Kosten oder der Wärmedämmung von Gebäuden, die dargestellt sind. Für solche Fragen wäre ein anderes grafisches Modell erforderlich – die Bauzeichnungen eines Architekten. Weil es sich bei Modellen immer um Vereinfachungen handelt, sind sie nie allgemein gültig; kein Modell ist in jeder Hinsicht richtig.

Das Ziel lautet vielmehr, ein Modell zu erstellen, das für einen speziellen Zweck oder zur Beantwortung bestimmter, miteinander in Zusammenhang stehender Fragen geeignet ist. Man muss dann immer die Einschränkungen des Modells im Kopf behalten und sich darüber im Klaren sein, welche Fragen es nicht beantworten kann. Wir haben uns darum bemüht, unser Modell World3 so zu erstellen, dass es zur Beantwortung klar umrissener Fragen zum langfristigen physischen Wachstum auf unserem Planeten benutzt werden kann. Leider bedeutet dies, dass World3 keine sinnvollen Antworten auf die meisten Fragen liefert, die Sie selbst betreffen.

Modelle gibt es in vielen Formen – verbreitet sind beispielsweise Denkmodelle, Wortmodelle, grafische, mathematische oder physikalische Modelle. So sind zum Beispiel viele Wörter in diesem Buch Wortmodelle. *Wachstum*, *Bevölkerung*, *Wald* und *Wasser* sind lediglich Symbole, vereinfachte verbale Symbole für sehr komplexe Realitäten. Jede Grafik, jedes Diagramm, jede Landkarte und jede Fotografie ist ein grafisches Modell. Die Beziehungen darin werden durch das Erscheinungsbild und die jeweilige Position der Objekte auf dem Papier ausgedrückt. World3 ist ein mathematisches Modell. Die darin enthaltenen Beziehungen werden durch einen umfangreichen Satz mathematischer Gleichungen dargestellt. Physikalische Modelle haben wir bei unseren Bemühungen, Erkenntnisse über Wachstum und Grenzen zu erlangen, nicht verwendet, auch wenn diese für viele andere Zwecke sinnvoll sind, etwa für die Planung von Siedlungen und den Entwurf von Industrieprodukten.

Denkmodelle sind Abstraktionen unseres Geistes. Anderen sind sie nicht direkt zugänglich; sie sind nicht formal beschreibbar. Formale Modelle dagegen existieren in einer Form, die auch von anderen direkt betrachtet und bisweilen auch manipuliert werden kann. Im Idealfall sollten beide in Wechselwirkung treten. Durch Verwendung formaler Modelle können wir mehr über die Realität und über die Denkmodelle anderer erfahren. Dies bereichert wiederum unsere eigenen Denkmodelle. Mit zunehmender Erfahrung können wir immer brauchbarere formale Modelle erstellen. Dieser Prozess der schrittweisen Näherung hat uns über 30 Jahre lang beschäftigt. Ein Ergebnis davon ist dieses Buch.

Für dieses Buch haben wir Wörter, Daten, Grafiken und Computerszenarien zusammengestellt. Das Buch ist ein Modell der Vorstellungen in unseren Köpfen, und indem wir es geschrieben haben, haben sich auch diese Vorstellungen verändert. Dieses Buch stellt unseren Versuch dar, auf bestmögliche Weise unsere gegenwärtigen Vorstellungen und Erkenntnisse über das physische Wachstum auf der Erde im Laufe des kommenden Jahrhunderts zu symbolisieren. Aber das Buch ist nur ein Modell dieser Gedanken, die selbst wiederum, wie die Vorstellungen aller Menschen, nur Modelle der „realen Welt" sind.

Daher stehen wir vor einer Schwierigkeit. Wir wollen von einem formalen Modell sprechen, von einer computergestützten Simulation der Welt. Wenn dieses Modell irgendeinen Nutzen haben soll, müssen wir es mit der „realen Welt" vergleichen, aber weder für uns noch für Sie, unsere Leser, gibt es eine von allen akzeptierte „reale Welt", mit der man vergleichen könnte. Wir haben alle nur unsere Denkmodelle dessen, was man gewöhnlich als die reale Welt bezeichnet. Denkmodelle der uns umgebenden Welt entstehen aus objektiven Beobachtungen und subjektiven Erfahrungen. Mit ihnen konnte sich *Homo sapiens* zu einer äußerst erfolgreichen Art entwickeln. Sie haben die Menschen jedoch auch in vielerlei Schwierigkeiten gebracht. Aber unabhängig davon, wo ihre Stärken und Schwächen liegen mögen: Die Denkmodelle der Menschen sind im Vergleich mit dem riesigen, komplexen, sich ständig verändernden Universum, das sie abzubilden versuchen, geradezu lächerlich einfach.

Um uns selbst – und Sie – an unsere unvermeidliche Abhängigkeit von Modellen zu erinnern, werden wir das, worauf sich das Modell World3 bezieht, die „reale Welt", in Anführungszeichen setzen. Was wir mit *„realer Welt"* oder *„Realität"* meinen, ist nichts weiter als das gemeinsame Denkmodell der Autoren dieses Buches. Das Wort *Realität* kann sich immer nur auf das Denkmodell desjenigen beziehen, der dieses Wort gebraucht. Dem können wir uns nicht entziehen. Wir können nur behaupten, dass unsere Denkmodelle aufgrund der Erfahrung, die wir durch die Arbeit mit unserem Computermodell gesammelt haben, zwangsläufig genauer, umfassender und deutlicher geworden sind als vorher. Darin liegt der Vorteil von Computermodellen: Sie erzwingen Disziplin im Denken, Logik und elementare Berechnungen, die mit Denkmodellen allein nicht möglich sind. Und sie liefern uns eine sehr viel brauchbarere Grundlage zur Verbesserung unserer Denkmodelle.

World3 ist komplex, aber seine Grundstruktur ist nicht schwer zu verstehen. Es verfolgt die Entwicklung von Bestandsgrößen wie Bevölkerung, Industriekapital, Umweltbelastung und landwirtschaftlich genutzten Flächen. In dem Modell verändern sich diese Bestandsgrößen durch Flüsse wie Geburten und Sterbefälle (bei der Bevölkerung), Investitionen und Abschreibung (beim Kapitalbestand), Schadstoffemissionen und Schadstoffabbau (bei der Umweltverschmutzung) sowie (bei landwirtschaftlich genutzten Flächen) Erosion und ackerbauliche Erschließung sowie Nutzung als Siedlungsraum oder für Industrieanlagen. Nur ein Teil der landwirtschaftlich nutzbaren Fläche wird tatsächlich bebaut. Wenn man die kultivierte Landfläche mit dem durchschnittlichen Ertrag multipliziert, erhält man die gesamte Nahrungsmittelproduktion. Diese geteilt durch die Bevölkerungszahl ergibt die pro Kopf verfügbare Nahrungsmenge. Wenn diese Nahrungsmenge pro Kopf unter einen kritischen Schwellenwert sinkt, nimmt die Sterberate zu.

Die Komponenten und Beziehungen in World3 sind leicht zu verstehen, wenn man sie einzeln betrachtet. So berücksichtigt World3 die Eigendynamik des Bevölkerungswachstums, die Anreicherung von Schadstoffen, die lange Nutzungsdauer des Industriekapitals und die Konkurrenz um Investitionen zwischen verschiedenen Sektoren. Besonderes Augenmerk gilt der Zeit, die die einzelnen Vorgänge benötigen, den Verzögerungen bei den Flüssen und dem langsamen In-Gang-Kommen bestimmter Prozesse. Das Modell enthält mehrere Dutzend Rückkopplungsschleifen. Diese Schleifen sind in sich geschlossene Kausalketten, bei denen ein Element oft sein eigenes zukünftiges

Verhalten beeinflusst. So können sich mit einer Veränderung der Bevölkerungszahl auch die wirtschaftlichen Bedingungen ändern. Verändert sich die Zusammensetzung der Wirtschaftsleistung, wirkt sich dies auf die Geburten- und Sterberaten aus, und durch diese veränderten Raten verändert sich die Bevölkerungszahl weiter. Die Rückkopplungsschleifen sind eine Ursache für die dynamische Komplexität des Modells World3.

Ein weiteres Merkmal sind seine zahlreichen *nichtlinearen* Beziehungen. Solche Beziehungen lassen sich nicht durch Geraden darstellen. Im Gegensatz zu linearen Beziehungen führen sie nicht zu strikt proportionalen Veränderungen im gesamten Wertebereich. Nehmen wir an, A beeinflusst B. Bei einer linearen Beziehung führt eine Verdopplung von A zu einer Verdopplung von B, woraus sich ableiten lässt, dass bei einer Halbierung von A die Größe B um 50 % verringert wird. Bei einer Verfünffachung von A wird sich auch B verfünffachen. Lineare Beziehungen verursachen Verhalten, das sich meist relativ leicht nachvollziehen lässt. Aber Linearität findet sich nur selten in der „realen Welt". So müssen wir in World3 berücksichtigen, wie sich die verfügbare Nahrungsmittelmenge pro Kopf auf die Lebenserwartung der Menschen auswirkt. Eine Beziehung zwischen diesen beiden Größen ist in Abbildung 4-1 dargestellt. Wenn unterernährte Menschen mehr Nahrungsmittel erhalten,

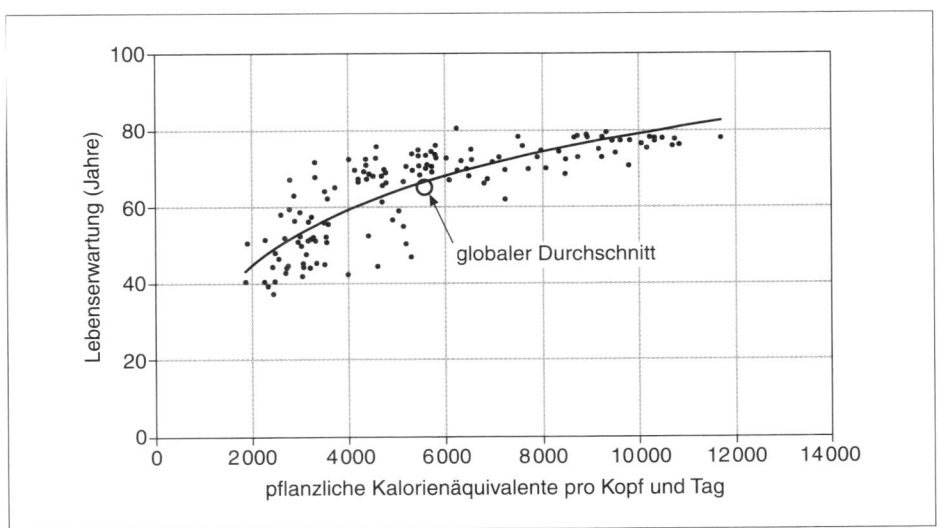

Abbildung 4-1 Ernährung und Lebenserwartung
Die Lebenserwartung einer Bevölkerung steht in einer nichtlinearen Beziehung zu ihrer Ernährung. Jeder Punkt in dieser Grafik steht für die mittlere Lebenserwartung und den Ernährungsstand einer Nation im Jahre 1999. Der Ernährungsstand wird in pflanzlichen Kalorienäquivalenten pro Kopf und Tag ausgedrückt; Kalorien aus tierischen Nahrungsmitteln wurden mit einem Umrechnungsfaktor von 7 multipliziert (da etwa sieben Kalorien an pflanzlichen Futtermitteln zur Erzeugung einer Kalorie eines tierischen Nahrungsmittels erforderlich sind). (Quellen: FAO; UN)

kann sich ihre Lebenserwartung deutlich erhöhen. In Gesellschaften, denen es gelungen ist, die täglich aufgenommene Nahrungsmenge von 2000 auf 4000 pflanzliche Kalorienäquivalente pro Kopf zu verdoppeln, erhöht sich die durchschnittliche Lebenserwartung mitunter um 50% – von 40 auf 60 Jahre. Bei einer weiteren Verdopplung auf 8000 Kalorienäquivalente steigt sie allerdings nur noch geringfügig, vielleicht um weitere zehn Jahre. Ab einem bestimmten Punkt kann ein höherer Nahrungsmittelkonsum sogar die Lebenserwartung verringern.

Nichtlineare Beziehungen wie diese finden sich in der gesamten „realen Welt" und daher auch in World3. Ein Beispiel für eine nichtlineare Beziehung in World3 zeigt Abbildung 4-2: die Kosten für die Erschließung von neuem Ackerland in Abhängigkeit von bisher noch nicht erschlossenen, aber potenziell landwirtschaftlich nutzbaren Flächen. Wir nehmen an, dass sich die ersten Landwirte auf den fruchtbarsten Ebenen mit der besten Wasserversorgung ansiedelten und dort mit geringen Kosten Ackerbau betrieben. Dieser Zustand findet sich am äußersten rechten Ende der Kurve, wo fast 100% der potenziell landwirtschaftlich nutzbaren Flächen noch nicht erschlossen sind. Je mehr Flächen jedoch erschlossen werden (weiter nach links in der Grafik), desto trockener oder steiler sind die noch verbliebenen Flächen oder ihre fruchtbare Bodenschicht ist dünner oder sie liegen in klimatisch ungünstigeren Bereichen. Dadurch entstehen Kosten, welche die Kosten für die Erschließung in die Höhe treiben. In Einklang mit dem klassischen ökonomischen Prinzip, dass

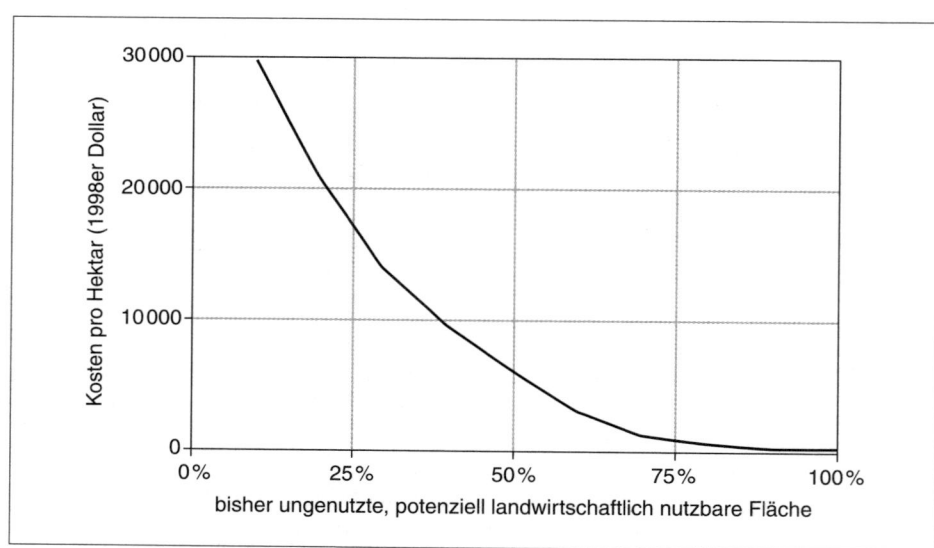

Abbildung 4-2 Kosten für die Erschließung neuen Ackerlands
World3 geht davon aus, dass die Kosten für die Erschließung von neuem Ackerland zunehmen, wenn die potenziell landwirtschaftlich nutzbare Fläche abnimmt. (Quelle: D. L. Meadows et al.)

Verbraucher zuerst zu den preisgünstigsten Waren greifen, geht World3 von der Annahme aus, dass die zuletzt erschlossenen Flächen die höchsten Kosten verursachen – die Kosten schnellen nichtlinear nach oben.

Eine Größe wirkt auf eine andere und verursacht dort einen bestimmten Effekt. Bei kleiner Veränderung dieser Einwirkung wird sich dieser Effekt nicht immer proportional verändern. Es kann vorkommen, dass sich nur eine kleine, gar keine oder eine viel größere Änderung ergibt oder dass diese sogar in die entgegengesetzte Richtung erfolgt. Aufgrund dieser nichtlinearen Beziehungen kann sich sowohl in der „realen Welt" als auch in World3 bisweilen ein überraschendes Verhalten entwickeln, wie wir später in diesem Kapitel noch zeigen werden.

Zwar machen die Verzögerungen, nichtlinearen Beziehungen und Rückkopplungsschleifen World3 dynamisch komplex, aber dennoch ist das Modell nur eine starke Vereinfachung der Realität. Es unterscheidet weder zwischen verschiedenen geographischen Regionen der Welt noch trennt es zwischen Reichen und Armen. Auch die Umweltverschmutzung wird in dem Modell stark vereinfacht. Bei Produktionsprozessen werden viele tausend verschiedene Schadstoffe in die Umwelt abgegeben, die sich mit unterschiedlicher Geschwindigkeit in der Umwelt verteilen und sich ganz unterschiedlich auf Pflanzen- und Tierarten auswirken. World3 berücksichtigt die Auswirkungen dieser Schadstoffe durch zwei zusammenfassende Variablen – eine steht für die kurzzeitige Verschmutzung der Luft, die andere für langlebige toxische Schadstoffe. Das Modell unterscheidet zwischen den erneuerbaren Quellen, die Nahrung und Faserstoffe produzieren, und den nicht erneuerbaren, die fossile Brennstoffe und Mineralien liefern, aber es unterscheidet nicht die einzelnen Arten von Nahrungsmitteln, Brennstoffen oder Mineralien. Außerdem vernachlässigt es die Ursachen und Folgen von Gewalt, und weder Rüstungsgüter noch Korruption werden explizit von World3 berücksichtigt.

Diese Beschränkung und Vereinfachung mag all jene überraschen, die voraussetzen, dass ein Weltmodell alles beinhalten müsse, was wir über die Welt wissen – insbesondere all die faszinierenden Eigenheiten, die aus Sicht der verschiedenen wissenschaftlichen Disziplinen so entscheidend sind. Selbst wenn man diese vielen Eigenheiten in das Modell einbeziehen würde, wäre es dadurch nicht zwangsläufig besser. Es wäre eher sehr viel schwerer zu verstehen. Trotz seiner relativen Einfachheit ist World3 aber wesentlich umfassender und komplexer als die meisten anderen Modelle, die für Aussagen über die langfristige Zukunft unseres Planeten verwendet werden.

Um das zukünftige Verhalten eines Gesellschaftssystems besser zu verstehen, braucht man ein ausgewogenes Modell. Es hat keinen Sinn, Modelle zu entwickeln, die in einem Bereich extrem ins Detail gehen, in anderen jedoch grob vereinfachen. So berechnen beispielsweise manche demographischen Modelle die Bevölkerungsentwicklung vieler Staaten oder Regionen, indem sie zwar zahlreiche Alterskohorten und die beiden Geschlechter getrennt berücksichtigen, aber dann einfach annehmen, dass die Geburten- und Sterberaten unabhängig voneinander einen vorbestimmten Verlauf nehmen.[2] Manche ökonomischen Modelle berücksichtigen Dutzende oder gar Hunderte von Bereichen der Wirtschaft, gehen aber von einfachen linearen Beziehungen zwischen Input und Output aus oder nehmen an, dass sich Angebot und Nachfrage auf dem Markt rasch angleichen; oder sie setzen voraus, dass die Menschen ihre Entscheidungen nach rein wirtschaftlichen Überlegungen optimieren und aufgrund vollständiger Informationen in einem transparenten Markt treffen.

Wenn ein Modell sinnvolle Erkenntnisse über das zukünftige Verhalten eines Systems liefern soll, muss es explizit die Ursachen aller wichtigen Variablen berücksichtigen. In manchen Modellen werden die Einflüsse auf eine Variable oder einen Bereich durch Hunderte von Gleichungen wiedergegeben, während andere Variablen unberücksichtigt bleiben, beispielsweise der Energieverbrauch als exogener Faktor, der von Faktoren außerhalb des Modells beeinflusst wird, welche wiederum von historischen Daten oder der Intuition des Modell-Erstellers abgeleitet werden. Wie bei Metallketten kann auch bei Modellen das schwächste Glied die Belastungsfähigkeit begrenzen. Wir haben darauf hingearbeitet, dass alle Sektoren von World3 eine vergleichbare Belastungsfähigkeit haben. Wir haben unser Möglichstes getan, zu starke Vereinfachungen zu vermeiden, keine entscheidenden Faktoren zu vergessen und darauf zu achten, dass keine wichtigen Variablen von exogenen Faktoren abhängen.

Sie müssen uns das nicht einfach glauben. Wir haben eine World3-CD-ROM zusammengestellt, die das Modell und eine dazugehörige Dokumentation enthält. Mit dieser können Sie alle unsere Szenarien nachvollziehen, vergleichen und die Stichhaltigkeit unserer Interpretationen beurteilen.[3]

Der Zweck von World3

Beim Entwickeln von Modellen müssen sich Wissenschaftler eine gewisse Selbstdisziplin auferlegen, um sich nicht in einem undurchdringlichen Dickicht aus Annahmen zu verstricken. Sie können nicht all ihr Wissen in die Modelle aufnehmen, sondern nur das, *was für den Zweck des Modells relevant ist*. Wie in der Dichtung, in der Architektur, in der Technik oder in der Kartographie liegt die Kunst der Modellentwicklung darin, nur das aufzunehmen, was erforderlich ist, damit das Modell seinen Zweck erfüllt. Das ist aber leichter gesagt als getan.

Um ein Modell verstehen und seine Brauchbarkeit beurteilen zu können, muss man daher unbedingt seinen Zweck kennen. Wir haben World3 entwickelt, um in groben Zügen Erkenntnisse über die Zukunft zu gewinnen: die möglichen Verhaltensmuster, mit denen die menschliche Wirtschaft im

Laufe dieses Jahrhunderts mit der ökologischen Tragfähigkeit der Erde interagieren wird.[4] Natürlich stellen sich noch viele weitere wichtige Fragen bezüglich der langfristigen Zukunft unseres Planeten: Durch welche politischen Maßnahmen könnten die industriellen Entwicklungsmöglichkeiten Afrikas gesteigert werden? Wie sollte ein Familienplanungsprogramm für eine Region angelegt sein, in der die meisten Menschen Analphabeten sind? Wie kann die Gesellschaft die Kluft zwischen Reichen und Armen innerhalb von Staaten und zwischen diesen schließen? Werden sich Streitigkeiten zwischen Staaten eher durch Konflikte oder durch Verhandlungen regeln lassen? Die zur Beantwortung dieser Fragen erforderlichen Faktoren und Beziehungen sind in World3 größtenteils nicht enthalten. Einige dieser Fragen könnten vielleicht durch andere Modelle, darunter auch andere Computermodelle, beantwortet werden. Doch wenn diese Modelle von Nutzen sein sollen, dann müssen sie jene Antworten berücksichtigen, die sich aus der zentralen Fragestellung von World3 ergeben: *Wie werden sich die wachsende Weltbevölkerung und Wirtschaft im Laufe der kommenden Jahrzehnte auf die begrenzte ökologische Tragfähigkeit der Erde auswirken und an diese anpassen?*

Genauer ausgedrückt: Die ökologische Tragfähigkeit stellt eine strikte Grenze dar. Jede Bevölkerung, deren Zahl die ökologische Tragfähigkeit übersteigt und damit diese Grenze überschreitet, wird nicht lange bestehen. Wenn eine Bevölkerung die ökologische Tragfähigkeit überschritten hat, wird sie die Versorgungskapazität des Systems, von dem sie abhängt, allmählich zerstören. Sofern sich die Umwelt nicht regenerieren kann oder dies Jahrhunderte dauert, wird diese Zerstörung letztlich nicht mehr rückgängig zu machen sein.

Es gibt grundsätzlich vier Wege, wie sich eine wachsende Gesellschaft an die ökologische Tragfähigkeit annähern kann (siehe Abbildung 4-3).[5] Erstens kann sie ununterbrochen weiterwachsen, solange ihre Grenzen noch in weiter Ferne liegen, oder sich rascher ausdehnen, als die Bevölkerung selbst wächst. Zweitens kann sich die Bevölkerungszahl langsam von unten an die ökologische Tragfähigkeit anpassen – Ökologen sprechen bei einem solchen Verhalten von einem logistischen Wachstum, das eine S-förmige oder sigmoide Wachstumskurve wie in Abbildung 4-3b erzeugt. Der Weltbevölkerung steht keine dieser beiden Optionen mehr offen, weil sie die Grenzen der Tragfähigkeit bereits überschritten hat.

Die dritte Möglichkeit für eine wachsende Bevölkerung ist das zeitweise Überschreiten der ökologischen Tragfähigkeit, ohne dass dadurch massive oder dauerhafte Schäden entstehen. In diesem Fall wird der ökologische Fußabdruck um den Grenzbereich schwanken und sich schließlich einpendeln. Dieses in Abbildung 4-3c dargestellte Verhalten nennt man gedämpfte Schwingung. Die vierte Möglichkeit ist ein Überschreiten der Grenzen in Verbindung mit einer gravierenden, dauerhaften Zerstörung der Ressourcenbasis. In diesem Fall werden Bevölkerung und Wirtschaft zu einem raschen Rückgang gezwungen, um dann auf weit niedrigerem Niveau ein neues Gleichgewicht

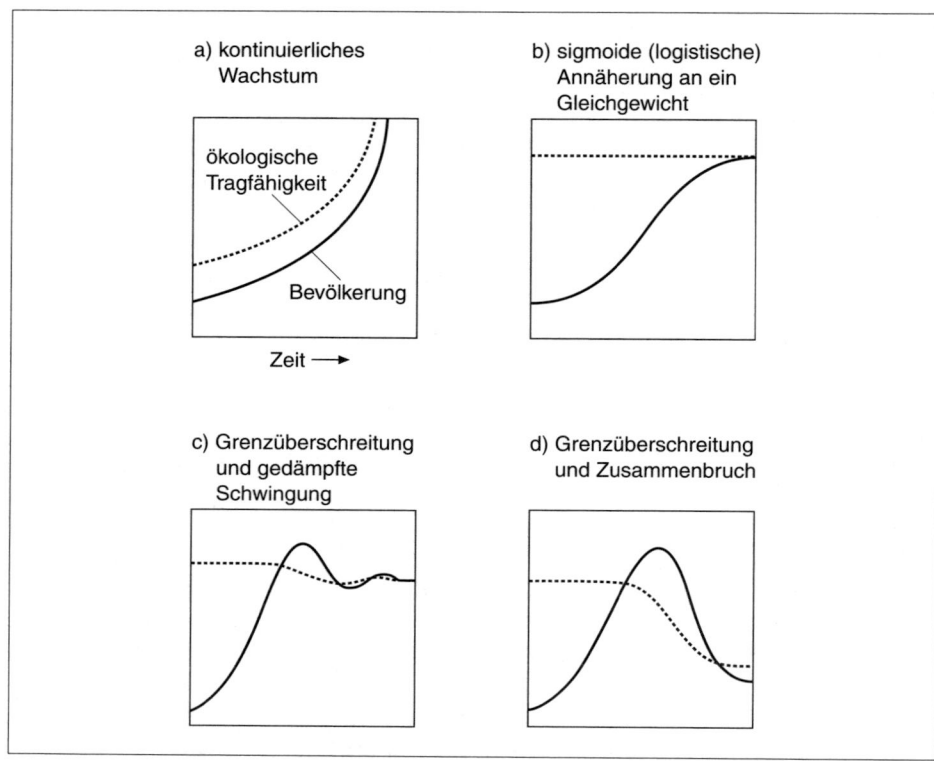

Abbildung 4-3 Möglichkeiten der Annäherung einer Bevölkerung an die ökologische Tragfähigkeit

Die zentrale Frage an das Computermodell World3 lautet: Wie werden sich die menschliche Bevölkerung und Wirtschaft bei Annäherung an die Grenze der ökologischen Tragfähigkeit der Erde verhalten?

entsprechend der nun verringerten ökologischen Tragfähigkeit zu erreichen. Diese in Abbildung 4-3d dargestellte Option bezeichnen wir als *Grenzüberschreitung und Zusammenbruch.*

Es gibt nachdrückliche, überzeugende Belege dafür, dass die globale Gesellschaft die ökologische Tragfähigkeit der Erde inzwischen bereits überschritten hat. Welche politischen Maßnahmen können die Wahrscheinlichkeit für einen allmählichen Übergang erhöhen, zurück unterhalb die Grenze der Tragfähigkeit unseres Planeten – einen Übergang wie in Abbildung 4-3c statt wie in 4-3d?

Unsere Vorstellung von der „globalen Gesellschaft" umfasst die Auswirkungen sowohl der Anzahl von Menschen auf der Erde als auch des Umfangs und der Zusammensetzung des Verbrauchs von Ressourcen. Um dies auszudrücken, verwenden wir den von Mathis Wackernagel und seinen Mitarbeitern geprägten Begriff *ökologischer Fußabdruck.*[6] Wie bereits angedeutet, bezeichnet der ökologische Fußabdruck der menschlichen Gesellschaft die gesamte Belastung, welche die Menschheit der Erde aufbürdet. Dies umfasst die Auswirkungen der Landwirtschaft, des Bergbaus, des Fischfangs, der Forstwirtschaft, der Schadstoffemissionen, der Landerschließung und des Artenverlusts. Der ökologische Fußabdruck vergrößert sich normalerweise mit wachsender Bevölkerung, weil er mit zunehmendem Verbrauch größer wird. Er kann aber auch schrumpfen, wenn mit geeigneten Techniken die Umweltauswirkungen menschlicher Aktivitäten verringert werden.

Welche Sorgen uns zur Entwicklung von World3 veranlasst haben, lässt sich auch noch auf andere Weise ausdrücken. Wenn schon der ökologische Fußabdruck der Weltbevölkerung derzeit bereits die Grenzen der ökologischen Tragfähigkeit der Erde übersteigt – wird dann mit der gegenwärtigen Politik ein relativ friedvolles, geordnetes Einschwingen möglich sein, ohne dass die Bevölkerung und die Wirtschaft zu drastischen Einschnitten gezwungen sind? Oder steht die Weltbevölkerung vor dem Zusammenbruch? Und wann wird der Zusammenbruch eintreten, falls dieser wahrscheinlicher ist? Welche politischen Maßnahmen könnten jetzt getroffen werden, um die Geschwindigkeit, die Größenordnung sowie die sozialen und ökologischen Kosten des Rückgangs zu verringern?

Diese Fragen betreffen grundsätzlich mögliche Verhaltensweisen, nicht bestimmte zukünftige Bedingungen. Dafür wird ein anderer Modelltyp als für die genaue Vorhersage gebraucht. Wenn Sie zum Beispiel einen Ball senkrecht in die Luft werfen, dann wissen Sie genug, um sein generelles Verhalten beschreiben zu können. Er wird immer langsamer nach oben steigen, dann die Richtung wechseln und immer schneller nach unten fallen, bis er auf den Boden auftrifft. Sie wissen, dass er weder ewig weiter nach oben steigen noch in die Erdumlaufbahn eintreten oder sich dreimal überschlagen wird, bevor er wieder auf dem Boden landet.

Um exakt vorherzusagen, wie hoch der Ball steigen und wo und wann er genau auf dem Boden aufprallen wird, brauchen Sie präzise Informationen über verschiedene Eigenschaften des Balles, über die Höhenlage, die Windverhältnisse, die Wurfkraft und die Gesetze der Physik. Auch wir würden ein weit komplizierteres Modell als World3 brauchen, wenn wir die exakte Größe der Weltbevölkerung im Jahr 2026 prognostizieren wollten, wenn wir vorhersagen wollten, wann die globale Erdölproduktion ihr Maximum erreichen wird, oder wenn wir exakte Angaben zur Bodenerosion im Jahr 2070 machen wollten.

Unseres Wissens ist es bislang noch niemandem gelungen, auch nur annähernd ein solches Modell zu entwickeln; auch glauben wir nicht, dass dies jemals gelingen wird. Es ist einfach unmöglich, die Zukunft der Weltbevölkerung, des Kapitals und der Umwelt auf mehrere Jahrzehnte im Voraus „punktgenau" vorherzusagen. Niemand verfügt über das notwendige Wissen hierfür, und man kann mit sehr guten Gründen davon ausgehen, dass dies nie der Fall sein wird. Das System der globalen Gesellschaft ist erschreckend und bewundernswert komplex, und viele seiner entscheidenden Parameter sind noch gar nicht zahlenmäßig erfasst. Manche lassen sich wahrscheinlich überhaupt nicht in Zahlen ausdrücken. Menschliches Wissen über die komplexen ökologischen Kreisläufe ist äußerst begrenzt. Darüber hinaus führt die Fähigkeit des Menschen, zu beobachten, sich anzupassen und dazuzulernen, Entscheidungen zu treffen und seine Ziele zu ändern, dazu, dass das System von Natur aus unvorhersehbar ist.

Daher haben wir unser formales Modell der Welt nicht für punktgenaue Vorhersagen entwickelt, sondern wir wollen vielmehr in groben Zügen verstehen, wie sich das System tendenziell verhält. Unser Ziel ist es, die Menschen zu informieren und ihre Entscheidungen zu beeinflussen. Dafür müssen wir die Zukunft nicht genau vorhersagen. Wir müssen lediglich feststellen, durch welche politischen Maßnahmen sich die Wahrscheinlichkeit erhöht, dass das Verhalten des Systems nachhaltig und mit der ökologischen Tragfähigkeit vereinbar ist und dass der Zusammenbruch in der Zukunft weniger heftig ausfällt. Die *Vorhersage* einer Katastrophe würde sich bei einer intelligenten, handlungsfähigen Zuhörerschaft im Idealfall selbst widerlegen oder als falsch herausstellen, weil sie Handlungen auslöst, die das Unheil abwenden sollen. Aus all diesen Gründen haben wir beschlossen, uns statt auf einzelne Zahlen auf allgemeine Verhaltensmuster zu konzentrieren. Wir hoffen, mit unserem Modell World3 eine sich selbst widerlegende Prophezeiung zu bewirken.

Um unsere Ziele zu erreichen, haben wir in World3 nur die Art von Informationen aufgenommen, mit denen sich beispielsweise die Verhaltenstendenz eines geworfenen Balles (oder einer wachsenden Wirtschaft und Bevölkerung) beschreiben lässt; nicht hingegen wurden solche Informationen aufgenommen, die man zur Beschreibung der exakten Flugbahn eines bestimmten Balls bei einem bestimmten Wurf braucht.

Uns interessieren Veränderungen in Zeiträumen von vielen Jahrzehnten. Daher haben wir uns bei der Umweltverschmutzung vor allem auf schwer abbaubare Schadstoffe konzentriert – solche, die viele Jahre lang in der Umwelt verbleiben. Für diese dauerhafte Verschmutzung stehen verschiedene langlebige chemische Verbindungen und Metalle, die durch die Landwirtschaft und die Industrie in die Umwelt gelangen und die Gesundheit der Menschen sowie die Qualität der angebauten Nahrungspflanzen beeinträchtigen können. Wir berücksichtigen eine zeitliche Verzögerung, bevor Schadstoffe dorthin gelangen, wo sie messbare Schäden hervorrufen, denn es dauert eine gewisse Zeit, bis ein Pestizid ins Grundwasser gelangt oder FCKW-Moleküle in die Schichten der Atmosphäre vordringen, wo sie die Ozonschicht zerstören, oder bis Quecksilber in einen Fluss geschwemmt wird und sich in Fischen anreichert. Weiterhin berücksichtigt haben wir die Tatsache, dass die meisten Schadstoffe nach einer gewissen Zeit durch natürliche Prozesse wieder abgebaut und dadurch unschädlich gemacht werden, aber ebenso, dass diese natürlichen Abbauprozesse selbst beeinträchtigt und zerstört werden können. World3 berücksichtigt die dynamischen Eigenschaften, die vielen schwer abbaubaren Schadstoffen gemeinsam sind, aber das Modell unterscheidet nicht zwischen den speziellen Eigenschaften von PCB, FCKW, DDT, Schwermetallen und radioaktiven Abfällen.

In World3 haben wir die verlässlichsten Zahlenwerte verwendet, die wir finden konnten, aber dennoch haben viele unserer Schätzungen einen breiten Unsicherheitsbereich. Wenn bezüglich wichtiger Daten Zweifel bestehen, variieren Wissenschaftler beim Entwickeln von Modellen die entsprechenden Parameter im zulässigen Bereich. Sie achten darauf, ob unterschiedliche Annahmen innerhalb des Unsicherheitsbereichs zu signifikant anderen Schlussfolgerungen führen. So leiteten wir beispielsweise aus den geologischen Daten zunächst den wahrscheinlichsten Wert für die Menge nicht erneuerbarer Ressourcen ab. Anschließend halbierten und verdoppelten wir diese Zahl, um festzustellen, welche Unterschiede sich beim Verhalten unseres Modellsystems ergäben, wenn die Geologen falsch lägen oder wenn wir ihre Daten falsch interpretiert hätten.

Weil wir wissen, welche Unsicherheiten und Vereinfachungen in dem Modell stecken, (von denen wir einige vielleicht auch noch nicht erkannt haben), messen wir den genauen Zahlenwerten, die das Modell für die Entwicklung der Bevölkerung, die Umweltverschmutzung, des Kapitals und der Nahrungsproduktion liefert, keine allzu große Bedeutung zu. Dennoch sind wir überzeugt, dass die wesentlichen Wirkungsbeziehungen in World3 die wichtigsten kausalen Mechanismen der menschlichen Gesellschaft recht gut wiedergeben. Diese Wechselbeziehungen – und nicht die exakten Zahlen – bestimmen das allgemeine Verhalten des Modells. Folglich vertrauen wir dem dynamischen Verhalten, das World3 erzeugt. Wir werden elf unterschiedliche Szenarien für die Entwicklung bis zum Jahr 2100 vorstellen. Diese liefern unserer Ansicht nach wichtige Erkenntnisse und Grundlagen dazu, ob und unter welchen Bedingungen die Bevölkerung, die Industrie, die Umweltverschmutzung und damit in Beziehung stehende Größen zukünftig wachsen, stabil bleiben, schwingen oder zum Zusammenbruch führen.

Die Struktur von World3

Welche Wirkungsbeziehungen im Modell sind am wichtigsten? Vor allem sind das die Rückkopplungsschleifen von Bevölkerung und Kapital, die in Kapitel 2 bereits beschrieben wurden. Diese Rückkopplungsschleifen sind in Abbildung 4-4 dargestellt. Sie ermöglichen ein exponentielles Wachstum von Bevölkerung und Kapital, wenn die positiven Rückkopplungen bei Geburten und Investitionen dominieren. Überwiegen die negativen Rückkopplungen für Todesfälle und Kapitalabschreibung, können Bevölkerungszahl und Kapital abnehmen.

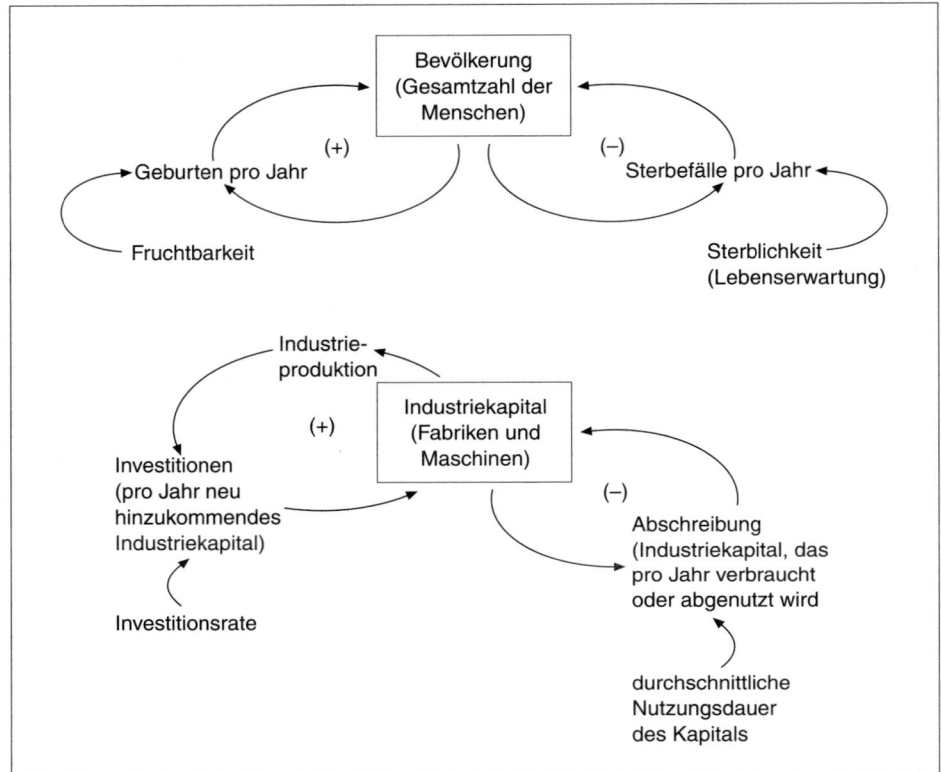

Abbildung 4-4 Rückkopplungsschleifen, die das Wachstum von Bevölkerung und Kapital bestimmen
Die zentralen Rückkopplungsschleifen des Modells World3 bestimmen das Wachstum von Bevölkerung und Industriekapital. Die beiden positiven Rückkopplungsschleifen für Geburten und Investitionen führen zu einem exponentiellen Wachstum von Bevölkerung bzw. Kapital. Reguliert wird dieses durch die beiden negativen Rückkopplungsschleifen für Sterbefälle und Kapitalabnutzung. Wie stark die verschiedenen Rückkopplungsschleifen dominieren, hängt von vielen anderen Faktoren des Systems ab.

Wenn diese Rückkopplungen gegeneinander ausgewogen sind, kann sich ein Gleichgewichtszustand einstellen.

In unseren Systemdarstellungen wie in Abbildung 4-4 symbolisieren die Pfeile, dass eine Variable eine andere durch einen Stoff- oder Informationsfluss beeinflusst. Wenn Sie jede der Rückkopplungsschleifen einzeln in Pfeilrichtung durchlaufen, können Sie unsere Annahmen nachvollziehen. Zum Beispiel: „Wenn das Industriekapital zunimmt, wirkt sich das auf die Industrieproduktion aus. Veränderungen der Industrieproduktion verändern die Investitionen. Diese Änderung der Investitionen wirkt sich wiederum auf den Bestand des

Industriekapitals aus." Nicht dargestellt sind in diesen Wirkungsdiagrammen die *Art* und das *Ausmaß* der Auswirkungen, obgleich diese in den mathematischen Gleichungen von World3 genau spezifiziert werden müssen. Die Richtung der Wirkungen in einer Schleife, ob im oder gegen den Uhrzeigersinn, spielt keine Rolle. Die Bedeutung der Rückkopplung ergibt sich aus ihrer Zusammensetzung.

Die Kästen in den Diagrammen stehen für *Bestände (Zustandsgrößen)*. Das können Bestände wichtiger physischer Größen sein, etwa Bevölkerungszahl, Fabriken oder Schadstoffe. Es kann sich aber auch um nicht greifbare Dinge handeln wie Wissen, Ambitionen oder technische Fertigkeiten. Die Zustandsgrößen eines Systems verändern sich meist nur langsam, weil sie Dingen oder Informationen mit relativ langer Lebens- oder Nutzungsdauer entsprechen. Die momentane Bestandsgröße ist das Resultat aller Zu- und Abflüsse über seine gesamte Entwicklungsgeschichte. Die vorhandenen Fabriken, die Zahl der Menschen, die Schadstoffmenge, die unterirdisch noch vorhandenen Vorräte nicht erneuerbarer Ressourcen, die erschlossenen Landflächen – dies sind – neben einigen weiteren – die wichtigen Zustandsgrößen in World3. Sie bestimmen die Grenzen und Möglichkeiten des Modellsystems zu jedem Zeitpunkt des simulierten Zeitablaufs.

Positive *Rückkopplungsschleifen* sind im Diagramm durch (+) gekennzeichnet; sie verstärken sich selbst und können zu exponentiellem Wachstum oder exponentiellem Rückgang führen. Mit (–) sind negative Rückkopplungsschleifen bezeichnet, welche die Richtung einer Veränderung umkehren oder das Einschwingen das Systems in einen Gleichgewichtszustand bewirken können.

Abbildung 4-5 zeigt einige Möglichkeiten, wie die Bevölkerung und das Kapital sich in World3 gegenseitig beeinflussen können. Mit dem Industriekapital wird ein industrieller Output ganz unterschiedlicher Produkte erzeugt; einige davon, wie Düngemittel, Pestizide und Bewässerungspumpen, dienen als Input für die Landwirtschaft. Der landwirtschaftliche Input erhöht sich, wenn die tatsächliche Nahrungsmenge pro Kopf unter die erwünschte Menge sinkt. Diese entspricht der Nachfrage des Marktes und davon unabhängiger Ernährungsprogramme; sie verändert sich mit dem Grad der Industrialisierung der Gesellschaft. Der in die Landwirtschaft fließende Input bestimmt zusammen mit der Anbaufläche die Nahrungsmittelproduktion. Auf diese wirkt sich auch die Umweltbelastung aus, die von der Industrie und Landwirtschaft ausgeht. Sowohl die Nahrungsmittelmenge pro Kopf als auch die Umweltbelastung haben Einfluss auf die Sterblichkeit in der Bevölkerung.

Abbildung 4-6 zeigt die wichtigsten Verbindungen zwischen Bevölkerung, Industriekapital, Dienstleistungskapital und nicht erneuerbaren Ressourcen in World3. Ein Teil der Industrieproduktion wird in Dienstleistungskapital investiert, um dieses zu erhalten oder auszubauen: Häuser, Schulen, Krankenhäuser, Banken und deren Einrichtungen. Der Output des Dienstleistungskapitals geteilt durch die Zahl der Menschen ergibt die durchschnittlichen Dienstleis-

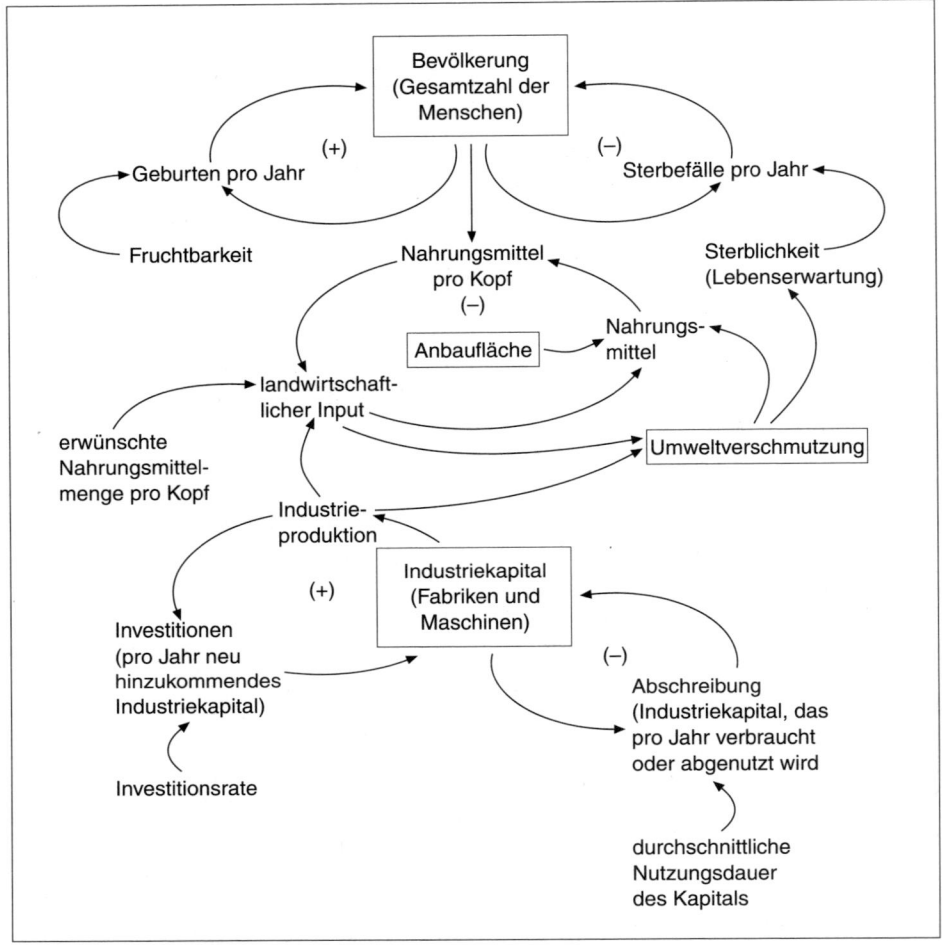

Abbildung 4-5 Rückkopplungsschleifen für Bevölkerung, Kapital, Landwirtschaft und Umweltverschmutzung
Einige Wechselbeziehungen zwischen Bevölkerung und Industriekapital wirken über das landwirtschaftliche Kapital, die Anbauflächen und die Umweltverschmutzung. Jeder Pfeil steht für eine kausale Beziehung, die entsprechend den Annahmen für den jeweiligen Simulationslauf unmittelbar oder mit Verzögerung wirkt und stark oder schwach, positiv oder negativ sein kann.

tungen pro Kopf. Gesundheitsdienste senken die Sterblichkeit der Bevölkerung. Bessere Ausbildung und Familienplanung verringern die Fruchtbarkeit und reduzieren somit die Geburtenrate. Zunehmende Industrieproduktion pro Kopf verringert ebenfalls die Fertilität – eine Wirkung, die sich (mit Verzögerung) aus der Veränderung der Beschäftigungsmuster ergibt. Durch die Indus-

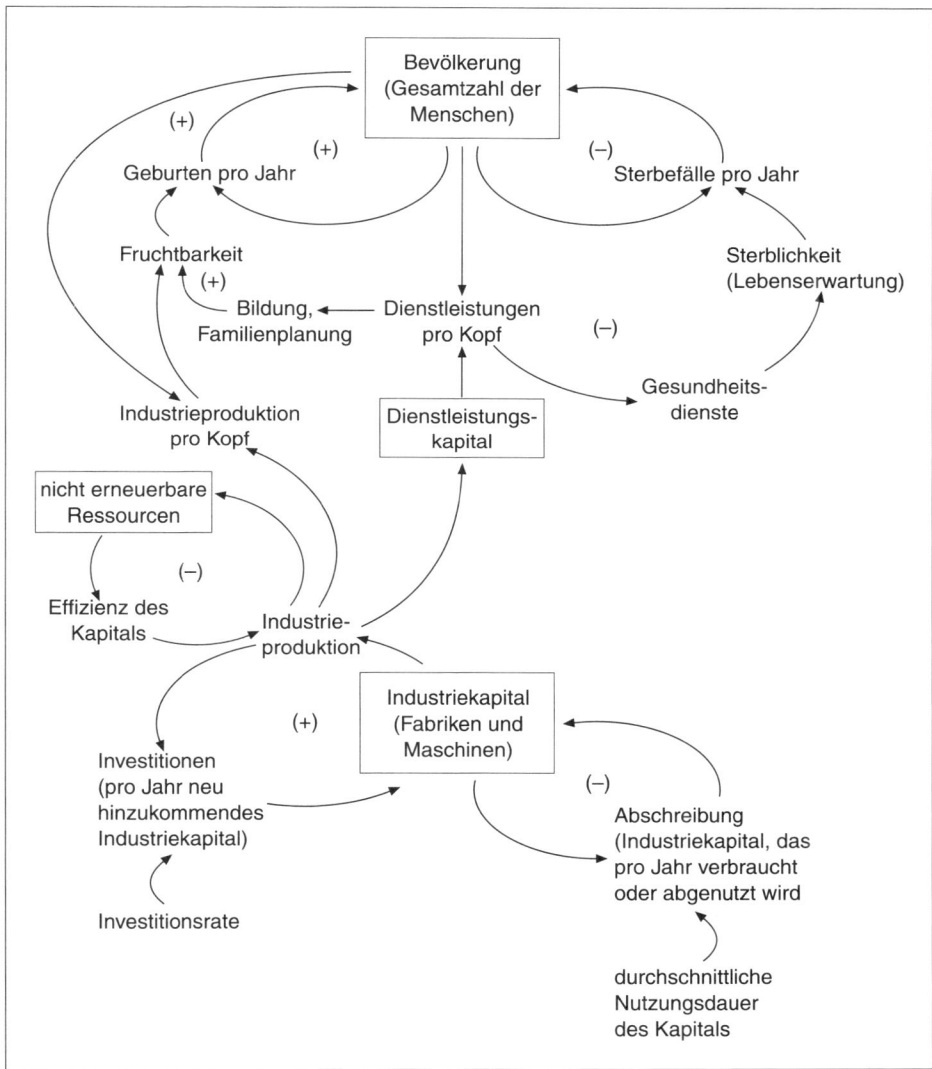

Abbildung 4-6 Rückkopplungsschleife für Bevölkerung, Kapital, Dienstleistungen und Ressourcen
Die Bevölkerung und das Industriekapital werden auch durch das Ausmaß des Dienstleistungskapitals (wie Gesundheitsdienste und Ausbildungseinrichtungen) und die nicht erneuerbaren Ressourcen beeinflusst.

trialisierung steigen in einer Gesellschaft die Kosten der Kindererziehung, und die Vorteile großer Familien verringern sich. Somit nimmt die gewünschte Familiengröße ab, was wiederum die Fruchtbarkeit senkt.

Für jede Einheit der Industrieproduktion werden nicht erneuerbare Ressourcen verbraucht. Durch technische Fortschritte, die das Modell berücksichtigt, wird sich die Menge der pro Produktionseinheit benötigten Ressourcen unter ansonsten gleich bleibenden Bedingungen allmählich verringern. Aber das Modell lässt es nicht zu, dass die Industrie materielle Güter aus dem Nichts produziert. Mit der Verknappung der nicht erneuerbaren Ressourcen geht auch die Effizienz des Ressourcenkapitals zurück – pro Kapitaleinheit werden immer weniger Ressourcen an den Industriesektor geliefert. Im Modell wird angenommen, dass sich mit zunehmender Ressourcenerschöpfung auch die Qualität der noch verbliebenen Reserven verringert. Neu entdeckte Lagerstätten liegen in immer größeren Tiefen und immer weiter von den Verbrauchsorten entfernt. Das bedeutet, dass immer mehr Kapital und Energie erforderlich sein werden, um eine Tonne Kupfer abzubauen oder ein Barrel Erdöl zu fördern, zu raffinieren und zu transportieren. Kurzzeitig lassen sich diese Trends vielleicht durch technische Fortschritte aufhalten; auf lange Sicht werden sie die Möglichkeiten materiellen Wachstums immer mehr einschränken.

Die Beziehung zwischen den noch vorhandenen Ressourcen und der Kapitalmenge, die für deren Erschließung erforderlich ist, ist hochgradig nichtlinear. Den generellen Verlauf der Kurve veranschaulicht Abbildung 4-7. Diese Grafik zeigt, wie viel Energie benötigt wird, um Eisen und Aluminium aus

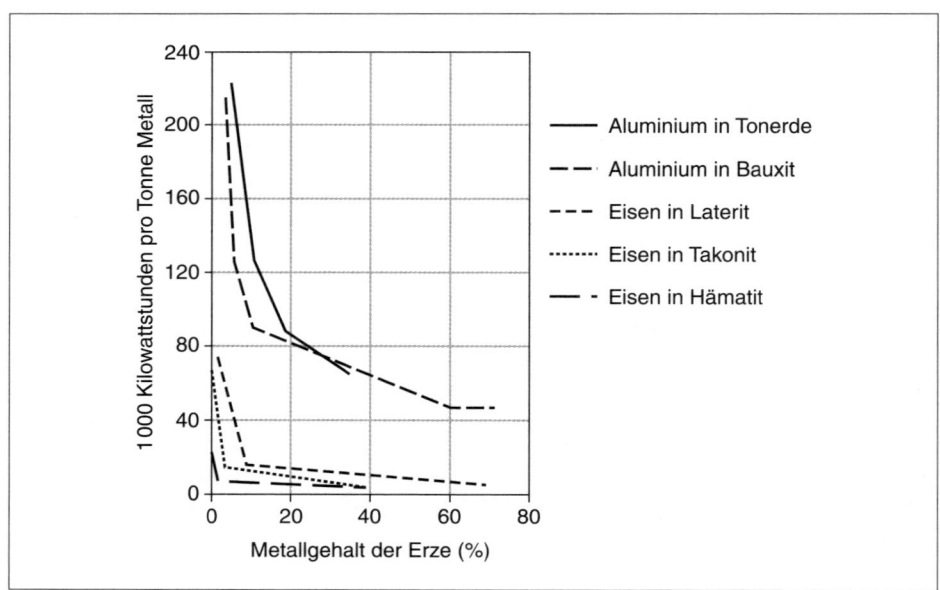

Abbildung 4-7 Energiebedarf für die Herstellung von Metallen aus Erzen
Mit abnehmendem Metallgehalt der Erze werden immer größere Mengen an Energie erforderlich, um reine Metalle zu erhalten. (Quelle: N. J. Page und S. C. Creasey)

Erzen mit unterschiedlichem Metallgehalt zu gewinnen und aufzubereiten. Energie ist kein Kapital (die tatsächlich im Bergbau eingesetzte Kapitalmenge ist nur schwer zu bestimmen), aber aus der für bestimmte Prozesse erforderlichen Energiemenge lässt sich auf den entsprechenden Kapitalbedarf schließen. Mit sinkendem Metallgehalt der Erze muss pro Tonne nutzbarer Ressource mehr Gestein abgebaut, in kleinere Partikel zerkleinert und aufwendiger in die mineralischen Bestandteile aufgetrennt werden; außerdem entstehen weit größere Abraumhalden. Für all dies sind Maschinen erforderlich. Wenn in den Sektor der Ressourcenbeschaffung mehr Energie und Kapital fließen müssen, stehen unter ansonsten gleich bleibenden Bedingungen weniger Investitionsmittel für andere Bereiche der Wirtschaft zur Verfügung.

Die CD-ROM zu World3 enthält ein Diagramm mit allen Wirkungsbeziehungen des Modells; es veranschaulicht sämtliche im Modell enthaltenen Annahmen und liefert sehr viel detailliertere Informationen über jedes der elf Szenarien.

Dennoch muss man nicht jede einzelne Wirkungsbeziehung kennen, um zu verstehen, wie das Modell funktioniert, und um seine Szenarien zu beurteilen. Dazu muss man lediglich die wichtigsten Eigenschaften des Modells kennen:

- die Wachstumsprozesse,
- die Grenzen,
- die Verzögerungen,
- die Erosionsprozesse.

Mit den Prozessen des Bevölkerungs- und Kapitalwachstums haben wir uns bereits in Kapitel 2 befasst. In Kapitel 3 haben wir über die umweltbedingten Grenzen in der „realen Welt" informiert. Als Nächstes besprechen wir, wie Grenzen in World3 dargestellt sind. Anschließend werden wir auf die Verzögerungen und Erosionsprozesse eingehen, die wir in unser Computermodell aufgenommen haben.

Die entscheidende Frage, die Sie für die folgende Diskussion im Kopf behalten sollten, lautet: Gibt es Parallelen oder Diskrepanzen zwischen dem hier besprochenen Computermodell und der „realen" Bevölkerung und Wirtschaft in Ihren Denkvorstellungen, und worauf beruhen sie? Sofern Diskrepanzen auftreten, führen sie zu den gleichen Fragen, die sich auch bei der Entwicklung von Modellen ständig stellen. Welches der beiden Modelle – Ihr Denkmodell oder World3 – ist für Überlegungen über die Zukunft besser geeignet? Gibt es irgendeine Möglichkeit, diese Frage zu entscheiden? Sofern das Computermodell brauchbarer erscheint, welche seiner Eigenschaften müssen Sie dann in Ihr eigenes Denkmodell aufnehmen, damit Ihr Verständnis globaler Probleme brauchbar ist und wirksames Handeln ermöglicht?

Mit Grenzen – ohne Grenzen

Eine exponentiell wachsende Wirtschaft erschöpft Ressourcen, produziert Abfälle und Schadstoffe und beansprucht Land auf Kosten der Produktion erneuerbarer Ressourcen. Wegen ihrer begrenzten Umwelt erzeugt die expandierende Wirtschaft notwendigerweise Spannungen. Diese beginnen schon lange bevor die Gesellschaft einen Punkt erreicht, an dem kein weiteres Wachstum mehr möglich ist. Die Spannungen in der Umwelt machen sich in der Wirtschaft durch vielfältige Signale bemerkbar. So wird beispielsweise mehr Energie benötigt, um Wasser aus versiegenden Grundwasserleitern zu pumpen, oder zur Erschließung von einem Hektar neuem Ackerland werden immer höhere Investitionen erforderlich. Bisher als harmlos erachtete Emissionen hinterlassen plötzlich erkennbare Schäden, und die natürlichen Ökosysteme der Erde erholen sich immer langsamer von Schadstoffbelastungen. Diese steigenden realen Kosten schlagen sich nicht unbedingt sofort in höheren Preisen nieder, weil die Marktpreise durch politische Entscheidungen oder Subventionen verringert oder auf andere Weise verzerrt werden können. Doch ganz gleich, ob diese Signale und Zwänge durch steigende Marktpreise verstärkt werden, sie fungieren als wichtige Elemente negativer Rückkopplungsschleifen. Tendenziell bringen sie die Wirtschaft in Einklang mit den Einschränkungen des sie umgebenden Gesamtsystems. Sie versuchen also, die weitere Zunahme des ökologischen Fußabdrucks aufzuhalten, der die Quellen und Senken der Erde belastet.

World3 enthält nur wenige Grenzen, die sich auf die Quellen und Senken unseres Planeten beziehen. (In der „realen Welt" gibt es weit mehr.) Sie alle lassen sich in der Modellwelt durch Annahmen über technischen Fortschritt, politische Eingriffe, Änderung der Zielsetzungen und andere Wahlmöglichkeiten erweitern oder enger ziehen. Die Standardversion von World3 enthält folgende Grenzen von Quellen und Senken:

- Unter *landwirtschaftlicher Nutzfläche* versteht man all jene Gebiete, die auf irgendeine Weise landwirtschaftlich genutzt werden. Wir gehen von einer Obergrenze von maximal 3,2 Milliarden Hektar aus. Durch Investitionen in die Erschließung lässt sich die landwirtschaftliche Nutzfläche ausweiten. Wie Abbildung 4-2 zeigt, steigen die Erschließungskosten neuer Flächen mit zunehmender Erschließung an, da die am leichtesten zugänglichen, günstigsten Gebiete zuerst erschlossen werden. Durch Erosion und Umwandlung in Siedlungsraum und Industriegebiete können landwirtschaftliche Nutzflächen auch verloren gehen. Die Erosion kann durch Investitionen zur Bodenerhaltung aufgehalten werden.
- Die *Bodenfruchtbarkeit* ist die natürliche Eigenschaft der Böden, das Wachstum von Pflanzen zu fördern. Sie wird bestimmt von Nährstoff-

gehalt, Bodentiefe, Wasserhaltevermögen, Klima und Bodenstruktur. Wir gehen davon aus, dass die Fruchtbarkeit der Anbauflächen im Jahr 1900 so hoch war, dass ohne Einsatz von Düngemitteln jährlich 600 kg Getreideäquivalente pro Hektar erzeugt werden konnten. Durch Umweltverschmutzung, die zum Teil auch von in der Landwirtschaft eingesetzten Industrieprodukten herrührt, verschlechtert sich die Fruchtbarkeit. Im Modell wird angenommen, dass brachliegende degradierte Flächen innerhalb von 20 Jahren die Hälfte ihrer ursprünglichen Fruchtbarkeit wieder erlangen – oder auch erheblich schneller, sofern Investitionen in diesen Bereich fließen (etwa für organischen Dünger wie Stallmist, Kompost und Gründüngung, Anpflanzen von Hülsenfrüchten oder Kompostierung).

- Der *pro Flächeneinheit erzielbare Ertrag* hängt von der Bodenfruchtbarkeit, der Luftverschmutzung, dem Einsatz von Industriedünger und Agrarchemikalien sowie dem Stand der eingesetzten Technik ab. Mit dem industriellen Input erhöht sich der Ertrag, aber die Wirkung der Mittel schwächt sich immer mehr ab: Jedes zusätzliche Kilogramm Düngemittel bringt einen geringeren Mehrertrag als das vorherige. Im Modell wird angenommen, dass sich die natürliche Fruchtbarkeit von Anbauflächen durch Einsatz von Industrieprodukten höchstens auf das 7,4fache steigern lässt (man beachte, dass dies einer Steigerung auf 740 % entspricht, die für alle Flächen, nicht nur für die produktivsten Felder angenommen wird!). Die Unsicherheit in dieser Annahme lässt sich abstecken, indem man einen noch höheren Wert ansetzt.

- Zu den *nicht erneuerbaren Ressourcen* zählen Mineralien, Metalle und fossile Brennstoffe. Wir starten das Modell normalerweise im simulierten Jahr 1900 mit Vorräten dieser Ressourcen, die dem 7000fachen der im Jahr 1900 abgebauten Menge entsprechen.[7] Im Modell wird angenommen, dass die zur Entdeckung und Förderung nicht erneuerbarer Ressourcen erforderlichen Investitionen steigen werden, weil die reichhaltigsten und am leichtesten zugänglichen Lagerstätten zuerst abgebaut werden.

- Die *Fähigkeit der Erde, Schadstoffe aufzunehmen und abzubauen*, ist eine weitere in World3 berücksichtigte Grenze. Sie stellt die Gesamtwirkung vieler verschiedener Prozesse dar, durch die langlebige toxische Stoffe aufgenommen und umgewandelt werden, sodass sie keine Schäden mehr hervorrufen können. Wir haben es hierbei mit Stoffen wie organischen Chlorverbindungen, Treibhausgasen und radioaktiven Abfällen zu tun. Ausdrücken lässt sich diese Grenze als Halbwertszeit der Absorption durch die Umwelt – also jener Zeit, die natürliche Prozesse brauchen, um die Hälfte der vorhandenen Schadstoffe unschädlich zu machen. Natürlich weisen einige toxische Stoffe, beispielsweise Isotope von Plutonium, eine fast unendlich lange Halbwertszeit auf. Dennoch haben wir im Modell recht optimistische Zahlen verwendet. Wir haben angenommen, dass die Halbwertszeit 1970 ein Jahr betrug. Wenn die Belastung mit langlebigen Schadstoffen auf das 250fache des Ausmaßes von 1970 anstiege, würde sich die Halbwertszeit auf zehn Jahre verlängern. Diese Grenze ist quantitativ am schwierigsten zu erfassen, selbst für einzelne Schadstoffe. Daher gibt es eine erhebliche Unsicherheit bezüglich der Höhe dieser Grenze für die schwer abbaubaren Schadstoffe insgesamt.

Glücklicherweise haben die Annahmen zum Abbau schwer abbaubarer Schadstoffe keine allzu große Bedeutung im Modell, weil diese Stoffe sich auf die Parameter anderer Bereiche von World3 kaum auswirken. Wir haben angenommen, dass bei einer Zunahme der Schadstoffbelastung auf das Fünffache des Werts im Jahr 2000 die Lebenserwartung der Menschen um weniger als 2% sinken würde. In unseren elf Szenarien steigt die Belastung durch schwer abbaubare Schadstoffe selten auf das Fünffache des Werts von 2000 an. Und wenn dies in extremen Szenarien der Fall ist, verringert sich dadurch die Bodenfruchtbarkeit jährlich um 10% oder mehr. Aber dieser Rückgang lässt sich durch Investitionen zur Bodenerhaltung wieder ausgleichen. Wir überprüfen in dem Modell auch noch weitere Annahmen, um zu sehen, wie diese sich auswirken würden.

In der „realen Welt" existieren viele andere Arten von Grenzen, beispielsweise beim Management oder im sozialen Bereich. Einige von ihnen sind bereits in den Zahlen von World3 implizit enthalten, da die Koeffizienten unseres Modells von der „tatsächlichen" globalen Entwicklung der vergangenen 100 Jahre stammen. Aber in World3 gibt es keine Kriege, keine Arbeitsstreiks, keine Korruption, keine Drogenprobleme, keine Verbrechen und keinen Terrorismus. Seine simulierte Bevölkerung tut ihr Möglichstes, um die wahrgenommenen Probleme zu lösen – ohne Ablenkung durch politische Machtkämpfe, ethnische Intoleranz oder Korruption. Da viele soziale Grenzen in World3 nicht vorhanden sind, zeichnet das Modell ein zu optimistisches Bild der zukünftigen Möglichkeiten.

Wie sähe es aus, wenn wir beispielsweise die Menge der bisher unentdeckten nicht erneuerbaren Ressourcen falsch eingeschätzt hätten? Was wäre, wenn die tatsächliche Menge nur halb so groß wäre – oder gar doppelt oder zehnmal so hoch? Was wäre, wenn die „reale" Fähigkeit der Erde, Schadstoffe ohne Gefährdung der menschlichen Bevölkerung aufzunehmen, nicht zehnmal so hoch wäre wie die Emissionsrate von 1990, sondern 50- oder gar 500-mal so hoch? (Oder vielleicht nur 0,5-mal so hoch?) Was wäre, wenn Technologien entwickelt würden, die die Schadstoffemission pro industrieller Produktionseinheit verringern (oder steigern) würden?

Solche Fragen lassen sich mithilfe eines Computermodells beantworten. Mit ihm kann man rasch und kostengünstig entsprechende Tests durchführen. Alle diese mit „Was wäre, wenn …?" beginnenden Fragen sind damit überprüfbar. So kann man die Zahlenwerte der Grenzen von World3 astronomisch hoch ansetzen oder sie so programmieren, dass sie exponentiell anwachsen. Wir haben das ausprobiert. Wenn durch eine hypothetische Technik mit unbegrenzten Möglichkeiten, die praktisch sofort Wirkung zeigt, keine Kosten verursacht und fehlerfrei arbeitet, letztlich alle physischen Grenzen aus dem Modellsystem beseitigt werden, wächst die simulierte Wirtschaft gewaltig an. Im Szenario 0 in Abbildung 4-8 ist dargestellt, was dabei passiert.

Wie man die Szenarien von World3 liest

In den Kapiteln 4, 6 und 7 dieses Buches stellen wir elf verschiedene Computersimulationen oder Szenarien vor, die mit World3 berechnet wurden. Die Grundstruktur des Modells World3 bleibt jedes Mal unverändert, aber in jedem Szenario haben wir einige Zahlen verändert, um damit unterschiedliche Annahmen über Parameter der „realen Welt" einzuführen, optimistischere Prognosen bezüglich der Entwicklung neuer Technologien zu berücksichtigen oder um zu ermitteln, was passiert, wenn die globale Gesellschaft anderen politischen Vorstellungen, ethischen Werten oder Zielen folgt.

Nach Änderung der Modellparameter entsprechend dem neu zu untersuchenden Szenario lassen wir World3 die zeitabhängigen und sich damit ständig verändernden Wechselbeziehungen zwischen den mehr als 200 Gleichungen schrittweise neu berechnen. Der Computer berechnet für den simulierten Zeitraum von 1900 bis 2100 für jede Variable im Abstand von sechs Monaten jeweils einen neuen Wert. Dadurch ergeben sich für jedes Szenario über 80 000 Zahlenwerte. Diese gesamte Informationsmenge hier wiederzugeben, wäre unsinnig. Einzeln betrachtet sind nur wenige Größen für sich aussagekräftig. Daher vereinfachen wir die Ergebnisdarstellung – einerseits, um selbst die Ergebnisse besser zu verstehen, und andererseits, um sie auch Ihnen verständlicher zu machen.

Dazu drucken wir auf Zeitgrafiken den Verlauf einiger entscheidender Variablen wie Bevölkerung, Umweltverschmutzung und natürliche Ressourcen aus. In diesem Buch liefern wir für jedes Szenario jeweils drei solcher Grafiken in gleicher Anordnung. Die obere Kurve – als „Zustand der Welt" bezeichnet – enthält globale Werte für:

1. **Bevölkerung,**
2. **Nahrungsmittelproduktion,**
3. **Industrieproduktion,**
4. **relative Umweltverschmutzung,**
5. **noch verfügbare nicht erneuerbare Ressourcen.**

Die mittlere Kurve – bezeichnet als „materieller Lebensstandard" – zeigt die durchschnittlichen globalen Werte für:

6. **Nahrungsmittelproduktion pro Kopf,**
7. **Dienstleistungen pro Kopf,**
8. **durchschnittliche Lebenserwartung,**
9. **Konsumgüter pro Kopf.**

Die untere Kurve – mit der Bezeichnung „Wohlstand und ökologischer Fußabdruck" – stellt die Werte für zwei globale Indikatoren dar:

10. **ökologischer Fußabdruck,**
11. **Wohlstandsindex.**

Alle vertikalen Skalen beginnen bei 0. Zur besseren Vergleichsmöglichkeit haben wir die vertikale Skala für alle Variablen in sämtlichen Simulationen unverändert beibehalten. Allerdings haben wir die Zahlenwerte für die Variablen der vertikalen Skalen weggelassen, da die genauen Werte zu den einzelnen Punkten der simulierten Zeit nicht sehr aussagefähig sind – es kommt auf den Zeitverlauf an. Weiterhin ist zu beachten, dass die Variablen in einer Grafik jeweils mit unterschiedlicher Skalierung und verschiedenen Einheiten aufgetragen sind. So reicht die Skala für die Nahrungsmittel pro Kopf von 0 bis 1000 kg Getreideäquivalenten pro Kopf und Jahr, die Skala für die Lebenserwartung hingegen von 0 bis 90 Jahre.

Da die Zahlenwerte selbst wenig aussagen, sollten Sie mehr darauf achten, wie sich der Verlauf der Kurve von einem Szenario zum nächsten verändert. Hierbei ist jedoch zu beachten, dass wir in Szenarien, die einen Zusammenbruch zeigen, dem Verhalten der Kurven nach Erreichen ihres Maximalwerts und dem Beginn des Zusammenbruchs keine Bedeutung mehr beimessen. Zwar werden für jedes Szenario die Rechenergebnisse bis zum Jahr 2100 dargestellt, aber ab dem Punkt, wo bei einer wichtigen Größe der Zusammenbruch beginnt, gehen wir nicht weiter auf das Verhalten der Modellelemente ein. Offensichtlich würden sich nach einem Zusammenbruch der Bevölkerung oder der Industrie in der „realen Welt" viele wichtige Wechselbeziehungen ändern, wodurch viele Annahmen, die das Modell enthält, ungültig würden.

Bei jeder Szenarioberechnung erstellt der Computer eine detaillierte Tabelle mit den Zahlenwerten sämtlicher Modellvariablen in sechsmonatigen Abständen zwischen den Jahren 1900 und 2100. Diese Tabellen liefern große Mengen sehr detaillierter Daten. So können wir der Tabelle zu Szenario 0 entnehmen, dass die Weltbevölkerung im Modelljahr 2065,0 ein Maximum von 8 876 186 000 Menschen erreicht. Der Index der Umweltverschmutzung steigt in diesem Szenario vom Wert 3,150530 im Jahr 2000 auf den Maximalwert 6,830552 im Modelljahr 2026,5 – das entspricht einem Anstieg um den Faktor 2,1680 in diesem Zeitraum. In den Stellen hinter dem Komma steckt jedoch keine nützliche Information. Keine der von unserem Modell World3 für die Zukunft projizierten Zahlenwerte oder Zeitpunkte erfordern eine Genauigkeit von fünf Stellen hinter dem Komma. Unser Interesse gilt dem grundsätzlichen Verlauf. Wir richten die Aufmerksamkeit auf einige Schlüsselgrößen, um damit einige zentrale Fragen zu beantworten. Welche der Variablen hören in diesem Jahrhundert auf zu wachsen? Wie rasch steigen sie an oder gehen sie zurück? Welche Faktoren sind hauptsächlich für dieses Verhalten verantwortlich? Bewirken die für ein Szenario gemachten Annahmen, dass eine Variable rascher oder langsamer steigt, ein höheres oder niedrigeres Maximum erreicht? Welche Änderungen der Politik könnten zu einem günstigeren Ergebnis führen?

Wenn wir Ihnen im Folgenden für jedes Szenario Antworten auf diese Fragen vorstellen, werden wir die Ergebnisse der Computersimulationen stark vereinfachen und dabei zwei Regeln anwenden. Den Zeitpunkt eines Maximal- oder Minimalwertes geben wir jeweils nur auf das Jahrzehnt genau an (ab 5 runden wir auf das folgende Jahrzehnt auf) – also beispielsweise nicht 2016, 2032,5 oder 2035, sondern 2020, 2030 oder 2040. Den Wert eines bestimmten Parameters und das Verhältnis zweier Zahlenwerte geben wir nur auf die nächste signifikante Stelle genau an. So werden die oben gelieferten Informationen über Szenario 0 folgendermaßen zusammengefasst: „Die Weltbevölkerung erreicht im Modelljahr 2070 ein Maximum von neun Milliarden Menschen. Der Index der Umweltverschmutzung steigt in diesem Szenario von 3 im Jahr 2000 auf den Maximalwert 7 im Modelljahr 2030 – das entspricht einem Anstieg um den Faktor 2 in diesem Zeitraum." Bisweilen ergeben sich durch diese Regeln geringfügige scheinbare Ungereimtheiten. Davon sollten Sie sich aber nicht beirren lassen; sie sind auf Rundungsfehler zurückzuführen und haben keinerlei Einfluss auf die zentralen Schlussfolgerungen, die wir aus dem Modell ziehen.

Die in Abbildung 4-8 dargestellte, als Szenario 0 bezeichnete Computersimulation wurde von World3 berechnet, nachdem wir folgende Annahmen gemacht und die Parameterwerte entsprechend geändert haben:

▦ Die Menge nicht erneuerbarer Ressourcen, die zur Erzeugung einer Einheit der Industrieproduktion erforderlich ist, fällt unbegrenzt exponentiell um 5% im Jahr und verringert sich damit alle 15 Jahre um 50%, solange die Gesellschaft sich bemüht, die Effizienz der Ressourcennutzung zu verbessern.

▦ Die pro Einheit Industrieproduktion abgegebene Schadstoffmenge fällt unbegrenzt exponentiell um 5% pro Jahr, falls gewünscht.

▦ Der pro Einheit Input aus der Industrie erzielte landwirtschaftliche Ertrag steigt unbegrenzt um 5% im Jahr an und verdoppelt sich damit alle 15 Jahre, solange die Gesellschaft sich bemüht, die Nahrungsmittelproduktion zu steigern.

▦ All diese technischen Errungenschaften werden in der gesamten Weltwirtschaft wirksam, ohne dass zusätzliche Kapitalkosten entstehen – mit einer Verzögerung von nur zwei Jahren (anstelle von 20 Jahren im ursprünglichen Modell), nachdem die Gesellschaft sich für solche Techniken entschieden hat.

▦ Menschliche Siedlungen beanspruchen landwirtschaftlich nutzbare Flächen nur mit einem Viertel der normalerweise in World3 angenommenen Geschwindigkeit, und die Überbevölkerung wirkt sich nicht nachteilig auf die Lebenserwartung der Menschen aus.

▦ Die landwirtschaftlichen Erträge werden durch die Umweltverschmutzung nicht mehr signifikant verringert.

In dieser Simulation verlangsamt sich das Wachstum der Bevölkerung, ihre Zahl verstetigt sich bei fast 9 Milliarden und nimmt danach allmählich wieder ab, weil die gesamte Weltbevölkerung nun so wohlhabend ist, dass sich der demographische Übergang einstellt. Die durchschnittliche Lebenserwartung stabilisiert sich weltweit bei etwa 80 Jahren. Die landwirtschaftlichen Erträge steigen im Schnitt bis zum Jahr 2080 auf fast das Sechsfache des Wertes aus dem Jahr 2000. Die Industrieproduktion schießt über die Obergrenze der Grafik hinaus und kommt erst bei einem sehr hohen Wert zum Stillstand – durch einen extremen Mangel an Arbeitskräften, weil etwa 40-mal so viel Industriekapital verwaltet und betrieben werden muss wie im Jahr 2000, aber nur 1,5-mal so viele Menschen dafür zur Verfügung stehen. (Wir könnten sogar diese Grenze beseitigen, indem wir einen hinreichend raschen exponentiellen Anstieg der Arbeitsproduktivität annehmen.)

Im simulierten Jahr 2080 produziert die Weltwirtschaft 30-mal so viele Industrieprodukte und das Sechsfache an Nahrungsmitteln wie im Jahr 2000. Dazu hat sie während der ersten 80 Jahre des 21. Jahrhunderts fast 40-mal so

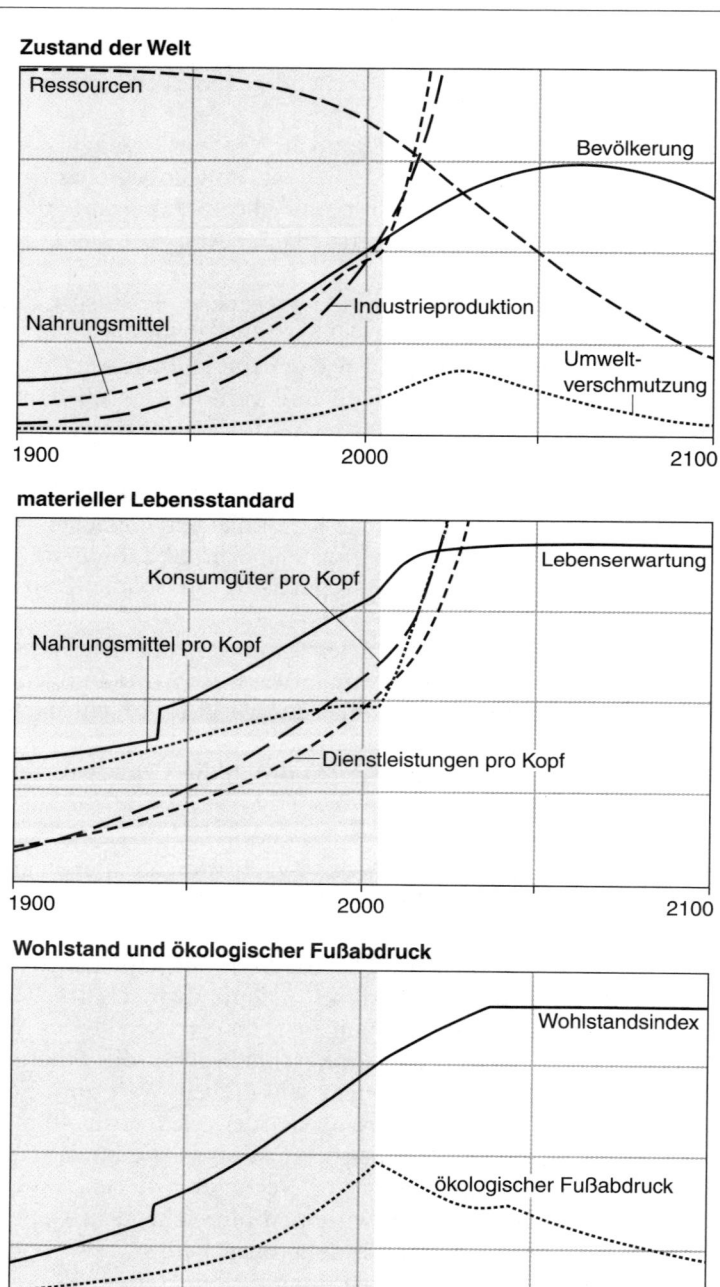

Zustand der Welt

Ressourcen

Bevölkerung

Nahrungsmittel

Industrieproduktion

Umwelt-
verschmutzung

1900   2000   2100

materieller Lebensstandard

Konsumgüter pro Kopf

Lebenserwartung

Nahrungsmittel pro Kopf

Dienstleistungen pro Kopf

1900   2000   2100

Wohlstand und ökologischer Fußabdruck

Wohlstandsindex

ökologischer Fußabdruck

1900   2000   2100

Abbildung 4-8 Szenario 0: „Unendlichkeit rein, Unendlichkeit raus"
Wenn man alle physischen Grenzen aus dem System von World3 entfernt, erreicht die Weltbevölkerung ein Maximum von fast 9 Milliarden Menschen; anschließend geht die Bevölkerung durch
einen demographischen Übergang zurück. Die Wirtschaft wächst weiter, bis die Industrie im Jahr
2080 30-mal mehr produziert als im Jahr 2000 bei gleichem jährlichem Bedarf von nicht erneuerbaren Ressourcen und einem Achtel des jährlichen Schadstoffausstoßes.

viel Industriekapital angesammelt wie im gesamten 20. Jahrhundert. Während
dieser Expansion des Industriekapitals gelingt es der in Abbildung 4-8 dargestellten Gesellschaft, ihren Verbrauch von nicht erneuerbaren Ressourcen
leicht zu verringern und zudem die Schadstoffemissionen im Vergleich zum
Jahr 2000 um den Faktor 8 zu senken. Der Wohlstand der Menschheit steigt
zwischen 2000 und 2080 um 25% an und ihr ökologischer Fußabdruck verkleinert sich um 40%. Am Ende des Szenarios, im Jahr 2100, ist der Fußabdruck wieder deutlich unter die Grenze der ökologischen Tragfähigkeit
zurückgegangen.

Manche Menschen glauben an ein derartiges Szenario, erwarten es sogar
und schwelgen in dieser Vorstellung. Wir wissen, dass es in bestimmten Ländern, Wirtschaftsbereichen oder Industrieprozessen erstaunliche Effizienzver-
besserungen gegeben hat. Viele dieser Entwicklungen haben wir in Kapitel 3
angesprochen. Wir hoffen und glauben, dass sich die Effizienz noch weiter
verbessern lässt, sogar um das 100fache. Aber die in Kapitel 3 vorgelegten
Daten lassen nicht erkennen, dass es in der *gesamten Weltwirtschaft* rasch
Verbesserungen in dieser Größenordnung geben könnte. Selbst wenn es sonst
keine Hindernisse gäbe, würde doch die Nutzungsdauer des Industriekapitals –
die Zeit, die erforderlich ist, um die Fahrzeugflotte, den Bestand an Gebäuden
und die installierten Maschinen der Weltwirtschaft zu ersetzen oder nach-
zurüsten – und die Fähigkeit, mit dem vorhandenen Kapital so schnell so viel
neues Kapital zu produzieren, dieses Szenario der „Entmaterialisierung" für
uns unglaubwürdig machen. In der „realen Welt" würden die Schwierigkeiten,
dieses Szenario der Grenzenlosigkeit zu erreichen, noch verstärkt durch die
zahlreichen politischen und bürokratischen Einschränkungen, die verhindern,
dass das Preissystem eindeutig signalisieren kann, dass die benötigten Techniken profitabel sein können.

Dieses Szenario haben wir hier besprochen, nicht weil wir es für eine
glaubwürdige Zukunft der „realen Welt" halten, sondern weil es unserer
Ansicht nach etwas über das Modell World3 und über das Erstellen von
Modellen im Allgemeinen aussagt.

Das Szenario zeigt, dass World3 eine strukturbedingte Selbstbegrenzung
der Bevölkerungszahl enthält, aber keine solche Selbstbegrenzung beim Kapital. Das Modell ist so konstruiert, dass die Weltbevölkerung sich schließlich
verstetigt und dann abzunehmen beginnt, wenn die Industrieproduktion pro

Kopf eine gewisse Höhe erreicht hat. In der „realen Welt" erkennen wir jedoch kaum Hinweise darauf, dass die wohlhabendsten Menschen oder Nationen jemals das Interesse daran verlieren, noch reicher zu werden. Daher beruhen die in World3 eingebauten Entscheidungsverfahren auf der Annahme, dass die Kapitaleigner versuchen werden, ihren Reichtum grenzenlos weiter zu steigern, und dass auch die Verbraucher immer mehr konsumieren wollen. Diese Annahmen werden wir in den in Kapitel 7 vorgestellten Szenarien ändern.

Abbildung 4-8 verdeutlicht außerdem eines der bekanntesten Prinzipien beim Erstellen von Computermodellen, das als GIGO bezeichnet wird (von englisch *garbage in, garbage out* – wenn man Müll eingibt, kann auch nur Müll herauskommen). Wenn man in ein Modell unrealistische Annahmen einbaut, dann liefert es unrealistische Ergebnisse. Der Computer wird die logischen Konsequenzen der gemachten Annahmen aufzeigen, aber er kann nichts darüber aussagen, ob die Annahmen richtig sind. Wenn man annimmt, dass die Wirtschaft das angesammelte Industriekapital um das 40fache steigern kann, dass keine materiellen Grenzen mehr gelten und dass technische Neuerungen in nur zwei Jahren ohne zusätzliche Kosten in den gesamten globalen Anlagebestand der Industrie übernommen werden können, dann gelangt World3 zu dem Ergebnis eines praktisch unbegrenzten Wirtschaftswachstums – mit gleichzeitiger Verkleinerung des ökologischen Fußabdrucks. Die entscheidende Frage bei dieser und jeder anderen Computersimulation lautet also, ob man an die Annahmen glaubt, die man am Anfang gemacht hat.

Wir glauben nicht an die Annahmen, die Abbildung 4-8 zugrunde liegen. Wir betrachten dies als Szenario für eine unmögliche technische Utopie. Daher haben wir es auch mit IFI-IFO überschrieben (für *infinity in, infinity out* – „Unendlichkeit rein, Unendlichkeit raus"). Unter unserer Meinung nach „realistischeren" Annahmen zeigt das Modell das Verhalten eines wachsenden Systems, das zunehmend an seine physischen Grenzen stößt.

Grenzen und Verzögerungen

Das Wachstum einer physischen Größe kann sich nur dann verlangsamen und allmählich an die vorhandenen Grenzen anpassen (S-förmiges, logistisches Wachstum), wenn die Größe erstens frühzeitig verlässliche Signale empfängt, sobald sie sich ihren Grenzen nähert, und wenn sie zweitens auf diese Signale rasch und richtig reagiert (Abbildung 4-9b).

Stellen Sie sich vor, Sie fahren mit einem Auto auf eine Ampel zu, die gerade auf Rot schaltet. Normalerweise können Sie den Wagen an der Ampel sanft zum Stehen bringen, weil Ihnen der rasche, präzise visuelle Reiz signalisiert, wo sich die Ampel befindet, weil Ihr Gehirn schnell auf dieses Signal

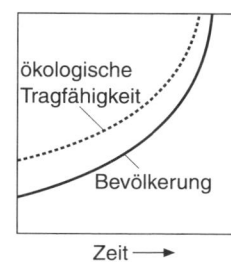

a) *Ein kontinuierliches Wachstum ergibt sich, wenn*

- die physischen Grenzen noch weit entfernt sind oder

- die physischen Grenzen selbst exponentiell anwachsen.

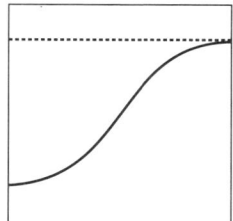

b) *Ein sigmoides (logistisches) Wachstum ergibt sich, wenn*

- die Wirtschaft schnelle und genaue Signale über ihre physischen Grenzen erhält, auf sie sofort reagiert, oder

- Bevölkerung oder Wirtschaft ihr Wachstum selbst einschränken, ohne dass sie dazu Signale von äußeren Grenzen benötigen.

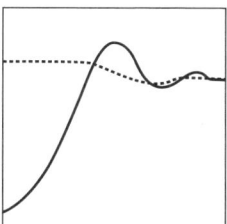

c) *Eine Grenzüberschreitung mit Einschwingen erfolgt, wenn*

- Signale oder Reaktionen mit Verzögerung eintreten und

- die Grenzen nicht erodierbar sind oder sich nach einer Erosion rasch wieder regenerieren können.

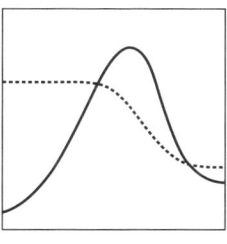

d) *Eine Grenzüberschreitung mit Zusammenbruch erfolgt, wenn*

- Signale oder Reaktionen mit Verzögerung eintreten und

- die Grenzen erodierbar sind (nach Überschreitung irreversibel degradieren).

Abbildung 4-9 Strukturelle Ursachen für vier mögliche Verhaltensweisen des Modells World3

reagiert, weil Sie rasch auf die Bremse treten und weil der Wagen sofort so auf das Bremsen reagiert, wie Sie es aus Ihrer Fahrpraxis kennen.

Wenn jedoch auf der Fahrerseite die Windschutzscheibe beschlagen und Sie darauf angewiesen wären, dass Ihnen Ihr Beifahrer mitteilt, wo die Ampel steht, dann könnte diese kurze Verzögerung in der Sprachübermittlung schon ausreichen, dass Sie über die Ampel hinausfahren (es sei denn, Sie berücksichtigen die Verzögerung bereits durch langsameres Fahren). Wenn nun Ihr Beifahrer etwas Falsches sagen würde oder Sie ihm nicht glauben würden oder die Bremswirkung erst nach zwei Minuten einträte oder die Straße vereist wäre, sodass der Wagen wider Erwarten erst nach mehreren hundert Metern zum Stehen käme, dann würden Sie die rote Ampel überfahren.

Ein System kann sich also nicht genau und zügig an seine Grenzen anpassen, wenn das Rückkopplungssignal verzögert oder verzerrt eintrifft, wenn das Signal ignoriert oder verleugnet wird, wenn die Anpassung fehlerhaft ist oder wenn das System erst mit Verzögerung reagiert. Trifft irgendeine dieser Bedingungen zu, dann wird sich die wachsende Größe zu spät korrigieren und über die Grenze hinausschießen (Abbildungen 4-9c und d).

Einige der möglichen Verzögerungen von Informationen und Reaktionen in World3 haben wir bereits beschrieben. Eine solche Verzögerung tritt beispielsweise auf zwischen der Freisetzung eines Schadstoffes in die Biosphäre und dem Zeitpunkt, an dem er die Gesundheit oder Nahrungsmittelversorgung der Menschen erkennbar schädigt. So dauert es 10–15 Jahre, bis auf der Erde freigesetzte Fluorchlorkohlenwasserstoffmoleküle (FCKW) die Ozonschicht der Stratosphäre zu zerstören beginnen. Die Verzögerung politischer Maßnahmen spielt ebenfalls eine wichtige Rolle. Oft vergehen viele Jahre zwischen dem Zeitpunkt, an dem ein Problem zum ersten Mal beobachtet wird, und dem Zeitpunkt, an dem alle wichtigen Akteure sich einig sind und einen Plan zum gemeinsamen Handeln akzeptieren. Von solchen Verzögerungen handelt das nächste Kapitel.

Gut veranschaulichen lassen sich diese Verzögerungen an der Verbreitung von PCBs in der Umwelt. Seit 1929 hat die Industrie etwa zwei Millionen Tonnen polychlorierte Biphenyle (PCBs) produziert – das sind sehr stabile, lipophile, schwer entflammbare chemische Verbindungen.[8] Verwendet wurden sie in erster Linie zur Wärmeableitung in elektrischen Kondensatoren und Transformatoren, aber auch als hydraulische Flüssigkeit, Schmiermittel, Flammschutzmittel oder Bestandteil von Farben, Lacken, Tinten, kohlefreiem Durchschreibpapier und Pestiziden. Entsorgt wurden diese Chemikalien 40 Jahre lang auf Müllhalden, in Straßengräben, über das Abwasser oder in Gewässern, ohne dass jemand an die Folgen für die Umwelt dachte. Erst 1966 berichtete der dänische Wissenschaftler Sören Jensen in einer bahnbrechenden Untersuchung zum Nachweis des DDT-Gehalts in der Umwelt, dass PCBs genauso weit verbreitet waren wie DDT.[9] Seither haben andere Forscher PCBs in fast allen Ökosystemen der Erde nachgewiesen.

PCBs finden sich in fast allen Bereichen des globalen Ökosystems. Die PCBs in der Atmosphäre stammen vor allem aus der Hydrosphäre ... Auch in Flüssen, Seen und Meeressedimenten wurden PCB-Rückstände gefunden ... Eine umfassende Untersuchung des Ökosystems der Großen Seen [Nordamerikas] ergab eindeutig, dass sich PCB-Rückstände besonders in der Nahrungskette anreichern.

Environment Canada, 1991

DDT und PCBs sind die einzigen organischen Chloride, deren Vorkommen in arktischen Meeressäugern systematisch dokumentiert wurde ... Die PCB-Konzentration in der Muttermilch von Inuitfrauen gehört zu den höchsten je nachgewiesenen ... Aufgenommen werden die PCBs vermutlich vor allem durch den hohen Anteil von Fisch und Fleisch von Meeressäugern in ihrer Nahrung ... Diese Ergebnisse deuten darauf hin, dass toxische Verbindungen wie PCBs möglicherweise für die Schwächung des Immunsystems und die hohe Infektionshäufigkeit bei Inuitkindern verantwortlich sind.

E. Dewailly, 1989

[Im Wattenmeer an der niederländischen Küste] ist der Fortpflanzungserfolg der Seehunde, die mit ihrer Nahrung die höchsten Konzentrationen [von PCBs] aufnehmen, signifikant zurückgegangen ... [das zeigt, dass] die Reproduktionsausfälle bei den Seehunden mit ihrer Ernährung durch Fische aus diesen verseuchten Meeresgebieten zusammenhängen ... Diese Ergebnisse untermauern die Resultate von Versuchen mit Nerzen, deren Fortpflanzung durch PCBs beeinträchtigt wurde.

P. J. H. Reijnders, 1986

Die meisten PCBs lösen sich in Wasser kaum, aber in Fett gut, und werden in der Umwelt nur äußerst langsam abgebaut. Sie verteilen sich rasch in der Atmosphäre, aber langsam in Böden und in den Sedimenten von Fließgewässern und Seen, bis sie von irgendwelchen Lebewesen aufgenommen werden; in diesen reichern sie sich im Fettgewebe an und erreichen bei ihrem Weg durch die Nahrungskette immer höhere Konzentrationen. Die größten Konzentration hat man in Raubfischen, Seevögeln und Meeressäugern, in menschlichem Fettgewebe und in Muttermilch nachgewiesen.

Die Auswirkungen der PCBs auf die Gesundheit von Mensch und Tier werden nur allmählich aufgedeckt. Verkompliziert wird die Problematik durch die Tatsache, dass es sich bei den PCBs um ein Gemisch aus 209 ähnlichen (isomeren) Verbindungen handelt, die alle unterschiedlich wirken können. Dennoch wird immer deutlicher, dass einige PCBs das Hormonsystem stören. Sie imitieren die Wirkung von Hormonen wie Östrogen und blockieren die Wirkung anderer wie der Schilddrüsenhormone. Bei Vögeln, Walen, Eisbären, Menschen und allen anderen Tieren mit Hormonsystem hat dies zur Folge, dass subtile Signale gestört werden, die den Stoffwechsel und das Verhalten steuern. Besonders während der Embryonalentwicklung können selbst geringste Konzentrationen von Substanzen, die das Hormonsystem stören, großes Unheil anrichten. Bisweilen sind sie tödlich für den sich entwickelnden Organismus, oder sie beeinträchtigen sein Nervensystem, seine Intelligenz oder seine Sexualfunktion.[10]

Weil sich PCBs langsam ausbreiten, nur sehr langsam abgebaut werden und sich in höheren Konzentrationen in der Nahrungskette anreichern, hat man sie auch als „chemische Zeitbomben" bezeichnet. Zwar dürfen PCBs seit den 1970er-Jahren in zahlreichen Ländern nicht mehr hergestellt und verwendet werden,[11] sind aber trotzdem noch in großen Mengen vorhanden. Ein Großteil der gesamten je produzierten PCB-Menge ist noch in Gebrauch oder lagert in ausrangierten elektrischen Geräten. In Ländern mit entsprechenden Gesetzen zur Entsorgung von gefährlichem Sondermüll werden diese alten PCBs teilweise unterirdisch deponiert oder durch kontrollierte Sondermüllverbrennung, bei der ihre Molekülstruktur und damit ihre biologische Wirksamkeit zerstört wird, entsorgt. Schätzungen zufolge waren 1989 30 % der gesamten je hergestellten PCBs bereits in die Umwelt gelangt, aber nur 1 % in die Meere. Die restlichen 29 % verteilen sich auf Böden, Flüsse und Seen. Von dort aus wird es noch jahrzehntelang in Lebewesen gelangen.[12]

Abbildung 4-10 zeigt ein weiteres Beispiel für verzögerte Wirkung von Schadstoffen: den langsamen Transport von Chemikalien durch den Boden ins Grundwasser. Von den 1960er-Jahren bis zum Verbot im Jahr 1990 wurden Böden in den Niederlanden vor dem Anbau von Kartoffeln und Blumenzwiebeln mit großen Mengen des Bodendesinfektionsmittels 1,2-Dichlorpropen (DCPe) behandelt. Dieses enthält als Verunreinigung 1,2-Dichlorpropan

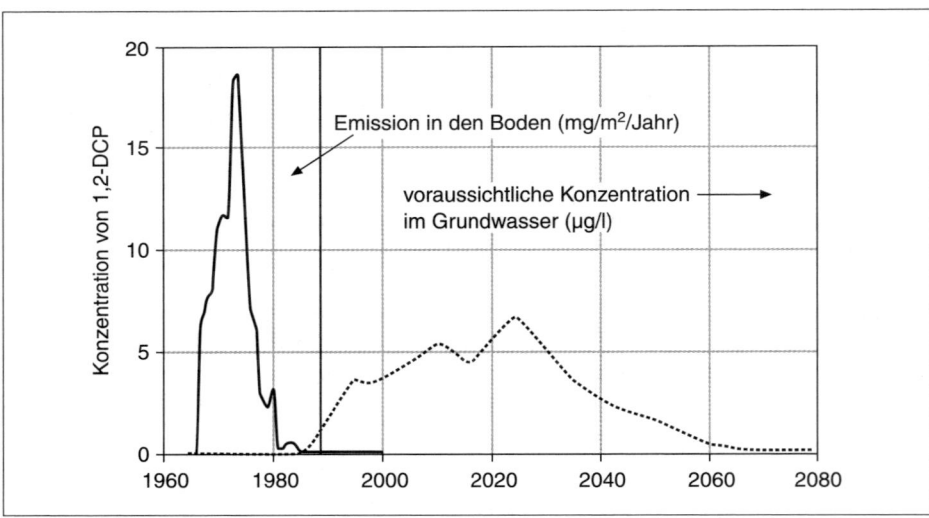

Abbildung 4-10 Die langsame Ausbreitung von 1,2-DCP ins Grundwasser
Das Bodendesinfektionsmittel DCP wurde in den Niederlanden in den 1970er-Jahren in großen Mengen eingesetzt, später dann nur noch beschränkt und 1990 schließlich ganz verboten. Infolgedessen hat die Konzentration von DCP in den oberen Bodenschichten von Ackerflächen rasch abgenommen. Nach einer Berechnung aus dem Jahr 1991 wird es im Grundwasser jedoch erst 2020 seine höchste Konzentration erreichen, und selbst in der zweiten Hälfte des 21. Jahrhunderts werden noch bedeutende Mengen dieser Chemikalie im Wasser nachweisbar sein. (Quelle: N. L. van der Noot)

(DCPa), das nach jetzigem Stand der Wissenschaft auf Dauer im Grundwasser verbleibt, weil es nicht abgebaut werden kann. Bei Berechnungen für ein Wassereinzugsgebiet ergab sich, dass das bereits im Boden vorhandene Dichlorpropan erst nach 2010 bis ins Grundwasser vorgedrungen und dort in signifikanten Konzentrationen nachweisbar sein wird. Danach wird das Grundwasser mindestens ein Jahrhundert lang mit bis zu 50-mal höherer Konzentration von DCPa verseucht sein, als nach den EU-Richtlinien für Trinkwasser erlaubt ist.

Dieses Problem beschränkt sich nicht auf die Niederlande. In den Vereinigten Staaten wurde die Anwendung von DCP in der Landwirtschaft 1977 verboten. Doch im Rahmen des Pestizidüberwachungsprogramms des Bundesstaates Washington wurde die Chemikalie bei Analysen des Grundwassers von 243 Stellen in elf Untersuchungsgebieten zwischen 1988 und 1995 in Konzentrationen nachgewiesen, die vermutlich der menschlichen Gesundheit schaden.[13]

Zu einer Verzögerung in einem anderen Bereich von World3 kommt es durch die Altersstruktur der Bevölkerung. In Populationen, bei denen in jüngerer Zeit die Geburtenraten hoch lagen, gibt es sehr viel mehr junge als alte Menschen, und die Bevölkerung wächst selbst bei sinkender Fruchtbarkeit noch jahrzehntelang, wenn diese jungen Menschen das fortpflanzungsfähige Alter erreichen. Zwar geht die Zahl der Kinder pro Familie zurück, aber die Zahl der Familien steigt an. Sollten die Geburten in der gesamten Weltbevölkerung um das Jahr 2010 die „Ersetzungsrate" erreichen (im Durchschnitt etwa zwei Kinder pro Familie), so wird die Bevölkerung aufgrund dieser „Trägheit" der Altersverteilung dennoch bis 2060 weiter wachsen und sich bei etwa acht Milliarden einpendeln.

In der „realen Welt" existieren noch viele weitere Verzögerungen. Nicht erneuerbare Ressourcen können über Generationen hinweg abgebaut werden, ehe ihre Erschöpfung ernsthafte wirtschaftliche Konsequenzen nach sich zieht. Industriekapital kann nicht über Nacht aufgebaut werden. Ist es jedoch erst einmal in Betrieb, bleibt es jahrzehntelang in der Nutzung. Eine Ölraffinerie lässt sich nicht so leicht oder rasch in eine Traktorenfabrik oder ein Krankenhaus umwandeln; es dauert sogar einige Zeit, sie zu einer effizienteren Raffinerie mit geringerem Schadstoffausstoß umzubauen.

Die Rückkopplungsmechanismen von World3 beinhalten neben den oben erwähnten auch zahlreiche weitere Verzögerungen. Wir gehen davon aus, dass sich Schadstoffe nach ihrer Freisetzung erst mit einer gewissen Verzögerung merklich auf das System auswirken. Wir nehmen im Modell an, dass es etwa eine Generation dauert, bis Paare auf eine Veränderung der Kindersterblichkeit reagieren, indem sie ihre Familienplanung dieser anpassen. Es dauert in World3 normalerweise Jahrzehnte, bis als Reaktion auf eine Verknappung von Nahrungsmitteln oder Dienstleistungen Investitionen umverteilt und neue Anlagen errichtet und in Betrieb genommen werden können. Ebenso braucht es Zeit, bis geschädigte Bodenfruchtbarkeit wiederhergestellt ist oder Schadstoffe abgebaut sind.

Die einfachsten und am wenigsten strittigen Verzögerungen können bereits die allmähliche (logistische) Anpassung der Entwicklung des globalen Wirtschaftssystems an seine Grenzen verhindern. Weil die Signale der natürlichen Grenzen nur mit Verzögerung ankommen, ist eine Grenzüberschreitung unvermeidlich, sofern sich die Wirtschaft nicht selbst Wachstumsgrenzen auferlegt. Folge dieser Grenzüberschreitung können theoretisch entweder Schwingungen oder ein Zusammenbruch sein.

Grenzüberschreitung und Schwingungen

Falls die Warnsignale von den Grenzen an die wachsende Größe verzögert ankommen oder die Reaktion darauf zu spät erfolgt und falls die Umwelt durch die Überlastung noch nicht erodiert ist, wird die wachsende Größe ihre Grenze eine Zeit lang überschreiten; danach wird eine Korrektur erfolgen, die sie wieder unter die Grenze bringt, daraufhin wieder eine Grenzüberschreitung und so weiter. Nach mehreren solchen Schwingungen folgt gewöhnlich ein gedämpftes Einschwingen auf einen Gleichgewichtszustand innerhalb der Grenzen (Abbildung 4-9c).

Zu einer Grenzüberschreitung mit Schwingungen kann es nur kommen, wenn die Umwelt in Zeiten starker Belastung nur unwesentlich geschädigt wird oder sich so rasch regeneriert, dass sie sich in Zeiten geringerer Belastung wieder vollständig erholt.

Erneuerbare Ressourcen wie Wälder, Böden, Fischbestände und wieder auffüllbare Grundwasservorräte sind zwar erodierbar, vermögen sich aber auch selbst zu regenerieren. Sie können sich nach einer Übernutzungsepisode wieder erholen, solange diese nur schwach und kurz genug war, dass die Nährstoffquellen, die Zuchtbestände oder die Grundwasser führenden Schichten dabei nicht nachhaltig geschädigt wurden. Abgeholzte Wälder können nach Aussaat oder Pflanzung wieder nachwachsen, wenn man ihnen genügend Zeit lässt und die Bodenverhältnisse und klimatischen Bedingungen geeignet sind. Auch ein Fischbestand kann sich erholen, wenn sein Lebensraum und seine Nahrungsgrundlage nicht vernichtet wurden. Verarmte Böden können sich regenerieren – vor allem bei aktiver Unterstützung durch Landwirte. Schadstoffanreicherungen können wieder abgebaut werden, sofern die natürlichen Absorptionsmechanismen der Umwelt nicht schwer gestört sind.

Daher ist eine Grenzüberschreitung mit nachfolgendem Schwingungsvorgang eine Verhaltensweise des Weltsystems, mit der man rechnen muss. Sie ist an mehreren Orten für verschiedene Ressourcen beobachtet worden. In New England zum Beispiel ist mehrfach der folgende periodische Vorgang abgelaufen: Zunächst wurden viel mehr Sägewerke gebaut, als durch die Wälder der Region nachhaltig mit Holz versorgt werden konnten. Die Nutzholzbestände verschwanden langsam durch Abholzung, und Sägewerke wurden stillgelegt. Danach musste die Holzindustrie jahrzehntelang ruhen, bis der Wald wieder nachgewachsen war. Dann baute man wieder weit mehr Sägewerke als notwendig, und das Spiel wiederholte sich. Mindestens einen solchen Zyklus hat die norwegische Küstenfischerei durch Überfischung der Fischbestände hinter sich; um die Fischindustrie zu retten, kaufte die Regierung schließlich Fischkutter auf und setzte sie außer Betrieb, sodass sich die Fischbestände wieder regenerieren konnten.

Die Phase des Rückgangs bei einer Grenzüberschreitung mit Schwingungsvorgang ist für alle Beteiligten schwierig und belastend. Für Industriezweige, die auf die übernutzte Ressource angewiesen sind, sind dies harte Zeiten; in Gebieten mit hohen Umweltbelastungen durch Schadstoffe leidet die Bevölkerung unter Gesundheitsschäden. Schwingungsvorgänge sollten vermieden werden. Aber sie bedeuten in der Regel nicht das Ende eines Systems.

Grenzüberschreitungen können sich dann zur Katastrophe ausweiten, wenn sie irreversible Schäden verursachen. Eine ausgerottete Art ist unwiederbringlich verloren. Fossile Brennstoffe werden durch den Verbrauch für immer vernichtet. Manche Schadstoffe wie radioaktive Materialien können durch keinerlei natürliche Mechanismen unschädlich gemacht werden. Aus geologischen Daten ergibt sich, dass bei einer deutlichen Klimaänderung die Temperatur- und Niederschlagsverteilungen innerhalb eines für die menschliche Gesellschaft relevanten Zeitraums nicht mehr auf normale Werte zurückkehren werden. Selbst erneuerbare Ressourcen und Absorptionsprozesse für Schadstoffe können bei anhaltendem oder systematischem Missbrauch für immer zerstört werden: wenn die tropischen Wälder so abgeholzt werden, dass sie nicht mehr nachwachsen können, wenn Meerwasser in Grundwasservorräte eindringt und sie versalzt, wenn Böden bis auf den blanken Fels erodiert werden, wenn sich durch saure Niederschläge der pH-Wert von Böden stark verändert und dadurch Schwermetalle ausgewaschen werden – dann hat die Erde einen Teil ihrer ökologischen Tragfähigkeit für immer verloren – oder zumindest für einen Zeitraum, der für Menschen „für immer" bedeutet.

Daher ist eine Grenzüberschreitung mit anschließendem Schwingungsvorgang nicht die einzige Möglichkeit des Systemverhaltens, wenn die Menschheit die Grenzen des Wachstums erreicht. Es gibt noch eine weitere Möglichkeit.

Grenzüberschreitung und Zusammenbruch

Wenn das Warnsignal verzögert von der Grenze ausgeht oder die Reaktion verzögert erfolgt und die Umwelt durch die Überlastung irreversibel erodiert ist, dann überschreitet die Wirtschaftsentwicklung die ökologische Tragfähigkeit, erschöpft die Ressourcenbasis und es kommt zum Zusammenbruch (Abbildung 4-9d).

Als Folge einer solchen Grenzüberschreitung mit anschließendem Zusammenbruch verarmt die Umwelt dauerhaft und erlaubt nur noch einen viel geringeren materiellen Lebensstandard, als er ohne Überlastung der Umwelt möglich wäre.

Der Unterschied zwischen Grenzüberschreitung mit Schwingungsvorgang und Grenzüberschreitung mit Zusammenbruch ergibt sich aus dem Vorhandensein von *Erosionsrückkopplungen* im System. Das sind positive Rückkopplungsschleifen der schlimmsten Art. Normalerweise machen sie sich nicht bemerkbar, aber in kritischen Situationen verschlimmern sie die Lage zusätzlich, weil sie den Verfall des Systems beschleunigen.

Folgendes Beispiel verdeutlicht dies: Graslandschaften überall auf der Welt haben sich in Koevolution mit Weidetieren wie Büffeln, Antilopen, Lamas oder Kängurus entwickelt. Wenn Gräser abgefressen sind, entziehen die noch verbliebenen Stoppeln und Wurzeln dem Boden mehr Wasser und Nährstoffe und lassen frisches Gras sprießen. Die Zahl der Weidetiere wird durch Raubtiere, jahreszeitliche Wanderungen und Krankheiten unter Kontrolle gehalten. Daher erodiert dieses Ökosystem nicht. Werden jedoch die Raubtiere abgeschossen, die Wanderungen der Herden verhindert oder wird der Rinderbesatz zu hoch, fressen die Tiere das Gras völlig ab. Dies kann eine rasche Erosion des Bodens auslösen.

Je geringer der Pflanzenbewuchs, desto geringer auch der Schutz für den Boden. Mit fortschreitendem Verlust der Pflanzendecke wird der Boden leichter vom Wind abgetragen oder durch Regen weggeschwemmt. Aber je dünner die Bodenschicht, desto weniger Pflanzen können darauf wachsen; dadurch kann der Boden noch stärker erodieren – und so weiter. Das Land wird immer unfruchtbarer, bis sich das einstige Grasland in eine Wüste verwandelt hat.

In World3 sind mehrere solcher Erosionsrückkopplungen enthalten, zum Beispiel:

- Wenn die Menschen mehr Hunger leiden, intensivieren sie die Landwirtschaft. Dadurch produzieren sie zwar kurzfristig mehr Nahrung, aber auf Kosten von Investitionen für die langfristige Erhaltung der Böden. In der Folge verringert sich die Bodenfruchtbarkeit, wodurch die Nahrungsproduktion dann noch weiter zurückgeht.
- Bisweilen erfordern bestimmte Probleme eine höhere Industrieproduktion. Zu diesen Problemen gehören die Umweltbelastung, die Anlagen zur Ver-

ringerung der Schadstoffemissionen erforderlich macht, der Hunger, zu dessen Bekämpfung der landwirtschaftliche Input erhöht werden muss, oder Ressourcenknappheit, die die Entdeckung und Erschließung neuer Ressourcen erfordert. In solchen Fällen werden die verfügbaren Investitionen meist eher zur Lösung der unmittelbaren Probleme eingesetzt als zur Bestandserhaltung des existierenden Industriekapitals. Verringert sich aber der Bestand funktionierender Industrieanlagen, so verringert sich dadurch die Industrieproduktion künftig noch stärker. Diese geringere Industrieproduktion kann dazu führen, dass Instandhaltungsmaßnahmen noch weiter hinausgeschoben werden und sich der Anlagenbestand dadurch noch weiter verringert.

- In einer schwächer werdenden Wirtschaft können die pro Kopf verfügbaren Dienstleistungen zurückgehen. Infolge geringerer Investitionen in die Familienplanung kann schließlich die Geburtenrate ansteigen. Das führt zu einer Zunahme der Bevölkerung, wodurch pro Kopf noch weniger Dienstleistungen zur Verfügung stehen.
- Eine zu hohe Schadstoffbelastung kann die Absorptionsmechanismen für Schadstoffe schädigen. Dadurch werden die Schadstoffe nicht mehr so rasch abgebaut und reichern sich immer schneller an.

Dieser letzte Erosionsvorgang, die Beeinträchtigung der natürlichen Mechanismen des Schadstoffabbaus, ist besonders heimtückisch. Bei unserem ersten Entwurf von World3 vor über 30 Jahren gab es kaum Hinweise auf dieses Phänomen. Zu jener Zeit dachten wir mehr an andere Wechselbeziehungen: etwa dass durch Pestizide, die in Gewässer gelangen, Organismen getötet werden, die normalerweise organische Schadstoffe abbauen, oder dass die in die Luft abgegebenen Stickoxide und flüchtigen organischen Verbindungen miteinander reagieren, wodurch schädlicher photochemischer Smog entsteht.

Seither sind aber weitere Beispiele dafür ans Licht gekommen, dass die Mechanismen der Erde zur Kontrolle von Schadstoffen zunehmend beeinträchtigt werden. Ein Beispiel für einen solchen Mechanismus ist die offensichtliche Fähigkeit von kurzzeitig wirksamen Luftschadstoffen wie Kohlenmonoxid, die Konzentration der reinigend wirkenden Hydroxylradikale in der Luft zu verringern. Diese Hydroxylradikale reagieren normalerweise mit dem Treibhausgas Methan und zerstören dieses. Wenn sie jedoch durch Luftverschmutzung aus der Atmosphäre beseitigt werden, steigt die Methankonzentration. Durch die Zerstörung eines solchen Reinigungsmechanismus können auch kurzfristig wirksame Schadstoffe die langfristige Veränderung des Klimas verstärken.[14]

Als weiteres Beispiel für einen solchen Prozess ist die Schädigung bzw. das Absterben von Wäldern durch Luftschadstoffe zu nennen. Dadurch wird eine wichtige Senke für das Treibhausgas Kohlendioxid dezimiert. Ein drittes Beispiel ist die Versauerung von Böden durch Düngemittel oder sauren Regen infolge von Industrieemissionen. Böden mit normalem Säurewert wirken als Senken für Schadstoffe. Sie binden toxische Schwermetalle und machen sie unschädlich, sodass sie nicht in Fließgewässer und ins Grundwasser und damit auch nicht in Lebewesen gelangen. Bei erhöhtem Säurewert werden diese Bindungen jedoch aufgebrochen. W. M. Stigliani hat diesen Prozess 1991 beschrieben:

> Durch die Versauerung von Böden können darin gespeicherte toxische Schwermetalle, die sich über lange Zeiträume (vielleicht über mehrere Jahrzehnte oder ein Jahrhundert) angereichert haben, mobilisiert werden und leicht ins Grundwasser und in Oberflächengewässer ausgewaschen oder von Pflanzen aufgenommen werden. Wegen der ausgewaschenen Schwermetalle gibt die zunehmende Versauerung der Böden in Europa durch saure Niederschläge wirklich Grund zu ernsthafter Besorgnis.[15]

Neben den in World3 enthaltenen haben noch viele weitere positive Rückkopplungsschleifen in der „realen Welt" das Potenzial, einen Erosionsvorgang zu beschleunigen. Das Potenzial zur Erosion in physikalischen und biologischen Systemen haben wir bereits erwähnt. Ein ganz anderes Beispiel ist der Verfall des sozialen Gefüges. Wenn die Elite eines Landes große Unterschiede beim Lebensstandard in ihrer Nation für akzeptabel hält, kann sie ihre Macht nutzen, um enorme Einkommensunterschiede zwischen sich und den anderen Bevölkerungsschichten zu schaffen. Solche Ungleichheiten können im Mittelstand Frustration, Wut und Proteste hervorrufen. Die Proteste führen zu sozialen Unruhen, auf die mit weiterer Unterdrückung reagiert wird. Mit der Ausübung von Gewalt isoliert sich die Elite noch weiter von der breiten Masse und verstärkt unter den Mächtigen die Moralvorstellungen und Werte, mit denen sich die große Kluft zwischen ihnen und der Mehrheit der Bevölkerung rechtfertigen lässt. Die Einkommensunterschiede vergrößern sich, Wut und Frustration nehmen zu und führen mitunter zu noch stärkerer Unterdrückung – bis es schließlich irgendwann zur Revolution oder zum Zusammenbruch kommt.

Erosions- oder Zerfallsmechanismen gleich welcher Art sind nur schwer zu quantifizieren, denn Erosion ist ein Phänomen des Gesamtsystems, das sich aus dem Zusammenwirken vieler Kräfte ergibt. Es tritt nur in Belastungszeiten in Erscheinung, und wenn es sich erst einmal bemerkbar macht, lässt es sich kaum noch aufhalten. Doch trotz dieser Unsicherheiten können wir mit Gewissheit sagen, dass bei jedem System, in dem ein Erosionsprozess schlummert, auch der Zusammenbruch möglich ist, sobald es übermäßig belastet wird.

In kleinräumigerem Maßstab erkennen wir bei verschiedenen Vorgängen eine Grenzüberschreitung mit anschließendem Zusammenbruch: zum Beispiel bei der Desertifikation (Ausbreitung von Wüsten), bei der Erschöpfung von Mineralien und Grundwasservorkommen, bei der Vergiftung der Böden von Feldern und Wäldern durch schwer abbaubare toxische Schadstoffe sowie beim Aussterben von Arten. Aufgegebene Landwirtschaftsbetriebe, verlassene Bergbaustädte und verfallene Industrieruinen bezeugen die „Realität" dieses Systemverhaltens. In globalem Maßstab könnte eine Grenzüberschreitung mit Zusammenbruch den Zerfall der großen natürlichen Kreisläufe bedeuten, die das Klima regulieren, Luft und Wasser reinigen, die Biomasse erneuern, die biologische Vielfalt erhalten und Abfälle in Nährstoffe umwandeln. Als wir 1972 erstmals unsere Ergebnisse veröffentlichten, war es für die meisten Menschen unvorstellbar, dass der Mensch natürliche Prozesse in globalem Maßstab zerstören könnte. Inzwischen steht dies regelmäßig in den Schlagzeilen und im Mittelpunkt wissenschaftlicher Tagungen und ist Thema internationaler Verhandlungen.[16]

World3: zwei mögliche Szenarien

In der simulierten Welt von World3 ist Wachstum das vorrangige Ziel. Die Bevölkerung von World3 wird ihr Wachstum erst einstellen, wenn sie sehr wohlhabend geworden ist. Ihre Wirtschaft wird erst aufhören zu wachsen, wenn sie an Grenzen stößt. Menge und Qualität ihrer Ressourcen nehmen wegen der Überbeanspruchung ab. Die Rückkopplungsschleifen, die Entscheidungen in den einzelnen Bereichen verknüpfen und gestalten, enthalten erhebliche Verzögerungen. Die physischen Prozesse im System verursachen durch ihre Trägheiten eine beträchtliche Eigendynamik. Daher sollte es nicht überraschen, dass eine Grenzüberschreitung mit Zusammenbruch das wahrscheinlichste Verhalten der Modellwelt ist.

Die in Abbildung 4-11 dargestellten Kurven von Szenario 1 zeigen das Verhalten von World3 mit den „normalen" Parameterwerten – mit jenen Zahlen, die wir als „realistische" Beschreibung der durchschnittlichen Situation im ausgehenden 20. Jahrhundert betrachten, ohne Berücksichtigung ungewöhnlicher technischer Fortschritte oder politischer Maßnahmen. 1972 haben wir dies als „Standardlauf" bezeichnet. Wir sahen dieses Szenario nicht als wahrscheinlichste zukünftige Entwicklung und gewiss nicht als Prognose. Es war nur als Ausgangspunkt, als Grundlage für Vergleiche gedacht. Viele Menschen maßen diesem „Standardlauf" weit mehr Bedeutung bei als den nachfolgenden Szenarien. Damit dies nicht wieder passiert, wollen wir es einfach als „Bezugspunkt" bezeichnen und jedem Szenario eine Nummer zuweisen; dies ist einfach Szenario 1.

In Szenario 1 entwickelt sich die Gesellschaft so lange wie möglich ohne größere Richtungsänderungen in gewohnter Weise. Sie folgt dabei in groben Zügen der Entwicklung, wie wir sie aus dem 20. Jahrhundert kennen. Die Produktion von Nahrungsmitteln, Industriegütern und Dienstleistungen

Zustand der Welt

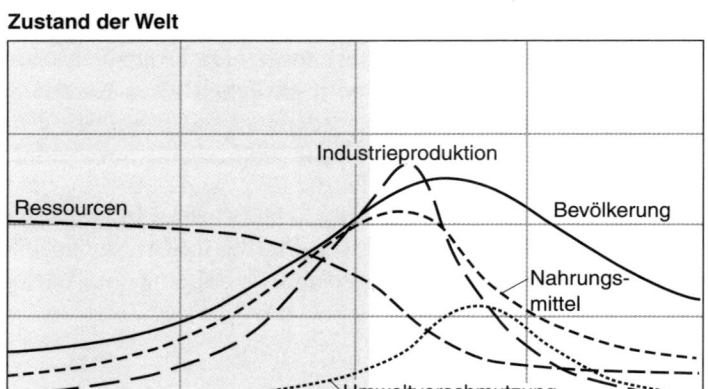

materieller Lebensstandard

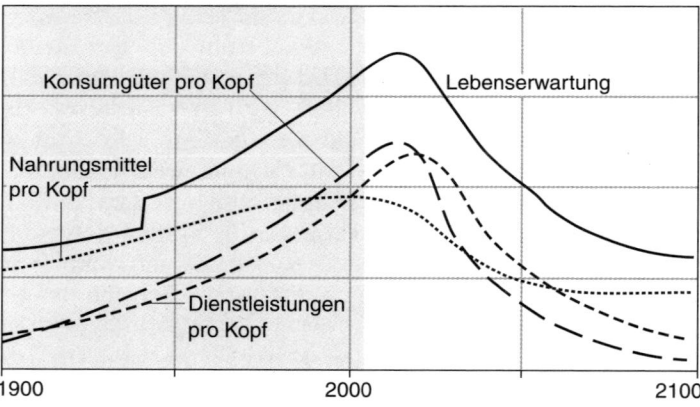

Wohlstand und ökologischer Fußabdruck

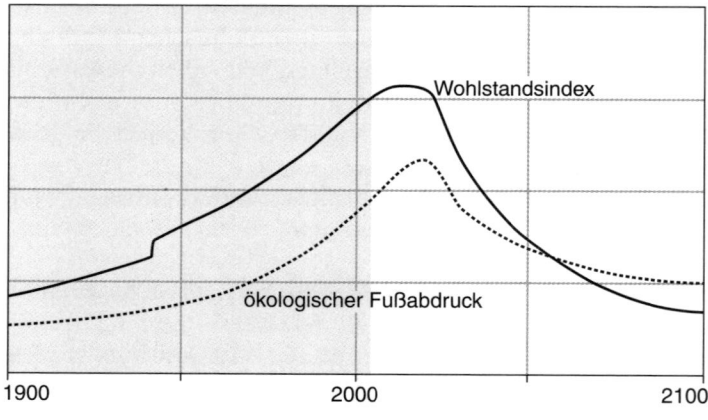

Abbildung 4-11 Szenario 1: Bezugspunkt
In diesem Szenario entwickelt sich die globale Gesellschaft auf gewohnte Weise weiter, ohne größere Abweichungen von der Politik, die sie im 20. Jahrhundert lange Zeit verfolgt hat. Die weitere Zunahme von Bevölkerung und Produktion wird schließlich gestoppt, weil nicht erneuerbare Ressourcen immer knapper werden. Um den Ressourcenfluss aufrechtzuerhalten, sind immer größere Investitionen erforderlich. Diese fehlen dann in anderen Sektoren der Wirtschaft, was schließlich dazu führt, dass die Produktion von Industriegütern und Dienstleistungen immer weiter zurückgeht. Als Folge werden auch weniger Nahrungsmittel produziert und die Gesundheitsdienste reduziert, wodurch die Lebenserwartung sinkt und die durchschnittliche Sterberate steigt.

nimmt entsprechend der Nachfrage und der Kapitalverfügbarkeit zu. Über das hinaus, was unmittelbar wirtschaftlich sinnvoll ist, werden keine außergewöhnlichen Anstrengungen unternommen, die Umweltverschmutzung einzudämmen, Ressourcen zu schonen oder Land und Böden zu schützen. In dieser simulierten Welt wird versucht, den demographischen Übergang zu schaffen und allen Menschen Zugang zu einer blühenden Industriewirtschaft zu ermöglichen. Mit dem Ausbau des Dienstleistungssektors gewinnt die Welt in Szenario 1 ein flächendeckendes Gesundheitssystem und eine funktionierende Geburtenkontrolle. Durch höheren Mitteleinsatz erzielt der Landwirtschaftssektor höhere Erträge und wächst. Das Wachstum des Industriesektors bringt erhöhte Schadstoffemissionen mit sich; mehr nicht erneuerbare Ressourcen werden benötigt, es kann aber auch mehr produziert werden.

Die Bevölkerung wächst in Szenario 1 von 1,6 Milliarden Menschen im simulierten Jahr 1900 auf 6 Milliarden im Jahr 2000 und über 7 Milliarden im Jahr 2030. Die Industrieproduktion steigt zwischen 1900 und 2000 insgesamt um fast das 30fache und bis 2020 um weitere 10%. Zwischen 1900 und 2000 werden lediglich rund 30% der Vorräte nicht erneuerbarer Ressourcen verbraucht; im Jahr 2000 sind noch mehr als 70% vorhanden. Die Umweltverschmutzung ist im Jahr 2000 gerade erst merklich gestiegen und beträgt 50% mehr als noch 1990. Im Jahr 2000 werden pro Kopf 15% mehr Konsumgüter produziert als 1990 und rund achtmal so viel wie 1900.[17]

Deckt man die rechte Hälfte der Kurven von Szenario 1 ab, sodass lediglich der Verlauf bis zum Jahr 2000 sichtbar bleibt, so vermittelt die simulierte Welt den Eindruck, recht erfolgreich zu sein. Die Lebenserwartung steigt, die Pro-Kopf-Produktion von Gütern und Dienstleistungen sowie von Nahrungsmitteln und Industrieproduktionen nimmt ständig zu. Auch der durchschnittliche Wohlstand der Menschen erhöht sich kontinuierlich. Einige düstere Wolken zeigen sich bereits am Horizont: Die Umweltverschmutzung nimmt zu und der ökologische Fußabdruck der Menschheit vergrößert sich. Die pro Kopf verfügbare Nahrungsmenge stagniert. In der Grundtendenz wächst das System allerdings immer noch, und es gibt wenige Anzeichen dafür, dass bald größere Veränderungen bevorstehen.

Nach wenigen Jahrzehnten im 21. Jahrhundert kommt dass Wirtschaftswachstum plötzlich zum Stillstand und geht relativ abrupt zurück. Verursacht wird diese Abkehr von den Wachstumstrends der Vergangenheit in erster Linie durch die rapide steigenden Kosten für nicht erneuerbare Ressourcen. Dieser Kostenanstieg macht sich nach und nach in den verschiedenen anderen Wirtschaftssektoren bemerkbar – in Form immer knapper werdender Investitionsmittel. Doch wir wollen diesen Vorgang im Einzelnen verfolgen.

Im simulierten Jahr 2000 würden die in den unterirdischen Lagerstätten vorhandenen nicht erneuerbaren Ressourcen bei gleich bleibender Verbrauchsrate noch weitere 60 Jahre reichen. Zu diesem Zeitpunkt sind noch keine ernsthaften Beschränkungen der Ressourcen erkennbar. Aber im Jahr 2020 entspricht die Menge der vorhandenen Ressourcen nur noch einem Vorrat für 30 Jahre. Warum tritt diese Verknappung so rasch ein? Weil durch das Wachstum der Industrieproduktion und der Bevölkerung der Ressourcenverbrauch ansteigt und dadurch die Ressourcenbestände verringert werden. Die Bevölkerung wächst zwischen 2000 und 2020 um 20 %, die Industrieproduktion sogar um 30 %. In diesen zwei Jahrzehnten wird in Szenario 1 durch die wachsende Bevölkerung und den zunehmenden Bestand an Industrieanlagen nahezu die gleiche Menge nicht erneuerbarer Ressourcen verbraucht, wie sie die Weltwirtschaft im gesamten vorigen Jahrhundert verbraucht hat! Naturgemäß ist nun aber mehr Kapital erforderlich, um die noch verbliebenen nicht erneuerbaren Ressourcen zu finden, abzubauen und aufzubereiten – im unablässigen Bemühen der simulierten Welt, weiteres Wachstum zu ermöglichen.

Da es in Szenario 1 immer schwieriger wird, nicht erneuerbare Ressourcen zu beschaffen, muss mehr Kapital zu ihrer Gewinnung abgezweigt werden. Dadurch bleibt weniger für Investitionen zur Sicherung hoher landwirtschaftlicher Erträge und für weiteres Wachstum der Industrie. Um das Jahr 2020 können die Investitionen in das Industriekapital den Verschleiß und Zerfall der Anlagen nicht mehr kompensieren. (Es sind hier immer *materielles* Kapital und *materielle* Abschreibung gemeint, mit anderen Worten die Abnutzung und Alterung von Maschinen und Anlagen, nicht deren buchhalterische Wertminderung.) Infolgedessen erleidet die Industrie einen in dieser Situation kaum vermeidlichen Niedergang, da die Wirtschaft gezwungen ist, zunehmend in den Ressourcensektor zu investieren. Täte sie das nicht, so würde der Mangel an Rohstoffen und Brennstoffen die Industrieproduktion sogar noch rascher einschränken.

Somit werden Wartung und Instandhaltung von Industrieanlagen aufgeschoben, das Industriekapital beginnt zu schrumpfen, und parallel dazu geht die Produktion der verschiedenen Industriegüter zurück, die man braucht, um die wachsenden Kapitalbestände und Produktionsraten in anderen Sektoren der Wirtschaft aufrechtzuerhalten. Schließlich erzwingt der Rückgang des Industriesektors entsprechende Rückgänge im Dienstleistungs- und im Landwirtschaftssektor, die vom Input der Industrie abhängig sind. Auf die Landwirtschaft wirkt sich der Rückgang der Industrie in Szenario 1 besonders schwerwiegend aus, da die Fruchtbarkeit der Böden durch Übernutzung schon vor dem Jahr 2000 beeinträchtigt wurde. Folglich wird die Nahrungsmittelproduktion vor allem dadurch aufrechterhalten, dass man diese Beeinträchtigung durch Inputs aus der Industrieproduktion in Form von Düngemitteln, Pestiziden und Bewässerungsanlagen kompensiert. Im Laufe der Zeit verschärft sich die Situation zunehmend, weil die Bevölkerung weiterhin zunimmt; Ursache hierfür sind durch die Altersstruktur bedingte Verzögerungen und die verzögerte Anpassung der Gesellschaft an neue Fruchtbarkeitsnormen. Um das Jahr 2030 erreicht die Bevölkerung schließlich ihr Maximum und nimmt dann wieder ab, da der Mangel von Nahrung und medizinischer Versorgung die Sterberate nach oben schnellen lässt. Die durchschnittliche Lebenserwartung, die 2010 bei 80 Jahren lag, geht entsprechend zurück.

Dieses Szenario skizziert eine „Krise der nicht erneuerbaren Ressourcen". Es handelt sich aber *nicht um eine Vorhersage*. Weder sollen exakte zukünftige Werte für die verschiedenen Modellvariablen prognostiziert werden noch der genaue zeitliche Ablauf der Ereignisse. Unserer Ansicht nach ist dies nicht der wahrscheinlichste Verlauf der Entwicklung in der „realen Welt". Wir werden in Kürze eine zweite Möglichkeit vorstellen und in den Kapiteln 6 und 7 noch einige weitere. Mit Sicherheit können wir über Szenario 1 allerdings sagen, dass es das wahrscheinliche *generelle Verhalten* des Systems veranschaulicht, *sofern* auch zukünftig ähnliche politische Entscheidungen das Wirtschafts- und Bevölkerungswachstum beeinflussen, wie in den letzten Jahren des 20. Jahrhunderts, *sofern* Technologien und Wertvorstellungen sich genauso weiterentwickeln, wie es für diesen Zeitraum typisch war, und *sofern* die im Modell enthaltenen unsicheren Zahlenwerte einigermaßen korrekt sind.

Wenn nun aber unsere Annahmen und die Zahlenwerte der Modellparameter falsch sind? Wie würde sich der Verlauf beispielsweise ändern, wenn in Wirklichkeit die doppelte Menge nicht erneuerbarer Ressourcen in unterirdischen Lagerstätten auf ihre Entdeckung wartet, als wir sie für Szenario 1 angenommen haben? Dies überprüfen wir mit dem in Abbildung 4-12 dargestellten Szenario 2.

Wie zu erkennen ist, sind die Ressourcen in dieser Simulation sehr viel später erschöpft als in Szenario 1, sodass auch das Wachstum viel länger anhalten kann. Es setzt sich noch weitere 20 Jahre fort – in dieser Zeit können sich die Industrieproduktion und der Ressourcenverbrauch ein weiteres Mal verdoppeln. Auch das Bevölkerungswachstum hält länger an und erreicht im simulierten Jahr 2040 ein Maximum von mehr als 8 Milliarden Menschen. Trotz dieser zeitlichen Streckung der Entwicklung zeigt das Modell aber nach wie vor als generelles Verhalten eine Grenzüberschreitung mit anschließendem Zusammenbruch. Dieser erfolgt nun hauptsächlich aufgrund der enormen globalen Umweltverschmutzung.

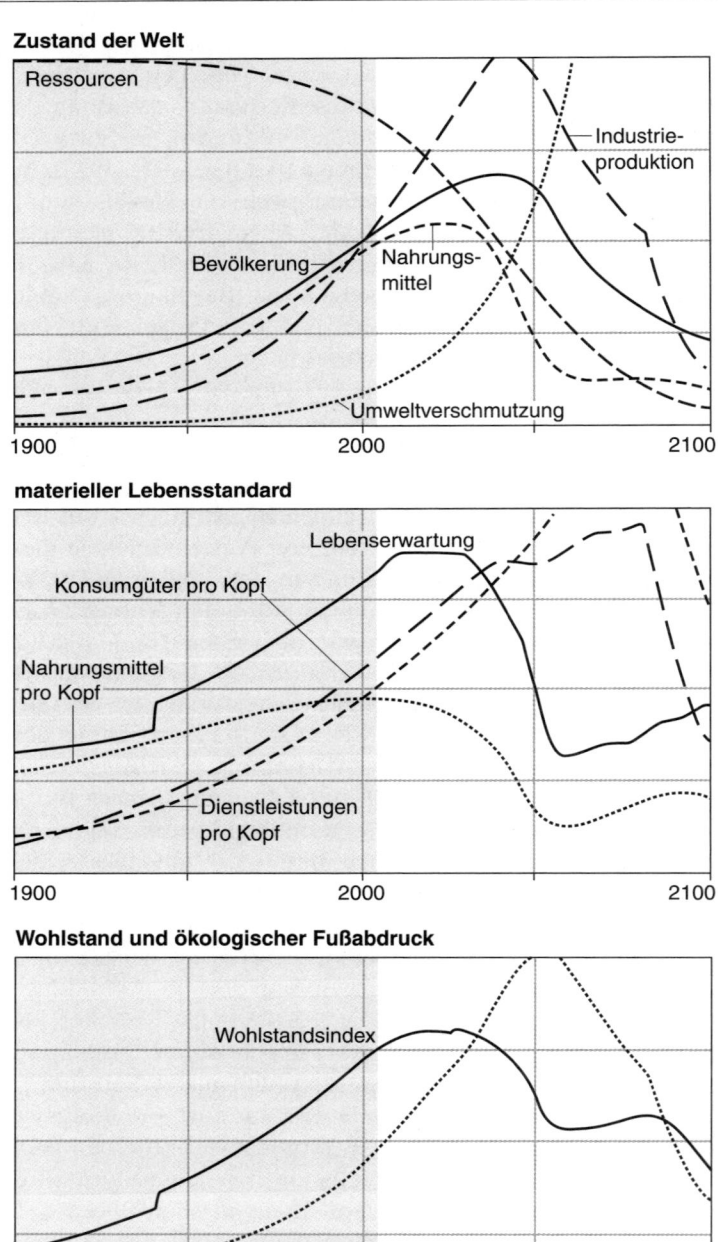

Abbildung 4-12 Szenario 2: Größere Verfügbarkeit nicht erneuerbarer Ressourcen
Wenn wir die für Szenario 1 angenommene Menge nicht erneuerbarer Ressourcen verdoppeln und
außerdem davon ausgehen, dass der Kostenanstieg für deren Abbau durch fortschrittlichere
Abbautechniken verzögert wird, dann kann die Industrie 20 Jahre länger wachsen. Die Bevölkerung erreicht ihr Maximum von 8 Milliarden im Jahr 2040 – bei einem viel höheren Konsumniveau.
Die Umweltverschmutzung steigt allerdings sprunghaft in die Höhe (über das Schaubild hinaus!),
wodurch die landwirtschaftlichen Erträge sinken und große Investitionen für die Regeneration der
Anbauflächen erforderlich werden. Aufgrund der Nahrungsknappheit und der negativen Auswirkungen der Umweltverschmutzung auf die Gesundheit nimmt die Bevölkerung schließlich wieder
ab.

Durch die gestiegene Industrieproduktion nimmt auch der Schadstoffausstoß erheblich zu; die Umweltbelastung erreicht in Szenario 2 ihren Höchstwert 50 Jahre später als in Szenario 1, und dieser ist etwa fünfmal höher. Zum
Teil ist dieser Anstieg auf höhere Emissionsraten zurückzuführen, zum Teil
aber auch auf die Tatsache, dass die Prozesse zur Absorption der Schadstoffe
immer mehr beeinträchtigt werden. Beim Höchstwert um das Jahr 2090 hat
sich die durchschnittliche Verweildauer der Schadstoffe in der Umwelt gegenüber dem Wert von 2000 mehr als verdreifacht. Die immensen Mengen von
Düngemitteln, Pestiziden und sonstigen Inputs in der Landwirtschaft sorgen
für eine weitere Vergrößerung des ökologischen Fußabdrucks.

Die Umweltverschmutzung wirkt sich so stark auf die Fruchtbarkeit der
Anbauflächen aus, dass diese in Szenario 2 in der ersten Hälfte des 21. Jahrhunderts dramatisch zurückgeht. Selbst durch erhöhte Investitionen zur Kom-
pensation dieser Verluste lässt sich die Fruchtbarkeit nicht in ausreichendem
Maße wiederherstellen, und somit ist nicht zu verhindern, dass die Erträge und
die Nahrungsmittelproduktion nach 2030 steil abfallen. In der Folge steigt die
Sterberate. In einem vergeblichen Versuch, den Hunger aufzuhalten, wird
weiteres Kapital für den Landwirtschaftssektor abgezweigt; weil deshalb aber
im Industriesektor nur ungenügend reinvestiert werden kann, kommt dessen
Wachstum zum Erliegen.

Szenario 2 skizziert eine „Krise der globalen Umweltverschmutzung". In
der ersten Hälfte des 21. Jahrhunderts steigt die Schadstoffbelastung so stark
an, dass sie die Fruchtbarkeit der Anbauflächen beeinträchtigt. In der „realen
Welt" könnte dies durch Kontaminierung der Böden mit Schwermetallen oder
schwer abbaubaren Chemikalien erfolgen, durch Klimaveränderungen, durch
die sich die Anbaubedingungen schneller ändern, als sich die Landwirte darauf
einstellen können, oder durch eine erhöhte ultraviolette Strahlung infolge der
geschrumpften Ozonschicht. Zwischen 1970 und 2000 geht die Fruchtbarkeit
der Anbauflächen nur leicht zurück, zwischen 2000 und 2030 nimmt sie jedoch
um 20 % ab, und 2060 beträgt sie nur noch einen Bruchteil des Wertes aus dem
Jahr 2000. Gleichzeitig steigt die Bodenerosion. Der Rückgang der Nahrungsmittelproduktion beginnt 2030 und zwingt die Wirtschaft, Investitionen auf

den Landwirtschaftssektor umzulenken, um eine ausreichende Ernährung zu gewährleisten. Aber die Schäden durch die Umweltverschmutzung sind bereits so groß, dass sich die Nahrungsmittelproduktion nicht mehr erholen kann. In der zweiten Hälfte des 21. Jahrhunderts kommt zu den Auswirkungen der Nahrungsknappheit noch hinzu, dass die Schadstoffbelastung auf so hohe Werte ansteigt, dass die durchschnittliche Lebenserwartung drastisch sinkt. Der ökologische Fußabdruck der Menschheit wird riesig, bis er durch den Zusammenbruch wieder auf ähnliche Werte schrumpft wie im vorigen Jahrhundert.

Welche Zukunft ist wahrscheinlicher, Szenario 1 oder Szenario 2? Wenn sich diese Frage wissenschaftlich beantworten ließe, würde die Antwort davon abhängen, wie groß die „tatsächlich" vorhandenen Mengen noch unentdeckter nicht erneuerbarer Ressourcen in unterirdischen Lagerstätten wären. Aber diese Zahlen kennen wir nicht mit Gewissheit. Jedenfalls müssen auch noch andere ungewisse Parameterwerte überprüft und viele technische und politische Veränderungsmöglichkeiten berücksichtigt werden. In den Kapiteln 6 und 7 werden wir darauf zurückkommen. Bislang hat uns World3 nur gezeigt, dass das Modellsystem die Tendenz zur Grenzüberschreitung mit Zusammenbruch aufweist. Tatsächlich kam eine Grenzüberschreitung mit anschließendem Zusammenbruch in den Tausenden von Testläufen, die wir im Laufe der Jahre ausprobiert haben, bei weitem am häufigsten vor – aber sie war nicht gänzlich unvermeidbar. Eigentlich sollten die Ursachen für dieses Verhalten nun recht deutlich geworden sein.

Warum kommt es zu Grenzüberschreitung mit Zusammenbruch?

Eine Bevölkerung und ihre Wirtschaft geraten in einen Zustand der Grenzüberschreitung, wenn sie in nicht nachhaltiger Weise Ressourcen abbauen oder Schadstoffe emittieren, aber sich die Belastungen des Umweltsystems noch nicht so stark auswirken, dass der Ressourcenabbau oder die Schadstoffemissionen eingeschränkt werden. Anders ausgedrückt: Die Menschheit überschreitet ihre Grenzen, wenn ihr ökologischer Fußabdruck größer ist als auf Dauer tragbar, aber noch nicht so groß, dass er Veränderungen erzwingt, durch die er wieder kleiner wird.

Verursacht wird die Grenzüberschreitung durch verzögerte Rückkopplung. Die Informationen, dass bereits Grenzen überschritten sind, kommen bei den Entscheidungsträgern des Systems nicht sofort an, diese schenken ihnen keinen Glauben oder reagieren zu spät darauf. Möglich wird die Grenzüberschreitung, weil gespeicherte Ressourcenbestände vorhanden sind, die erschöpft werden können. Wenn Sie Rücklagen auf einem Bankkonto angespart haben, können Sie beispielsweise zumindest einige Zeit monatlich mehr Geld ausgeben, als Sie verdienen. Sie können das Wasser aus einer Badewanne schneller ablassen, als es durch den Wasserhahn wieder aufgefüllt wird – zumindest bis die angesammelte Wassermenge abgelaufen ist. Man kann aus einem Wald mehr Holz ernten, als jährlich nachzuwachsen vermag, wenn man einen großen Baumbestand hat, der viele Jahrzehnte lang wachsen konnte. Man kann große Herden aufbauen, die das Land überweiden, oder Fischereiflotten, die Fischbestände überfischen, wenn zunächst Bestände von Futterpflanzen und Fischen vorhanden sind, die zuvor nicht genutzt wurden. Je größer die Ausgangsbestände sind, desto stärker und länger kann die Grenzüberschreitung ausfallen. Wenn eine Gesellschaft sich einfach nur daran orientiert, dass diese Bestände verfügbar sind, statt daran, wie rasch sie sich wieder regenerieren, überschreitet sie die Grenzen.

Zu der Verzögerung der Warnsignale kommt noch die physische Trägheit im System, die ebenfalls zu einer verzögerten Reaktion auf die Signale führen kann. Es dauert eine gewisse Zeit, bis Wälder nachwachsen, Bevölkerungen altern, Schadstoffe sich in Ökosystemen ausbreiten, verschmutzte Gewässer wieder sauber werden, Industrieanlagen verschleißen und Menschen eine Ausbildung oder Umschulung absolvieren; daher kann das System sich nicht über Nacht verändern, selbst wenn die Probleme wahrgenommen und erkannt worden sind. Für eine korrekte Steuerung muss ein System mit inhärenter Trägheit weit vorausschauen – zumindest so weit, wie sein Verhalten durch die Systemträgheit bestimmt wird. Je langsamer ein Schiff seinen Kurs verändern kann, desto weiter muss sein Radar reichen. Die politischen Systeme und die Marktwirtschaft der Erde blicken nicht weit genug voraus.

Schlussendlich trägt auch noch das Streben nach Wachstum zur Grenzüberschreitung bei. Wenn bei Ihrem Wagen die Scheiben beschlagen oder die Bremsen defekt sind, werden Sie sicher als Erstes *langsam fahren*, um ihre Geschwindigkeit den Möglichkeiten anzupassen. Bestimmt werden Sie nicht unbedingt einfach Gas geben. Verzögerte Rückmeldungen lassen sich verkraften, solange das System sich langsam genug bewegt, um Signale noch rechtzeitig wahrnehmen und darauf reagieren zu können, bevor es mit einer Grenze kollidiert. Bei konstanter Beschleunigung wird jedes System – ganz gleich, wie intelligent, weitsichtig und gut es geplant ist – einen Punkt erreichen, an dem es nicht mehr rechtzeitig reagieren kann. Selbst ein erfahrener Fahrer mit einem perfekt funktionierenden Fahrzeug wird bei hoher Geschwindigkeit zum Unfallrisiko. Je unbändiger das Wachstum, desto stärker die Grenzüberschreitung und desto tiefer ist schließlich der Fall. Aber die politischen und ökonomischen Systeme der Erde sind darauf ausgerichtet, höchstmögliche Wachstumsraten zu erzielen.

Durch Erosionsprozesse folgt schließlich auf eine Grenzüberschreitung der Zusammenbruch; dazu tragen auch nichtlineare Beziehungen bei. Erosionsprozesse führen zu einer Belastung, die sich selbst verstärkt, wenn nicht rasch Abhilfe geschaffen wird. Nichtlineare Beziehungen, wie sie in den Abbildungen 4-2 und 4-7 erkennbar sind, entsprechen *Schwellenwerten*, bei deren Überschreiten sich das Verhalten eines Systems plötzlich ändert. So kann ein Land seine Kupfererze abbauen, bis ihr Kupfergehalt immer geringer wird, aber unterhalb eines bestimmten Kupfergehalts eskalieren die Kosten für den Abbau plötzlich. Böden können erodieren, ohne dass sich dies beim Ernteertrag bemerkbar macht, bis die Bodenschicht so dünn wird, dass die Wurzeln der Nutzpflanzen keinen Halt mehr finden. Ab dann führt weitere Erosion zu einer raschen Desertifikation. Die Existenz von Schwellenwerten verschärft die Folgen einer verzögerten Rückkopplung noch. Für das Fahren eines Fahrzeugs mit beschlagenen Scheiben und defekten Bremsen bedeutet dies zum Beispiel, dass man in scharfen Kurven die Geschwindigkeit noch weiter drosseln muss.

Jedes System aus Bevölkerung, Wirtschaft und Umwelt, in dem es zu Verzögerungen bei der Signalrückmeldung oder strukturbedingten verlangsamten Reaktionen kommt, in dem es Schwellenwerte und Erosionsmechanismen gibt und das rasch wächst, ist schlicht *nicht steuerbar*. Ganz gleich, wie außergewöhnlich seine Techniken, wie effizient seine Wirtschaft und wie klug die politischen Entscheidungsträger auch sein mögen, es wird ihm nicht gelingen, die Gefahren zu umschiffen. Wenn es ständig nach weiterer Beschleunigung strebt, wird es zwangsläufig Grenzen überschreiten.

Grenzüberschreitung ist definitionsgemäß ein Zustand, bei dem die mit Verzögerung eintreffenden Signale der Umwelt nicht stark genug sind, um ein Ende des Wachstums zu erzwingen. Wie kann eine Gesellschaft dann feststellen, ob sie bereits Grenzen überschritten hat? Die ersten Anhaltspunkte hierfür sind schwindende Ressourcenbestände und eine zunehmende Umweltverschmutzung bzw. Schadstoffbelastung. Es gibt aber noch weitere Symptome:

- Um den Verlust ökologischer Leistungen zu kompensieren, die die Natur zuvor ohne Kostenaufwand geleistet hat (etwa Abwasseraufbereitung, Reinigung von Luft und Wasser, Schutz vor Überschwemmungen, Bekämpfung von Schädlingen, Wiederherstellung des Nährstoffgehalts von Böden, Bestäubung und die Erhaltung von Arten), müssen für entsprechende Maßnahmen Kapital, Ressourcen und Arbeitskräfte aus anderen Bereichen abgezogen werden.
- Damit die immer seltener werdenden, in größeren Entfernungen oder in tieferen Schichten liegenden Lagerstätten immer weniger konzentrierter Ressourcen genutzt werden können, müssen Kapital, Ressourcen und Arbeitskräfte von der Produktion von Gebrauchsgütern abgezogen werden.
- Neue Techniken werden erfunden, mit denen auch kleinere, weniger konzentrierte Bestände minderwertiger Ressourcen genutzt werden können, weil die höherwertigen bereits erschöpft sind.

- Da die benötigten Rohstoffe nur noch an immer weniger, immer abgelegeneren, unzugänglicheren Stellen zu finden sind, benötigen Militär und Industrie immer mehr Kapital, Ressourcen und Arbeitskräfte, um sich Zugang zu ihnen zu verschaffen, sie zu sichern und zu verteidigen.
- Die Schadstoffbelastung steigt, weil natürliche Mechanismen zum Abbau der Schadstoffe gestört sind.
- Die Abnutzung des Kapitals übersteigt die Neuinvestitionen, und Instandhaltungsmaßnahmen werden aufgeschoben; der Zustand von Anlagen und Einrichtungen verschlechtert sich, besonders bei Infrastruktur mit langer Nutzungsdauer.
- Investitionen im Bereich menschlicher Ressourcen (für Ausbildung, medizinische Versorgung und Wohnung) werden hintangestellt, damit der unmittelbare Bedarf an Konsumgütern, Investitionen oder Sicherheitsanforderungen gedeckt werden kann oder Schulden getilgt werden können.
- Ein immer größerer Anteil der realen jährlichen Ausgaben fließt in die Tilgung von Schulden.
- Die gesteckten Ziele für die medizinische Versorgung und den Umweltschutz beginnen zu bröckeln.
- Es kommt zunehmend zu Konflikten, insbesondere bezüglich der Quellen von Ressourcen und der Senken für Schadstoffe.
- Die Gewohnheiten der Verbraucher ändern sich, weil die Bevölkerung nicht mehr bezahlen kann, was sie gerne hätte, und stattdessen das kauft, was sie sich leisten kann.
- Der Respekt vor den Instrumenten der Regierung und Verwaltung nimmt ab, weil die Elite diese vermehrt dazu benutzt, sich ihren Anteil der schwindenden Ressourcenbestände zu sichern oder ihn sogar noch zu steigern.
- Die Umwelt versinkt immer mehr im Chaos, denn „Naturkatastrophen" häufen und verschlimmern sich, weil die Belastbarkeit der Umwelt sinkt.

Beobachten Sie irgendwelche Symptome aus dieser Liste in Ihrer „realen Welt"? Wenn ja, dann gibt es gute Gründe anzunehmen, dass Ihre Gesellschaft sich bereits in einem fortgeschrittenen Stadium der Grenzüberschreitung befindet.

Eine Phase der Grenzüberschreitung muss aber nicht zwangsläufig zum Zusammenbruch führen. Soll dieser vermieden werden, ist allerdings schnelles, entschlossenes Handeln gefragt. Die Ressourcenbestände müssen rasch gesichert und ihr Abbau muss stark eingeschränkt werden. Die übermäßige Schadstoffbelastung muss reduziert werden, und die Emissionen müssen auf ein ökologisch tragbares Maß sinken. Dazu muss nicht unbedingt die Bevölkerung, der Kapitalbestand oder der Lebensstandard gesenkt werden. Rasch gesenkt werden muss allerdings der Durchsatz von Material und Energie. Mit anderen Worten, der ökologische Fußabdruck der Menschheit muss kleiner werden. Zum Glück (auch wenn dies pervers klingt) produziert die gegenwärtige Weltwirtschaft so viel Abfall und ist so ineffizient, dass ein beträchtliches Potenzial zur Verkleinerung des ökologischen Fußabdrucks vorhanden ist und dass trotzdem die Lebensqualität aufrechterhalten oder sogar noch angehoben werden kann.

An dieser Stelle wollen wir noch einmal die zentralen Annahmen unseres Modells World3 zusammenfassen, die tendenziell zu einer Grenzüberschreitung mit Zusammenbruch führen. *Wenn Sie unser Modell, unsere Thesen, unser Buch oder unsere Schlussfolgerungen in Frage stellen möchten, sollten Sie folgende Punkte ins Visier nehmen:*

- Wachstum der materiellen Wirtschaft wird als wünschenswert angesehen und ist ein wesentlicher Aspekt unserer Politik, unseres Wesens und unserer Kultur. Wenn die Bevölkerung und die Wirtschaft wachsen, geschieht dies in der Regel exponentiell.

- Die Rohstoff- und Energiequellen, die man für die Erhaltung der Bevölkerung und der Wirtschaft benötigt, sind begrenzt; auch die Senken, welche die Abfallprodukte menschlicher Aktivitäten aufnehmen, sind nur begrenzt aufnahmefähig.

- Die Signale, die der wachsenden Bevölkerung und Wirtschaft die Grenzen aufzeigen, sind verzerrt, verschwommen und verwirrend, kommen mit Verzögerung an oder werden ignoriert. Daher erfolgen die Reaktionen auf diese Signale ebenfalls verzögert.

- Die Grenzen des Systems sind nicht nur endlich, sondern auch erodierbar, wenn sie überlastet und übernutzt werden. Darüber hinaus gibt es starke nichtlineare Beziehungen – Schwellenwerte, nach deren Überschreiten die Schäden rasch ansteigen und mitunter irreversibel sind.

Diese aufgelisteten Ursachen einer Grenzüberschreitung mit Zusammenbruch führen auch zu Möglichkeiten, mit denen sich eine solche Entwicklung vermeiden lässt. Wenn ein System dauerhaft ökologisch tragbar und steuerbar sein soll, müssen die genannten strukturellen Eigenschaften einfach umgekehrt werden:

- Das Wachstum von Bevölkerung und Wirtschaft muss verlangsamt und schließlich ganz aufgehalten werden; dazu muss die Menschheit zukünftige Probleme schon im Voraus erkennen und vorausschauende Entscheidungen treffen, statt auf Rückmeldungen von externen Grenzen zu warten, die bereits überschritten sind.

- Die Durchsatzmengen von Energie und Material müssen reduziert werden, indem die Effizienz des Kapitals drastisch erhöht wird. Anders ausgedrückt: Der ökologische Fußabdruck muss verkleinert werden, und zwar durch Entmaterialisierung (durch Erzielen des gleichen Outputs bei geringerem Energie- und Rohstoffverbrauch), durch größere Gerechtigkeit (Umverteilung des Profits aus dem Verbrauch von Energie und Rohstoffen von den Reichen auf die Armen) und Änderungen im Lebensstil (Bedarfsreduzierung und Verlagerung des Konsumverhaltens hin zu Gütern und Dienstleistungen, die die Umwelt weniger schädigen).

▓ Quellen für Ressourcen und Senken für Schadstoffe müssen erhalten und – sofern möglich – wiederhergestellt werden.

▓ Signale müssen früher erkannt werden und die Reaktionen auf diese müssen schneller erfolgen. Die Gesellschaft muss vorausschauender agieren, sodass langfristig entstehende Kosten und Nutzen ihr Handeln bestimmen.

▓ Erosionsprozesse müssen verhindert werden, und wenn sie bereits angefangen haben, verlangsamt oder umgekehrt werden.

In den Kapiteln 6 und 7 werden wir aufzeigen, wie solche Veränderungen die Tendenz des Systems zur Grenzüberschreitung mit Zusammenbruch in World3 abwenden können, und damit – so glauben und hoffen wir – auch in der „realen" Welt verändern könnten. Zunächst wollen wir aber in Kapitel 5 als kurzen Exkurs eine Geschichte einflechten, die all die in diesem Kapitel vorgestellten dynamischen Prinzipien veranschaulicht – und überdies Grund zur Hoffnung gibt.

Anmerkungen

1. Isaac Asimov, *Prelude to Foundation* (New York: Doubleday, 1988), 10.

2. Ein Beispiel für diesen Ansatz liefert Wolfgang Lutz (Hrsg.), *The Future Population of the World: What Can We Assume Today?,* überarbeitete und aktualisierte Ausgabe (London: Earthscan, 1996).

3. Die CD enthält ein STELLA©-Flussdiagramm von World3, das gesamte Modell für Szenario 1 und eine Benutzeroberfläche, mit der Sie die Details aller elf in diesem Buch beschriebenen Szenarien reproduzieren und analysieren können. Informationen zur Bestellung der CD erhalten Sie unter www.chelseagreen.com
Die deutsche Fassung des Simulationsmodells World3–03 ist zusammen mit der notwendigen Simulationsoberfläche auf CD erhältlich bei co.Tec GmbH Verlag, Rosenheim.

4. Der Begriff der ökologischen Tragfähigkeit *(carrying capacity)* wurde ursprünglich für relativ einfache Systeme aus Bevölkerung und Ressourcen definiert. Er wurde beispielsweise verwendet für die Zahl der Rinder, die man auf einer bestimmten Weidefläche halten kann, ohne dass der Boden dadurch zerstört wird. Für menschliche Bevölkerungen ist der Begriff *ökologische Tragfähigkeit* sehr viel komplexer, und es gibt keine allgemein akzeptierte Definition. So komplex ist er, weil Menschen viele verschiedene Typen von Ressourcen aus ihrer Umwelt nutzen und viele Formen von Abfällen produzieren; ihr Einfluss auf die Umwelt wird von zahlreichen Techniken, Institutionen und Lebensgewohnheiten mitbestimmt. Es ist nicht klar, wie lange ein System mindestens überdauern muss, damit man es als nachhaltig bezeichnen kann. Und ebenso wenig ist klar, wie die Bedürfnisse anderer Arten berücksichtigt werden sollten. Auf jeden Fall handelt es sich aber bei der ökologischen Tragfähigkeit um ein dynamisches Konzept. Sie verändert sich ständig mit dem Wetter, mit dem technologischen Fortschritt, mit den Konsumgewohnheiten,

mit dem Klima und anderen Faktoren. Wir verwenden den Begriff recht frei, indem wir damit die Zahl der Menschen meinen, die unter den herrschenden Umständen lange Zeit auf der Erde leben könnten – zumindest viele Jahrzehnte –, ohne dass dadurch die Produktivität des Planeten insgesamt eingeschränkt wird. Siehe hierzu Joel E. Cohen, *How Many People Can the Earth Support?* (New York: W. W. Norton, 1995).

Sehr ausführliche Beschreibungen von Szenarien nachhaltiger Entwicklung, die alle Entwicklungsaspekte berücksichtigen, finden sich in Hartmut Bossel, *Globale Wende – Wege zu einem gesellschaftlichen und ökologischen Strukturwandel* (München: Droemer Knaur, 1998).

5. Anderen Autoren half diese Kategorisierung bei Überlegungen über die Zukunft. Siehe zum Beispiel William R. Caton, *Overshoot: The Ecological Basis of Revolutionary Change* (Chicago: University of Illinois Press, 1982), 251–254.

   Die Dynamik der verschiedenen Entwicklungsmöglichkeiten lässt sich bereits mit kleinen Simulationsmodellen gut untersuchen, siehe z. B. das Modell Z605 „Miniwelt" in Hartmut Bossel, *Systemzoo 3 – Wirtschaft, Gesellschaft, Entwicklung* (Norderstedt: Books on Demand, 2004), 148–158, sowie Hartmut Bossel, *Systeme, Dynamik, Simulation – Modellbildung, Analyse und Simulation komplexer Systeme* (Norderstedt: Books on Demand, 2004), 83–111, und Hartmut Bossel, CD *Systemzoo* (Rosenheim: co.Tec Verlag, 2005).

6. M. Wackernagel et al., „Ecological Footprints of Nations: How Much Nature Do They Use? How Much Nature Do They Have?" (Xalapa, Mexiko: Centro de Estudios para la Sustentabilidad [Zentrum für Nachhaltigkeitsforschung], 10. März 1997).

7. Nur in den Szenarien 0 und 1 wird angenommen, dass der Anfangsvorrat nicht erneuerbarer Ressourcen die Hälfte dieses Wertes hat.

8. Insgesamt gibt es 209 solche Verbindungen. Alle entstehen durch die Bindung von Chloratomen an verschiedenen Positionen der zwei miteinander verbundenen Benzolringe des Moleküls Biphenyl. Sie werden alle vom Menschen synthetisiert und kommen normalerweise nicht in der Natur vor.

9. Sören Jensen, *New Scientist* 32, (1966): 612.

10. Eine verständliche und ausführliche Darstellung der Störung des Hormonsystems durch Umweltschadstoffe findet sich in Theo Colborn, Dianne Dumanoski und John P. Myers, *Our Stolen Future* (New York: Dutton, 1996). Hier finden sich auch Hunderte von Verweisen auf die rasch zunehmende Fachliteratur über dieses Thema.

11. Die Sowjetunion stellte die Herstellung von PCBs erst im Jahr 1990 ein.

12. J. M. Marquenie und P. J. H. Reijnders, „Global Impact of PCBs with Special Reference to the Arctic", Ergebnisse des 8. internationalen Kongresses des Comité Arctique Internationale, Oslo, 18. bis 22. September 1989 (Lillestrøm, Norwegen: NILU).

13. A. Larson, „Pesticides in Washington State's Ground Water, A Summary Report, 1988–1995", Report 96–303, Washington State Pesticide Monitoring Program, Januar 1996.

14. Siehe „New Cause of Concern on Global Warming", *New York Times*, 12. Februar 1991.

15. W. M. Stigliani, „Chemical Time Bombs", *Options* (Laxenburg, Österreich: Internationales Institut für Angewandte Systemanalyse, September 1991), 9.

16. Neben den beschriebenen Verhandlungen und Forschungen über die Zerstörung der Ozonschicht (in Kapitel 5) und über den globalen Klimawandel (in Kapitel 3) gibt es noch weitere internationale Forschungsprogramme zum „globalen Wandel", finanziert vom ICSU (International Council of Scientific Unions; inzwischen umbenannt in International Council of Science) und der WMO (World Meteorological Organization). Hierzu gehören beispielsweise das IGBP (International Geosphere-Biosphere Programme), das WCRP (World Climate Research Programme) und das IHDP (International Human Dimensions Programme). Außerdem gibt es zahlreiche nationale und regionale Forschungsprojekte wie etwa das U. S. Global Change Research Program.

17. Mit dem Begriff *Konsumgüter pro Kopf* wird der Anteil der Industrieproduktion in Form von Verbrauchsgütern wie Fahrzeugen, Haushaltsgeräten und Bekleidung bezeichnet. Dieser Anteil macht ungefähr 40 % der gesamten Industrieproduktion aus. Nicht enthalten sind Nahrungsmittel, Dienstleistungen oder Investitionen, die separat berechnet werden. Im Modell repräsentieren Konsumgüter, Industrieproduktion und Dienstleistungen reale, materielle Dinge, aber sie werden in Dollar bemessen, weil dies die einzige in wirtschaftlichen Informationen verwendete Maßangabe ist. Im ursprünglichen Modell hatten wir alles auf den Dollarstand von 1968 bezogen. Später haben wir keinen Grund gesehen, dies zu ändern, da wir vor allem an einem relativen, nicht an einem absoluten Maß für Wohlstand interessiert sind. Da die Menschen Jahrzehnte später die Angaben nur schwer mit dem Dollarstand von 1968 beurteilen können (damals war der Dollar etwa viermal so viel wert wie im Jahr 2000), beschränken wir unsere Diskussion in diesem Buch auf relative ökonomische Größen.

Kapitel 5

Zurück hinter die Grenze: die Geschichte des Ozonlochs

Wir befinden uns gegenwärtig – wie man es auch dreht und wendet – inmitten eines gigantischen Experiments zur Veränderung der chemischen Zusammensetzung der Stratosphäre, obwohl wir keine klare Vorstellung davon haben, welche biologischen oder meteorologischen Folgen dies mit sich bringen könnte.

F. Sherwood Rowland, 1986

In diesem Kapitel stellen wir eine lehrreiche Geschichte vor: Wie die Menschheit eine wichtige Grenze überschritten, die Konsequenzen erkannt und sich dann sehr erfolgreich bemüht hat, ihre Aktivitäten wieder auf ein nachhaltiges Niveau zurückzuschrauben. Die Geschichte handelt davon, dass die Ozonschicht in der Stratosphäre die vom Menschen produzierten Fluorchlorkohlenwasserstoffe (FCKW) nur in begrenztem Umfang zu absorbieren vermag.[1] Das letzte Kapitel dieser Geschichte wird allerdings erst in ein paar Jahrzehnten geschrieben werden können. Bis jetzt aber gibt dieser Bericht Grund zur Hoffnung. Er zeigt, dass Menschen und Institutionen trotz aller menschlicher Schwächen auf globaler Ebene zusammenarbeiten, das Problem einer Grenzüberschreitung erkennen und entsprechende Lösungen entwerfen und in die Tat umsetzen können. Im vorliegenden Fall kostet es die globale Gesellschaft nur wenig, sich mit der Notwendigkeit abzufinden, innerhalb vorgegebener Grenzen zu leben.

Die wichtigsten Ereignisse in der Geschichte des Ozonlochs waren folgende: Zunächst meldeten sich Wissenschaftler mit ersten Warnungen, dass die Ozonschicht schwindet. Über politische Grenzen hinweg organisierten sie sich in einem effektiven Forschungsvorhaben. Das gelang ihnen allerdings erst, nachdem sie ihre eigenen Scheuklappen abgelegt und ihre Unerfahrenheit in Bezug auf politische Prozesse überwunden hatten. Verbraucher organisierten sich rasch, um die gefährliche Entwicklung zu stoppen, aber ihr Handeln allein reichte nicht aus, um das Problem dauerhaft zu lösen. Regierungen und Unternehmen fungierten zunächst als Hemmschuh und Neinsager, bis sich schließlich einige ihrer Vertreter als couragierte, selbstlose Anwälte der Sache erwiesen. Umweltschützer wurden als fanatische Panikmacher bezeichnet, aber wie sich herausstellen sollte, hatten sie in diesem Fall das Problem sogar noch unterschätzt.

Die Vereinten Nationen bewiesen bei dieser Geschichte, dass sie in der Lage sind, wichtige Informationen in der ganzen Welt zu verbreiten und den neutralen Boden und die kompetente Vermittlung zu bieten, um Regierungen die Kooperation bei diesem unbestritten internationalen Problem zu erleichtern. Den Staaten an der Schwelle zur Industrialisierung gab die Ozonkrise eine neue Macht, ihre eigenen Interessen zu vertreten, indem sie die Zusammenarbeit verweigerten, bis man ihnen die dringend benötigte technische und finanzielle Unterstützung zusicherte.

Letztlich erkannten die Länder an, dass sie eine kritische Grenze bereits überschritten hatten. Besonnen, wenn auch zögernd, kamen sie überein, einige profitable und nützliche Industrieprodukte aus dem Verkehr zu ziehen. Das gelang noch bevor irgendwelche wirtschaftlichen oder ökologischen Schäden zu beobachten waren, bevor Menschen zu Schaden kamen und bevor das Ganze wissenschaftlich völlig abgesichert war. Wahrscheinlich reagierten sie gerade noch rechtzeitig.

Das Wachstum

Die erstmals 1928 synthetisierten Fluorchlorkohlenwasserstoffe (FCKW) zählen zu den nützlichsten chemischen Verbindungen, die je von Menschen entwickelt wurden. Offenbar sind sie für alle Lebewesen ungiftig – vermutlich wegen ihrer großen chemischen Stabilität. Sie sind nicht brennbar, reagieren nicht mit anderen Substanzen und verursachen keinerlei Korrosion. Aufgrund ihrer geringen Wärmeleitfähigkeit eignen sie sich hervorragend zur Wärmedämmung, wenn man mit ihnen Kunststoffe aufschäumt; so werden sie bei der Wärmeisolation von Häusern oder für Behälter zum Warmhalten von Getränken und Speisen verwendet. Manche FCKW verdunsten und kondensieren wieder bei Zimmertemperatur. Diese Eigenschaft macht sie zu perfekten Kühlmitteln für Kühlschränke und Klimaanlagen. (Hier sind sie oft unter dem Handelsnamen Freon bekannt.) FCKW haben sich als ausgezeichnete Reinigungsmittel für Metallflächen erwiesen, von den komplexen mikroskopischen Strukturen auf elektronischen Leiterplatten bis zu den Nieten, die Flugzeuge zusammenhalten. FCKW lassen sich preisgünstig herstellen und gefahrlos beseitigen – so dachte man jedenfalls –, indem man sie einfach als Gase in die Atmosphäre entlässt oder FCKW-haltige Produkte auf Deponien lagert.

Wie Abbildung 5-1 zeigt, stieg die Produktion von FCKW zwischen 1950 und 1975 weltweit jährlich um mehr als 11% an – verdoppelte sich also beinahe alle sechs Jahre. Mitte der 1980er-Jahre stellte die Industrie pro Jahr eine Million Tonnen FCKW her. Allein in den Vereinigten Staaten waren 100 Millionen Kühlschränke, 30 Millionen Gefriertruhen, 45 Millionen Klimaan-

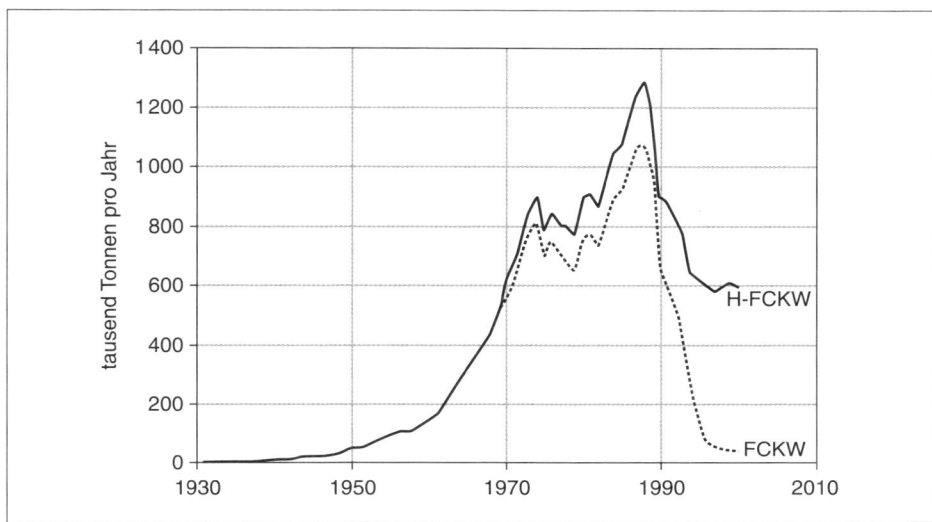

Abbildung 5-1 Die weltweite Produktion von Fluorchlorkohlenwasserstoffen
Bis 1974, als die ersten Berichte über ihre schädigende Wirkung auf die Ozonschicht veröffentlicht
wurden, stieg die Produktion von FCKW rapide an. Dann folgte ein Rückgang, nachdem Umweltschützer aktiv geworden waren und gegen die Verwendung von FCKW in Spraydosen protestiert
hatten. In den Vereinigten Staaten wurden diese schließlich 1978 verboten. Nach 1982 stieg die
Produktion erneut vorübergehend an, weil FCKW vermehrt zu anderen Zwecken eingesetzt wurden. Ab 1990 sank die Produktion stark, weil der international vereinbarte Ausstieg aus der Nutzung begann. Teilhalogenierte FCKW (so genannte H-FCKW) sind nach wie vor als Ersatz erlaubt;
die Verwendung dieser Klasse chemischer Verbindungen soll erst in den Jahren 2030 bis 2040
auslaufen. (Quelle: Alternative Fluorocarbons Environmetal Acceptability Study)

lagen in Wohnungen, 90 Millionen Klimaanlagen in Fahrzeugen und Hundert-
tausende von Kühlaggregaten in Restaurants, Supermärkten und Kühlfahr-
zeugen mit FCKW-haltigen Kühlmitteln in Betrieb.[2] Nordamerikaner oder
Europäer verbrauchten im Durchschnitt 900 g FCKW pro Jahr, Chinesen
und Inder hingegen weniger als 30 g.[3] Für einige Chemiewerke in Nordamerika, Europa, Russland und Asien waren diese Substanzen eine wichtige Ein-
nahmequelle und Tausende von Firmen verwendeten sie als unentbehrliche
Stoffe für ihre Produktionsprozesse.

Die Grenze

Im Mittelpunkt unserer Geschichte steht ein unsichtbares Gas namens Ozon,
bestehend aus drei Sauerstoffatomen (O_3) – im Unterschied zu normalem

zweiatomigem Sauerstoff (O_2). Ozon ist so reaktionsfreudig, dass es fast alle Stoffe, mit denen es in Berührung kommt, angreift und oxidiert. In der unteren Atmosphäre gibt es zahlreiche Partikel und Oberflächen, mit denen es reagieren kann. Von besonderem Interesse sind hierbei Pflanzengewebe und die menschliche Lunge. Nahe der Erdoberfläche ist Ozon somit ein gefährlicher, aber kurzlebiger Luftschadstoff. Hoch oben in der Stratosphäre trifft ein Ozonmolekül allerdings kaum auf andere Stoffe, sodass es relativ langlebig ist; im Allgemeinen hat es dort eine Lebensdauer von 50 bis 100 Jahren. In großen Höhen wird es durch die Einwirkung des Sonnenlichts auf normalen Sauerstoff ständig neu gebildet. Auf diese Weise hat sich rund 10–30 km über der Erdoberfläche eine „Ozonschicht" ausgebildet.

Nur eines von 100 000 Molekülen dieser Ozonschicht ist tatsächlich Ozon. Aber verglichen mit anderen Bereichen der Atmosphäre, in denen noch weit weniger Ozon enthalten ist, liegt dieser Ozongehalt relativ hoch. Jedenfalls reicht diese Konzentration aus, um den größten Teil der besonders schädlichen ultravioletten UV-B-Strahlen aus dem einfallenden Sonnenlicht zu absorbieren (siehe Abbildung 5-2). UV-B-Strahlen gleichen einem Hagel aus kleinen Energiegeschossen, die genau die Frequenz haben, die organische Moleküle zerstört

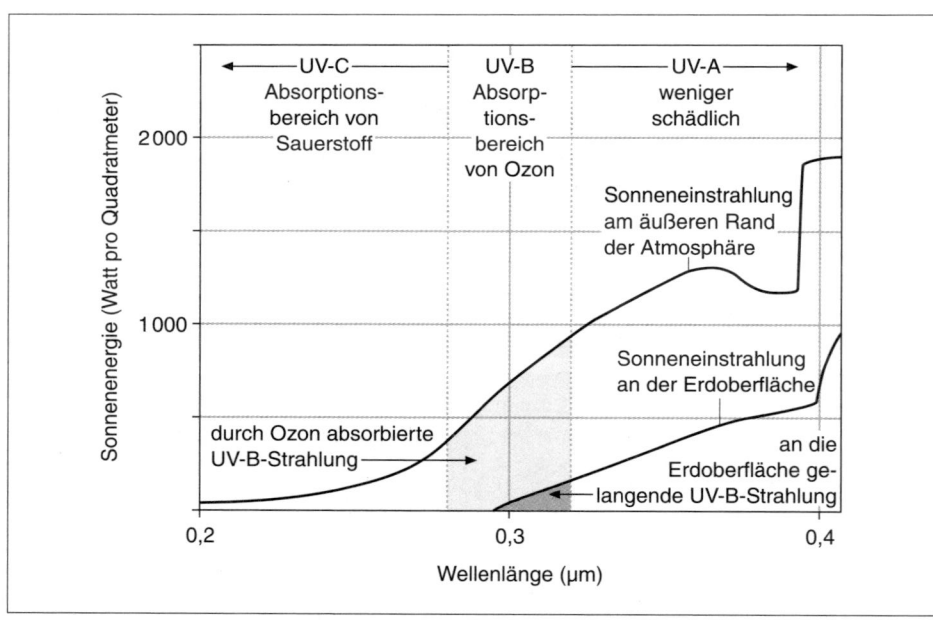

Abbildung 5-2 Absorption von UV-Strahlung in der Atmosphäre
Die von der Sonne einfallende ultraviolette Strahlung wird von dem in der Atmosphäre enthaltenen Sauerstoff und Ozon fast vollständig absorbiert. Ozon absorbiert vor allem im Bereich der für Lebewesen gefährlichen UV-B-Strahlung. (Quelle: UNEP)

– jene Moleküle, aus denen alles Leben aufgebaut ist, einschließlich der DNA, die den Code für die Reproduktion der Lebewesen enthält. Somit erweist sich die Ozonschicht als Fangnetz mit einer lebenswichtigen Aufgabe.

Wenn lebende Organismen UV-B-Strahlen ausgesetzt sind, kann sich Krebs bilden. Es ist schon länger bekannt, dass UV-B-Strahlung bei Labortieren Hautkrebs verursacht. Beim Menschen entstehen fast alle Hautkrebsformen an Körperteilen, die dem Sonnenlicht ausgesetzt sind. In der Hauptsache treten sie bei hellhäutigen Menschen auf, die sich längere Zeit in der Sonne aufhalten. In Australien findet sich die weltweit höchste Hautkrebshäufigkeit. Nach derzeitigem Stand wird die Hälfte aller Australier im Laufe ihres Lebens irgendeine Form von Hautkrebs bekommen. Der am häufigsten zum Tod führende Typ, das maligne Melanom, ist bei Australiern im Alter von 15 bis 44 Jahren die verbreitetste Krebsform.[4] Nach Schätzungen von Wissenschaftlern entspricht jedes Prozent Abnahme der Ozonschicht einer Zunahme der UV-B-Strahlung an der Erdoberfläche um 2% und einem Zuwachs der Häufigkeit von Hautkrebs um 3–6%.[5]

Für die menschliche Haut birgt die UV-B-Strahlung eine doppelte Gefahr. So kann sie nicht nur das Wachstum von Krebs auslösen, sondern auch die Fähigkeit des Immunsystems beeinträchtigen, außer Krebs auch Herpes und andere Infektionskrankheiten zu bekämpfen.

Außer der Haut sind die Augen am stärksten dem Sonnenlicht ausgesetzt. UV-B-Strahlung kann die Hornhaut schädigen und die schmerzhafte „Schneeblindheit" hervorrufen – so bezeichnet, weil sie vor allem Skifahrer und Bergsteiger in großen Höhen betrifft. Gelegentliche Schneeblindheit ist sehr schmerzhaft, wiederholte Schneeblindheit kann das Sehvermögen dauerhaft schädigen. UV-B-Strahlung kann auch die Netzhaut schädigen und zur Entstehung von grauem Star führen.

Wenn mehr UV-B-Strahlen an die Erdoberfläche gelangen, ist zu erwarten, dass auch alle Tiere, deren Augen und Haut dem Sonnenlicht ausgesetzt sind, ähnliche Schäden davontragen werden wie der Mensch. Weitere Auswirkungen der UV-B-Strahlung werden gerade erst genauer erforscht, einige Ergebnisse liegen jedoch bereits vor:

- Einzellige und sehr kleine Organismen sind stärker gefährdet als große, weil die UV-B-Strahlen nur wenige Zellschichten durchdringen können.
- Die UV-B-Strahlen dringen nur wenige Meter ins Meerwasser vor, aber in dieser Wasserschicht leben die meisten aquatischen Kleinstlebewesen. Wie Forschungen gezeigt haben, reagieren die tierischen und pflanzlichen Planktonorganismen besonders empfindlich auf UV-B-Strahlen.[6] Noch herrscht keine Einigkeit über die Stärke der Wirkung oder darüber, wie die UV-B-Strahlung die Wechselbeziehungen zwischen den verschiedenen Arten in einem Ökosystem beeinflusst. Da die Planktonorganismen die Grundlage der meisten Nahrungsketten im Meer bilden, könnte sich eine

Zunahme der UV-B-Strahlung auf viele weitere marine Arten nachteilig auswirken.

▦ Bei grünen Pflanzen verringern sich durch die Einwirkung von UV-B-Strahlen die Blattfläche, die Wuchshöhe und die Photosyntheseleistung. Verschiedene Nutzpflanzen reagieren ganz unterschiedlich auf UV-B-Strahlung, aber bei 60% der untersuchten Nutzpflanzenarten gehen die Erträge mit zunehmender Strahlung zurück. So deutete eine Studie darauf hin, dass bei einer 25-prozentigen Abnahme der Ozonschicht der Sojabohnenertrag um 20% sinken könnte.[7]

▦ Durch ultraviolette Strahlung werden offenbar der Sonne ausgesetzte Polymere und Kunststoffe abgebaut, und sie trägt zur Entstehung von Ozon in geringer Höhe bei – einem Bestandteil von städtischem Smog.

Lebewesen haben vielerlei Schutzmechanismen entwickelt, die sie vor ultravioletter Strahlung schützen: Pigmentierung, Haar- oder Schuppenkleid, Reparaturmechanismen für geschädigte DNA sowie Verhaltensmuster, durch die empfindliche Organismen der stärksten Sonneneinstrahlung aus dem Wege gehen. Weil diese Mechanismen bei einigen Arten besser funktionieren als bei anderen, würde eine Abnahme der Ozonschicht zum Rückgang mancher Populationen oder gar zum Aussterben einiger Arten führen, während die Populationen anderer Spezies zunähmen. Es könnte sich ein Ungleichgewicht einstellen zwischen Weidetieren und ihren Nahrungspflanzen, zwischen Schädlingen und ihren Feinden oder zwischen Parasiten und ihren Wirten. Alle Ökosysteme würden die Auswirkungen einer verminderten Ozonschicht zu spüren bekommen, aber diese sind im Einzelnen kaum vorhersagbar, insbesondere wenn gleichzeitig weitere Veränderungen wie eine globale Erwärmung auftreten.

Die ersten Signale

Im Jahre 1974 wurden unabhängig voneinander zwei wissenschaftliche Artikel veröffentlicht, die beide auf eine Gefährdung der Ozonschicht hindeuteten. In dem einen hieß es, Chloratome in der Stratosphäre könnten Ozon wirksam zerstören.[8] Im zweiten wurde berichtet, dass FCKW-Moleküle in die Stratosphäre gelangen, dort aufbrechen und Chloratome freisetzen.[9] Betrachtete man beide Veröffentlichungen im Zusammenhang, so folgte daraus, dass die Verwendung von FCKW durch den Menschen katastrophale Folgen haben könnte.

Weil FCKW reaktionsträge und unlöslich sind, lösen sie sich weder in Niederschlägen noch reagieren sie mit anderen Gasen. Diejenigen Wellenlängen des Sonnenlichts, die die untere Atmosphäre erreichen, vermögen ihre starken Kohlenstoff-Chlor- und Kohlenstoff-Fluor-Bindungen nicht aufzubrechen. Es gibt praktisch nur eine Möglichkeit, wie ein FCKW-Molekül aus der Atmosphäre eliminiert werden kann: Es muss so hoch aufsteigen, dass es auf kurzwellige UV-Strahlung trifft – jene Strahlung, die nie die Erdoberfläche erreicht, weil sie durch Sauerstoff und Ozon herausgefiltert wird. Diese Strahlung bricht die FCKW-Moleküle auf und setzt dabei Chloratome frei.

Und damit beginnen die Probleme. Ungebundenes Chlor (Cl) kann mit Ozon (O_3) zu Sauerstoff (O_2) und Chlormonoxid (ClO) reagieren. Das ClO reagiert anschließend mit einem Sauerstoffatom (O), wodurch O_2 und *wiederum* Cl entstehen. Das Chloratom kann dann ein weiteres Ozonmolekül in Sauerstoff (und Chlormonoxid) umwandeln und dann ein weiteres Mal regeneriert werden (Abbildung 5-3).

Ein Chloratom kann diese Reaktionskette immer wieder durchlaufen und dabei jedes Mal ein Ozonmolekül zerstören. Im Durchschnitt zerstört jedes Chloratom etwa 100 000 Ozonmoleküle, bevor es schließlich unschädlich

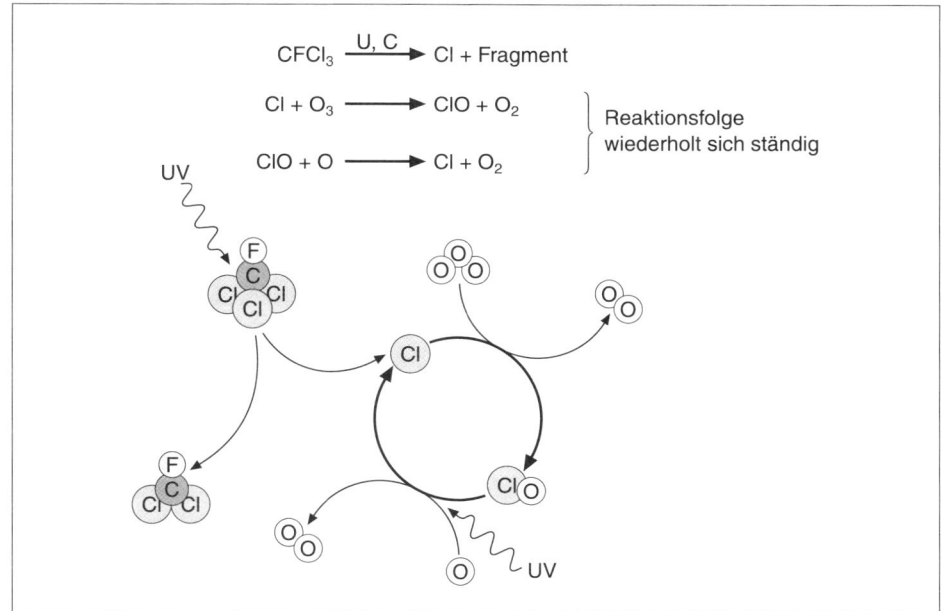

Abbildung 5-3 Wie FCKW die Ozonschicht der Stratosphäre zerstören
FCKW-Moleküle in der oberen Atmosphäre werden durch ultraviolette Strahlung aufgebrochen, wodurch Chloratome (Cl) freigesetzt werden. Sie reagieren mit Ozon (O_3) zu Chlormonoxid (ClO). Dieses kann anschließend mit einem Sauerstoffatom reagieren, wobei Cl wieder frei wird und mit einem weiteren Ozonmolekül reagieren kann – und so weiter. Diese zyklische Reaktion wiederholt sich ständig und führt zu starker Verringerung der Ozonkonzentration in der Atmosphäre.

gemacht wird (durch die Reaktion mit einer Substanz wie Methan oder Stickstoffdioxid, durch die es immobilisiert wird und zurück auf die Erde gelangt).

Die Verzögerungen

Damit es zur Grenzüberschreitung kommt, sind Verzögerungen erforderlich, und das Ozonsystem steckt voller Verzögerungen. Da sich der Regenerationsprozess ständig wiederholt, vergehen nach dem Eintreffen eines Chloratoms in der Atmosphäre viele Jahre, bis es endlich aufhört, Ozonmoleküle zu zerstören. Eine weitere Verzögerung ergibt sich durch die lange Zeitspanne zwischen der industriellen Synthese von FCKW-Molekülen und ihrer Ankunft in der oberen Stratosphäre. Bei manchen Verwendungszwecken (etwa als Aerosoltreibmittel) gelangen sie nach der Produktion relativ rasch in die Luft. In anderen Fällen (beispielsweise bei der Verwendung für Kühlmittel oder Isolationsschaumstoff) werden die FCKW normalerweise erst viele Jahre nach ihrer Herstellung freigesetzt. Danach dauert es Jahrzehnte, bis alle FCKW-Moleküle durch die Luftströmungen bis in die obere Stratosphäre gelangen. Somit ist die zu irgendeinem Zeitpunkt gemessene Ausdünnung der Ozonschicht das Ergebnis von FCKW, die vor vielen Jahren oder Jahrzehnten produziert wurden.

Auch die Prozesse, die zu neuen Erkenntnissen und irgendwann zum Konsens in der Wissenschaft führen, sind mit Verzögerungen behaftet, wenngleich in diesem Fall mehrere politische Faktoren die Zeitspanne verkürzt haben.

Nachdem die beiden Veröffentlichungen ein Schwinden der Ozonschicht vorhergesagt hatten, erlebte die Erforschung der Chlorchemie der Atmosphäre einen regelrechten Boom. In den Vereinigten Staaten nahmen die wissenschaftlichen Berichte auch rasch Einfluss auf das politische Geschehen. Das lag zum einen daran, dass es sich bei den Autoren einer der ersten Veröffentlichungen um Amerikaner handelte, die aufgrund ihrer Erkenntnisse tief besorgt waren und mit Nachdruck versuchten, diese in der Öffentlichkeit bekannt zu machen (insbesondere F. Sherwood Rowland, der die Ergebnisse sogleich der National Academy of Science und dem Amerikanischen Kongress vorlegte). Als weiterer in den USA einflussreicher Faktor erwies sich die gut organisierte Umweltbewegung.

Als den amerikanischen Umweltschützern klar geworden war, welche Folgen der Zusammenhang zwischen FCKW und Ozon haben würde, schritten sie zur Tat. Als Erstes verurteilten sie die Verwendung von FCKW in Aerosol-Spraydosen. Es sei verrückt, so erklärten sie, das gesamte Leben auf der Erde zu gefährden, nur um sich mit Deodorant oder Rasierschaum einsprühen zu können. Die pauschale Verdammung der Spraydosen war zwar nicht ganz gerechtfertigt, denn es waren auch Spraydosen mit anderen Aerosol-Treibmitteln in Gebrauch; außerdem wurden FCKW zu zahlreichen anderen Zwecken verwendet. Aber die Spraydosen wurden als Ozonzerstörer angeprangert, und die Verbraucher reagierten: Der Verkauf von Spraydosen ging rapide zurück – um mehr als 60%. Die Folgen sind aus Abbildung 5-1 deutlich zu ersehen: Um 1975 war mit dem Wachstum der FCKW-Produktion vorübergehend Schluss. Der Druck auf die Politiker wuchs, ein Gesetz zu verabschieden, das die Verwendung von FCKW als Aerosol-Treibmittel gänzlich verbot.

Natürlich wehrte sich die Industrie. Ein Vorstandsmitglied des DuPont-Konzerns bekräftigte 1974 vor dem Kongress: „Bis jetzt ist die Chlor-Ozon-Hypothese rein spekulativ und wird durch keinerlei konkrete Beweise gestützt." Aber er fügte auch hinzu: „Sollten glaubwürdige wissenschaftliche Daten … zeigen, dass Fluorchlorkohlenwasserstoffe nicht ohne Gesundheitsgefahr verwendet werden können, so wird DuPont die Herstellung dieser Verbindungen einstellen."[10] Erst 14 Jahre später löste DuPont, der weltweit größte Hersteller von FCKW, dieses Versprechen ein.

Im Jahre 1978 wurde in den USA ein Gesetz verabschiedet, das die Verwendung von FCKW als Aerosol-Treibmittel verbot. Zusammen mit den Reaktionen der Verbraucher, die bereits weniger Spraydosen gekauft hatten, bewirkte dieses Verbot einen starken Rückgang der FCKW-Produktion. In großen Teilen der übrigen Welt enthielten Aerosolsprays allerdings nach wie vor FCKW, und die Verwendung von FCKW zu anderen Zwecken, vor allem in der Elektronikindustrie, nahm weiter zu. Bis 1980 war der weltweite Verbrauch erneut auf dem Höchstwert von 1975 angelangt und stieg weiter (Abbildung 5-1).

Grenzüberschreitung: das Ozonloch

Im Oktober 1984 stellten Wissenschaftler der britischen Antarktisforschung (British Antarctic Survey) fest, dass der Ozongehalt in der Stratosphäre über ihrem Forschungsgebiet in der Halley-Bucht der Antarktis um 40% abgenommen hatte. Die Oktober-Messwerte waren schon seit rund zehn Jahren stetig zurückgegangen (Abbildung 5-4), aber die Forscher wollten ihren Messwerten nicht trauen: Ein Rückgang um 40% schien äußerst unwahrscheinlich. Computermodelle, die man anhand der damaligen Erkenntnisse über die Chemie der Atmosphäre erstellt hatte, prognostizierten im Höchstfall eine Abnahme um wenige Prozent.

Daraufhin überprüften die Wissenschaftler zunächst ihre Messinstrumente und suchten Messungen aus anderen Regionen, die ihre Werte bestätigen

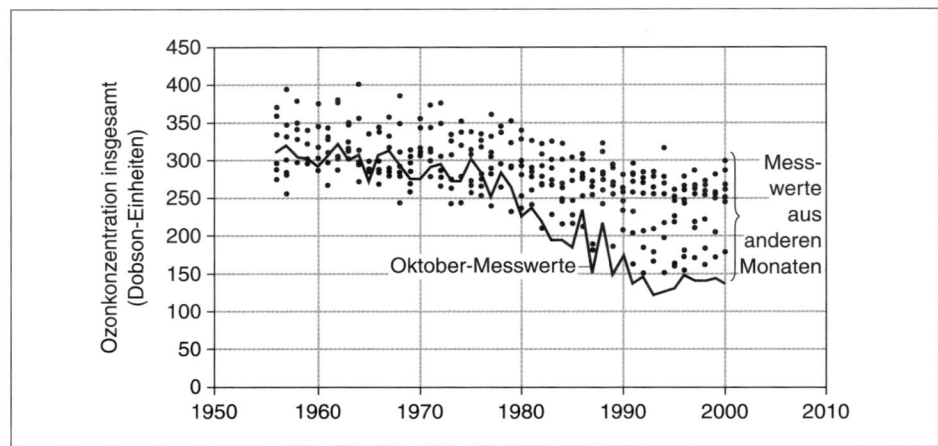

Abbildung 5-4 Messungen des Ozongehalts über der Halley-Bucht in der Antarktis
Die zu Beginn des Frühlings auf der Südhalbkugel im Oktober über Halley gemessenen Ozonkonzentrationen waren bereits seit mehr als einem Jahrzehnt ständig gesunken, bevor schließlich
1985 der erste Artikel über das Ozonloch veröffentlicht wurde. Seither sind die im Oktober regis-
trierten Ozonwerte ständig weiter zurückgegangen. (Quelle: J. D. Shanklin)

würden. Schließlich stießen sie auf eine solche Messung: Von einer Station
rund 1600 km weiter nordwestlich wurde ebenfalls ein beträchtlicher Rückgang des Ozongehalts der Stratosphäre berichtet.

Im Mai 1985 erschien dann der Artikel, der in die Geschichte eingehen
sollte: Darin war von einem „Ozonloch" über der Südhalbkugel die Rede.[11]
Diese Nachricht traf die Welt der Wissenschaft wie ein Schock. Sollten sich
diese Ergebnisse bewahrheiten, dann wäre dies der Beweis dafür, dass die
Menschheit bereits eine globale Grenze überschritten hatte. Sie verwendeten
mehr FCKW, als ökologisch tragbar war. Die Menschen waren bereits dabei,
die sie schützende Ozonschicht zu zerstören.

Wissenschaftler der NASA durchforsteten die vom Satelliten Nimbus 10
schon seit 1978 routinemäßig ermittelten Ozonwerte. Diese Daten hatten nie
auf ein Ozonloch hingewiesen. Wie die Wissenschaftler dann bei der nach-
träglichen Überprüfung herausfanden, waren die Computer der NASA *so
programmiert worden, dass sehr geringe Ozonmesswerte unberücksichtigt blieben*, weil man davon ausgegangen war, dass sie auf Instrumentenfehler zurück-
gingen.[12]

Glücklicherweise ließen sich die vom Computer aussortierten Messwerte
rekonstruieren. Sie bestätigten die Beobachtungen von der Halley-Bucht und
zeigten ebenfalls einen Rückgang des Ozongehalts über dem Südpol seit einem
Jahrzehnt. Darüber hinaus ermöglichten sie es, eine genaue Karte des Lochs in
der Ozonschicht zu erstellen. Es hatte riesige Ausmaße – etwa die Größe der
Vereinigten Staaten – und wurde von Jahr zu Jahr größer und ausgeprägter.

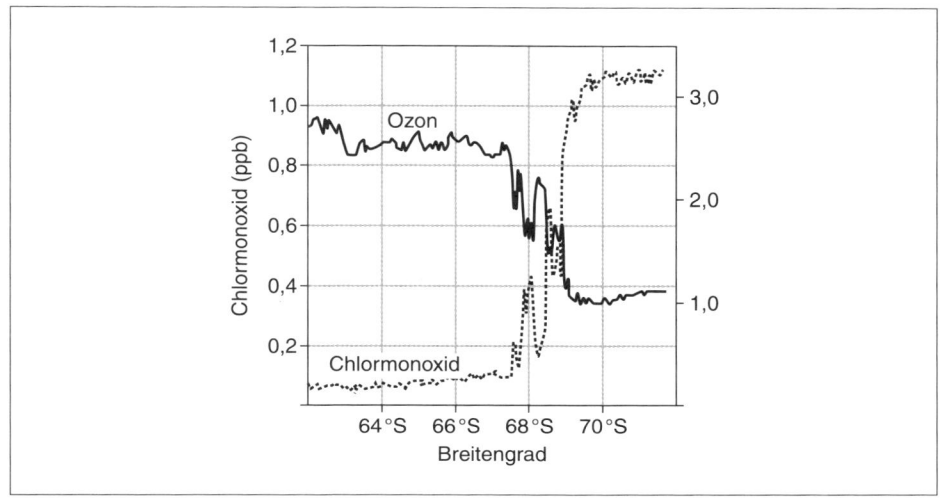

Abbildung 5-5 Mit Zunahme der reaktiven Chloratome geht die Ozonkonzentration über der Antarktis zurück

Mit den Instrumenten an Bord des Forschungsflugzeugs ER-2 der NASA wurden auf dem Flug von Punta Arenas in Chile (53. Grad südlicher Breite) bis zum 72. südlichen Breitengrad gleichzeitig die Konzentrationen von Chlormonoxid und Ozon gemessen. Die oben dargestellten Daten stammen vom 16. September 1987. Beim Einflug in das Ozonloch nahm die Konzentration von Chlormonoxid auf ein Vielfaches der normalen Werte zu, während die Ozonkonzentration stark abfiel. Damit war der Beweis erbracht, dass chlorhaltige Schadstoffe die Ursache für die Entstehung des Ozonloches sind. (Quelle: J. G. Anderson et al.)

Warum ein Loch? Warum gerade über der Antarktis? Was bedeutete dies für den Schutz des gesamten Planeten vor UV-B-Strahlung? Herausragende wissenschaftliche Leistungen trugen in den nächsten Jahren schließlich dazu bei, das Geheimnis zu lüften. Einer der spektakulärsten Befunde – dass tatsächlich Chlor der Schuldige war – ergab sich im September 1987, als Wissenschaftler in einem Flugzeug von Südamerika aus Richtung Südpol genau in das Ozonloch flogen. Ihre auf diesem Flug ermittelten Messwerte für Ozon und Chlormonoxid sind in Abbildung 5-5 dargestellt. Anstieg und Rückgang der Ozonmesswerte verlaufen fast spiegelbildlich zu denen von ClO.[13] Zudem waren die gemessenen ClO-Konzentrationen im Bereich des „Ozonlochs" um einige hundert Male höher, als sich durch die normalen Abläufe der Atmosphärenchemie erklären ließ. Diese Abbildung gilt häufig als der entscheidende Beweis, der selbst die Hersteller der FCKW davon überzeugte, dass das Ozonloch keine normale Erscheinung ist. Es ist vielmehr ein Zeichen dafür, dass die Atmosphäre hochgradig gestört ist – infolge vom Menschen produzierter chlorhaltiger Schadstoffe.

Bis die Wissenschaftler eine schlüssige Erklärung für das Ozonloch fanden, vergingen mehrere Jahre. Hier ist sie in Kurzfassung.

Da die Antarktis rundum von Meeren umgeben ist, können Winde den Kontinent umkreisen, ohne von Landmassen aufgehalten zu werden. Im Südwinter entsteht dadurch ein *zirkumpolarer Wirbel*, der die Luftmassen über der Antarktis festhält und verhindert, dass sie sich mit der übrigen Atmosphäre vermischen. Dieser Wirbel erzeugt eine Art „Reaktionsgefäß" für die chemischen Stoffe in der Atmosphäre über dem Pol. (Am Nordpol bildet sich kein so ausgeprägter Wirbel, weshalb das Ozonloch hier auch weniger markant ist.)

Im Winter ist die Stratosphäre über der Antarktis mit Temperaturen bis zu –90 °C die kälteste Stelle der Erde. Bei dieser extremen Kälte bildet Wasserdampf einen Nebel aus winzigen Eiskristallen. Das Eis dient als Katalysator; die Oberflächen dieser unzähligen Kristalle begünstigen die chemischen Reaktionen, die die FCKW aufbrechen und das Ozon zerstörende Chlor freisetzen.

Die in der Dunkelheit des antarktischen Winters gebildeten Chloratome gehen nicht sofort in die Kettenreaktion der Ozonzerstörung ein, vielmehr reagiert jedes Chloratom nur einmal mit Ozon zu Chlormonoxid. Zwei solcher Chlormonoxid-Moleküle lagern sich dann zu relativ stabilen Dimeren (ClOOCl) zusammen. Diese Dimere häufen sich bis zur Rückkehr der Sonne an.[14]

Alljährlich im September oder Oktober – im antarktischen Frühling – werden die ClOOCl-Moleküle dann durch die Sonneneinstrahlung aufgebrochen, sodass riesige Mengen von Chloratomen frei werden und auf das Ozon einwirken können. Dadurch sinkt die Ozonkonzentration rapide ab.

Der zirkumpolare Wirbel wird von der stetig stärker werdenden Sonneneinstrahlung schließlich aufgelöst, sodass es wieder zu einer Durchmischung der Luftmassen über dem Südpol kommt. Die ozonarmen Luftmassen verteilen sich über die gesamte Erdatmosphäre, und über der Antarktis erreichen die Ozonkonzentrationen fast wieder das normale Maß.

Kleinere Löcher in der Ozonschicht wurden über dem Nordpol im Frühling der nördlichen Hemisphäre entdeckt. An anderen Stellen sind keine ausgesprochenen Löcher zu erwarten. Da sich die Gase in der Atmosphäre aber vermischen, nimmt die Ozonkonzentration in der Stratosphäre über der gesamten Erdoberfläche ab. Aufgrund der langen Verweildauer von FCKW und Chlor in der Atmosphäre wird dieser Rückgang noch längere Zeit anhalten – mindestens ein Jahrhundert. Mit der Überschreitung dieser Grenze (der maximalen nachhaltig verkraftbaren Emissionsrate der FCKW) hat sich die Menschheit für lange Zeit einen stark verminderten Schutz vor UV-B-Strahlung durch die Ozonschicht eingehandelt – sogar bei sofortigem Emissionsstopp. Die Grenzüberschreitung ist Realität geworden und wird es auch für lange Zeit bleiben.

Die nächste Reaktion: Verzögerungen in der Praxis

Unter den an den internationalen Verhandlungen Beteiligten herrscht eine gewisse Uneinigkeit darüber, ob der erste Bericht über das Ozonloch aus dem Jahre 1985 die Politiker ebenso zu Taten angespornt hat wie die Wissenschaftler. Zwar wurde damals bereits auf internationaler Ebene darüber diskutiert, die Herstellung von FCKW einzuschränken, aber ohne wirkliche Fortschritte. Bei einer Konferenz in Wien zwei Monate vor der Veröffentlichung zum Ozonloch wurde ein unverbindlicher Beschluss gefasst: Die Länder sollten „geeignete Maßnahmen" zum Schutz der Ozonschicht treffen. Dabei wurde aber weder ein Zeitplan vorgegeben noch wurden Sanktionen festgesetzt. Die Industrie hatte inzwischen ihre Bemühungen eingestellt, einen Ersatz für FCKW zu entwickeln, da nichts darauf hindeutete, dass er in absehbarer Zeit benötigt würde.[15] Erst drei Jahre später wurde das Ozonloch über der Antarktis definitiv mit den FCKW in Verbindung gebracht.

Zwischen März 1985, als in Wien keine konkreten Schritte eingeleitet wurden, und September 1987, als in Montreal Vertreter aus 47 Nationen das erste internationale Übereinkommen zum Schutz der Ozonschicht unterzeichneten, lag ein politisches Umdenken. Das Ozonloch über der Antarktis hatte offensichtlich psychologische Wirkung gezeigt – umso mehr, weil man sich nicht im Klaren darüber war, was hier vor sich ging. Es gab keinen Zweifel mehr, dass sich in der Ozonschicht seltsame Dinge abspielen. Obwohl immer noch kein eindeutiger Beweis dafür vorlag, mehrten sich die wissenschaftlichen Hinweise darauf, dass die FCKW die Ursache waren.

Beweis hin oder her, vermutlich wäre überhaupt nichts unternommen worden, wenn sich nicht das Umweltprogramm der Vereinten Nationen (UNEP, United Nations Environmental Programme) eingeschaltet und den internationalen Verhandlungsprozess vorangetrieben hätte. UNEP-Mitarbeiter sammelten wissenschaftliche Belege und werteten sie aus, legten die Ergebnisse Regierungen vor, boten eine neutrale Plattform für Gespräche auf höchster Ebene und fungierten als Vermittler. Mustafa Tolba, der Leiter des Programms, erwies sich als geschickter Diplomat in Umweltangelegenheiten, blieb bei den vielen aufkommenden Streitigkeiten neutral und erinnerte mit großer Geduld jeden daran, dass die Erhaltung der Ozonschicht wichtiger sei als alle kurzfristigen egoistischen Überlegungen.

Die Verhandlungen waren alles andere als leicht.[16] Die Regierungen der Länder wurden mit einem globalen Umweltproblem konfrontiert, das noch gar nicht richtig verstanden war und auch noch keine messbaren gesundheitlichen oder wirtschaftlichen Schäden verursacht hatte. Erwartungsgemäß versuchten die wichtigsten FCKW produzierenden Nationen, Einschnitte beim Einsatz dieser Verbindungen zu verhindern. Kritische Entscheidungen hingen oft nur an einem zarten politischen Faden. Die USA übernahmen dabei eine führende Rolle, die durch heftige Meinungsverschiedenheiten innerhalb der Reagan-Regierung mehrmals heftig untergraben wurde. An die Öffentlichkeit kam diese Uneinigkeit, als Innenminister Donald Hodel öffentlich verkündete, das Loch in der Ozonschicht stelle kein Problem dar, solange die Leute im Freien breitkrempige Hüte und Sonnenbrillen trügen. Das Gelächter, das international über diese Äußerung ausbrach, half (neben Karikaturen von Kühen, Hunden, Bäumen und Maispflanzen mit Sonnenhüten und Sonnen-brillen) jenen Regierungsmitgliedern, die den Präsidenten zu überzeugen ver-suchten, das Ozonproblem ernst zu nehmen.

Unterdessen arbeitete UNEP mit Nachdruck weiter. Als Umweltvereinigun-gen in Europa und den Vereinigten Staaten ihre Regierungen unter Druck setz-ten, führten Wissenschaftler Workshops für Journalisten, Parlamentarier und die Öffentlichkeit durch. Auf zunehmenden Druck von allen Seiten unterzeich-neten die nationalen Regierungen schließlich 1987 in Montreal überraschend schnell ein Abkommen über Stoffe, die zum Abbau der Ozonschicht führen.

Als Erstes wurde im Montreal-Protokoll festgesetzt, dass die globale Pro-duktion der fünf gebräuchlichsten FCKW auf dem Stand von 1986 eingefroren werden sollte. Anschließend sollte die Produktion bis 1993 um 20 % und bis 1998 um weitere 30 % reduziert werden. Diese Vereinbarung zur Senkung der FCKW-Produktion unterzeichneten alle wichtigen FCKW-Produzenten.

Das Protokoll von Montreal war ein historischer Schritt, denn es ging weit über das hinaus, was Umweltschützer zu jener Zeit überhaupt für politisch durchsetzbar gehalten hatten. Recht bald wurde jedoch deutlich, dass die geforderte Reduktion der FCKW nicht ausreichte. Abbildung 5-6 zeigt, wie sich die Konzentration des Ozon zerstörenden Chlors in der Stratosphäre entwickelt hätte, wenn die Emissionen in dem in Montreal beschlossenen Umfang eingeschränkt worden wären (bzw. entsprechend der nachfolgenden Beschlüsse in London, Kopenhagen, Wien und erneut Montreal; mehr darüber in Kürze). Trotz dieser Einschnitte in der Produktion wäre die Chlorkonzen-tration weiterhin angestiegen, denn große Bestände von FCKW waren bereits produziert, aber noch nicht freigesetzt worden oder hatten nach ihrer Freiset-zung noch nicht die Stratosphäre erreicht.

Warum die Übereinkunft nicht weiter gehen konnte, ist verständlich. Von den meisten Ländern an der Schwelle zur Industrialisierung wurde sie nicht unterzeichnet. In China sollten beispielsweise Millionen von Haushalten erst-mals mit Kühlschränken ausgestattet werden, weshalb ein hoher Bedarf an Freon bestand. Die UdSSR verwies darauf, dass ihre Fünfjahrespläne keine raschen Veränderungen der FCKW-Produktion zuließen. Deshalb forderte sie eine langsamere Reduzierung, die ihr auch zugestanden wurde. Die meisten industriellen Hersteller von FCKW hofften nach wie vor, ihren Markt zumin-dest teilweise aufrechterhalten zu können.

Doch dann wurde bereits innerhalb eines Jahres nach Unterzeichnung des Montreal-Protokolls ein noch stärkeres Ausdünnen der Ozonschicht gemessen

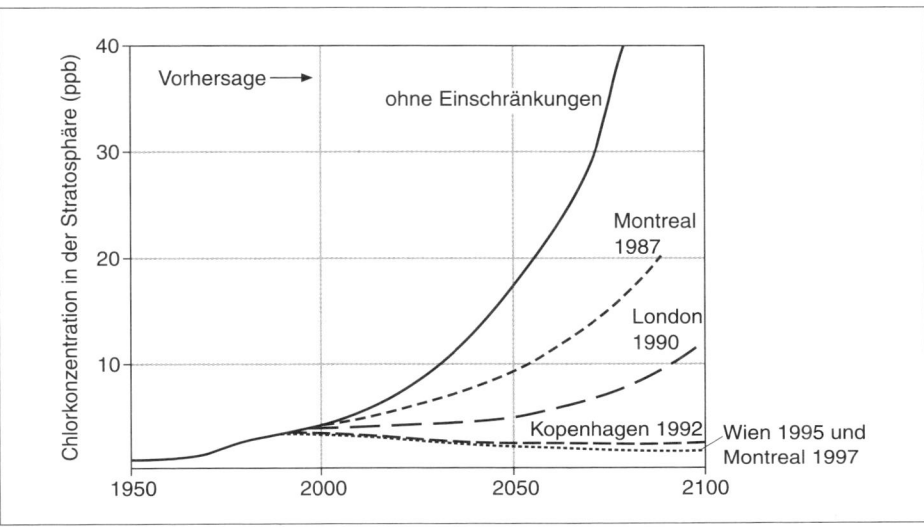

Abbildung 5-6 Voraussichtlicher Anstieg der Konzentrationen von anorganischem Chlor und Brom in der Stratosphäre infolge von FCKW-Emissionen
Der Gehalt von Chlor und Brom in der Stratosphäre in der Vergangenheit und in der Zukunft unter verschiedenen politischen Voraussetzungen: ohne Übereinkommen, nach den Auflagen des ursprünglichen Abkommens von Montreal und nach den später zusätzlich getroffenen Vereinbarungen. Bei Beibehaltung der FCKW-Produktionsrate von 1986 wäre die Chlorkonzentration in der Stratosphäre bis zum Jahr 2050 um das Achtfache gestiegen. Das erste Montreal-Protokoll setzte zwar geringere Emissionsraten fest, aber auch dann hätte der Chlorgehalt weiterhin exponentiell zugenommen. Durch das Abkommen von London wurden die meisten – aber nicht alle – Anwendungen von FCKW verboten; auch dies hätte ab etwa 2050 steigende Chlorkonzentrationen zur Folge gehabt. Bei den darauf folgenden Übereinkommen wurde die Verwendung von Chemikalien, die Chlor freisetzen, allmählich immer stärker eingeschränkt; dadurch sollte der Chlorgehalt in der Stratosphäre ab dem Jahr 2000 zurückgehen. (Quellen: WHO; EPA; R. E. Benedick)

und der unwiderlegbare Beweis veröffentlicht. Zu diesem Zeitpunkt kündigte DuPont an, die Herstellung von FCKW völlig einzustellen. 1989 erklärten die Vereinigten Staaten und die Europäische Gemeinschaft, bis zum Jahr 2000 die Produktion der fünf verbreitetsten FCKW einzustellen. Sie appellierten an die Welt und erinnerten an die im Protokoll von Montreal festgeschriebene Vereinbarung, die Situation der Ozonschicht von Zeit zu Zeit neu zu beurteilen und bei Bedarf strengere Vorschriften zu erlassen.

Nach weiteren Verhandlungen – wiederum unter der Leitung des UNEP – trafen sich Regierungsvertreter aus 92 Ländern 1990 in London und vereinbarten, bis zum Jahr 2000 die gesamte FCKW-Produktion einzustellen. Auf die Liste der verbotenen Stoffe wurden als weitere Ozon zerstörende Chemikalien zusätzlich Methylchloroform, Tetrachlormethan und Halone aufgenommen. Mehrere Schwellenländer weigerten sich zunächst, dieses Abkommen zu unterzeichnen, solange kein internationaler Hilfsfonds eingerichtet würde, um ihnen die technische Umstellung auf Alternativen zu den FCKW zu erleichtern. Als sich die Vereinigten Staaten weigerten, einen Beitrag zu diesem Fonds zu leisten, wäre das Übereinkommen beinahe gescheitert, aber schließlich konnte der Fonds doch noch eingerichtet werden. Welche Entwicklung der Konzentration von Chlor (sowie Brom und anderen Ozon zerstörenden Chemikalien) in der Stratosphäre nach dem Abkommen von London zu erwarten ist, ist in Abbildung 5-6 dargestellt.

Im Frühjahr 1991 ergaben Satellitenmessungen über der nördlichen Erdhalbkugel, dass die Ozonschicht etwa doppelt so schnell schwand wie erwartet. Über dicht besiedelten Regionen Nordamerikas, Europas und Zentralasiens hielten die niedrigen Ozonkonzentrationen erstmals bis in den Sommer an, wenn Menschen und Nutzpflanzen durch die verstärkte UV-Strahlung am meisten gefährdet sind. In den späten 1990er-Jahren wurden sogar aus so südlichen Regionen wie Spanien unterdurchschnittliche Ozonkonzentrationen berichtet.

Infolge dieser alarmierenden Nachrichten beschlossen viele Länder – mit Deutschland als Vorreiter –, die Produktion von FCKW und Halonen noch schneller einzustellen als im Londoner Abkommen gefordert. Viele multinationale Unternehmen – vor allem in der Elektronik- und Automobilindustrie – folgten diesem Beispiel. Auch einige Schwellenländer wie Mexiko erklärten, ihre zehnjährige Gnadenfrist nicht ausnutzen zu wollen, sondern dem gleichen Reduktionszeitplan zu folgen wie die Industrieländer. Allmählich folgten alle anderen, einschließlich China und Indien, sodass derzeit der endgültige Ausstieg aus der Produktion für 2010 geplant ist.

Bei einer weiteren Verhandlungsrunde in Kopenhagen 1992 kamen die Unterzeichner des Montreal-Protokolls überein, den Ausstieg erneut vorzuverlegen – die Neuproduktion von Halonen ab 1994 und aller FCKW ab 1996 einzustellen und die Emissionen des Bodendesinfektionsmittels Methylbromid zu deckeln. Diese Verbindung wirkt extrem schädigend auf die Ozonschicht und war in die Londoner Verhandlungen noch nicht einbezogen worden. Nach den damals vorhandenen Modellen der Atmosphäre war man der Ansicht, dass die Ozonschicht durch die strengeren Auflagen von Kopenhagen bereits zehn Jahre früher wieder ihren Stand von 1980 erreichen könnte als aufgrund der Londoner Vereinbarungen (im Jahr 2045 statt 2055). Der Ozonverlust sollte um insgesamt 28% verringert werden, und man hoffte, dadurch 4,5 Millionen Hautkrebserkrankungen und 350 000 Fälle von Erblindung verhindern zu können.[17] Später wurde deutlich, dass die strengeren Auflagen von Kopenhagen notwendig waren, um überhaupt einen Abbau der Konzentrationen von Chlor und Brom zu erreichen (siehe Abbildung 5-6).

Bis 1996 hatten sich 157 Nationen diesem strengeren Abkommen angeschlossen. Viel mehr war kaum zu erreichen. 1997 nahm man in Montreal – zehn Jahre nach dem ersten Abkommen – noch einige geringfügige Änderungen vor. Im Jahr 1998 wurde im Rahmen eines wissenschaftlichen Gutachtens zur Situation der Ozonschicht (durchgeführt unter der Schirmherrschaft der World Meteorological Organization [WMO] und des UNEP)[18] festgestellt, dass „basierend auf den Emissionen Ozon zerstörender Substanzen in der Vergangenheit und einer Prognose der durch das Montreal-Protokoll maximal erlaubten Mengen die Ausdünnung der Ozonschicht vermutlich noch in diesem oder in den nächsten beiden Jahrzehnten ihren Höhepunkt erreichen wird". Vier Jahre später hieß es in dem wissenschaftlichen Gutachten von 2002: „Ab 2010 wird die Ozonkonzentration über der Antarktis zunehmen. Bis Mitte dieses Jahrhunderts ist damit zu rechnen, dass wieder die Ozonwerte von vor 1980 erreicht werden."[19] Es war schon zu spät, um noch Einfluss auf die Jahre mit der stärksten Ausdünnung der Ozonschicht zu nehmen – 1995 bis 2010 –, weil die dafür verantwortlichen Chemikalien bereits langsam in die Stratosphäre aufstiegen. Damit dieses Maximum aber auch wirklich das Maximum bleiben und die Ozonschicht sich wieder regenerieren konnte, mussten nun vor allen Dingen die Beschlüsse des Abkommens in die Tat umgesetzt werden. Die Unterzeichner des Montreal-Protokolls kamen auch weiterhin zu Konferenzen zusammen, um das Abkommen weiter zu verbessern. So vereinbarten die Teilnehmer 1997 in Beijing, den multilateralen Fonds zu erhöhen, der die Entwicklungsländer finanziell dabei unterstützen soll, ihre Fristen einzuhalten. Mittlerweile wurden noch weitere Substanzen in die Regelung aufgenommen, und für Stoffe, welche die Ozonschicht zerstören, gilt ein Handelsverbot.

Im Jahr 2000 war die weltweite Produktion von „FCKW-Gasen" von ihrem Maximalwert, mehr als einer Million Tonnen 1988, auf weniger als 100 000 Tonnen jährlich gefallen (Abbildung 5-1).[20] Die Industrie hatte den allmählichen Ausstieg aus der Produktion dieser wichtigen Chemikalien mit viel geringeren Kosten und Entwicklungsstörungen vollzogen, als zu Beginn der internationalen Verhandlungen irgendjemand zu hoffen gewagt hatte. (Die Kosten beziffern sich letztendlich einschließlich der Ausgaben für die Verhandlungen und deren Durchsetzung auf schätzungsweise 40 Milliarden Dollar.[21]) Da die FCKW zudem mehrere tausend Male wirkungsvollere Treibhausgase sind als Kohlendioxid, wird ihr Verbot auch dazu beitragen, das Tempo des globalen Klimawandels zu verlangsamen. Von den weniger schädlichen H-FCKW wird nach wie vor eine halbe Million Tonnen pro Jahr hergestellt (Abbildung 5-1).

Währenddessen trafen ständig bruchstückhaft weitere Nachrichten von der Stratosphäre ein. In den Jahren 1995 und 1996 erreichte die Ozonkonzentration über dem Nordpol einen neuen historischen Tiefpunkt; über Sibirien sank sie kurzzeitig sogar um 45%. In mittleren nördlichen Breiten beliefen sich die Verluste der Ozonschicht im Winter und Frühjahr 1998 im Schnitt auf 6–7%. Im Herbst 1998 war das Ozonloch über dem Südpol größer und ausgeprägter als je zuvor seit seiner Entdeckung[22] – etwa dasselbe wurde dann auch 2000 und 2003 behauptet. Und obwohl sich sein Wachstum verlangsamte, konnte das wissenschaftliche Gutachten der WMO von 2002 noch keine endgültige Aussage darüber treffen, „ob das Ozonloch (über der Antarktis) schon seine größte Ausdehnung erreicht hatte"; es herrschte jedoch Übereinstimmung darüber, dass „die Ozonschicht sich im Laufe der nächsten 50 Jahre wieder langsam regenerieren wird".[23]

In den ersten zwei Jahrzehnten des 21. Jahrhunderts wird die Ozonschicht noch ganz besonders empfindlich sein. Wenn das Protokoll von Montreal und seine ergänzenden Vereinbarungen befolgt werden, wenn die illegale FCKW-Produktion eingestellt wird und wenn es nicht zu größeren Vulkanausbrüchen kommt (die ebenfalls kurzzeitig ein Ausdünnen der Ozonschicht bewirken können), dann sollte die Ozonschicht um das Jahr 2050 wieder annähernd in ihrem ursprünglichen Zustand sein.

Einen Haken hat diese glücklich verlaufene Geschichte aber noch: den Anstieg des Schmuggels von FCKW. Obschon die Regierungen der USA und Europas sowohl die Herstellung als auch den Import neu hergestellter FCKW verboten, waren dennoch viele ihrer Bürger bereit, sich für viel Geld die Klimaanlagen ihrer Fahrzeuge oder ihre Kühlaggregate wieder auffüllen zu lassen. In den USA sollte eine hohe Verbrauchssteuer auf neue FCKW die Rezyklierung fördern und trieb dadurch den Preis weiter in die Höhe. Einem derart lukrativen Markt konnten Länder, denen nach dem Abkommen die Herstellung von FCKW bis 2010 weiterhin erlaubt war (vor allem Russland, China und Indien) kaum widerstehen. Die Schmuggler wandten alle möglichen Tricks an und kennzeichneten beispielsweise neue FCKW als rezyklierte. Nach Berichten des amerikanischen Justizministeriums wurden mit illegal importierten FCKW größere Profite erzielt als mit Kokain. Wie groß der Markt an illegal importierten FCKW tatsächlich ist, lässt sich unmöglich genau beziffern – Schätzungen reichen von 20 000 bis 30 000 Tonnen im Jahr.[24] Aber dieser Markt reichte nicht aus, um den Abwärtstrend der FCKW-Produktion insgesamt zu stoppen.

Trotz dieses Problems und anderer kleinerer wurde weltweit weitgehende Einigkeit hinsichtlich der Problematik erzielt, und es gab enorme Fortschritte bei der Umsetzung der Lösungsmöglichkeiten. Eine erfolgreiche Reaktion auf eine Grenzüberschreitung ist also eindeutig möglich, auch wenn sie in diesem Fall 25 Jahre gedauert hat.

Ohne FCKW auskommen

Noch während die diplomatischen Verhandlungen im Gange waren, präsentierten kreative Köpfe in der Industrie Möglichkeiten, den Ausstoß bereits vorhandener FCKW zu reduzieren und Ersatzstoffe zu verwenden. Ein Drittel des Problems löste man durch Einsparungen, indem man einfach den Bedarf für diese Chemikalien reduzierte. So ist bei besserer Isolierung weniger Kühlung notwendig, und durch Wiederverwertung der Chemikalien lassen sich die Emissionen verringern. Zu einem weiteren Drittel trug die vorübergehende Verwendung von Ersatzstoffen zur Lösung der Problematik bei, etwa der hydrierten FCKW oder H-FCKW, die die Ozonschicht 10- bis 50-mal weniger zerstören als die normalen FCKW. Der Ausstieg aus der Produktion dieser Stoffe ist erst für 2030 vorgesehen; dadurch bleibt Zeit, eine dauerhaftere Lösung zu finden. Das letzte Drittel zur Lösung der Problematik war die Umstellung auf alternative Stoffe, welche die Ozonschicht überhaupt nicht schädigen.

Aufgrund des 1978 in den USA verhängten Verbots hatten sich die Hersteller von Spraydosen bereits auf andere Aerosol-Treibmittel umgestellt, von denen die meisten sogar kostengünstiger waren als die FCKW. Mario J. Molina, ein Spezialist für die Chemie der Atmosphäre, meinte hierzu: „Als die Vereinigten Staaten 1978 die Verwendung von FCKW als Treibmittel in Spraydosen verboten, behaupteten Experten, durch dieses Verbot würden viele Menschen ihren Arbeitsplatz verlieren. Das war aber nicht der Fall."[25]

Die Kühlmittel von Kühlschränken und Klimaanlagen wurden gewöhnlich in die Umgebungsluft abgelassen, wenn diese Geräte repariert oder verschrottet wurden. Nun werden die Kühlmittel durch spezielle Verfahren aufgefangen, gereinigt und wiederaufbereitet. In den Vereinigten Staaten wird die Rezyklierung von FCKW – und auch die Reparatur von Lecks – durch eine beträchtliche Steuer gefördert, die eine Rezyklierung profitabel macht. Gegenwärtig besteht die Herausforderung darin, die ungefährlichen Ersatzstoffe von ihren Ozon zerstörenden Vorgängern im Recyclingprozess zu trennen.

In der Elektronik- und Luftfahrtindustrie entwickelten Firmen alternative Lösungsmittel, um Leiterplatten und Flugzeugteile zu reinigen; teilweise wurden dazu einfache wässrige Lösungen eingesetzt. Auch die Herstellungsprozesse wurden überarbeitet, sodass auf Waschprozesse gänzlich verzichtet werden kann – was zudem eine enorme Kostenersparnis bedeutet. Firmen aus den USA und aus Japan vereinbarten den kostenlosen Austausch von Forschungsergebnissen über diese Neuerungen mit Elektronikherstellern aus aller Welt.[26]

Chemiefirmen begannen, für spezielle Anwendungen hydrierte FCKW und andere neue Verbindungen als Ersatz für FCKW auf den Markt zu bringen. Die Klimaanlagen von Fahrzeugen enthalten jetzt einen Ersatzstoff mit der Bezeichnung HFC-134a. Die zusätzlichen Kosten für dieses neue Kühlmittel liegen nicht bei den vorhergesagten 1000–1500 US-Dollar pro Fahrzeug, sondern eher bei 50–150 US-Dollar.

Wärmedämmstoffe aus Kunststoff werden nun mit anderen Gasen aufgeschäumt, Hamburger werden in Papier oder Karton und nicht in Kunststoffbehältern verpackt, die FCKW enthalten. Umweltbewusste Verbraucher verwenden anstelle von Einmal-Plastikgeschirr Keramiktassen, die man spülen kann.

Die Züchter von Schnittblumen in Kolumbien machten die Erfahrung, dass sie den Boden nicht mit Methylbromid zu desinfizieren brauchen, wenn sie auf integrierte Schädlingsbekämpfung umstellen. In Kenia begann man, Kohlendioxid anstelle von Methylbromid zur Desinfektion von gelagertem Getreide zu verwenden. Tabakbauern in Zimbabwe versuchten es mit Fruchtwechsel statt Methylbromid. Eine Studie des UNEP gelangte zu dem Schluss, dass sich Methylbromid zu 90% durch andere Schädlingsbekämpfungsmaßnahmen ersetzen lässt, oft sogar unter geringerem Kostenaufwand.

Die Moral von der Geschichte

Ein Bericht von 350 Wissenschaftlern aus 35 Nationen, koordiniert von der World Meteorological Organization im Jahre 1999, stellt die gemeinsame Ansicht zur Zukunft der Ozonschicht dar.

> Es ist zu erwarten, dass die Ausdünnung der Ozonschicht – verursacht durch vom Menschen hergestellte Chlor- und Bromverbindungen – bis Mitte des 21. Jahrhunderts allmählich wieder verschwinden wird, weil diese Verbindungen nach und nach durch natürliche Prozesse aus der Stratosphäre entfernt werden. Dieser Erfolg des Umweltschutzes ist dem bahnbrechenden internationalen Abkommen zu verdanken, das die Herstellung und Verwendung von Substanzen verbietet, die die Ozonschicht zerstören.[27]

Aus der Geschichte des Ozonlochs lassen sich je nach Weltbild und politischer Ausrichtung zahlreiche Lehren ziehen. Hier sind die Schlüsse, die wir daraus ziehen:

- Ganz wesentlich ist, dass wichtige Umweltkennwerte regelmäßig überwacht und die Ergebnisse rasch und wahrheitsgetreu veröffentlicht werden.
- Politische Willensbildung lässt sich international durchaus so bündeln, dass die Auswirkungen menschlicher Aktivitäten innerhalb der Grenzen unseres Planeten bleiben.
- Um Umweltschäden zukünftig durch internationale Vereinbarungen zu vermeiden, benötigt man in der Regel die Werkzeuge und den Willen, um verlässliche Abschätzungen der zukünftigen Entwicklung machen zu können.
- Menschen und Staaten müssen keineswegs zu unfehlbaren Heiligen werden, um zu einer wirkungsvollen internationalen Zusammenarbeit bei schwierigen Problemen zusammenzufinden; ebenso wenig brauchen sie perfektes Wissen oder absolut sichere wissenschaftliche Beweise, um handeln zu können.

▓ Wir brauchen keine Weltregierung, um mit globalen Problemen fertig zu werden, wohl aber globale Zusammenarbeit von Wissenschaftlern, ein weltweites Informationssystem, ein internationales Forum, in dem spezielle Übereinkommen ausgearbeitet werden können, und eine internationale Zusammenarbeit bei der Durchsetzung dieser Vereinbarungen.

▓ Wissenschaftler, Ingenieure, Politiker, Unternehmen und Verbraucher können sehr wohl rasch reagieren, wenn sie die Notwendigkeit erkennen – aber nicht sofort.

▓ Die düsteren Prognosen der Industrie, welche wirtschaftlichen Folgen es nach sich zieht, wenn sie Umweltverordnungen befolgen muss, sind meist übertrieben. Manchmal werden die Dinge bewusst verdreht, um politische Veränderungen aufzuhalten, aber vor allem kommt man zu einer solchen Einstellung, wenn man die Fähigkeit zu technischem Fortschritt und gesellschaftlichen Veränderungen unterschätzt.

▓ Wenn unvollständige Erkenntnisse vorliegen, müssen Abkommen zu Umweltfragen flexibel formuliert und in regelmäßigen Abständen überprüft werden. Die Entwicklung der Problematik muss ständig überwacht werden, damit man gegebenenfalls Anpassungen vornehmen und Verbesserungen einplanen kann. Man sollte aber nie davon ausgehen, dass ein globales Problem endgültig gelöst ist.

▓ Für die Übereinkunft zum Schutz der Ozonschicht erwiesen sich alle beteiligten Akteure als unverzichtbar, und das werden sie auch in Zukunft sein. Man benötigt einen internationalen Vermittler wie das Umweltprogramm der Vereinten Nationen (UNEP), die Regierungen einiger Staaten, die willens sind, die politische Führungsrolle zu übernehmen, flexible und verantwortungsbewusste Unternehmen, Wissenschaftler, die bereit und fähig sind, mit Politikern zu verhandeln, engagierte Umweltschützer, die Druck ausüben, und Verbraucher, die sich auf umweltfreundliche Produkte umstellen wollen. Außerdem werden technische Experten gebraucht, um Neuerungen zu entwickeln, welche den Menschen das Leben selbst dann ermöglichen, erleichtern und sogar profitabel machen, wenn wir uns anpassen müssen, damit die Einflüsse des Menschen innerhalb der Grenzen bleiben.

▓ Natürlich erkennen wir in der Geschichte des Ozonlochs auch alle charakteristischen Merkmale eines Systems, bei dem es nach einer Grenzüberschreitung zum Zusammenbruch kommt: exponentielles Wachstum, eine erodierbare Grenze der Umwelt und eine stark verzögerte Reaktion sowohl materieller als auch politischer Art. Von den ersten Warnungen der Wissenschaftler im Jahr 1974 bis zur Unterzeichnung des Abkommens von Montreal 1987 vergingen 13 Jahre. Von dieser ersten Unterzeichnung sollte es weitere 13 Jahre dauern, bis schließlich im Jahr 2000 das noch strikter formulierte Abkommen in vollem Umfang in die Tat umgesetzt wurde. Noch länger könnte es dauern, den Verweigerern, Betrügern und

Schmugglern das Handwerk zu legen. Nach 2050 wird noch mehr als ein Jahrhundert vergehen, bis das restliche Chlor völlig aus der Stratosphäre verschwunden sein wird.

Dies ist die Geschichte einer Grenzüberschreitung. Aber sie zeigt auch, wie die Menschheit wieder zu nachhaltigem Verhalten zurückfindet. Es bleibt zu hoffen, dass die Geschichte nicht doch noch im Zusammenbruch endet. Ob es so weit kommt, hängt davon ab, inwieweit sich die Ozonschicht wieder von der Schädigung erholen kann – und ob die Zukunft weitere Überraschungen in der Atmosphäre bringt. Es hängt aber auch davon ab, ob es gelingt, wachsam zu bleiben und die Anstrengungen bestimmter Interessengruppen und ihrer politischen Vertreter zu blockieren, die auf Ausnahmeregelungen zum Verbot Ozon zerstörender Chemikalien hinarbeiten. Sofern diese Bedingungen erfüllt sind, kann die Geschichte vom Aufstieg und Fall des Ozonlochs in der Stratosphäre ein Ansporn bei unseren weiteren Bemühungen sein, uns mit anderen globalen Grenzen dauerhaft zu arrangieren.

Anmerkungen

1. Zahlreiche chlor- und bromhaltige Chemikalien können die Ozonschicht in der Stratosphäre zerstören: das Bodendesinfektionsmittel Methylbromid, das Reinigungs- und Lösungsmittel Tetrachlorkohlenstoff (Tetrachlormethan, Kohlenstofftetrachlorid), die zum Feuerlöschen verwendeten Halone und einige mehr. Die größte Gefahr stellen jedoch die FCKW (Fluorchlorkohlenwasserstoffe) dar, eine Familie von Verbindungen, die Fluor, Wasserstoff und Chlor enthalten. Sie wurden bisher auch am eingehendsten erforscht und stehen im Mittelpunkt der meisten internationalen Bemühungen zur Schadstoffkontrolle. Daher konzentrieren wir uns in unserer Geschichte ebenfalls auf die FCKW.

2. Arjun Makhijani, Annie Makhijani und Amanda Bickel, *Saving Our Skins: Technical Potential and Policies for the Elimination of Ozone-Depleting Chlorine Compounds* (Washington, DC: Environmental Policy Institute and the Institute for Energy and Environmental Research, September 1988), 83. Erhältlich über das Environmental Policy Institute, 218 O Street SE, Washington, DC 20003, USA.

3. Ebenda, 77.

4. B. K. Armstrong und A. Kricker, „Epidemiology of Sun Exposure and Skin Cancer", *Cancer Surveys* 26: 133–153, 1996.

5. Siehe hierzu beispielsweise Robin Russell Jones, „Ozone Depletion and Cancer Risk", *Lancet* (22. August 1987): 443; „Skin Cancer in Australia", *Medical Journal of Australia* (1. Mai 1989); Alan Atwood, „The Great Cover-up", *Time* (Australia), 27. Februar 1989; Medwin M. Mintzis, „Skin Cancer: The Price for a Depleted Ozone Layer", *EPA Journal* (Dezember 1986).

6. Osmund Holm-Hansen, E. W. Heibling und Dan Lubin, „Ultraviolet Radiation in Antarctica: Inhibition of Primary Production", *Photochemistry and Photobiology* 58 (4): 567–570, 1993.

7. A. H. Teramura und J. H. Sullivan, „How Increased Solar Ultraviolet-B Radiation May Impact Agricultural Productivity", in *Coping with Climate Change* (Washington, DC: Climate Institute, 1989), 203.

8. Richard S. Stolarski und Ralph J. Cicerone, „Stratospheric Chlorine: A Possible Sink for Ozone", *Canadian Journal of Chemistry* 52: 1610, 1974.

9. Mario J. Molina und F. Sherwood Rowland, „Stratospheric Sink for Chlorofluoromethanes: Chlorine Atomic Catalysed Destruction of Ozone", *Nature* 249: 810, 1974. Für diese Untersuchungen erhielten Molina und Rowland 1995 den Nobelpreis für Chemie.

10. Zitiert aus Richard E. Benedick, *Ozone Diplomacy* (Cambridge, MA: Havard University Press, 1991), 12.

11. J. C. Farman, B. G. Gardiner und J. D. Shanklin, „Large Losses of Total Ozone in Antarctica Reveal Seasonal ClO/NO$_2$ Interaction", *Nature* 315: 207, 1985.

12. Die Phase, in der die Wissenschaftler zwar niedrige Ozonwerte feststellten, aber dennoch nicht bewusst „realisierten", ist anschaulich beschrieben in Paul Brodeur, *Annals of Chemistry*, 71.

13. J. G. Anderson, W. H. Brune und M. J. Proffitt, „Ozone Destruction by Chlorine Radicals within the Antarctic Vortex: The Spatial and Temporal Evolution of ClO-O$_3$ Anticorrelation Based on in Situ ER-2 Data", *Journal of Geophysical Research* 94 (30. August 1989): 11, 474.

14. Mario J. Molina, „The Antarctic Ozone Hole", *Oceanus* 31 (Sommer 1988).

15. Nach der Wahl von Ronald Reagan zum US-Präsidenten im Jahr 1980 stellte DuPont seine weiteren Forschungen nach Ersatzstoffen für FCKW ein.

16. Anschaulich und ausführlich beschrieben wird der politische Prozess von Richard Benedick, der die Verhandlungen auf Seiten der USA leitete, in R. E. Benedick, *Ozone Diplomacy: New Directions in Safeguarding the Planet*, 2. Auflage (Cambridge, MA, und London: Harvard University Press, 1998).

17. Ebenda, 215.

18. United Nations Environment Programme, „Synthesis of the Reports of the Scientific Assessment Panel and Technology and Economic Assessment Panel on the impact of HCFC and Methyl Bromide Emissions", Nairobi, März 1995, Abschnitt 4.

19. World Meteorological Organization, „Scientific Assessment of Ozone Depletion: 2002", *Global Ozone Research and Monitoring Project Report 47*, einsehbar unter www.unep.org/ozone

20. Zu diesem Zeitpunkt hatte das UNEP-Büro, das diese Informationen sammelte, bereits aufgehört, kontinuierliche Daten über längere Zeiträume zusammenzustellen, denn es hatte sich herausgestellt, dass die Qualität der Informationen von Jahr zu Jahr stark schwankte. Siehe hierzu „Production and Consumption of Ozone Depleting Substances under the Montreal Protocol 1989–2000" (Nairobi: UNEP, 2002), einsehbar unter www.unep.ch/ozone/. Die Produktionsstatistiken finden sich in den Tabellen 1 und 2 ab Seite 18.

21. F. A. Vogelsberg, „An Industry Perspective: Lessons Learned and the Cost of the CFC Phaseout", veröffentlicht auf der International Conference on Ozone Protection Technologies, Washington, DC, Oktober 1996.

22. Richard A. Kerr, „Deep Chill Triggers Record Ozone Hole", *Science* 282 (16. Oktober 1998): 391.

23. WMO, „Scientific Assessment", xiv und xv.

24. World Resources Institute, *World Resources 1998–99* (New York: Oxford University Press, 1998), 178. Siehe auch Tim Beardsley, „Hot Coolants", *Scientific American* (Juli 1998): 32.

25. Mario J. Molina, „Stratospheric Ozone: Current Concerns", veröffentlicht auf dem Symposium on Global Environmental Chemistry – Challenges and Initiatives, 198th National Meeting of the American Chemical Society, 10. bis 15. September 1989, Miami Beach, Florida.

26. The Industrial Coalition for Ozone Layer Protection, 1440 New York Avenue NW, Suite 300, Washington, DC 20005.

27. WMO, „Scientific Assessment", xxxix.

Kapitel 6

Technik, Märkte und Grenzüberschreitung

> Alles deutet darauf hin, dass wir die Rolle unseres technologischen Einfalls-
> reichtums beständig überbewerten, dafür aber die Bedeutung der natürlichen
> Ressourcen unterschätzen ... Wir brauchen ... etwas, das uns in unserem
> Drang, die Welt zu erneuern, verloren gegangen ist: einen Sinn für die Gren-
> zen und ein Bewusstsein für die Bedeutung der Ressourcen dieser Erde.
>
> *Stewart Udall, 1980*

Seit etwa 100 000 Jahren lebt der *Homo sapiens* nun auf der Erde. Seit 10 000
Jahren betreiben Menschen Landwirtschaft und schließen sich in Siedlungen
zusammen. Seit ungefähr 300 Jahren erlebt die Menschheit ein rasches exponentielles Bevölkerungs- und Kapitalwachstum. Während dieser letzten Jahrhunderte entstanden bahnbrechende technische und institutionelle Neuerungen – die Dampfmaschine, der Computer, Unternehmen, internationale Han-
delsabkommen und vieles mehr. Sie ermöglichten es der menschlichen Wirtschaft, scheinbare physische und organisatorische Begrenzungen zu durchbre-
chen und weiterhin anzuwachsen. Insbesondere in den letzten Jahrzehnten hat
die expandierende Industriekultur nahezu jeder Gesellschaft auf unserer Erde
den Wunsch und die Erwartung eingeimpft, dass das materielle Wachstum
dauerhaft anhalten kann.

Dass dem Wachstum irgendwelche Grenzen gesetzt sein könnten, ist für
viele Menschen schlichtweg unvorstellbar. Solche Grenzen sind politisch ein
Tabuthema und dem ökonomischen Denken völlig fremd. Die vorherrschende
Kultur leugnet meist, dass solche Grenzen möglich sind, indem sie völlig
darauf vertraut, dass die Macht der Technik, das Funktionieren der freien
Marktwirtschaft und das Wachstum der Wirtschaft alle Probleme lösen werden – selbst jene Probleme, die das Wachstum selbst mit sich bringt.

An dem ursprünglichen World3-Modell wurde am häufigsten kritisiert,
dass es die Macht der Technik unterbewerte und die Anpassungsfähigkeit
des freien Marktes nicht ausreichend berücksichtige. Es stimmt: Wir haben
im ursprünglichen World3-Modell die Annahmen über technische Fortschritte
nicht so weit getrieben, dass damit automatisch alle Probleme im Zusammenhang mit dem exponentiellen Wachstum des ökologischen Fußabdrucks der
Menschheit gelöst werden. Das lag daran, dass wir nicht der Ansicht waren –
und das auch nach wie vor nicht sind –, dass sich solche enormen technischen

Vor zwanzig Jahren sprach jemand von den Grenzen des Wachstums. Heute wissen wir jedoch, dass Wachstum der Motor für Veränderungen ist. Wachstum ist ein Freund der Umwelt.   US-Präsident George W. Bush, 1992

So lautet meine langfristige Vorhersage in Kürze: Die materiellen Lebensbedingungen werden sich für die meisten Menschen, in den meisten Ländern und die meiste Zeit unaufhörlich weiter verbessern. Innerhalb von einem oder zwei Jahrhunderten werden alle Nationen und der Großteil der Menschheit den gleichen – oder sogar einen höheren – Lebensstandard haben wie die heutige westliche Welt. Allerdings vermute ich auch, dass viele Menschen weiterhin denken und behaupten werden, ihre Lebensbedingungen würden sich verschlechtern.   Julian Simon, 1997

Im Jahr 1972 veröffentlichte der Club of Rome die „Grenzen des Wachstums" und stellte dabei in Frage, dass Wirtschafts- und Bevölkerungswachstum auf Dauer tragbar sind. Den „Grenzen des Wachstums" zufolge sollte sich ab jetzt ein Rückgang der Nahrungsprodukation, der Bevölkerungszahl, der Energieverfügbarkeit und der Lebenserwartung abzeichnen. Keine dieser Entwicklungen ist bisher auch nur ansatzweise eingetreten und ist in nächster Zeit auch nicht zu erwarten. Also lag der Club of Rome falsch…   ExxonMobile, 2002

Fortschritte von sich aus entwickeln werden oder allein durch das Funktionieren „des Marktes" ohne irgendwelches Zutun. Es sind zwar eindrucksvolle – und sogar ausreichende – technische Fortschritte vorstellbar, aber nur als Folge zielstrebiger Entscheidungen der Gesellschaft und der Bereitschaft, diese durch entsprechendes Handeln und finanzielle Unterstützung umzusetzen. Und selbst unter diesen Umständen wird die gewünschte Technik erst mit beträchtlicher Verzögerung verfügbar sein. So sehen wir die Realität heute – genau wie vor 30 Jahren. Und diese Auffassung spiegelt sich in World3 wider.[1]

Technische Fortschritte und der Markt werden in diesem Modell in vieler Hinsicht berücksichtigt. Hinsichtlich des Funktionierens von Märkten nehmen wir in World3 an, dass das begrenzte Investitionskapital mehr oder weniger sofort gemäß dem konkurrierenden Bedarf aufgeteilt wird.[2] Auch einige technische Verbesserungen sind in das Modell integriert, etwa Geburtenkontrolle, Ersatz von Ressourcen durch andere Stoffe und die grüne Revolution in der Landwirtschaft. In mehreren Szenarien überprüfen wir auch einen beschleunigten technischen Fortschritt und mögliche zukünftige Entwicklungssprünge, die über diese „normalen" Verbesserungen noch hinausgehen. Was wäre, wenn künftig fast alle Materialien nach Gebrauch wieder verwertet würden? Was wäre, wenn sich der Ertrag pro Fläche einmal oder sogar zweimal verdoppelte? Was wäre, wenn die Emissionen im Laufe dieses Jahrhunderts jährlich um 4% gesenkt würden?

Selbst unter solchen Annahmen neigt die Modellwelt dazu, ihre Grenzen zu überschreiten. Selbst mit den wirksamsten Techniken und der unserer Meinung nach größtmöglichen wirtschaftlichen Robustheit erzeugt das Modell

– sofern dies die einzigen Veränderungen bleiben – tendenziell Szenarien, die zum Zusammenbruch führen.

In diesem Kapitel wollen wir erklären, warum das so ist. Zunächst müssen wir uns aber darüber im Klaren sein, dass wir uns hier mit Themen befassen, die nicht nur Gegenstand wissenschaftlicher Untersuchungen sind, sondern auch Glaubensfragen. Wenn wir hier andeuten, dass die Technik oder die Märkte Probleme oder sogar Grenzen haben, so werden uns einige für Ketzer halten und behaupten, wir seien gegen technischen Fortschritt.

Aber das stimmt einfach nicht. Donella Meadows promovierte an der Harvard University, Dennis Meadows und Jørgen Randers am Massachusetts Institute of Technology. Diese beiden Institutionen sind führend auf dem Gebiet der Entwicklung neuer Technologie. Den Beitrag der Wissenschaft zur Lösung der Probleme der Menschheit betrachten wir mit tiefem Respekt und großem Enthusiasmus. Die erstaunlichen Leistungen des technischen Fortschritts sind uns nicht zuletzt bei unseren Buchveröffentlichungen vor Augen geführt worden. Im Jahre 1971 schrieben wir *Die Grenzen des Wachstums* auf einer elektrischen Schreibmaschine, zeichneten die Grafiken von Hand und brauchten für die Berechnungen von World3 einen riesigen Großrechner. Dieser benötigte 10–15 Minuten, um ein Szenario zu berechnen. Im Jahr 1991 überarbeiteten wir das Modell, schrieben ein neues Buch, erstellten Grafiken, Tabellen und das Layout der Seiten – alles auf PCs. Die Berechnung eines Szenarios von World3 über 200 simulierte Jahre dauerte drei bis fünf Minuten.

Im Jahr 2002 konnten wir unser Modell World3 auf Laptops ablaufen lassen, tauschten uns bei der Überarbeitung des Buches über das Internet aus und speicherten alle unsere Ergebnisse auf einer CD-ROM. Mittlerweile dauert ein Durchlauf des Modells nur noch etwa vier Sekunden. Wir zählen darauf, dass durch stark verbesserte technische Effizienz der ökologische Fußabdruck der Menschheit auf elegante Weise und bei minimalem Verzicht wieder so weit verringert werden kann, dass er die Belastbarkeitsgrenzen der Erde nicht mehr überschreitet.

Wir sind auch nicht gegen den freien Markt. Wir erkennen die Möglichkeiten des Marktes an und schätzen sie. Zwei von uns tragen den Doktortitel der Business School einer namhaften Universität; Jørgen Randers war acht Jahre lang Präsident der Norwegian School of Management, Dennis Meadows lehrte 16 Jahre lang als Professor an der Tuck's School of Business in Dartmouth. Wir gehören den Führungsgremien von High-Tech-Firmen an. Und wir kennen alle aus erster Hand die Schwierigkeiten und Absurditäten eines zentral gesteuerten Wirtschaftssystems. Wir rechnen damit, dass Verbesserungen der Marktsignale und technische Fortschritte dazu führen werden, dass sich eine produktivere und wohlhabendere, nachhaltig wirtschaftende Gesellschaft entwickeln wird. Aber wir glauben nicht, und wir halten es auch für objektiv nicht begründbar, dass technischer Fortschritt oder der freie Markt von sich aus – ohne Veränderungen und ohne Verständnis, Respekt oder Engagement für das Prinzip der Nachhaltigkeit – eine nachhaltige Gesellschaft gestalten können.

Die Vorbehalte in unserem Vertrauen in Technik und Märkte beruhen darauf, dass wir etwas von Systemen verstehen. Es rührt daher, dass wir zum Erstellen von nichtlinearen, auf Rückkopplungen aufbauenden Modellen exakt beschreiben müssen, *was Technologie ist* und *wie Märkte funktionieren*. Wenn man diese Systeme konkret modellieren muss, statt pauschale Behauptungen aufzustellen, dann zeigen sich jedoch ihre Funktionen und ihre Wirkungskraft im Wirtschaftssystem ebenso wie ihre Grenzen.

In diesem Kapitel werden wir:

- die Rückkopplungsprozesse für Technik und Märkte beschreiben, wie wir sie verstehen und in unser Modell World3 eingebaut haben;
- Computersimulationen zeigen, in denen wir immer effizientere Techniken angenommen haben, um Grenzen zu überwinden;
- erläutern, warum eine Grenzüberschreitung mit Zusammenbruch nach wie vor die vorherrschende Verhaltensweise bei diesen Simulationen ist;
- und schließlich zwei Fallstudien vorstellen – eine über Erdöl und eine über die Fischerei –, die zeigen, wie Technik und Märkte in der gegenwärtigen Welt keinen reibungslosen Übergang zur Nachhaltigkeit garantieren.

Technologie und Märkte in der „realen Welt"

Was ist nun Technologie „wirklich"? Versteht man darunter die Fähigkeit, irgendwelche Probleme zu lösen? Die Manifestation menschlichen Erfindergeistes? Den ständigen exponentiellen Anstieg der Produktionsmenge pro Arbeitsstunde oder Kapitaleinheit? Die Herrschaft über die Natur? Oder die Kontrolle einiger Menschen über andere mithilfe der Natur als Werkzeug?[3] Die Denkmodelle des Menschen umfassen alle diese Technologie-Vorstellungen und noch einige mehr.

Was ist der Markt „wirklich"? Für manche ist es der Ort, an dem Käufer und Verkäufer zusammenkommen und Kaufpreise aushandeln, die den relativen Wert von Gütern ausdrücken. Für andere ist der freie Markt eine von Wirtschaftswissenschaftlern erfundene Fiktion. Anderen, die nie einen Markt ohne bürokratische Kontrollen kennen gelernt hatten, musste er wie eine magische Institution erscheinen, der es irgendwie gelingt, Konsumgüter im Überfluss zu liefern. Versteht man unter dem Markt das Recht und die Möglichkeit, Privatkapital zu besitzen und den Gewinn selbst zu behalten? Oder stellt er vor allem die effizienteste Möglichkeit dar, die Produkte der

Gesellschaft zu verteilen? Oder ist er eine Einrichtung, durch die einige Menschen mithilfe von Geld Kontrolle über andere ausüben?

Folgende Prozesse prägen unserer Ansicht nach die Denkvorstellungen der meisten Menschen, wenn sie meinen, dass Technologie und Märkte die Grenzen des Wachstums aufheben können:

- Zunächst entsteht ein Problem im Zusammenhang mit einer Grenze: Eine Ressource wird knapp, oder ein Schadstoff beginnt sich anzureichern.
- Der Markt bewirkt, dass der Preis der knappen Ressourcen im Verhältnis zu anderen Ressourcen steigt oder dass durch den Schadstoff Kosten verursacht werden, die sich in steigenden Preisen derjenigen Produkte oder Dienstleistungen niederschlagen, bei denen dieser Schadstoff entsteht. (An dieser Stelle wird in der Regel eingeräumt, dass auf dem Markt deutliche Korrekturen erforderlich sind, um die Kosten für „externe Effekte" wie Umweltverschmutzung zu berücksichtigen.)
- Der Preisanstieg einer Ressource erzeugt Reaktionen. Für Geologen lohnt es sich jetzt, weitere Vorräte ausfindig zu machen, oder für Biologen, ihre Zuchterfolge zu verbessern, oder für Chemiker, den Stoff synthetisch zu erzeugen. Hersteller ersetzen einen knappen Rohstoff durch einen häufiger vorhandenen und setzen verstärkt auf Wiederverwertung. Verbraucher müssen entweder mit weniger Produkten auskommen, die diesen Rohstoff enthalten, oder sie müssen ihn durch effizientere Nutzung einsparen. Ingenieure werden gezwungen, Rückhaltetechniken für Schadstoffe oder Verfahren zu ihrer sicheren Lagerung oder Herstellungsprozesse zu entwickeln, bei denen der Schadstoff erst gar nicht entsteht.
- Diese Reaktionen auf der Nachfrage- wie auf der Angebotsseite treten auf dem Markt in Wettbewerb miteinander; dort entscheidet das Zusammenspiel von Käufern und Verkäufern darüber, durch welche Techniken und Konsummuster sich das Problem am schnellsten und effizientesten kostengünstig lösen lässt.
- Schließlich ist das Problem „gelöst". Das System hat die Verknappung der Ressource überwunden oder die durch den Schadstoff verursachten Schäden verringert.
- All dies ist mit einem Kostenaufwand möglich, den die Gesellschaft zu tragen bereit ist, und erfolgt rasch genug, um nicht wieder gutzumachende Schäden auszuschließen.

Dieses Denkmodell verlässt sich also weder allein auf die Technik, noch allein auf Marktmechanismen, sondern es setzt vor allem voraus, dass es zu einem reibungslosen, effektiven Zusammenspiel der beiden kommt. Der Markt wird gebraucht, um das Problem zu erkennen, Ressourcen zu seiner Lösung zu mobilisieren und schließlich die beste Lösung zu selektieren und zu belohnen. Die Technik wird zur Lösung des Problems selbst benötigt. Alles zusammen muss gut funktionieren. Ohne die Signale vom Markt gibt es nicht den Anstoß, die notwendige Technik zu entwickeln. Und ohne technische Erfindungsgabe bleiben Signale des Marktes ohne Wirkung.

Man beachte, dass sich dieses Modell in Form einer negativen Rückkopplungsschleife darstellen lässt – eine Kausalkette, die eine Veränderung rückgängig machen, ein Problem korrigieren oder wieder einen Gleichgewichtszustand herstellen kann. Die Verknappung der Ressource wird überwunden, der Schadstoff beseitigt oder unschädlich gemacht. Die Gesellschaft kann weiter wachsen.

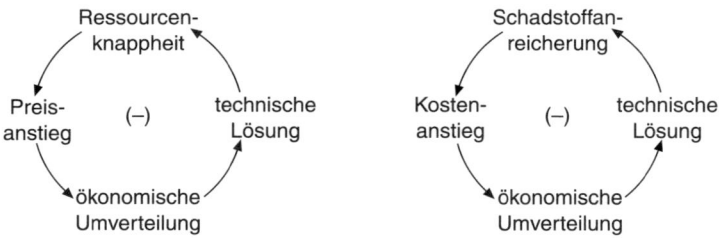

negative Rückkopplungsschleifen

Wir gehen davon aus, dass es Anpassungsmechanismen dieser Art gibt und dass diese große Bedeutung haben. Daher haben wir sie an vielen Stellen in World3 aufgenommen – aber nicht als einzelne, summarische, wundersame Variable mit der Bezeichnung „Technik". Techniken spielen an vielen Stellen im Modell mit unterschiedlichen Wirkungen eine wichtige Rolle. Verbesserungen der medizinischen Versorgung ergeben sich in World3 beispielsweise automatisch, und zwar immer dann, wenn sich der Dienstleistungssektor der simulierten Welt dies leisten kann. Dadurch erhöht sich dann auch die Lebenserwartung. Techniken zur Geburtenkontrolle werden in World3 wirksam, wenn das Gesundheitssystem diese bezahlen kann und der Wunsch nach einer kleineren Familiengröße sie erforderlich macht. Auch der Ertrag pro Fläche erhöht sich in World3 automatisch, solange der Bedarf an Nahrungsmitteln nicht gedeckt und Kapital verfügbar ist.

Wenn nicht erneuerbare Ressourcen knapp werden, stellt die Wirtschaft in World3 mehr Kapital zur Exploration und Nutzung neuer Vorkommen zur Verfügung. Dabei nehmen wir an, dass der ursprüngliche Bestand nicht erneuerbarer Ressourcen vollständig abgebaut und genutzt werden kann; allerdings benötigt man immer mehr Kapital, um weitere Vorräte zu finden und abzubauen, wenn die Ressourcen knapp werden. Außerdem gehen wir davon aus, dass die nicht erneuerbaren Ressourcen ohne zusätzliche Kosten und zeitliche Verzögerung problemlos austauschbar sind. Daher treffen wir hier auch keine Unterscheidung, sondern fassen alle zusammen.

Durch Änderung der Parameterwerte des Modells können wir diese angenommenen Anpassungsvorgänge von Markt und Technik verstärken oder abschwächen. Bei unveränderten Zahlenwerten entwickeln sich diese Technologien in der simulierten Welt bei etwa gleicher Industrieproduktion pro Kopf wie in den heutigen hoch industrialisierten Ländern.

In World3 wird der Bedarf für die im Modell vorgesehenen Techniken – medizinische Versorgung, Geburtenkontrolle, Verbesserungen in der Landwirtschaft, Exploration und Substitution von Ressourcen – fehlerlos und ohne Verzögerung dem Kapitalsektor signalisiert. Daraufhin fließt unverzüglich Kapital in die benötigten Techniken, solange dafür ein ausreichender Industrie- bzw. Dienstleistungsoutput verfügbar ist. Preise werden nicht explizit angegeben, weil wir davon ausgehen, dass es sich dabei um vermittelnde Signale in einem Anpassungsmechanismus handelt, der prompt und perfekt funktioniert. Im Modell stellen wir diesen Mechanismus („Knappheit bewirkt eine technische Reaktion") ohne diese Preis-Zwischenstufe dar. Durch diese Annahme werden zahlreiche Verzögerungen und Ungenauigkeiten vernachlässigt, die in „realen" Märkten immer zu finden sind.

Eine Reihe weiterer Techniken wird in World3 erst dann wirksam, wenn wir sie bei Testszenarien in Gang setzen. Hierzu gehören die Effizienz der Ressourcennutzung, die Rezyklierung von Ressourcen, die Kontrolle des Schadstoffausstoßes, außergewöhnliche Ertragssteigerungen und die Bekämpfung der Bodenerosion. Als wir unser Modell entwickelten, schienen uns diese Techniken noch nicht ausgereift und problemlos weltweit von jedermann einsetzbar, der sie bezahlen konnte.[4] Daher programmierten wir sie so, dass man sie zu einem dem Modellbenutzer vernünftig erscheinenden Simulationszeitpunkt auf einen Schlag vollständig aktivieren konnte. Man konnte beispielsweise vorgeben, dass die gesamte Welt sich 2005 zu weitgehender Rezyklierung verpflichtet oder 2015 gemeinsame Anstrengungen zur Bekämpfung der Umweltverschmutzung in die Wege leitet. In der aktuellen Version von World3 sind diese Techniken als „adaptive Techniken" enthalten: Sie entwickeln sich allmählich, wenn in der simulierten Welt ein größerer Ressourcenbedarf besteht, die Umweltverschmutzung eingedämmt werden muss oder mehr Nahrungsmittel benötigt werden.[5] Es bleibt jedoch dem Anwender des Modells überlassen festzulegen, wie ausgeprägt diese technischen Reaktionen erfolgen sollen. Diese „anschaltbaren" Techniken erfordern Kapital und greifen erst nach einer Entwicklungs- und Umsetzungszeit, die normalerweise auf 20 Jahre angesetzt ist.

Ein Grund für ein Computermodell ist die Möglichkeit, verschiedene Annahmen überprüfen und unterschiedliche zukünftige Entwicklungen erkunden zu können. Betrachten wir beispielsweise Szenario 2, die letzte in Kapitel 4 vorgestellte Simulation, in der das Wachstum durch kritische Umweltverschmutzung gestoppt wurde, und stellen die Frage: Was würde geschehen, wenn die simulierte Welt früher und entschlossener auf die zunehmende Schadstoffbelastung reagieren und in Technologien zur Kontrolle des Schadstoffausstoßes investieren würde? Szenario 3 in Abbildung 6-1 zeigt, was in diesem Fall passieren würde.

Zustand der Welt

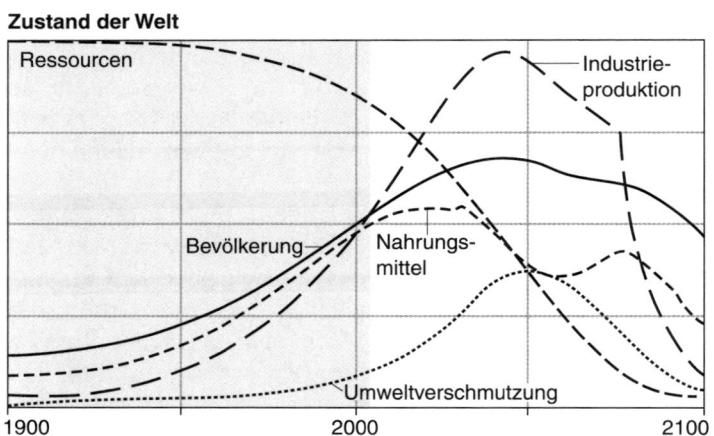

materieller Lebensstandard

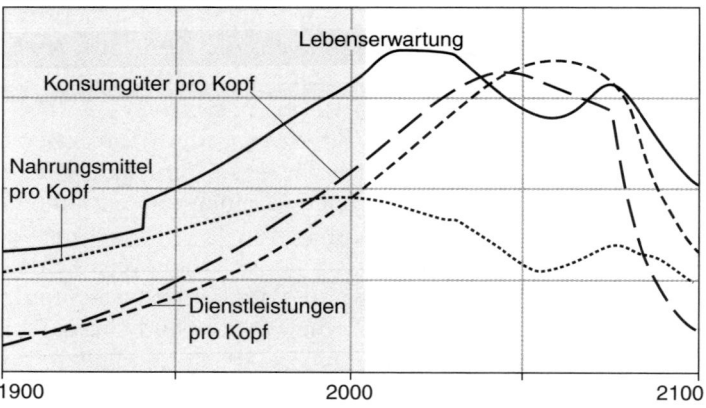

Wohlstand und ökologischer Fußabdruck

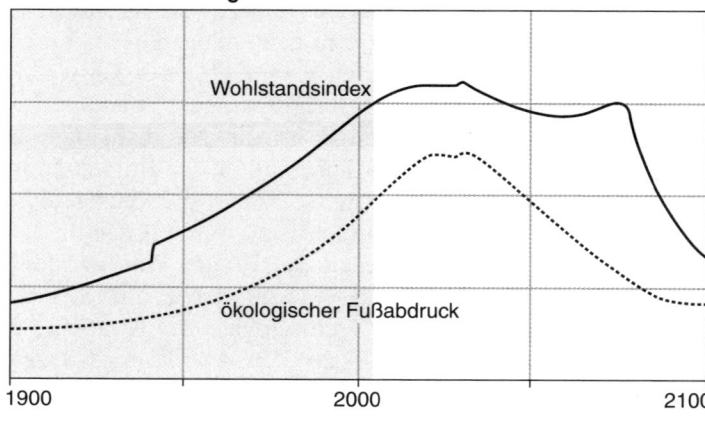

Abbildung 6-1 Szenario 3: Größere Vorräte zugänglicher nicht erneuerbarer Ressourcen sowie verbesserte Technik zur Kontrolle des Schadstoffausstoßes
Für dieses Szenario setzen wir wieder die gleichen umfangreichen Ressourcenvorräte voraus wie in Szenario 2. Hinzu kommen immer effizientere Techniken zur Kontrolle des Schadstoffausstoßes, durch die sich die pro Einheit der Industrieproduktion anfallende Schadstoffmenge ab 2002 jährlich um 4 % senken lässt. Dies ermöglicht den Menschen nach 2040 einen viel höheren Wohlstand, weil sich die negativen Auswirkungen der Umweltverschmutzung verringern. Die Nahrungsproduktion geht allerdings letztlich zurück, weshalb Kapital vom Industriesektor abgezogen wird und es schließlich zum Zusammenbruch kommt.

Erweiterung der Grenzen durch Technologien in World3

In Szenario 3 und allen weiteren Simulationen in diesem Buch wollen wir weiterhin die größere Menge nicht erneuerbarer Ressourcen und fortschrittlichere Explorations- und Abbautechniken voraussetzen wie in Szenario 2. Konkret bedeutet dies: Wir nehmen für das Jahr 2000 einen so großen Vorrat nicht erneuerbarer Ressourcen an, dass dieser bei konstantem Verbrauch 150 Jahre reichen würde. Die jährlichen Kosten zum Abbau der Ressourcen belaufen sich auf 5 % der Industrieproduktion der Gesellschaft. Somit wird Szenario 2 zur Vergleichsbasis für alle weiteren technischen und politischen Veränderungen.

Die Veränderungen werden jeweils einzeln eingeführt – zunächst Techniken zur Bekämpfung des Schadstoffausstoßes, anschließend Techniken zur Ertragssteigerung und so weiter; nicht etwa, weil wir glauben, die Gesellschaft werde wahrscheinlich immer nur eine Technik anwenden, sondern weil auf diese Weise die Reaktionen des Modells leichter verständlich werden. Wenn wir selbst mit World3 arbeiten, untersuchen wir jede Veränderung zunächst einzeln – auch dann, wenn wir drei Veränderungen gleichzeitig überprüfen möchten –, denn so können wir die Wirkung jeder Veränderung separat erkennen, bevor wir versuchen, die kombinierten Wechselwirkungen zu verstehen, wenn die Veränderungen alle gleichzeitig greifen.

Für viele Wirtschaftswissenschaftler ist Technik ein einzelner Exponent einer Variante der Cobb-Douglas-Produktionsfunktion. Technik funktioniert in dieser Theorie automatisch, ohne Verzögerung, ohne Kosten, frei von Grenzen und produziert nur das erwünschte Ergebnis. Kein Wunder, dass Wirtschaftswissenschaftler über das Potenzial der Technik, die Probleme der Menschheit zu lösen, so hingerissen schwärmen können! In der „realen Welt" finden sich jedoch keine Techniken mit diesen wunderbaren Eigenschaften. Die Techniken, mit denen wir zu tun haben, sind höchst spezifisch auf bestimmte Probleme ausgerichtet; sie kosten Geld und ihre Entwicklung braucht viel Zeit. Wenn sie sich in Testlabors bewährt haben, folgen weitere

Verzögerungen: Das nötige Kapital, Arbeitskräfte für Produktion, Verkauf und Dienstleistungen, Marketing- und Finanzierungsmechanismen müssen bereitgestellt werden, bevor man die Techniken in größerem Umfang anwenden kann. Oft kommt es dabei zu nicht vorhersehbaren negativen Nebeneffekten, die sich erst später bemerkbar machen. Und die besten Techniken werden eifersüchtig von jenen gehütet, die das Patent darauf haben; hohe Preise und restriktive Lieferverträge behindern oft die breite Nutzung.

Es ist in World3 nicht möglich und auch nicht sinnvoll, Technologie in all ihren Facetten darzustellen. Wir haben stattdessen den Prozess des technischen Fortschritts in den Bereichen Schadstoffminderung, effektivere Ressourcennutzung und Ertragssteigerung aufgenommen; für jeden Sektor gibt es drei zusammenfassende Parameter: das Endziel, die Rate jährlicher Verbesserungen im erfolgreichsten Labor und die durchschnittliche Zeitverzögerung zwischen der Verfügbarkeit im Forschungslabor und der Massenanwendung in der Praxis. Bei der Beschreibung der verschiedenen Szenarien werden wir jeweils angeben, welche Techniken aktiviert wurden. Für die weiteren Simulationen nehmen wir jeweils an, dass bei Bedarf die Techniken im Labor um 4 % jährlich verbessert werden können. Und wir gehen davon aus, dass es im Schnitt 20 Jahre dauert, bis eine frisch aus dem Forschungslabor kommende technische Neuerung universell verbreitet ist und Eingang in das globale Produktionskapital gefunden hat. Tabelle 6-1 veranschaulicht die Folgen dieser Annahmen für die Emissionen schwer abbaubarer Schadstoffe in Szenario 3.

Angenommen, bei einem bestimmten Bestand an landwirtschaftlichem und Industriekapital im Jahr 2000 betrage der Schadstoffausstoß 1000 Einheiten schwer abbaubarer Schadstoffe. Wenn sich nun die Technik jährlich um

Tabelle 6-1 Die Auswirkungen technischer Neuerungen auf die Emissionen schwer abbaubarer Schadstoffe in World3

Jahr	Verringerung des Schadstoffausstoßes
2000	0 %
2020	10 %
2040	48 %
2060	75 %
2080	89 %
2100	95 %

Wenn die Techniken im Labor jährlich um 4 % verbessert werden können und mit einer durchschnittlichen Verzögerung von 20 Jahren Eingang in das globale Produktionskapital finden, lässt sich der Schadstoffausstoß sehr rasch reduzieren. Die Tabelle zeigt, um wie viel Prozent er in Szenario 3 von World3 verringert werden konnte, unter der Annahme, dass ab dem Jahr 2002 der Schadstoffausstoß so rasch reduziert wird, wie der technische Fortschritt maximal erlaubt.

4% verbessert und es im Schnitt 20 Jahre dauert, bis sie weltweit eingesetzt wird, dann werden im Jahr 2020 bei gleichem Kapitalbestand nur noch 900 Schadstoffeinheiten produziert. Bis 2040 würden die Emissionen um fast die Hälfte zurückgehen und bis 2100 auf nur noch 5% ihres ursprünglichen Wertes. Ähnliche Erfolge lassen sich bei der Ertragssteigerung und der Effizienz der Ressourcennutzung erzielen, wenn man in World3 die entsprechenden Techniken aktiviert.

In Szenario 3 wird angenommen, dass die Gesellschaft im simulierten Jahr 2002 – also noch vor dem Anstieg der weltweiten Schadstoffbelastung auf ein Maß, bei dem es zu großen Gesundheitsschäden und Ernteausfällen käme – beschließt, die Schadstoffbelastung wieder auf den Stand von Mitte der 1970er-Jahre zu senken und zu diesem Zweck systematisch Kapital zur Verfügung zu stellen. Die Entscheidung fällt also zugunsten einer „Rückhaltetechnologie", die den Ausstoß der Schadstoffe verringert – und nicht zugunsten der Reduzierung der Durchsatzmengen. Der Rückgang der Emissionen ist in Tabelle 6-1 dargestellt; damit geht ein 20-prozentiger Anstieg des investierten Kapitals einher. Bis zum Jahr 2100 lässt sich so der Schadstoffausstoß wieder auf den relativ niedrigen Stand vom Beginn des 21. Jahrhunderts senken.

Trotz der Programme zur Emissionskontrolle nimmt die Verschmutzung in diesem Szenario noch fast 50 Jahre lang zu, weil sich zum einen die Durchführung der Maßnahmen verzögert und zum anderen die Industrieproduktion weiterhin steigt. Aber die Schadstoffbelastung erreicht bei weitem nicht die Höhe wie in Szenario 2 und ist nie so hoch, dass sie die Gesundheit der Menschen beeinträchtigt. Somit ist diese „globale Bekämpfung des Schadstoffausstoßes" insofern erfolgreich, als sie die Zeitspanne mit hoher Bevölkerungszahl und hohem Wohlstand um etwa eine Generation verlängert. Im Jahr 2080 enden die guten Zeiten aber – 40 Jahre später als in Szenario 2 –, gemessen am Wohlstandsindex, der dann ganz plötzlich fällt. Auf die landwirtschaftlichen Nutzflächen wirkt sich die Schadstoffbelastung aber schon früher in diesem Jahrhundert aus. Die Erträge sinken aber nicht gleich, weil die verringerte Bodenfruchtbarkeit zum Teil durch zusätzlichen landwirtschaftlichen Input kompensiert wird. Beispiele für dieses Phänomen aus der „realen Welt" sind der Einsatz von Kalk zur Abpufferung von saurem Regen, die Anwendung von Düngemitteln, wenn die im Boden lebenden Mikroorganismen durch Pestizide vergiftet wurden und dadurch weniger Nährstoffe freisetzen können, und die Einrichtung von Bewässerungssystemen als Ausgleich für unregelmäßige Niederschläge infolge von Klimawandel.

Die gegenläufigen Trends des Verlusts von Bodenfruchtbarkeit und der Zunahme des landwirtschaftlichen Inputs in Szenario 3 führen dazu, dass die Nahrungsproduktion vom simulierten Jahr 2010 bis 2030 etwa gleich bleibt. Die Bevölkerung wächst jedoch weiter, sodass die pro Kopf verfügbare Nahrungsmenge sinkt. Einige Jahrzehnte lang bleiben die Outputs der Sektoren Industrie und Dienstleistungen aber so hoch, dass ein akzeptabler Lebensstan-

Zustand der Welt

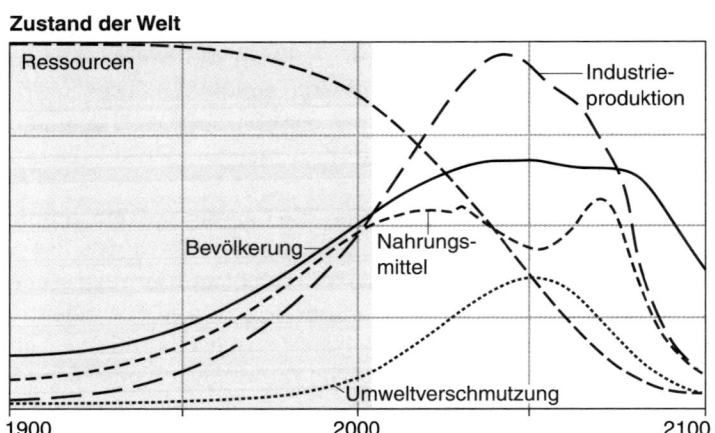

materieller Lebensstandard

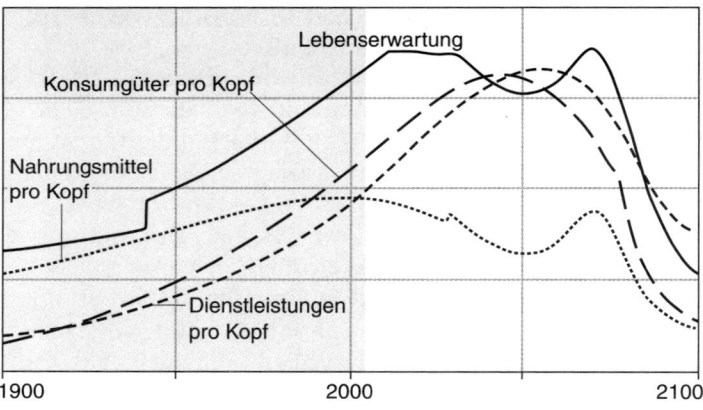

Wohlstand und ökologischer Fußabdruck

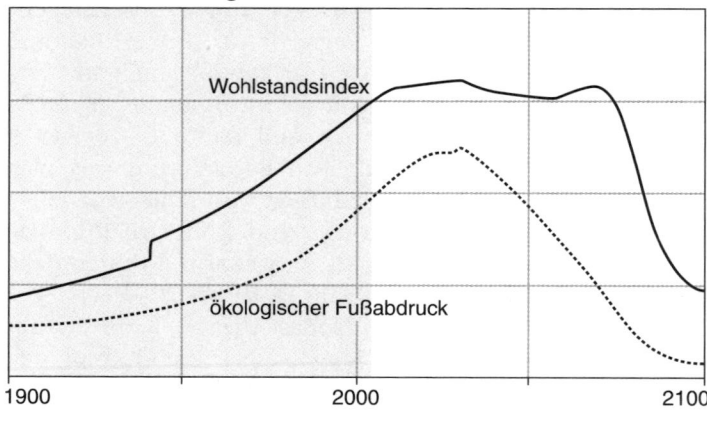

Abbildung 6-2 Szenario 4: Größere Vorräte zugänglicher nicht erneuerbarer Ressourcen sowie verbesserte Techniken zur Kontrolle des Schadstoffausstoßes und zur Ertragssteigerung

Wenn die Modellwelt zusätzlich zu den Technologien zur Verringerung des Schadstoffausstoßes noch weitere Techniken für eine deutliche Ertragssteigerung pro Flächeneinheit anwendet, beschleunigt sich durch die intensive Landnutzung der Flächenverlust. Weltweit versuchen die Landwirte, auf immer weniger Nutzflächen immer mehr Nahrung zu erzeugen. Das erweist sich als nicht nachhaltig.

dard erhalten bleibt – trotz der nötigen Investitionen in die Landwirtschaft und später auch in die Kontrolle des Schadstoffausstoßes. Im letzten Drittel des 21. Jahrhunderts ist die Schadstoffbelastung so stark eingedämmt, dass sich die Bodenfruchtbarkeit wieder verbessert. Der Bevölkerungsdruck ist jedoch hoch, und die potenziellen Anbauflächen nehmen durch die Ausdehnung von Städten und durch Erosion ständig ab. Zudem sinkt ab Mitte des Jahrhunderts die Industrieproduktion rapide, weil sehr viel Kapital in die Landwirtschaft und die Emissionskontrolle geflossen ist und damit nicht mehr genügend investiert werden kann, um die Kapitalabnutzung auszugleichen. Die Wirtschaft schrumpft, und es kommt zum Zusammenbruch – noch verschlimmert gegen Ende des Jahrhunderts durch die immer stärkere Verknappung nicht erneuerbarer Ressourcen.

Zwar gelingt es der Gesellschaft in Szenario 3, die Schadstoffbelastung zu senken und lange einen hohen Wohlstandsindex aufrechtzuerhalten, aber schließlich wird die Versorgung mit Nahrungsmitteln zum Problem. Man könnte Szenario 3 also als „Nahrungskrise" bezeichnen. Natürlich würde man im „realen Leben" Maßnahmen ergreifen, die eine Nahrungsmittelversorgung auf dem erwünschten Niveau gewährleisten. Was würde passieren, wenn die Gesellschaft ihre technischen Fähigkeiten zur Steigerung der Nahrungsproduktion einsetzen würde? Wie die Entwicklung dann verlaufen könnte, zeigt Szenario 4 in Abbildung 6-2.

In dieser Simulation ist das Programm zur Kontrolle des Schadstoffausstoßes von Szenario 3 ebenfalls aktiviert. Zusätzlich beschließt die Modellgesellschaft im Jahre 2002, die im Modellsystem in den gesamten 1990er-Jahren stagnierende Pro-Kopf-Nahrungsmittelproduktion stark zu erhöhen. Daher investiert man verstärkt in Techniken, die den landwirtschaftlichen Ertrag erhöhen. Auch die neuen landwirtschaftlichen Techniken sollen im Schnitt 20 Jahre brauchen, bis sie weltweit in der Landwirtschaft eingesetzt werden und die Erträge bei Bedarf um bis zu 4% pro Jahr steigern können. Durch die Investitionen in diese Techniken steigen die Kapitalkosten bis 2040 um 6% und bis 2100 sogar um 8%. Der Ertrag steigt bis 2050 kaum, weil es immer noch genügend Nahrung gibt. Aber in der zweiten Hälfte des Jahrhunderts erhöhen sich die Erträge aufgrund des angenommenen exponentiellen technischen Fortschritts beträchtlich.

Zustand der Welt

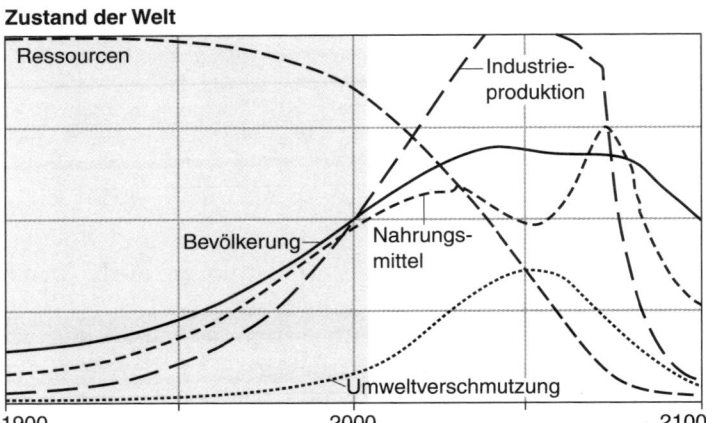

materieller Lebensstandard

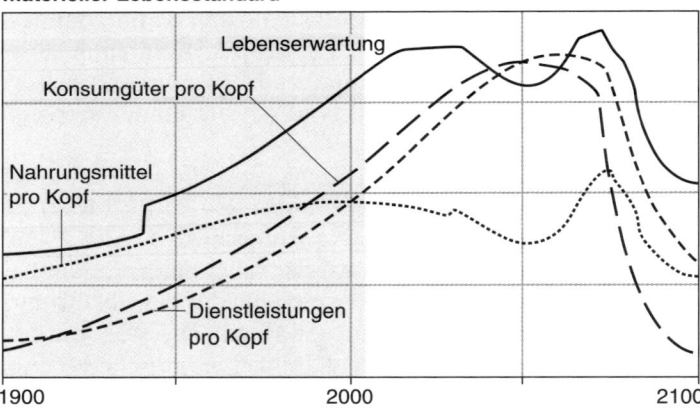

Wohlstand und ökologischer Fußabdruck

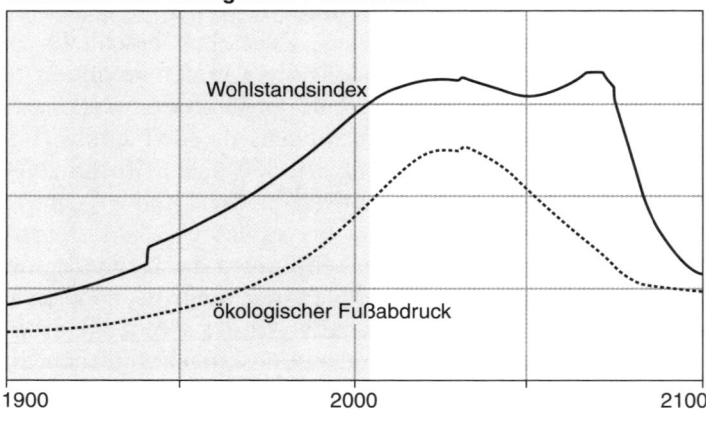

Abbildung 6-3 Szenario 5: Größere Vorräte zugänglicher nicht erneuerbarer Ressourcen sowie verbesserte Technik zur Kontrolle des Schadstoffausstoßes, zur Ertragssteigerung und zum Schutz der Böden vor Erosion
Die bereits eingeführten Maßnahmen zur Steigerung des landwirtschaftlichen Ertrags und zur Verringerung des Schadstoffausstoßes werden jetzt noch durch Maßnahmen zum Bodenschutz ergänzt. Dadurch kann der Zusammenbruch am Ende des 21. Jahrhunderts leicht hinausgeschoben werden.

Darauf folgt etwa in der Mitte des 21. Jahrhunderts eine lange Periode mit hoher Bevölkerungszahl und hohem Wohlstand. Durch die neuen landwirtschaftlichen Techniken steigt die Nahrungsproduktion ab 2050 (im Vergleich zu Szenario 3), doch löst dies nicht das Nahrungsproblem. Weil sich die Bodenfruchtbarkeit verschlechtert und landwirtschaftlich nutzbare Flächen der Erosion sowie der Expansion von Städten und Industriegebieten zum Opfer fallen, wird der positive Effekt der neuen Techniken auf den Ertrag schließlich zunichte gemacht, und die Nahrungsproduktion geht nach 2070 insgesamt wieder zurück. Durch die intensive landwirtschaftliche Nutzung in dieser simulierten Welt beschleunigt sich die Bodenerosion zusehends, wobei darunter nicht nur die Abtragung von Böden zu verstehen ist, sondern auch der Verlust an Nährstoffen, die Verdichtung oder Versalzung des Bodens und andere Prozesse, die die Bodenfruchtbarkeit verringern.

Die Landwirte müssen daher zwangsläufig versuchen, auf weniger Fläche höhere Erträge zu erzielen. Die intensivere Nutzung verursacht aber nur noch stärkere Erosion – eine positive Rückkopplung, die die Fruchtbarkeit des Ackerlands noch weiter zerstört. Szenario 4 könnte man somit auch als „Bodenerosionskrise" bezeichnen; ihren Höhepunkt erreicht diese Krise mit einem katastrophalen Rückgang der landwirtschaftlich nutzbaren Flächen nach 2070. Da dieser rapide Rückgang nicht rechtzeitig durch Techniken zur Ertragssteigerung aufgehalten werden kann, löst Nahrungsmangel einen Bevölkerungsrückgang aus. Die angespannte Lage im Landwirtschaftssektor entzieht der Wirtschaft immer mehr Kapital und Arbeitskräfte, und das zu einem Zeitpunkt, wenn die schwindenden Vorräte nicht erneuerbarer Ressourcen ebenfalls mehr Kapital erfordern. Daher erfolgt noch vor 2100 ein praktisch totaler Zusammenbruch.

Sicherlich wird keine vernünftige Gesellschaft eine landwirtschaftliche Technik einsetzen, die zwar die Erträge steigert, dabei aber die Anbauflächen zerstört. Leider gibt es aber in der heutigen Welt dennoch Beispiele für ein derartiges Verhalten (so geht im Central Valley von Kalifornien Ackerland durch Versalzung verloren, während gleichzeitig auf benachbarten Flächen die Erträge immer höher getrieben werden). Wir wollen aber annehmen, dass künftige Generationen vernünftiger handeln und daher außer Techniken zur Kontrolle des Schadstoffausstoßes und zur Ertragssteigerung auch noch Maßnahmen zum Bodenschutz ergreifen. Abbildung 6-3 zeigt das Ergebnis, wenn in Szenario 5 all diese Veränderungen gleichzeitig eintreten.

Hierbei nehmen wir an, dass 2002 neben den bereits beschriebenen Maßnahmen zur Verringerung des Schadstoffausstoßes und zur Ertragssteigerung
auch ein Programm zur weltweiten Verringerung der Bodenerosion gestartet
wird. Wie bereits erwähnt, setzen wir voraus, dass die ersten beiden Programme zusätzliche Kapitalinvestitionen benötigen. Für die dritte Maßnahme
ist das keine Voraussetzung, weil sie sich hauptsächlich auf sorgsamere Anbautechniken stützt, durch die die Böden länger fruchtbar bleiben.

Dieses Programm macht sich aber erst nach 2050 positiv bemerkbar; dann
sinkt infolge verbesserter Anbautechniken die Bodenerosion deutlich.
Dadurch verlängert sich die Periode hohen Wohlstands nach 2070 um einige
Jahre. Aber dieser Zustand lässt sich nicht auf Dauer aufrechterhalten. Auch
Szenario 5 endet mit einem Zusammenbruch, weil etwa gleichzeitig miteinan-
der verknüpfte Krisen bei den Ressourcen, der Nahrungsproduktion und den
Kosten auftreten. Bis etwa 2070 bleibt der durchschnittliche Wohlstand im
Schnitt relativ hoch – trotz unschöner Schwankungen seiner verschiedenen
Komponenten. Die Nahrungsversorgung ist im Großen und Ganzen ausreichend (im mittleren Drittel des Jahrhunderts jedoch nicht ganz) und die
Schadstoffbelastung noch erträglich (im mittleren Drittel des Jahrhunderts
allerdings recht hoch). Die Wirtschaft wächst (zumindest bis 2050), es stehen
mehr Dienstleistungen zur Verfügung und die Lebenserwartung bleibt höher
als 70 Jahre. Nach 2070 verursachen die verschiedenen Techniken aber immer
höhere Kosten, außerdem steigen die Kosten für den Abbau nicht erneuerbarer Ressourcen, da die Lagerstätten immer stärker erschöpft sind. Es wird
mehr Kapital benötigt, als die Wirtschaft bereitstellen kann. Die Folge ist ein
abrupter Rückgang. Szenario 5 stellt also die Summe vieler Krisen dar.

Es stellt sich die Frage, auf welche dieser Prioritäten eine so vielfältig
belastete Gesellschaft wohl zuerst verzichten würde. Würde sie eher die Erosion der Böden oder den Anstieg der Schadstoffbelastung akzeptieren, oder
würde sie versuchen, mit weniger Rohstoffen auszukommen? In World3 wird
angenommen, dass Rohstoffe und Brennstoffe eine hohe Priorität genießen,
damit die Industrieproduktion aufrechterhalten werden kann, mit der die
Investitionsmittel für die anderen Wirtschaftssektoren geschaffen werden müssen. Ob die Entscheidung tatsächlich so fällt und welches Verhalten das
Modell zeigt, wenn das Investitionskapital nicht mehr ausreicht, ist unwichtig.
Wir bilden uns nicht ein, vorhersagen zu können, was die Gesellschaft tun
würde, wenn es tatsächlich zu einem solchen Engpass käme. Ab dem Zeitpunkt, an dem eine wichtige Variable plötzlich rasch zurückgeht, verfolgen wir
den Modelllauf nicht weiter. Entscheidend ist lediglich, dass eine solche miss-
liche Lage möglich ist und die Gesellschaft eines Tages damit konfrontiert sein
könnte.

Falls die Knappheit der nicht erneuerbaren Ressourcen in Szenario 5 letztlich der entscheidende Anlass für den Zusammenbruch sein sollte, dann wäre –
zusätzlich zu den anderen Maßnahmen – ein Programm für den Einsatz

Ressourcen sparender Techniken hilfreich. Wie die Entwicklung dann verlaufen könnte, zeigt Szenario 6 in Abbildung 6-4.

Wir starten nun im simulierten Jahr 2002 ein Programm, bei dem der Verbrauch an nicht erneuerbaren Ressourcen pro Einheit der Industrieproduktion um bis zu 4% jährlich gesenkt wird. Die technischen Maßnahmen zur verbesserten Schadstoffkontrolle, zur Ertragssteigerung und zum Bodenschutz behalten wir bei. Das bedeutet nichts Geringeres als ein riesiges Programm zur Verbesserung der ökologischen Effizienz – das verursacht zwar erhebliche Kosten (die Kapitalkosten liegen 2050 20% höher, um 2090 sogar 100% höher), aber es führt auch zu einer beachtlichen Verkleinerung des ökologischen Fußabdrucks der Menschheit.

Mit dieser mächtigen Kombination verschiedener Techniken lässt sich der in Szenario 5 im letzten Drittel des 21. Jahrhunderts erfolgende Zusammenbruch verhindern. Aber dieses Technikprogramm wird etwas zu spät in die Wege geleitet, sodass ein allmähliches Absinken des Wohlstands im letzten Drittel des Jahrhunderts nicht mehr zu vermeiden ist. Die Bevölkerungszahl nimmt nur unbedeutend ab, aber die Lebenserwartung hat um 2050 eine Delle. Zu dieser Zeit zeigt auch die Nahrungsproduktion einen niedrigen Wert, weil die Schadstoffbelastung so hoch ist, dass sie die Fruchtbarkeit der Böden stark vermindert. Diese Wirkung wird aber schließlich durch die Techniken zur Ertragssteigerung und Verringerung der Schadstoffemissionen ausgeglichen. Nicht erneuerbare Ressourcen werden langsamer abgebaut, die Rohstoffpreise bleiben relativ niedrig. Am Ende eines turbulenten 21. Jahrhunderts lebt eine stabile Bevölkerung von etwas weniger als acht Milliarden Menschen in einer hoch technisierten Welt mit geringer Schadstoffbelastung; der Wohlstandsindex entspricht ungefähr dem des Jahres 2000. Die Lebenserwartung und die verfügbare Nahrung pro Kopf sind höher, Dienstleistungen sind etwa in gleichem Maße verfügbar, aber die Menge von Konsumgütern pro Kopf ist geringer als zu Beginn des Jahrhunderts. Die Industrieproduktion sinkt ab etwa 2040, weil die steigenden Ausgaben zum Schutz der Bevölkerung vor Hunger, Umweltverschmutzung, Erosion und Ressourcenverknappung das für Wirtschaftswachstum verfügbare Kapital beschneiden. Kurz darauf beginnen auch der Umfang der pro Kopf verfügbaren Dienstleistungen und das Niveau des materiellen Verbrauchs zu sinken. Schließlich kann die simulierte Gesellschaft ihren Lebensstandard nicht mehr aufrechterhalten, weil Technik, soziale Dienstleistungen und Neuinvestitionen gleichzeitig zu teuer werden – es kommt zur Kostenkrise.

Zustand der Welt

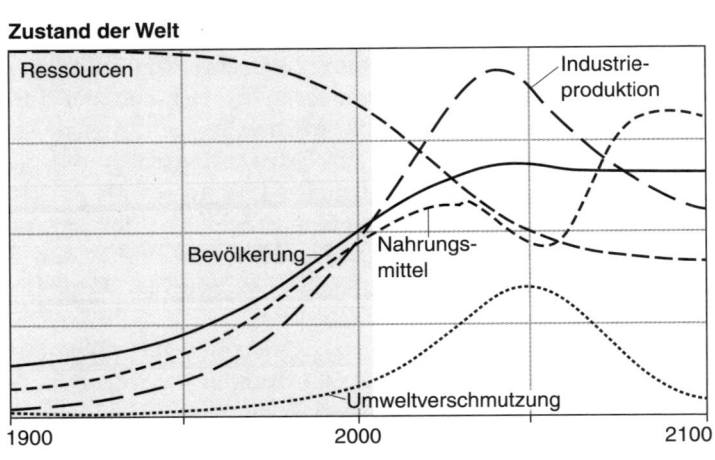

materieller Lebensstandard

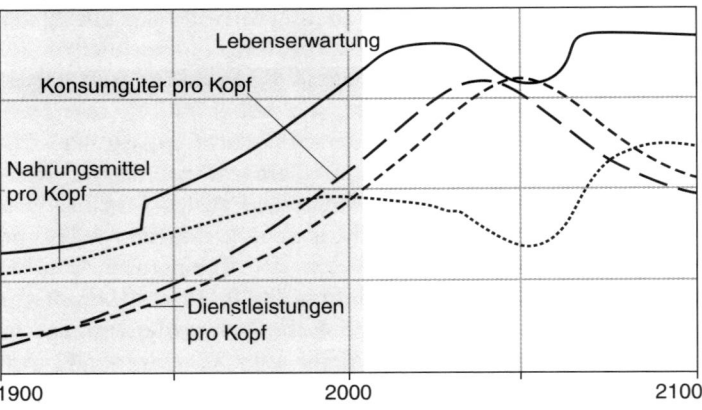

Wohlstand und ökologischer Fußabdruck

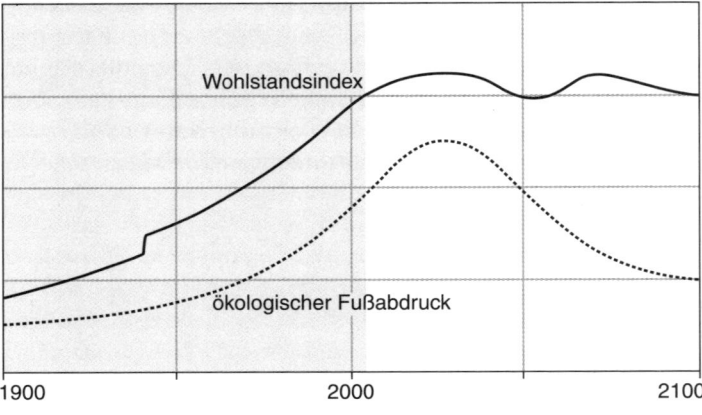

Abbildung 6-4 Szenario 6: Größere Vorräte zugänglicher nicht erneuerbarer Ressourcen sowie verbesserte Technik zur Kontrolle des Schadstoffausstoßes, zur Ertragssteigerung, zum Schutz der Böden vor Erosion und zur effizienteren Nutzung der Ressourcen
Hier werden in der simulierten Welt gleichzeitig wirksame Techniken zur Verringerung des Schadstoffausstoßes, zur Ertragssteigerung, zum Bodenschutz und zur Einsparung nicht erneuerbarer Ressourcen eingesetzt. All diese Techniken sind mit Kosten verbunden und brauchen 20 Jahre, bis sie weltweit umgesetzt sind. Diese Kombination führt zunächst zu einer relativ hohen und wohlhabenden Bevölkerung. Dieser angenehme Zustand verschlechtert sich schließlich wieder – wegen der hohen Kosten der eingesetzten Techniken.

Einige Einschränkungen

Wenn man sich längere Zeit mit einem Modell beschäftigt hat, ob Computermodell oder Denkmodell, sollte man immer wieder einmal Abstand nehmen und sich daran erinnern, dass man nicht die „reale Welt" vor sich hat, sondern eine Darstellung, die in mancher Hinsicht „realistisch", in anderer „unrealistisch" ist. Wir stehen vor der Aufgabe, aus dem Modell Einsichten zu gewinnen, und zwar aus den Szenario-Eigenschaften, die „realistisch" erscheinen. Außerdem muss geklärt werden, inwieweit die Aussagekraft des Modells durch Unsicherheiten oder bewusste Vereinfachungen eingeschränkt wird. Zum Abschluss der Betrachtung der bisherigen Computersimulationen sollten wir deshalb kurz innehalten und uns noch einmal einen Überblick verschaffen.

Wir müssen uns zunächst daran erinnern, dass in World3 nicht zwischen reichen und armen Teilen der Welt unterschieden wird. Sämtliche Warnsignale von Hunger, Ressourcenknappheit und Schadstoffbelastung betreffen die gesamte Welt und bewirken Reaktionen, bei denen die Welt als Ganzes gefordert ist. Diese Vereinfachung macht das Modell sehr optimistisch. Falls in der „realen Welt" Hunger vor allem Afrika betrifft, die Schadstoffbelastung vor allem Mitteleuropa, die Bodenzerstörung vor allem die Tropen, und die Menschen, die als Erste unter Problemen leiden, über die geringsten wirtschaftlichen und technischen Möglichkeiten verfügen, darauf zu reagieren, dann kommt es zwangsläufig zu sehr langen Verzögerungen, bis die Probleme behoben werden. Daher reagiert das „reale" System wahrscheinlich nicht so energisch oder erfolgreich auf die Probleme wie das Modell World3.

Sehr optimistisch verhalten sich auch der perfekt funktionierende Markt des Modells und seine reibungslos funktionierenden, effizienten Techniken (ohne überraschende Nebenwirkungen). Optimistisch ist auch die Annahme, dass politische Entscheidungen ohne Kostenaufwand und ohne Verzögerungen erfolgen. Weiterhin ist zu beachten, dass es in World3 keinen militärischen Sektor gibt, der Kapital und Ressourcen vom produktiven Teil der Wirtschaft abzieht. Kriege, bei denen Menschen sterben, Kapital vernichtet, Land verwüstet oder die Umwelt verschmutzt wird, finden nicht statt. Es gibt weder ethnische Auseinandersetzungen noch Streiks, Korruption, Überschwemmungen, Erdbeben, Vulkanausbrüche, Reaktorunfälle, Aids-Epidemien oder unvorhergesehene Umweltkatastrophen. Daher ist das Modell in vieler Hinsicht abenteuerlich optimistisch. Es stellt die äußerste Entwicklungsmöglichkeit der „realen Welt" dar.

Andererseits werden manche auch behaupten, die technologischen Möglichkeiten seien im Modell nicht voll ausgeschöpft. Diese Kritiker würden die technischen Hebel im Modell noch viel drastischer und ungehemmter betätigen (wie in unserem Szenario 0). Weiterhin könnten wir den Umfang der noch nicht entdeckten Ressourcen, der landwirtschaftlich nutzbaren Flächen und die Aufnahmefähigkeit der Umwelt für Schadstoffe zu niedrig eingeschätzt haben – oder auch zu hoch. Wir haben versucht, sie anhand der uns verfügbaren Daten und unserer Einschätzung der technischen Möglichkeiten „realistisch" zu beurteilen.

Angesichts all dieser Unsicherheiten sollten wir die Kurven der verschiedenen Szenarien sicherlich nicht als quantitativ exakt betrachten. So messen wir zum Beispiel der Tatsache wenig Bedeutung zu, dass im Szenario 3 die Nahrungskrise vor der Ressourcenkrise eintritt. Es könnte genauso gut auch umgekehrt sein. Wir prognostizieren keinen Rückgang der Industrie ab 2040 wie in Szenario 6. Die von World3 oder jedem anderen Modell erzeugten Ergebnisse sind einfach nicht verlässlich genug, um eine derartige Interpretation zuzulassen.

Was können wir dann überhaupt aus diesen Modelluntersuchungen lernen?

Warum Technik und Märkte allein die Grenzüberschreitung nicht verhindern können

Die vorgestellten Testläufe lassen sich folgendermaßen zusammenfassen: Der ökologische Fußabdruck der Menschheit hat die Tendenz, über das nachhaltig tolerierbare Maß hinaus zu wachsen. Dies wiederum löst zwangsläufig Prozesse aus, die zu einer Verkleinerung des Fußabdrucks führen. In der Regel geht eine solche Verkleinerung mit einer Absenkung des durchschnittlichen Lebensstandards einher, weil pro Kopf der Weltbevölkerung weniger Nahrungsmittel, Industriegüter und Dienstleistungen zur Verfügung stehen oder die Umwelt stärker durch Schadstoffe belastet ist. Im Normalfall wird die Menschheit daher versuchen, die Grenze zu beseitigen – in der Hoffnung, dass Bevölkerung und Wirtschaft dann weiterhin wachsen können.

Die erste Lektion aus den sechs Computersimulationen lautet: Wenn man in einer endlichen Welt eine Grenze beseitigt oder nach oben verschiebt und das Wachstum danach weiter anhält, dann stößt man auf eine andere Grenze. Vor allem bei einem exponentiellen Wachstum wird diese nächste Grenze überraschend schnell auftauchen. Es gibt also *mehrere Schichten von Grenzen*. World3 enthält nur wenige solcher Schichten, in der „realen Welt" gibt es weit mehr. In den meisten Fällen sind sie deutlich zu erkennen, spezifisch und lokal von Bedeutung. Nur wenige Grenzen sind wirklich global, etwa die, die mit der Ausdünnung der Ozonschicht oder dem Weltklima zusammenhängen.

Es ist zu erwarten, dass verschiedene Teile der „realen Welt" bei weiter anhaltendem Wachstum in verschiedener Reihenfolge zu unterschiedlichen Zeitpunkten auf verschiedene Grenzen stoßen. Aber überall wird man die Erfahrung mit *aufeinander folgenden mehrfachen Grenzen* unserer Ansicht in ähnlicher Weise machen wie in World3. Durch die immer stärker verflochtene Weltwirtschaft werden die Signale einer Gesellschaft, die unter Stress gerät, irgendwann überall zu spüren sein. Außerdem erhöht sich durch die Globalisierung die Wahrscheinlichkeit, dass alle am Welthandel beteiligten Regionen viele ihrer Grenzen mehr oder weniger gleichzeitig erreichen.

Noch etwas zeigen die vorausgegangenen Versuchsläufe: Durch die Entwicklung und den Einsatz von Techniken, die den Rohstoff- und Energieverbrauch von Industrie und Landwirtschaft reduzieren, lässt sich der ökologische Fußabdruck der Menschheit verkleinern. Wenn diese Techniken in großem Umfang eingesetzt werden können, erlauben sie bei gleichem Fußabdruck einen höheren durchschnittlichen Lebensstandard. Das ist nichts anderes als die oft zitierte Entmaterialisierung der modernen Weltwirtschaft.

Die zweite Lektion lautet: Je erfolgreicher eine Gesellschaft ihre Grenzen durch wirtschaftliche und technische Anpassungen verschiebt, desto wahrscheinlicher wird sie später gleichzeitig an mehrere dieser Grenzen stoßen. In den meisten Simulationen von World3 – darunter auch in vielen, die wir hier nicht vorgestellt haben – gehen die nutzbaren Flächen, die Nahrungsmittel und die Ressourcen nicht völlig zur Neige, und es kommt auch nicht so weit, dass die Umwelt keine Schadstoffe mehr aufnehmen kann. Aber die Gesellschaft erreicht einen Punkt, an dem sie *diese Probleme nicht mehr in den Griff bekommt*.

Diese „Fähigkeit zur Problembewältigung" stellt World3 zu einfach dar: durch den Anstieg der Industrieproduktion, der alljährlich in die Lösung von Problemen investiert werden kann. In der „realen Welt" beeinflussen noch viele weitere Faktoren die Fähigkeit, Probleme zu lösen, etwa die Zahl entsprechend ausgebildeter Menschen, ihre Motivation, die politische Aufmerksamkeit, die politischen Ziele und das tragbare finanzielle Risiko; außerdem die Leistungsfähigkeit der vorhandenen Institutionen, neue Techniken zu entwickeln, zu verbreiten und zu warten, die organisatorischen Fähigkeiten in Wirtschaft und Verwaltung sowie das Geschick von Medien und der politischen Führung, sich dauerhaft auf die entscheidenden Probleme zu konzentrieren; die übereinstimmenden Vorstellungen der Wähler hinsichtlich der Prioritäten sowie nicht zuletzt die Fähigkeit der Menschen, weit vorauszuschauen und entstehende Probleme rechtzeitig zu erkennen. All diese Fähigkeiten können sich im Laufe der Zeit verbessern, wenn die Gesellschaft sie durch entsprechende Investitionen fördert. Aber diese Fähigkeiten bleiben dennoch stets begrenzt; sie können immer nur eine begrenzte Menge von Problemen verarbeiten und bewältigen. Wenn die Probleme jedoch exponentiell zunehmen und mehrere gleichzeitig auftreten, kann es sein, dass die Fähigkeit zur Problembewältigung überfordert ist, obwohl jedes Problem für sich theoretisch bewältigt werden könnte.

Als letzte, absolute Grenze erweist sich schließlich im Modell World3 – und unserer Ansicht nach auch in der „realen Welt" – die *Zeit*. Solange genügend Zeit zur Verfügung steht, besitzt die Menschheit unseres Erachtens nahezu unbegrenzte Fähigkeiten, Probleme zu lösen. Wachstum, vor allem exponentielles Wachstum, ist so tückisch, weil es die Zeit für ein wirksames Handeln verkürzt. Durch das Wachstum beschleunigt sich die Belastung eines Systems zusehends, bis schließlich die Mechanismen zur Bewältigung der Probleme versagen, die bei einer langsameren Veränderung noch gegriffen hätten.

Es gibt noch drei weitere Gründe, warum sich durch Techniken und Mechanismen des Marktes, die ansonsten gut funktionieren, nicht die Probleme einer Gesellschaft bewältigen lassen, die mit exponentiell zunehmender Geschwindigkeit auf die miteinander verbundenen Grenzen zusteuert. Sie betreffen Ziele, Kosten und Verzögerungen. Der erste Grund ist: Märkte und Techniken sind lediglich Hilfsmittel, die den Zielen, den ethischen Grundsätzen und dem zeitlichen Horizont der Gesellschaft insgesamt dienen. Wenn die unausgesprochenen Ziele einer Gesellschaft darin bestehen, die Natur auszubeuten, die Elite zu bereichern und die langfristige Zukunft zu ignorieren, dann wird sie auch Techniken und Märkte entwickeln, die die Umwelt zerstören, die Kluft zwischen Reichen und Armen vergrößern und kurzfristigen Gewinn maximieren. Kurzum, in einer solchen Gesellschaft werden Techniken und Märkte entwickelt, die den Zusammenbruch beschleunigen, statt ihn zu verhindern.

Der zweite Grund, warum die Technik so anfällig ist: Anpassungsmechanismen verursachen Kosten. Die *Kosten* für Technologien und Märkte manifestieren sich in Ressourcen, Energie, Geld, Arbeitskräften und Kapital. Bei der Annäherung an eine Grenze steigen diese Kosten meist nichtlinear – ein weiterer Grund für das oft überraschende Systemverhalten.

In den Abbildungen 3-19 und 4-17 haben wir bereits veranschaulicht, wie schlagartig die zum Abbau nicht erneuerbarer Ressourcen benötigte Energie und die Menge der produzierten Abfälle ansteigen, wenn die Konzentration der Ressourcen zurückgeht. Abbildung 6-5 zeigt eine weitere Kurve steigender Kosten: die marginalen Kosten, die bei der Reduktion der Stickoxidemissionen pro Tonne entstehen. Die Emissionen lassen sich relativ kostengünstig um fast

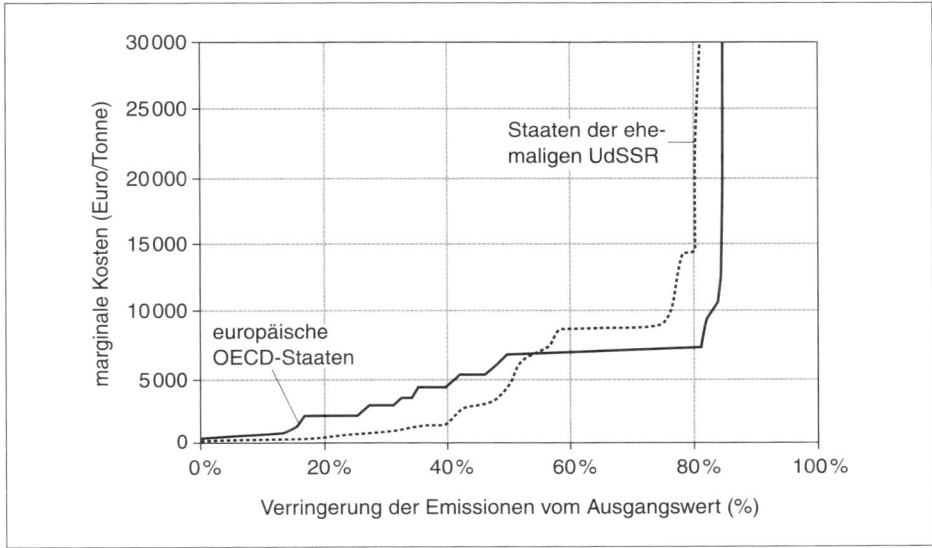

Abbildung 6-5 Nichtlinearer Kostenanstieg bei der Verringerung des Schadstoffausstoßes
Die zu den verbreitetsten Luftschadstoffen gehörenden Stickoxide (NO_x) lassen sich unter geringem Kostenaufwand zu einem hohen Prozentsatz aus den Emissionen herausfiltern. Ist jedoch eine
weitere Verringerung des Ausstoßes erforderlich, so steigen die Kosten steil an. Die Kurve der
marginalen Kosten, die bei der Beseitigung von Stickoxiden entstehen, wurde für das Jahr 2010 für
die europäischen OECD-Staaten (OECD = Organisation for Economic Co-operation and Development – Organisation für wirtschaftliche Zusammenarbeit und Entwicklung) sowie für die Staaten
der ehemaligen UdSSR in Euro pro Tonne berechnet. (Quelle: J. R. Alcamo et al.)

50% senken. Die Beseitigung von bis zu 80% der Emissionen verursacht
steigende, aber dennoch bezahlbare Kosten. Aber dann stößt man an eine
Grenze, einen Schwellenwert, ab dem die Kosten für eine weitere Verringerung
der Emissionen steil ansteigen.

Durch weitere technische Entwicklungen könnten sich beide Kurven noch
weiter nach rechts verschieben, sodass auch eine weitergehende Reinigung
bezahlbar wird. Eine Technik, bei der Abgase völlig vermieden werden, würde
aber möglicherweise andere Schadstoffe freisetzen; deren Beseitigung würde
dann einer anderen, prinzipiell ähnlichen Kostenkurve folgen. Kurven für die
Kosten zur Schadstoffbeseitigung verlaufen grundsätzlich stets gleich. Aus
fundamentalen physikalischen Gründen schnellen die Kosten in die Höhe,
wenn eine 100-prozentige Reinigung – also keinerlei Emissionen – gefordert
wird. Eine zunehmende Zahl von Schornsteinen oder Auspuffrohren wird die
Kosten zwangsläufig steigern. Den Schadstoffausstoß durch Fahrzeuge um die
Hälfte zu verringern, kann noch bezahlbar sein, aber wenn sich die Zahl der
Fahrzeuge anschließend verdoppelt, dann muss man die Emissionen pro Fahr-

zeug erneut halbieren, damit die Qualität der Luft gleich bleibt. Bei einer zweimaligen Verdopplung des Fahrzeugbestands muss der Schadstoffausstoß um 75% verringert werden, bei einer dreimaligen um 87,5%.

Somit wird irgendwann ein Zustand erreicht, an dem es einfach nicht mehr stimmt, dass eine Wirtschaft nur weiter wachsen müsse, um sich die nötige Schadstoffbeseitigung leisten zu können. In Wirklichkeit verursacht das Wachstum einen nichtlinearen Anstieg der Kosten, bis die Kurve an einen Punkt kommt, an dem eine weitere Verringerung des Schadstoffausstoßes einfach nicht mehr bezahlbar ist. An diesem Punkt würde eine vernünftig handelnde Gesellschaft die weitere Expansion ihrer Aktivitäten stoppen, weil weiteres Wachstum den Wohlstand der Bürger nicht weiter steigert.

Der dritte Grund, warum Technik und Markt diese Probleme nicht automatisch lösen können, ist, dass sie über Rückkopplungsschleifen funktionieren, bei denen es zu Fehlinformationen und Verzögerungen kommt. Die *Verzögerungen* bei den Reaktionen des Marktes und bei der Entwicklung von Techniken können viel mehr Zeit beanspruchen, als in ökonomischen Theorien oder Denkmodellen erwartet wird. Die Rückkopplungsschleifen von Technik und Markt sind selbst wieder Ursachen für Grenzüberschreitungen, Schwingungsvorgänge und Instabilität. Ein Beispiel für eine solche Instabilität hat die ganze Welt zu spüren bekommen: die Schwankungen der Ölpreise in den Jahren nach 1973.

Ein Beispiel für die Unvollkommenheit des Marktes: Schwankungen am Erdölmarkt

Der „Ölpreisschock" von 1973 hatte viele Ursachen, die wesentlichste war jedoch die weltweite Verknappung des Produktionskapitals von Öl (in Form von Ölquellen) im Vergleich zum Verbrauchskapital (Kraftfahrzeuge, Heizkessel und andere Maschinen, die auf Erdölprodukte angewiesen sind). Anfang der 1970er-Jahre war die Erdölförderung weltweit mit über 90% ihrer Kapazität ausgelastet. Deshalb konnte nicht einmal der Ausfall eines kleinen Teils der globalen Erdölproduktion infolge eines politischen Umbruchs im Mittleren Osten durch verstärkte Förderung in anderen Regionen ausgeglichen werden. Dies gab der OPEC die Möglichkeit, die Preise zu erhöhen, was sie dann auch tatsächlich tat.

Diese Preiserhöhung und eine zweite aus dem gleichen Grund im Jahre 1979 (siehe Abbildung 6-6) zog eine Reihe heftiger wirtschaftlicher und technischer Reaktionen nach sich. Um das Angebot zu erweitern, wurden außerhalb der OPEC-Staaten neue Ölquellen erschlossen und die Förderkapazitäten erweitert. Selbst bisher unrentable Ölvorkommen wurden plötzlich profitabel

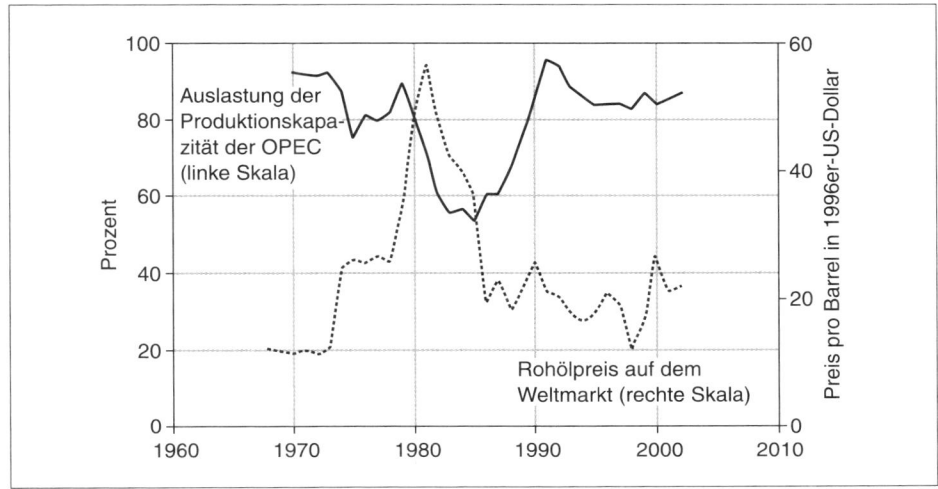

Abbildung 6-6 Die Auslastung der Erdölproduktionskapazität der OPEC und die Ölpreise am Weltmarkt
Da in den 1970er-Jahren die Erdölproduktionskapazität der OPEC weitgehend ausgeschöpft war, führten kurzzeitige Lieferunterbrechungen dazu, dass der Ölpreis sich plötzlich extrem änderte. Diese Ölpreisschwankungen sorgten über ein Jahrzehnt lang sowohl beim Anstieg als auch beim Rückgang überall auf der Welt für Turbulenzen. (Quelle: EIA/DoE)

und für die Förderung erschlossen. Doch das Auffinden und Erschließen von Erdölvorkommen sowie der Aufbau und die Inbetriebnahme von Produktionsanlagen von den Bohrtürmen bis zu den Raffinerien und Tankern brauchte Zeit.

Unterdessen reagierten die Verbraucher auf die höheren Preise mit Sparmaßnahmen. Autohersteller entwickelten sparsamere Modelle. Häuser wurden wärmeisoliert. Stromversorgungsbetriebe legten ihre ölbefeuerten Kraftwerke still und investierten in Kohlekraftwerke und Kernreaktoren. Regierungen verordneten unterschiedliche Maßnahmen zur Energieeinsparung und förderten die Erschließung alternativer Energiequellen. Auch diese Reaktionen zogen sich über Jahre hin, führten aber schließlich zu einem dauerhaften Wandel des weltweiten Kapitalbestands.

Befürworter des Marktes sind offenbar der Auffassung, dass dieser stets schnell genug reagiert. Aber auf dem globalen Erdölmarkt dauerte es beinahe zehn Jahre, bis sich durch die vielen Reaktionen schließlich wieder ein Gleichgewicht zwischen Angebot und Nachfrage eingestellt hatte – bei einer niedrigeren Verbrauchsrate, entsprechend dem höheren Ölpreis. Bis 1983 war der weltweite Erdölverbrauch, gemessen am Höchststand von 1979, um 12% zurückgegangen.[6] Nach wir vor gab es aber zu viel Ölproduktionskapital, und so musste die OPEC ihre Förderkapazität noch weiter verringern, bis auf eine Auslastung von rund 50%. Der Ölpreis ging langsam zurück und brach 1985 fast völlig ein; anschließend setzte sich der Abwärtstrend (ausgedrückt im inflationsbereinigten Realwert des Dollars) bis Ende der 1990er-Jahre fort.

Genauso wie der Preis zunächst zu stark gestiegen war, sank er nun viel zu tief. Nachdem man Förderanlagen stillgelegt hatte und die wirtschaftliche Entwicklung in den Fördergebieten stockte, wurden weitere Sparmaßnahmen aufgegeben. Pläne für noch sparsamere Autos landeten in der Schublade, Investitionen in alternative Energiequellen versiegten. Als diese Anpassungsmechanismen schließlich in vollem Umfang wirksam wurden, waren damit die Bedingungen für das nächste Ungleichgewicht und den nächsten Ölpreisanstieg geschaffen; er machte sich in relativ hohen Ölpreisen in den ersten Jahren nach der Jahrtausendwende bemerkbar.

Diese extremen Schwankungen des Ölpreises waren eine Folge der unvermeidlichen Verzögerungen auf dem Erdölmarkt. Sie führten zu enormen weltweiten Verschiebungen von Vermögenswerten, zu gewaltigen Schulden oder Überschüssen, zu Booms und Einbrüchen der Wirtschaft und zum Zusammenbruch von Banken – all das als Folge des Versuchs, die relativen Bestände von Produktions- und Verbrauchskapital für Erdöl in Einklang zu bringen. Keiner der Preisanstiege oder Preisstürze stand in Zusammenhang mit den tatsächlich noch in unterirdischen Lagerstätten vorhandenen Erdölmengen (die ständig sanken) oder mit den Auswirkungen, die das Bohren nach Öl, sein Transport, das Raffinieren und die Verbrennung für die Umwelt haben. Das Preissignal des Marktes lieferte in erster Linie Informationen über die relative Knappheit oder den relativen Überschuss von verfügbarem Erdöl.

Aus vielerlei Gründen haben die Signale des Erdölmarktes der Welt bisher noch keine sinnvollen Informationen über bevorstehende Grenzen geliefert. Die Regierungen der Erdöl produzierenden Nationen intervenieren, damit der Ölpreis angehoben wird. Sie haben ein Interesse daran, falsche Angaben über die vorhandenen Reserven zu machen, sie beispielsweise zu hoch einzuschätzen, damit ihnen höhere Förderquoten zugestanden werden. Die Regierungen in den Verbraucherländern bemühen sich hingegen, die Preise niedrig zu halten. Auch sie geben die Reserven falsch an, zum Beispiel zu hoch, um die politische Macht der einzelnen Produzentenstaaten zu schmälern. Spekulanten können die Preisschwankungen verstärken. Und die in den großen Tanklagern gespeicherten Erdölmengen haben weit mehr Einfluss auf den Ölpreis als die Mengen, die noch als zukünftige Ressourcen unter der Erde ruhen. Der Markt ist blind für die langfristige Entwicklung und schenkt den eigentlichen Quellen und Senken keine Beachtung, bis sie nahezu erschöpft bzw. ausgelastet sind und es bereits zu spät ist, noch eine befriedigende Lösung zu finden.

Ökonomische Signale und technische Reaktionen können ausgesprochen wirksame Veränderungen auslösen, wie das Beispiel der Ölpreisentwicklung verdeutlicht. Aber Markt und Techniken sind nicht an den richtigen Stellen mit dem System Erde verknüpft, um der Gesellschaft nützliche Informationen über physische Grenzen zu liefern.

Zum Schluss wollen wir noch einmal darauf zurückkommen, welchen *Zwecken* Techniken und Markt dienen. Sie sind nichts weiter als Hilfsmittel und weder mit höherer Einsicht noch mit größerem Weitblick oder besseren Fähigkeiten zur Vermittlung oder zum Mitgefühl ausgestattet als die menschliche Bürokratie, die sie schafft. Was sie in der Welt bewirken, hängt davon ab, wer sie zu welchen Zwecken benutzt. Werden sie für Belanglosigkeiten, zur Schaffung von Ungleichheit oder zum Ausüben von Gewalt missbraucht, dann werden sie auch genau das leisten. Sollen sie unerreichbaren Zielen dienen wie der ständigen Expansion auf einem begrenzten Planeten, so werden sie letztendlich scheitern. Sofern sie jedoch für praktikable, nachhaltige Ziele eingesetzt werden, können sie durchaus zu einer nachhaltigen Gesellschaft beitragen. Im nächsten Kapitel werden wir zeigen, wie dies ablaufen könnte.

Techniken und Märkte können eine enorme Hilfe sein, wenn sie entsprechend reguliert und dafür eingesetzt werden, dem Wohl der Gemeinschaft langfristig zu dienen. Als die Gesellschaft sich entschloss, ohne FCKW auszukommen, machten Techniken dies im Laufe mehrerer Jahrzehnte möglich. Ohne technische Kreativität, Unternehmertum und einen relativ freien Markt ist es unserer Ansicht nach nicht möglich, eine ausreichend versorgte, gerechte, dauerhaft nachhaltige Gesellschaft zu schaffen. Wir glauben aber auch nicht, dass diese Faktoren ausreichen. Damit die menschliche Gesellschaft nachhaltig wird, sind noch andere menschliche Fähigkeiten gefragt. Wenn es an diesen Fähigkeiten fehlt, können der technische Fortschritt und die Märkte im Zusammenwirken die Nachhaltigkeit verhindern und den Zusammenbruch wichtiger Ressourcen beschleunigen. Genau das ist mit der Meeresfischerei passiert.

Technologie, Märkte und der Zerfall der Fischerei

> Ich kann mich noch erinnern, wie wir mit acht Netzen 5000 Pfund Fische gefangen haben. Heute bräuchte man dazu vielleicht 80 Netze. Damals wog ein durchschnittlicher Kabeljau im Frühling ungefähr 25 bis 40 Pfund. Jetzt sind es nur noch fünf bis acht Pfund.
> *Ein Fischer von den Fanggründen an der Georges Bank im Nordatlantik, 1988*

> Sie wollen etwas über Kabeljaus wissen? Ich kann es Ihnen sagen. Es gibt keine mehr. *Der kanadische Fischer Dave Molloy, 1997*

Die jüngste Entwicklung in der weltweiten Fischerei verdeutlicht sehr anschaulich, wie unangemessen Technik und Märkte mitunter auf eine Annäherung an Grenzen reagieren. Bei der globalen Fischerei kam es zu einem „normalen"

Zusammenspiel von Faktoren, wie es immer wieder zu beobachten ist: Grenzen wurden geleugnet, man bemühte sich mit immer mehr Aufwand, die herkömmlichen Fangmengen aufrechtzuerhalten, es gab Fangverbote für die Fangschiffe anderer Nationen und Subventionen für die eigenen Fischer, und schließlich beschränkte die Gesellschaft zögerlich die Fangquoten und den Zugang zu den Fischgründen. In einigen Fällen – beispielsweise bei der Kabeljaufischerei vor der Ostküste Kanadas, auf die sich die obigen Zitate beziehen – kam das Einschreiten der Gesellschaft zu spät, um die Ressource noch zu retten.

Die zunehmende Regulierung des Fischfangs erfasst inzwischen die meisten großen Fischereizonen. Das Zeitalter der „Freiheit der Meere" geht mit Sicherheit zu Ende. Schließlich sind die Grenzen inzwischen offenkundig und zu einem entscheidenden Aspekt in der weltweiten Fischerei geworden. Infolge der Verknappung der Ressource und der Fangvorschriften hat die Fangmenge bei Meeresfischen weltweit nicht mehr zugenommen. Während der 1990er-Jahre pendelte sich die Gesamtmenge weltweit kommerziell gefangener Meeresfische unterhalb von 80 Millionen Tonnen im Jahr ein (Abbildung 6-7).[7] Erst in vielen Jahren werden wir wissen, ob sich diese Fangmengen auf Dauer aufrechterhalten lassen oder bereits den Beginn eines Zusammenbruchs bedeuten. Um 1990 vertrat die FAO (Food and Agriculture Organization – die Ernährungs- und Landwirtschaftsorganisation der Vereinten Nationen) die Ansicht, dass die Weltmeere höchstens den kommerziellen Fang von 100 Millionen Tonnen Fisch der traditionell genutzten Fischarten jährlich vertra-

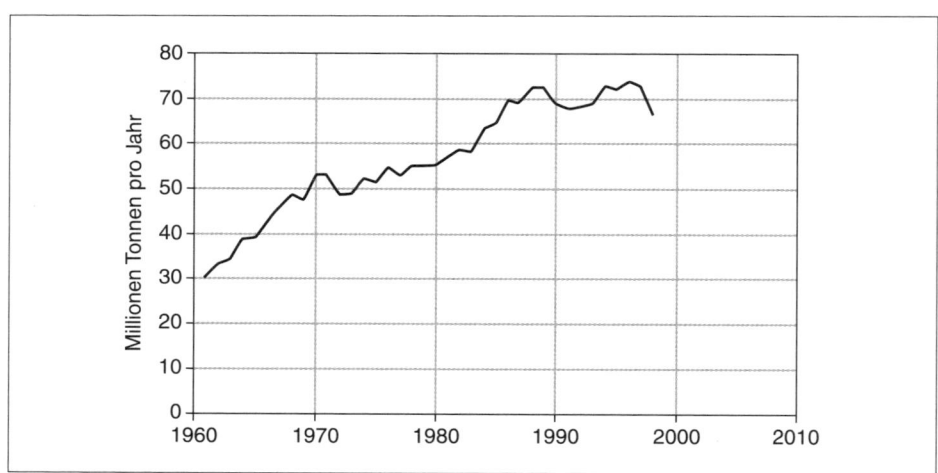

Abbildung 6-7 Die weltweite Fangmenge von Meeresfischen
Von 1960 bis 1990 stieg die gesamte weltweit gefangene Menge von Meeresfischen dramatisch. Im letzten Jahrzehnt des 20. Jahrhunderts kam es dann zu keinem weiteren Anstieg mehr. (Quelle: FAO)

gen – das ist etwas mehr, als tatsächlich während der 1990er-Jahre gefangen wurde.

So überrascht es nicht, dass im gleichen Zeitraum Fischfarmen einen raschen Zuwachs erlebten. Heute liefern sie nahezu 40 Millionen Tonnen Fisch im Jahr – 1990 waren es nur 13 Tonnen. Ein Drittel der weltweit konsumierten Fische stammt bereits aus Fischfarmen. Sollten wir angesichts dieser Reaktion von Markt und Technologie nicht zufrieden sein? Ist der Zuwachs der Fischfarmen nicht gerade ein leuchtendes Beispiel für die Fähigkeit von Technik und Märkten, solche Probleme zu lösen? Keineswegs – aus drei Gründen. Ursprünglich war die Fischzucht eine Quelle für Nahrung – nun wird sie immer mehr zu einer Senke für Nahrung. Einst ernährten Fische und andere Meerestiere vor allem die Armen – heute werden damit überwiegend die Reichen versorgt. Und während Fischschwärme ein neutraler Teil der Umwelt sind, belasten Fischfarmen die Umwelt.

Erstens ist die Meeresfischerei eine echte Nahrungsquelle für die Menschheit: Aus einfachen Pflanzen werden hier im Laufe der Nahrungskette schmackhafte, nutzbare Fische. Fischfarmen hingegen erweisen sich unter dem Strich nicht als Nahrungsquelle: Sie wandeln lediglich eine Form von Nahrung in eine andere um – mit unvermeidlichen Verlusten auf jeder Stufe. In Fischzuchten wird als Futter in der Regel Getreide oder Fischmehl verwendet. Außerdem bildete Fisch seit je eine wichtige Nahrung für die Armen: vor Ort verfügbar und nur mit geringen oder gar keinen Kosten verbunden. In gemeinschaftlicher zeitweiser Zusammenarbeit konnten Menschen mit einfachen Geräten die Nahrung für den Eigenbedarf beschaffen. Im Gegensatz dazu beliefern Fischfarmen diejenigen Märkte, auf denen sich der höchste Profit erzielen lässt. Zuchtlachse und -garnelen landen auf den Tischen der Reichen und nicht in den Schüsseln der Armen. Durch den Niedergang der Küstenfischerei wird das Problem nur noch verstärkt. Viele lokale Fischbestände wurden weitgehend vernichtet, und für die noch verbleibenden treiben die Verbraucher auf weit entfernten Märkten die Preise in die Höhe. Dadurch wird Fisch für die Armen immer unerschwinglicher. Drittens verursacht die kommerzielle Zucht von Fischen, Garnelen und anderen Meerestieren große Umweltschäden. Im Gefolge dieser neuen Technik verändert das „Ausbüchsen" von Zuchtfischen in natürliche aquatische Ökosysteme deren Artenzusammensetzung, Nahrungsabfälle und Antibiotika gelangen ins Meerwasser, Viren breiten sich aus, und Feuchtgebiete entlang der Küste werden zerstört. Diese Schäden sind aber keine zufälligen Ereignisse. Sie resultieren aus den Gesetzen des Marktes, denn es handelt sich um „externe Kosten", die einfach auf keinem wichtigen Markt für Fisch die Preise oder den Gewinn beeinflussen.

Im Jahr 2002 hatten die Fangmengen nach Schätzungen der FAO bei 75 % der Meeresfischereizonen die auf Dauer tragbare Grenze erreicht oder bereits überschritten.[8] In 9 von 19 Fanggründen lagen die Fangmengen über der geschätzten Untergrenze für nachhaltige Nutzung.

Mehrere einschneidende Ereignisse verdeutlichen, welch gewaltige Belastung auf die globale Meeresfischerei einwirkt. Wie bereits erwähnt, sperrte die kanadische Regierung 1992 sämtliche Fischgründe an der Ostküste, unter anderem auch für Kabeljau. Das Fangverbot war auch 2003 noch in Kraft, weil sich die Bestände immer noch nicht genügend erholt hatten. 1994 wurde die Lachsfischerei vor der Westküste der USA strikt eingeschränkt.[9] Im Jahr 2002 vereinbarten vier Anrainerstaaten des Kaspischen Meeres endlich, ein Programm zum Schutz des Störs – der den begehrten Kaviar liefert – zu starten, nachdem die jährlichen Fänge von 22 000 Tonnen jährlich in den 1970er-Jahren auf 1000 Tonnen pro Jahr Ende der 1990er-Jahre gefallen waren.[10] Die Populationen des Großen Tunfisches – einer Art, die normalerweise 30 Jahre alt und bis zu 700 kg schwer werden kann – schrumpften in den 20 Jahren von 1970 bis 1990 um 94 %. Die Gesamtmenge der Fänge aus norwegischen Gewässern kann nur deshalb etwa gleich bleiben, weil man auf den Fang weniger begehrter Fischarten ausweicht, um den Rückgang bei den begehrteren Arten auszugleichen.

Andererseits konnten sich die Bestände von Hering und Kabeljau in norwegischen Gewässern nach einem zehnjährigen Fangstopp wieder erholen – ein Beweis dafür, dass es durchaus möglich ist, durch politische Intervention negative Trends umzukehren. Die Europäische Union, die versucht, die Kapazität ihrer Fangflotten zu verringern, hat es damit schwerer. Die Fangflotte der EU hat ihre Fanggebiete immer stärker von europäischen Gewässern in diejenigen relativ armer Entwicklungsländer verlagert; für diese Länder bedeutet dies einen Verlust wertvoller Arbeitsplätze und einer wichtigen Proteinquelle für die lokale Bevölkerung. Insgesamt gesehen besteht kaum Zweifel, dass die Meeresfischerei weltweit schon sehr heftig an die globalen Grenzen stößt.

In der Zeit bis 1990, als die Fischereiindustrie weltweit noch in einem wachsenden und weitgehend unregulierten Markt operieren konnte, setzten sich in der Industrie bemerkenswerte technische Fortschritte durch. Fabrikschiffe mit Tiefkühlräumen und Fischverarbeitungsanlagen an Bord ermöglichen es den Fangflotten, länger in weit entfernten Fanggebieten zu bleiben, statt mit dem Tagesfang sofort wieder zum Hafen zurückkehren zu müssen. Mithilfe von Radar, Sonar und Satellitenerkundung können die Schiffe Fischschwärme immer effizienter aufspüren. Schleppnetze von 50 km Länge erlauben selbst in Tiefseegebieten einen wirtschaftlichen Fangbetrieb in großem Stil. Als Folge davon überschreiten die Fangmengen in immer mehr Fischereizonen die Nachhaltigkeitsgrenzen. Statt die Fischbestände zu schützen oder wieder zu vermehren, sind die neuen Techniken darauf ausgerichtet, auch noch die letzten Fische zu fangen (Abbildung 6-8).

Den meisten Menschen ist zwar intuitiv klar, dass dies zu einer Überfischung der Bestände führt, aber vom Markt kommt keine korrigierende Rückmeldung, die die Konkurrenten davon abhalten könnte, eine als Gemein-

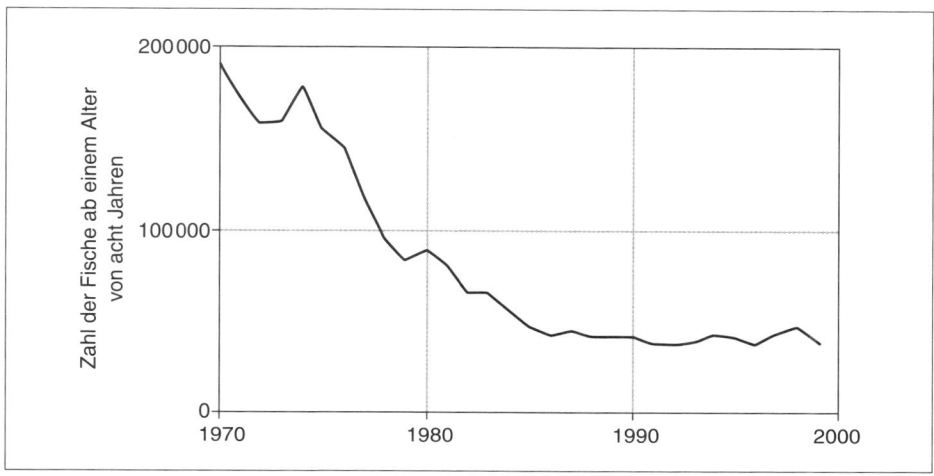

Abbildung 6-8 Rückgang der Tunfischbestände
Im Westatlantik wurde die Population fortpflanzungsfähiger Individuen des Großen Tunfischs (mit einem Alter von über acht Jahren) im Laufe der vergangenen 30 Jahre um 80 % reduziert. Der Fang wird aber trotzdem weiter fortgesetzt, weil diese Fische so wertvoll sind. (Quelle: ICCAT)

gut geltende Ressource wie Meeresfische beschleunigt auszubeuten. Ganz im Gegenteil: Er belohnt sogar diejenigen, die zuerst kommen und sich das meiste nehmen.[11] Selbst wenn der Markt durch eine Erhöhung der Fischpreise das Knapperwerden der Ressource signalisiert, sind die wohlhabenden Verbraucher immer noch bereit, diesen Preis zu zahlen. Auf dem Sushi-Markt von Tokio stieg der Preis für Tunfisch Anfang der 1990er-Jahre auf bis zu 100 Dollar pro Pfund[12], und in Stockholm wurden 2002 für Kabeljau – einst die ganz gewöhnliche Nahrung der armen Leute – umgerechnet unglaubliche 80 Dollar pro Pfund verlangt.[13] Fatalerweise spornen diese hohen Preise die Fischereibetriebe zu verstärkten Fanganstrengungen an, während sich die Fischbestände ständig weiter verringern. Die hohen Preise führen immerhin zur Dämpfung der Nachfrage – aber auch dazu, dass der Fang vor allem den Zahlungskräftigen zugute kommt. Das sind natürlich leider nicht die Menschen, die Fisch am dringendsten zu ihrer Ernährung brauchen.

Die Akteure auf dem Markt handeln absolut rational, wenn sie die Ressourcen geschäftig bis zur Ausrottung ausbeuten. Ihr Vorgehen ist durchaus sinnvoll angesichts der Gewinnerwartungen und Beschränkungen, die sie von ihrem Platz im System aus erkennen können. Der Fehler ist nicht bei den Menschen zu suchen, er liegt im *System*. Wenn ein ungeregeltes Marktsystem über eine Ressource bestimmt, die der Allgemeinheit gehört und die sich nur langsam regenerieren kann, dann wird dies unweigerlich zur Grenzüberschreitung und Vernichtung des Gemeinguts führen.

> Man könnte meinen, dass die Walfangindustrie eine Organisation sei, die daran interessiert ist, die Walbestände zu erhalten. In Wirklichkeit sollte man sie besser als gewaltigen [finanziellen] Kapitalbestand betrachten, der nur danach trachtet, die höchstmöglichen Gewinne zu erzielen. Wenn sie die Wale innerhalb eines Jahrzehnts ausrotten und dabei 15% Gewinn erzielen kann, während eine nachhaltige Fangmenge nur 10% Profit abwirft, dann wird sie die Wale innerhalb dieser zehn Jahre ausrotten und das Geld anschließend zur Ausbeutung irgendeiner anderen Ressource verwenden.[14]

Nur politische Beschränkungen können Ressourcen erhalten, aber solche Beschränkungen lassen sich nicht so leicht erreichen. Auch Verordnungen funktionieren nicht unbedingt besser. Wie Untersuchungen aus jüngerer Zeit zeigen, kann es auch dann zu einer Übernutzung kommen, wenn die erneuerbare Ressource sich vollständig in Privatbesitz befindet und somit keine Gelegenheit für das Phänomen „Tragödie der Allmende" besteht.[15] Die Grenzen werden ganz einfach überschritten, weil es keine gesicherten und eindeutigen Informationen über die Ressourcenbasis – beispielsweise Schätzungen der Bestandsgröße, Fangmengen und Wachstumsraten – gibt und diese nicht zu traditionellen betriebswirtschaftlichen Entscheidungsregeln passen. Das führt meistens dazu, dass zu viel in das Kapital zur Ressourcennutzung investiert und die Ressource zu stark ausgebeutet wird.

Die traditionellen Märkte und die Technik haben die Meeresfischerei weltweit an den Rand des Zusammenbruchs gebracht. Wenn wir so weitermachen, wird sie sich nicht mehr erholen können. Ohne ein Bewusstsein für Grenzen sind Märkte und Techniken nur Instrumente zur Grenzüberschreitung. Werden sie aber institutionell geregelt und im Bewusstsein der Grenzen genutzt, so können die Kräfte des Marktes und die technische Entwicklung durchaus dazu beitragen, dass die globale Fischereiindustrie noch über viele Generationen reiche Fänge einbringt.

Eine Bilanz

Das exponentielle Wachstum der Bevölkerung, des Kapitals, der Ressourcennutzung und der Umweltverschmutzung auf der Erde hält noch immer an – angetrieben durch die Bemühungen, dringliche Probleme der Menschheit zu lösen, von Arbeitslosigkeit und Armut bis hin zum Streben nach Status, Macht und Selbstbestätigung.

Aber das exponentielle Wachstum kann sehr rasch alle bestehenden Grenzen überschreiten. Wird eine Grenze überwunden, stößt es bald auf die nächste.

Weil die Rückkopplungsmeldungen von den Grenzen mit Verzögerung eintreffen, tendiert das System der Weltwirtschaft dazu, die Nachhaltigkeitsgrenzen zu überschreiten. Tatsächlich hat die Grenzüberschreitung bei vielen für die Weltwirtschaft wichtigen Quellen und Senken bereits stattgefunden.

Technik und Märkte operieren immer nur auf der Grundlage unvollständiger Informationen und mit Verzögerung. Damit können sie die Tendenz der Wirtschaft zur Grenzüberschreitung noch verstärken.

Normalerweise dienen Technik und Märkte den mächtigsten Schichten der Gesellschaft. Wenn das primäre Ziel Wachstum heißt, erzeugen sie Wachstum – so lange wie möglich. Würden als primäre Ziele hingegen soziale Gerechtigkeit und Nachhaltigkeit stehen, könnten sie auch diesen Zielvorstellungen gerecht werden.

Haben Bevölkerung und Wirtschaft erst einmal die physischen Grenzen der Erde überschritten, stehen nur noch zwei Möglichkeiten offen: entweder der unfreiwillige Zusammenbruch infolge eskalierender Verknappung und Krisen oder die kontrollierte Verkleinerung des ökologischen Fußabdrucks durch eine bewusste gesellschaftliche Entscheidung.

Im nächsten Kapitel werden wir aufzeigen, was passiert, wenn technologische Fortschritte kombiniert werden mit freiwilligen bewussten Entscheidungen der Gesellschaft, das Wachstum einzuschränken.

Anmerkungen

1. Aber es stimmt natürlich, dass sich alle mit einem wachsenden ökologischen Fußabdruck einhergehenden Probleme lösen lassen, wenn man annimmt, dass rasch genug technische Fortschritte gemacht und die dabei entwickelten neuen Techniken gleich umgesetzt werden. Die für solche Fortschritte notwendigen Veränderungen haben wir in Szenario 0, „Unendlichkeit rein, Unendlichkeit raus", in Kapitel 4 beschrieben.

2. Auf Märkten gibt es eigene Grenzüberschreitungen und -unterschreitungen; wir haben diese in vielen anderen Zusammenhängen in Modelle eingebaut. Aus World3 haben wir solche kurzzeitigen Preisinstabilitäten aber zur Vereinfachung weggelassen, denn sie stehen nicht in engem Zusammenhang mit den globalen Veränderungen über viele Jahrzehnte hinweg.

3. Diese Zeile zur Kontrolle mit der Natur als Instrument haben wir aus einer der eindrucksvollsten Abhandlungen entnommen, die je über Technologie geschrieben wurde: C. S. Lewis, „The Abolition of Man" in Herman Daly, *Toward a Steady-State Economy* (San Francisco: Freeman Press, 1973).

4. Diese Annahme stammt aus dem Jahr 1970. Zu diesem Zeitpunkt führten wir diese Techniken in diskontinuierlichen Schritten bis ins simulierte Jahr 1975 ein. Im realen Jahr 1990 waren einige der Techniken bereits strukturell in die Weltwirtschaft integriert. Daher passten wir einige der Zahlen in World3 entsprechend an – zum Beispiel reduzierten wir den Ressourcenverbrauch pro Einheit der Industrieproduktion deutlich. Ausführlich beschrieben sind diese zahlenmäßigen Veränderungen im Anhang von Donella H. Meadows, Dennis L. Meadows und Jørgen Randers, *Beyond the Limits* (Post Mills, VT: Chelsea Green Publishing Company, 1992) (Deutsche Ausgabe: *Die neuen Grenzen des Wachstums*. Stuttgart: DVA, 1992).

5. Die Formulierung der „adaptiven Technologien" verwendeten wir bereits zu Beginn der 1970er-Jahre in dem Fachbericht zu unserem Buch über die *Grenzen des Wachstums*. Siehe Dennis

Meadows et al., *Dynamics of Growth in a Finite World* (Cambridge, MA, Wright-Allen Press, 1974), 525–537.

6. Lester Brown et al., *Vital Signs 2000* (New York: W. W. Norton, 2000), 53.

7. Brown et al., *Vital Signs 2000*, 41.

8. United Nations Food and Agriculture Organization, „The State of World Fisheries and Aquaculture 2002", www.fao.org/docrep/005/y7300e/y7300e00.htm

9. Lester Brown, *Eco-Economy* (New York: W. W. Norton, 2001), 51–55.

10. Faltblatt der Kampagne des WWF (Worldwide Fund for Nature) zur Gefährdung der Meere, siehe www.panda.org/campaigns/marine/sturgeon

11. Die klassische Analyse dieses Phänomens ist Garrett Hardins „The Tragedy of the Commons", *Science*, 162: 1243–1248, 1968.
Siehe hierzu das Simulationsmodell Z417 „Tragödie der Allmende" in Hartmut Bossel, *Systemzoo 2 – Klima, Ökosysteme und Ressourcen* (Norderstedt: Books on Demand, 2004), 226–231, sowie Hartmut Bossel, CD *Systemzoo* (Rosenheim: co.Tec Verlag, 2005).

12. *Audubon* (September-Oktober 1991), 34.

13. *Dagens Naeringsliv* (norwegisches Wirtschaftsjournal), Oslo (9. Dezember 2002), 10.

14. Ein japanischer Journalist gegenüber Paul Ehrlich in *Animal Extinctions: What Everyone Should Know*, herausgegeben von R. J. Hoage (Washington, DC: Smithsonian Institution Press, 1985), 163.

15. Erling Moxness, „Not Only the Tragedy of the Commons: Misperceptions of Feedback and Politics for Sustainable Development", *System Dynamics Review* 16, Nr. 4 (Winter 2000): 325–348.

Kapitel 7

Übergänge zu einem nachhaltigen System

Der stationäre Zustand würde die Ressourcen unserer Umwelt weniger belasten, aber unsere moralischen Ressourcen viel stärker fordern.

Herman Daly, 1971

Die menschliche Gesellschaft hat drei Möglichkeiten, auf Signale zu reagieren, die anzeigen, dass die Ressourcennutzung und die Schadstoffemissionen die Grenzen der Nachhaltigkeit überschritten haben. Eine Möglichkeit besteht darin, solche Signale zu ignorieren, bewusst zu verschleiern oder falsch zu interpretieren. Dies kann auf unterschiedliche Weise geschehen. Manche behaupten, man brauche sich über solche Grenzen keine Sorgen zu machen, weil der Markt und die Technik sämtliche auftretenden Probleme automatisch lösen werden. Andere argumentieren, es solle so lange nichts gegen die Grenzüberschreitung unternommen werden, bis genügend weitere Untersuchungen vorliegen, die das Problem eindeutig bestätigen. Und wieder andere versuchen die Kosten der Grenzüberschreitung auf andere abzuwälzen, die weit entfernt oder in ferner Zukunft leben. Möglich wäre beispielsweise:

- Es werden noch höhere Schlote gebaut, damit die Luftschadstoffe sich weiter verteilen und andere sie einatmen müssen.
- Toxische Chemikalien oder nukleare Abfälle werden in weit entfernten Regionen entsorgt.
- Fischbestände werden überfischt und Wälder in zu großem Umfang abgeholzt, weil angeblich heute Arbeitsplätze erhalten und Schulden zurückgezahlt werden müssen. Dadurch werden die natürlichen Bestände dieser Ressourcen vernichtet, von denen die Arbeitsplätze und Schuldentilgungen letztlich abhängen.
- Wenn der Abbau nicht erneuerbarer Ressourcen wegen deren zunehmender Erschöpfung unrentabel wird, werden solche Unternehmen subventioniert.
- Man sucht nach neuen Ressourcen, während man die bereits entdeckten nicht effizient nutzt.
- Der Rückgang der Bodenfruchtbarkeit wird durch Ausbringen immer größerer Düngemittelmengen kompensiert.
- Die Preise werden durch Verordnungen oder Subventionen niedrig gehalten und können daher nicht als Reaktion auf Verknappungen steigen.

▓ Um die Nutzung von Ressourcen zu sichern, für die man auf dem Markt zu viel bezahlen müsste, wird Militär eingesetzt oder zumindest mit dessen Einsatz gedroht.

Die Probleme, die sich aus einem übermäßig großen ökologischen Fußabdruck ergeben, lassen sich mit solchen Reaktionen keinesfalls lösen, sie werden dadurch eher noch verstärkt.

Als zweite Möglichkeit kommt in Betracht, den von den Grenzen ausgehenden Druck durch technische oder wirtschaftliche Maßnahmen abzumildern. Man könnte beispielsweise

▓ die pro gefahrenem Kilometer oder pro Kilowatt erzeugtem Strom emittierte Schadstoffmenge reduzieren;

▓ die Ressourcen effizienter nutzen, Rohstoffe rezyklieren oder nicht erneuerbare Ressourcen durch erneuerbare ersetzen;

▓ ökologische Leistungen, die normalerweise von der Natur erfüllt werden, wie die Reinigung von Abwasser, die Eindämmung von Überschwemmungen oder die Nährstoffversorgung der Böden, durch den Einsatz von Energie, Kapital und Arbeitskraft ersetzen.

Diese Maßnahmen werden dringend gebraucht. Viele von ihnen erhöhen die ökologische Effizienz und können so den Druck vorübergehend mildern, um Zeit zu gewinnen. Aber sie beheben nicht die eigentlichen Ursachen der Belastung. Wenn zwar der Schadstoffausstoß pro gefahrenem Kilometer verringert, aber dafür mehr gefahren wird, oder wenn bessere Möglichkeiten zur Abwasseraufbereitung vorhanden sind, aber die Abwassermenge steigt, dann sind diese Probleme lediglich aufgeschoben, aber nicht gelöst.

Als dritte Reaktionsmöglichkeit kann man sich auf die letztlichen Ursachen konzentrieren, Abstand gewinnen und zugeben, dass das sozioökonomische System der Menschheit in seiner gegenwärtigen Struktur unlenkbar geworden ist, seine Grenzen überschritten hat und auf den Zusammenbruch zusteuert. Dann aber muss man sich für einen *Strukturwandel des Systems* einsetzen.

Der Begriff *Strukturwandel* hat leider gelegentlich unheilvolle Bedeutungen. Revolutionäre verstehen darunter, Mächtige aus ihren Ämtern zu werfen, und manchmal auch, Bomben zu werfen. Es liegt nahe, sich unter Strukturwandel die Veränderung *physischer* Strukturen vorzustellen, wie den Abriss alter Gebäude, um neue zu bauen. Oder man könnte darunter verstehen, dass Machtstrukturen, Hierarchien oder Befehlsstrukturen verändert werden. Für diejenigen, die wirtschaftliche oder politische Macht ausüben, erscheint ein Strukturwandel daher als etwas Schwieriges, Gefährliches und Bedrohliches.

In der Sprache der Systemforschung hat *Strukturwandel* jedoch nichts zu tun mit Machtwechsel, Abriss oder der Vernichtung bürokratischer Strukturen. Tatsächlich würde all dies ohne *tatsächliche* Veränderungen der Struktur sogar nur dazu führen, dass andere Menschen genauso viel oder mehr Zeit damit verbringen und ebenso viel oder mehr Geld dafür ausgeben, in neuen Gebäuden oder Organisationen die gleichen Ziele zu verfolgen – um schließlich auch keine anderen Ergebnisse zu erzielen.

In der Systemforschung versteht man unter einem Strukturwandel die Veränderung der *Rückkopplungsstrukturen*, der *Informationsverknüpfungen* in einem System: der Inhalte und Aktualität der Daten, mit denen die Akteure im System arbeiten müssen, sowie der Vorstellungen, Ziele, Anreize, Kosten und Rückmeldungen, die zu einem bestimmten Verhalten motivieren oder dieses einschränken. Die Kombination von Menschen, Organisationen und physischen Strukturen kann sich als System völlig anders verhalten, wenn die Akteure des Systems überzeugende Gründe für einen Wandel erkennen und man ihnen die Freiheit lässt – oder sogar Anreize dafür schafft –, diese Veränderungen vorzunehmen. Von einem System mit einer neuen Informationsstruktur ist anzunehmen, dass es im Laufe der Zeit auch seine sozialen und physischen Strukturen verändern wird. Es kann neue Gesetze, neue Organisationen und Techniken schaffen, Menschen in neuen Fertigkeiten ausbilden und neuartige Maschinen oder Gebäude entwickeln. Ein solcher Wandel muss nicht zentral gesteuert sein; er kann ungeplant, natürlich, evolutionär, spannend und fröhlich ablaufen.

Neue Systemstrukturen bringen spontan umfassende Veränderungen mit sich. Niemand muss dafür Opfer bringen oder Zwang ausüben, außer vielleicht, dass man verhindern muss, dass Menschen aus persönlichem Interesse wichtige Informationen ignorieren, verdrehen oder nicht weitergeben. In der Geschichte der Menschheit hat es immer wieder Strukturwandel gegeben. Die landwirtschaftliche und die industrielle Revolution sind hierfür die besten Beispiele. Bei beiden standen neue *Ideen* am Anfang – zum Anbau von Nahrungspflanzen, zur Nutzbarmachung von Energiequellen und zur Organisation der Arbeit. Wie wir im nächsten Kapitel erkennen werden, hat der Erfolg dieser strukturellen Veränderungen in der Vergangenheit letztlich dazu geführt, dass nun ein weiterer Strukturwandel erforderlich ist. Wir wollen ihn hier die Nachhaltigkeits-Revolution nennen.

Unser Modell World3 kann nicht von sich aus die evolutionäre Dynamik eines Systems entwickeln, das sich neu strukturiert. Aber wir können damit einige der einfachsten Veränderungen austesten, die sich ergeben könnten, wenn eine Gesellschaft sich entscheidet, eine Grenzüberschreitung rückgängig zu machen und befriedigendere, nachhaltigere Ziele zu verfolgen als beständiges materielles Wachstum.

Im vorangegangenen Kapitel haben wir mithilfe unseres Modells World3 aufgezeigt, was passiert, wenn die Gesellschaft *quantitative* – keine strukturellen – Veränderungen vornimmt. Wir haben höhere Grenzwerte, kürzere Verzögerungszeiten, schnellere, wirksamere technische Reaktionen sowie schwächere Erosionsvorgänge in das Modell eingebaut. Hätten wir stattdessen diese strukturellen Eigenschaften gänzlich eliminiert – keine Grenzen, keinerlei Verzögerungen, keine Erosionsvorgänge –, dann hätten wir Grenzüberschreitung mit Zusammenbruch völlig vermieden (wie in Szenario 0, der als „Unendlichkeit rein, Unendlichkeit raus" beschriebenen Simulation). Aber Grenzen, Verzögerungen und Erosion sind grundlegende Eigenschaften dieser Welt. Der Mensch kann ihre Wirkung abschwächen oder verstärken, mit Techniken auf sie einwirken oder sich durch eine veränderte Lebensweise an sie anpassen, aber er kann sie nicht völlig beseitigen.

Nicht verändert haben wir in Kapitel 6 diejenigen strukturellen Ursachen der Grenzüberschreitung, auf die die Menschheit den größten Einfluss hat, nämlich die Antriebskräfte für die positiven Rückkopplungen, die das exponentielle Wachstum von Bevölkerung und materiellem Kapital bewirken. Das sind zum einen die gesellschaftlichen Normen und Ziele, die Erwartungen und Zwänge sowie die Anreize und Kosten, die die Menschen veranlassen, (im Schnitt) mehr Kinder zur Welt zu bringen, als zur Erhaltung der Bevölkerung notwendig sind. Und zum anderen die tief verwurzelten Überzeugungen und Vorgehensweisen, die dazu führen, dass die natürlichen Ressourcen verschwenderischer verbraucht werden als Geld, dass Einkommen und Wohlstand ungerecht verteilt sind, dass sich die Menschen primär als Konsumenten und Produzenten betrachten, dass sozialer Status mit der Anhäufung von Besitz oder Geld verbunden ist und dass Menschen vor allem danach streben, mehr zu bekommen als zu geben oder mit dem zufrieden zu sein, was sie haben.

In diesem Kapitel werden wir die positiven Rückkopplungsschleifen verändern, die das exponentielle Wachstum im Weltsystem verursachen. Wir wollen untersuchen, wie man aus dem Zustand der Grenzüberschreitung wieder allmählich herauskommen kann. Wir werden einen anderen Blickwinkel einnehmen und uns nicht auf Techniken konzentrieren, die die Grenzen auszudehnen versuchen, sondern auf die Ziele und Bestrebungen, die das Wachstum antreiben. Zunächst werden wir *nur* diese positiven Rückkopplungen verändern, ohne die technischen Möglichkeiten zu berücksichtigen, die im letzten Kapitel untersucht wurden. Anschließend führen wir beide Arten von Veränderung gleichzeitig in World3 ein.

Gezielte Wachstumsbeschränkung

Nehmen wir an, im Jahr 2002 hätten alle Menschen weltweit eingesehen, welche Auswirkungen weiteres Bevölkerungswachstum für das Wohlergehen ihrer eigenen und aller anderen Kinder hat. Nehmen wir weiter an, ihre Gesellschaften würden ihnen ungeachtet ihrer Kinderzahl Anerkennung und Achtung, materielle Sicherheit und eine ausreichende Altersversorgung bieten. Nehmen wir auch an, dass sich die ganze Gesellschaft dafür einsetzt, dass jedes Kind angemessen ernährt, untergebracht, medizinisch versorgt und ausgebildet wird. Nehmen wir an, dass sich infolgedessen alle Paare entschlossen haben, ihre Kinderzahl auf durchschnittlich zwei zu beschränken und dass sie dies durch problemlos verfügbare Empfängnisverhütung auch erreichen können.

Durch diese Veränderungen würden Kosten und Nutzen von Kindern anders bewertet werden, der zeitliche Horizont würde sich erweitern, und die Menschen würden sich mehr auch um das Wohl anderer kümmern. Das würde neue Eingriffs- und Wahlmöglichkeiten und mehr Verantwortung bedeuten. Dies wäre ein ähnlicher struktureller Systemwandel (aber nicht derselbe), wie er in den wohlhabenden Teilen der Welt bereits stattgefunden hat, wo die Geburtenrate schon auf oder unter den Wert für eine gleich bleibende Bevölkerungszahl abgesunken ist. Eine solche Veränderung ist keineswegs undenkbar. Sie setzt lediglich voraus, dass alle Menschen bei der Zahl ihrer Kinder so entscheiden wie ungefähr eine Milliarde Menschen seit langer Zeit in den am stärksten industrialisierten Ländern.

Wenn wir in World3 nur diese eine Veränderung vornehmen und keine weiteren, ergibt sich das in Abbildung 7-1 dargestellte Szenario 7.

Für dieses Szenario haben wir die erwünschte durchschnittliche Kinderzahl der Modellbevölkerung ab dem simulierten Jahr 2002 auf zwei Kinder festgesetzt und die Effizienz der Geburtenkontrolle auf 100%. Infolgedessen verlangsamt sich das Bevölkerungswachstum der Modellwelt. Aufgrund der Altersstruktur steigt die Bevölkerungszahl aber noch auf den Höchststand von 7,5 Milliarden im Jahr 2040. Das ist eine halbe Milliarde weniger als beim Maximum in Szenario 2. Durch Einführung einer weltweit wirkenden Beschränkung auf zwei Kinder ab 2002 lässt sich also der Spitzenwert der Bevölkerung um nicht einmal 10% verringern. Das liegt daran, dass die Modellbevölkerung auch ohne diese Politik kurz nach der Jahrtausendwende rasch einen Lebensstandard erreicht, bei dem ohnehin eine geringere Familiengröße erwünscht ist und die Maßnahmen zur Geburtenkontrolle fast zu 100% wirksam werden.

Dennoch wirkt sich die Reduktion des Bevölkerungsmaximums positiv aus. Infolge des langsameren Bevölkerungswachstums stehen pro Kopf mehr Konsumgüter und mehr Nahrungsmittel zur Verfügung als in Szenario 2, und auch die Lebenserwartung ist höher. Wenn die Bevölkerung 2040 ihren Höchststand erreicht, ist der Konsumgüter-Output pro Kopf 10% höher als in Szenario 2, pro Kopf stehen 20% mehr Nahrung zur Verfügung, und die Lebenserwartung ist um fast 10% gestiegen. Der Grund ist, dass mehr in das Wachstum des Industriekapitals investiert werden kann, weil der Konsumgüter- und Dienstleistungsbedarf der kleineren Bevölkerung sich mit geringeren Investitionen decken lässt. Das hat zur Folge, dass die Industrieproduktion

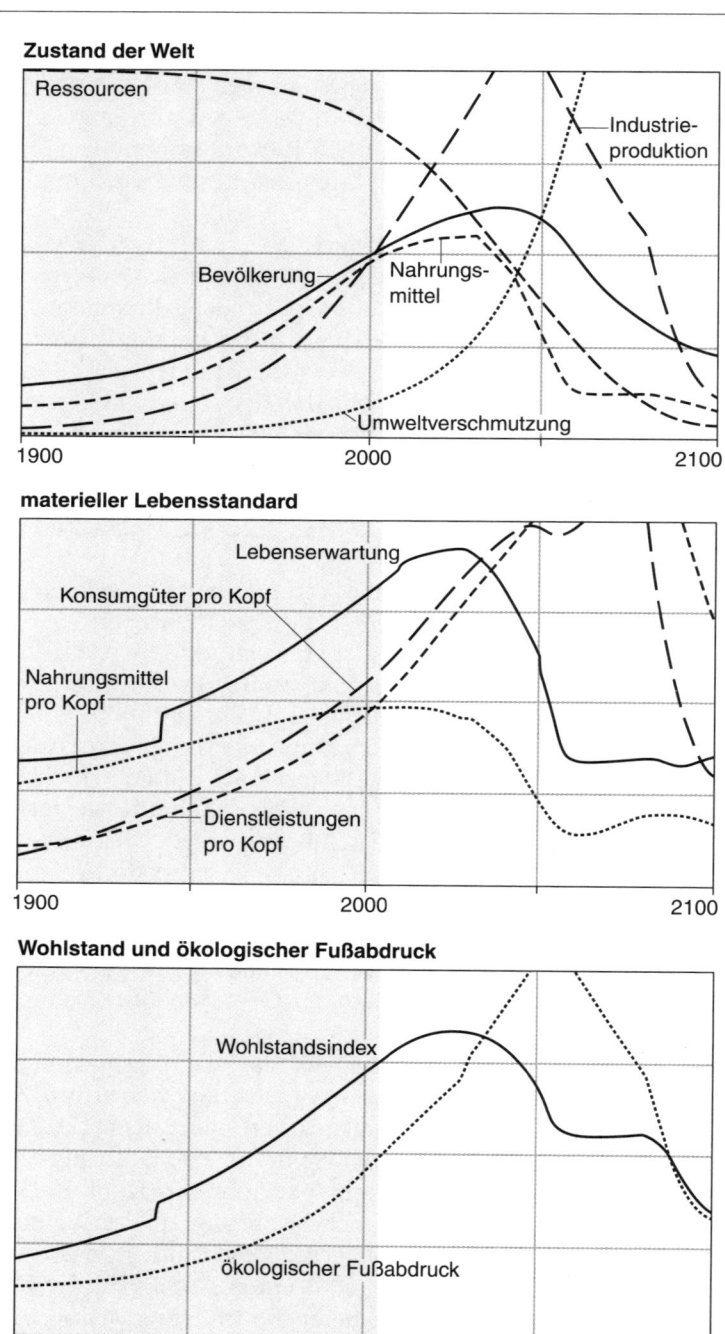

Zustand der Welt

Ressourcen

Industrieproduktion

Bevölkerung

Nahrungsmittel

Umweltverschmutzung

1900　　　2000　　　2100

materieller Lebensstandard

Lebenserwartung

Konsumgüter pro Kopf

Nahrungsmittel pro Kopf

Dienstleistungen pro Kopf

1900　　　2000　　　2100

Wohlstand und ökologischer Fußabdruck

Wohlstandsindex

ökologischer Fußabdruck

1900　　　2000　　　2100

Abbildung 7-1 Szenario 7: Stabilisierung der Weltbevölkerung wird ab 2002 angestrebt.
Dieses Szenario geht von der Voraussetzung aus, dass ab 2002 alle Paare auf der Erde beschlie-
ßen, ihre Kinderzahl auf zwei zu beschränken, und dass ihnen dafür wirksame Empfängnisverhütung zur Verfügung steht. Bedingt durch die Altersstruktur wächst die Bevölkerung noch eine
Generation lang weiter. Durch das verlangsamte Bevölkerungswachstum kann jedoch die Industrieproduktion rascher steigen, bis sie schließlich wegen der hohen Kosten, verursacht durch die
zunehmende Umweltverschmutzung, zum Erliegen kommt – wie in Szenario 2.

schneller und höher ansteigt als in Szenario 2. Im Jahr 2040 liegt der Output
pro Kopf doppelt so hoch wie im Jahr 2000. Die Modellbevölkerung ist
deutlich wohlhabender als zu Beginn des Jahrhunderts. Den Zeitraum von
2010 bis 2030 könnte man sogar als „goldenes Zeitalter" bezeichnen, weil die
recht große Bevölkerung einen relativ hohen Wohlstand genießt.

Aber die Industrieproduktion nimmt nach ihrem Höchstwert im Jahr 2040
mit etwa der gleichen Rate wieder ab wie in Szenario 2 – aus genau den
gleichen Gründen. Durch den größeren Industriekapitalbestand werden mehr
Schadstoffe freigesetzt, die sich negativ auf die landwirtschaftlichen Erträge
auswirken. Daher muss Kapital in den Landwirtschaftssektor fließen, um die
Nahrungsproduktion zu sichern. Später, ab etwa 2050, ist die Umweltverschmutzung dann sogar so hoch, dass die Lebenserwartung der Menschen
sinkt. Insgesamt gesehen erlebt die Modellwelt eine „Umweltverschmutzungskrise": Die starke Schadstoffbelastung vergiftet die Böden, bis schließlich die
Nahrung für die Menschen knapp wird.

Bei den in der simulierten Welt von Szenario 7 vorgegebenen Grenzen und
verfügbaren Techniken kann die Welt – wenn das Streben nach materiellen
Gütern nicht eingeschränkt wird – selbst eine Bevölkerung von 7,5 Milliarden
Menschen nicht auf Dauer erhalten. Allein durch Stabilisierung der Weltbevölkerung lässt sich der Zusammenbruch nicht vermeiden. Das Kapital
kann genauso wenig ständig wachsen wie die Bevölkerung. Ohne Beschränkungen kann beides zu einem ökologischen Fußabdruck führen, der die Tragfähigkeit des Planeten übersteigt.

Doch wie sähe es aus, wenn sich die Menschen nicht nur mit weniger
Kindern begnügen würden, sondern auch mit einem bescheideneren materiellen Lebensstandard? Wenn sie einen ausreichenden, aber keinen übertrieben
hohen Lebensstandard anstreben würden? Dieser hypothetische Strukturwandel ist in unserer derzeitigen Welt weitaus weniger erkennbar als der Wunsch
nach einer geringeren Zahl von Kindern, aber der Vorschlag ist auch nicht
neu.[1] Fast alle religiösen Schriften treten für einen solchen Wandel ein. Es wäre
ein Wandel, der nicht in der physischen oder politischen Welt stattfindet,
sondern sich in den Köpfen und Herzen der Menschen abspielt – und ihre
Ziele und ihr Verständnis vom Sinn des Lebens widerspiegelt. Damit ein
solcher Wandel eintritt, müssten die Menschen in aller Welt andere Ziele
verfolgen und sich anderen Herausforderungen stellen, als immer mehr zu

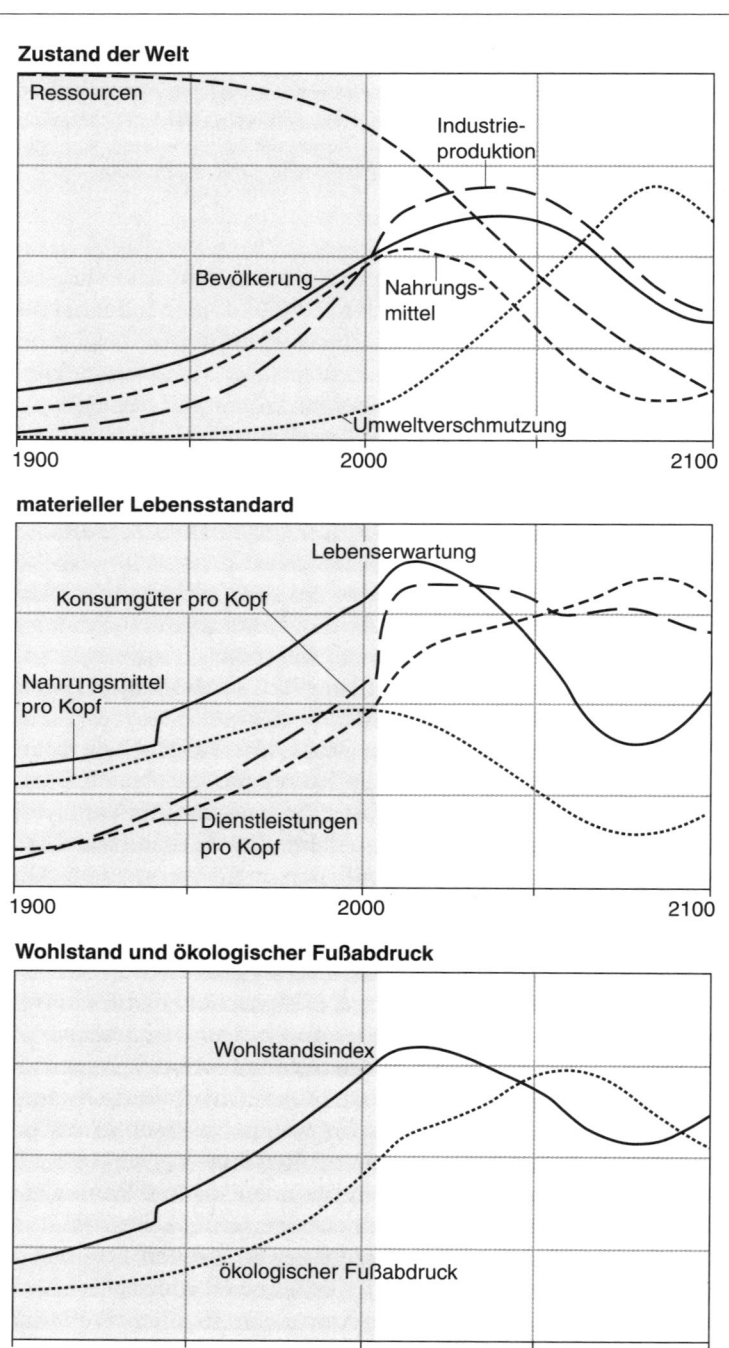

Zustand der Welt

Ressourcen

Industrie-
produktion

Bevölkerung

Nahrungs-
mittel

Umweltverschmutzung

1900   2000   2100

materieller Lebensstandard

Lebenserwartung

Konsumgüter pro Kopf

Nahrungsmittel
pro Kopf

Dienstleistungen
pro Kopf

1900   2000   2100

Wohlstand und ökologischer Fußabdruck

Wohlstandsindex

ökologischer Fußabdruck

1900   2000   2100

Abbildung 7-2 Szenario 8: Stabilisierung der Weltbevölkerung und der Industrieproduktion pro Kopf wird ab 2002 angestrebt.
Wenn sich die Modellgesellschaft auf eine erwünschte Familiengröße mit zwei Kindern beschränkt und für die Industrieproduktion pro Kopf eine feste Obergrenze festlegt, kann sie das „goldene Zeitalter" mit recht hohem Wohlstand über den Zeitraum von Szenario 7 (dort nur von 2010 bis 2040) hinaus etwas verlängern. Aber weil die Umweltverschmutzung zunehmend die Landwirtschaft belastet, sinkt die pro Kopf produzierte Nahrungsmenge. Daraufhin gehen schließlich die Lebenserwartung und die Bevölkerungszahl zurück.

produzieren und einen immer größeren materiellen Reichtum anzuhäufen, um so ihren Status festzulegen und persönliche Befriedigung zu erlangen.

Szenario 8 in Abbildung 7-2 zeigt ebenfalls eine simulierte Welt mit einer erwünschten Kinderzahl von zwei und perfekter Geburtenkontrolle, nun aber auch mit einer definitiven Vorstellung von *genug*. Diese Gesellschaft strebt *für alle Menschen* eine Pro-Kopf-Industrieproduktion an, die den globalen Durchschnitt des Jahres 2000 um 10 % übertrifft. In der Praxis bedeutet dies, dass die Armen einen enormen Schritt nach vorne machen und die Reichen ihr Konsumverhalten erheblich ändern müssen. Weiterhin wird angenommen, dass die Modellwelt für diese Produktion weniger investieren muss, weil neues Betriebskapital auf eine 25 % längere Nutzungsdauer ausgelegt ist. Die durchschnittliche Nutzungsdauer des Industriekapitals soll von 14 auf 18 Jahre steigen, die des Dienstleistungskapitals von 20 auf 25 Jahre und die des landwirtschaftlichen Inputs von 2 auf 2,5 Jahre.

Wie die Computersimulation zeigt, bewirken diese Veränderungen im ersten Jahrzehnt nach 2002 einen beträchtlichen Anstieg der pro Kopf zur Verfügung stehenden Konsumgüter und Dienstleistungen. Beide steigen schneller und höher als bei der vorhergehenden Simulation, bei der die Industrie uneingeschränkt weiter wachsen konnte. Das liegt daran, dass aufgrund der längeren Nutzungsdauer des Betriebskapitals weniger Industrieproduktion in dessen Wachstum und Erneuerung investiert werden muss. Daher steht ein größerer Teil des Outputs direkt für Konsumgüter zur Verfügung. Infolgedessen bietet diese hypothetische Gesellschaft in den Jahrzehnten von 2010 bis 2040 *allen Menschen* einen absolut angemessenen, allerdings nicht luxuriösen materiellen Lebensstandard.

Aber noch ist die Wirtschaft nicht so recht stabilisiert. Der ökologische Fußabdruck bleibt über der Nachhaltigkeitsgrenze, und nach 2040 ist die Wirtschaft zu einem langen Abstieg gezwungen. Fast 30 Jahre lang, von etwa 2010 bis 2040, gelingt es der Gesellschaft von Szenario 8, ihren mehr als sieben Milliarden Menschen einen angemessenen Lebensstandard zu bieten. Die pro Kopf verfügbaren Konsumgüter und Dienstleistungen steigen gegenüber 2000 um rund 50 %. Die Nahrungsproduktion erreicht jedoch bereits 2010 ihren Höhepunkt und geht danach stetig zurück: Ursache hierfür ist die Belastung durch die Umweltverschmutzung, die noch jahrzehntelang zunimmt. In die

Landwirtschaft muss immer mehr investiert werden, um den Rückgang der Nahrungsmittelproduktion aufzuhalten. Eine Zeit lang steht genügend Kapital zur Verfügung, weil es nicht in ein weiteres Wachstum der Industrie fließt, aber die Belastung wird allmählich immer größer und übersteigt irgendwann die Kapazität des Industriesektors, was zum Rückgang führt.

Es gelingt der simulierten Gesellschaft in diesem Computerszenario, den angestrebten Lebensstandard zu erreichen und fast 30 Jahre lang aufrechtzuerhalten. Allerdings verschlechtert sich der Zustand der Umwelt und der Böden in diesem Zeitraum ständig. Einschränkung des Konsumverhaltens, Begrenzung der Familiengröße und soziale Disziplin sind also allein noch keine Garantie für Nachhaltigkeit, wenn sie erst umgesetzt werden, nachdem das System bereits seine Grenzen überschritten hat. Um nachhaltig zu werden, muss die Gesellschaft in Szenario 8 mehr tun als nur ihr Wachstum zu beschränken. Sie muss ihren ökologischen Fußabdruck so weit verkleinern, dass er die ökologische Tragfähigkeit der Erde nicht mehr übersteigt. Dazu muss sie den gesellschaftlichen Wandel durch einen abgestimmten, angepassten technischen Fortschritt ergänzen.

Wachstumsbeschränkung und verbesserte Technik

In dem in Abbildung 7-3 dargestellten Szenario 9 beschränkt sich die Modellwelt ab 2002 ebenfalls auf durchschnittlich zwei Kinder pro Familie, die Maßnahmen zur Geburtenkontrolle greifen perfekt, und die Industrieproduktion wird wie in Szenario 8 durch bescheidenere Ansprüche begrenzt. Außerdem beginnt die Gesellschaft ab 2002, in die Entwicklung und Umsetzung der gleichen Techniken zu investieren wie in Szenario 6, das wir in Kapitel 6 vorgestellt haben. Diese Techniken steigern die Effizienz der Ressourcennutzung und senken die pro Einheit Industrieproduktion ausgestoßene Schadstoffmenge. Außerdem schränken sie die Erosion der Böden ein und führen zu einer Ertragssteigerung, bis die pro Kopf produzierte Nahrungsmenge die gewünschte Höhe erreicht.

Wie in Szenario 6 wollen wir auch für Szenario 9 annehmen, dass diese Techniken noch entwickelt werden müssen und somit erst nach einer Verzögerungszeit von 20 Jahren wirksam werden und dass dafür Kapital benötigt wird. In Szenario 6 stand allerdings nicht genügend Kapital zur Verfügung, um die Techniken finanzieren und umsetzen zu können, denn die rasch wachsende Gesellschaft musste gleichzeitig mit verschiedenen anderen Krisen fertig werden. Die Gesellschaft von Szenario 9 erlegt sich stärkere Beschränkungen auf: Die Bevölkerung wächst langsamer, und das Kapital muss nicht weiteres Wachstum ankurbeln oder zur Bewältigung ständig zunehmender Probleme eingesetzt werden. Daher können die neuen Technologien uneingeschränkt finanziert werden. Bei ihrem Einsatz verringern sie während eines Jahrhunderts pro Produktionseinheit den Verbrauch nicht erneuerbarer Ressourcen um 80% und den Ausstoß an Schadstoffen um 90%. Aufgrund der Beschränkung des Wachstums der Industrieproduktion wird dieser Gewinn aber nicht einfach in weiteres Wachstum investiert, sondern führt dazu, dass sich der ökologische Fußabdruck der Menschheit tatsächlich verkleinert.

Der ständige Ertragszuwachs in der Landwirtschaft geht in der ersten Hälfte des 21. Jahrhunderts aufgrund der zunehmenden Umweltverschmutzung leicht zurück (ein verzögerter Effekt der Emissionen am Ende des 20. Jahrhunderts – als Beispiel hierfür in der „realen Welt" könnte man den Beginn der globalen Erwärmung anführen). Aber ab 2040 wird die Schadstoffbelastung durch verbesserte Techniken wieder verringert. Dadurch verbessern sich auch wieder die Erträge und steigen für den Rest des Jahrhunderts langsam an.

Die Bevölkerung stabilisiert sich in Szenario 9 unter acht Milliarden Menschen und kann während des gesamten Jahrhunderts den angestrebten Lebensstandard aufrechterhalten. Ihre Lebenserwartung ist hoch, sinkt allerdings ein wenig in der Phase, als die Nahrungsmittelproduktion ins Stocken gerät. Die Dienstleistungen pro Kopf nehmen gegenüber dem Stand im Jahr 2000 um 50% zu. Am Ende des simulierten 21. Jahrhunderts gibt es für alle Menschen genügend Nahrung. Die Umweltverschmutzung nimmt zu, geht aber wieder zurück, bevor die Schäden irreversibel werden. Die nicht erneuerbaren Ressourcen werden so langsam aufgebraucht, dass auch im simulierten Jahr 2100 noch nahezu die Hälfte der ursprünglichen Vorräte vorhanden ist.

Es gelingt der Gesellschaft von Szenario 9, die der Umwelt aufgebürdete Gesamtlast noch vor dem Jahr 2020 zu verringern, sodass sich der ökologische Fußabdruck der Menschheit ab diesem Zeitpunkt tatsächlich verkleinert. Die Abbaurate nicht erneuerbarer Ressourcen sinkt ab 2010. Die Bodenerosion wird bereits ab 2002 eingedämmt. Der Ausstoß schwer abbaubarer Schadstoffe erreicht zehn Jahre später sein Maximum. Durch den Rückzug unter die Nachhaltigkeitsgrenze kann das System einen unkontrollierten Zusammenbruch vermeiden, den Lebensstandard aufrechterhalten und mehr oder weniger im Gleichgewicht bleiben. Szenario 9 ist somit ein anschauliches Beispiel für Nachhaltigkeit: Das globale System hat einen Gleichgewichtszustand erreicht.

In der Sprache der Systemforschung bedeutet *Gleichgewicht*, dass sich die Wirkungen positiver und negativer Rückkopplungsschleifen die Waage halten und dass die wesentlichen Bestandsgrößen des Systems – in diesem Fall die Bevölkerung, das Kapital, die Anbauflächen, die Bodenfruchtbarkeit, die nicht erneuerbaren Ressourcen und die Umweltverschmutzung – einigermaßen stabil bleiben. Gleichgewicht bedeutet aber *nicht* unbedingt, dass sich die Bevölkerung und die Wirtschaft statisch verhalten oder stagnieren. Ihre Größe

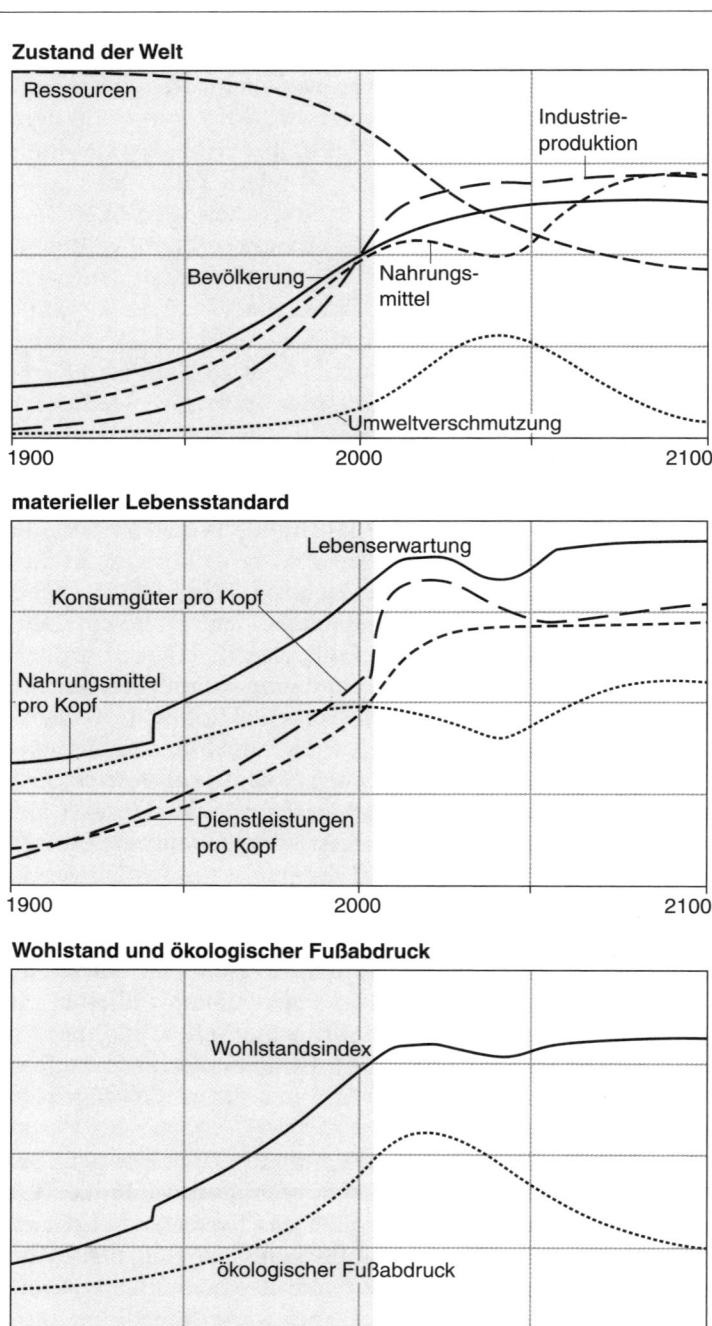

Zustand der Welt

Ressourcen

Industrie-
produktion

Bevölkerung

Nahrungs-
mittel

Umweltverschmutzung

1900 — 2000 — 2100

materieller Lebensstandard

Lebenserwartung

Konsumgüter pro Kopf

Nahrungsmittel
pro Kopf

Dienstleistungen
pro Kopf

1900 — 2000 — 2100

Wohlstand und ökologischer Fußabdruck

Wohlstandsindex

ökologischer Fußabdruck

1900 — 2000 — 2100

Abbildung 7-3 Szenario 9: Stabilisierung der Weltbevölkerung und der Industrieproduktion pro Kopf wird ab 2002 angestrebt, und Techniken zur Emissionskontrolle, zur effizienteren Ressourcennutzung und zur Verbesserung der Landwirtschaft werden ab 2002 eingeführt.
In diesem Szenario werden das Bevölkerungswachstum und die Industrieproduktion ebenso eingeschränkt wie in der vorherigen Simulation, aber zusätzlich kommen verschiedene Techniken zum Einsatz: zur Verringerung des Schadstoffausstoßes, zur Schonung von Ressourcen, zur Ertragssteigerung und zum Schutz von Anbauflächen vor Erosion. Das Ergebnis ist eine dauerhaft nachhaltige Gesellschaft: Nahezu acht Milliarden Menschen erreichen einen recht hohen Wohlstand; gleichzeitig verkleinert sich der ökologische Fußabdruck der Menschheit ständig weiter.

bleibt etwa konstant, genau wie ein Fluss stets mehr oder weniger die gleiche Menge Wasser führt, obwohl ständig neues Wasser hindurchfließt. Auch in einer „Gesellschaft im Gleichgewicht" wie derjenigen in Szenario 9 werden ständig neue Menschen geboren und andere sterben; neue Fabriken, Straßen, Gebäude und Maschinen werden gebaut und alte ausrangiert und ihre Materialien wieder verwendet. Solange sich die Techniken verbessern, wird der Fluss des materiellen Outputs pro Person aber mit ziemlicher Sicherheit seine Gestalt verändern, vielfältiger und qualitativ besser werden.

Genau wie der Wasserpegel eines Flusses um einen Durchschnittswert schwanken kann, ist auch eine Gesellschaft im Gleichgewicht Schwankungen unterworfen, ob durch bewusste Entscheidungen oder unerwartete Möglichkeiten oder Katastrophen. Wenn die Belastung mit Schadstoffen gesenkt wird, kann sich ein Fluss selbst reinigen und eine reichhaltigere, vielfältigere Lebensgemeinschaft beherbergen. Genauso kann sich auch eine Gesellschaft von der Umweltverschmutzung befreien, neues Wissen erlangen, ihre Produktionsprozesse effizienter gestalten, auf andere Techniken umstellen, ihren Verwaltungsapparat und Betriebsabläufe verbessern, für eine gerechtere Verteilung sorgen, dazulernen und sich weiterentwickeln. Unserer Ansicht nach kann der Gesellschaft all dies eher gelingen, wenn die durch Wachstum verursachten Spannungen abgemildert werden und die Veränderungen so langsam erfolgen, dass genügend Zeit bleibt, die Auswirkungen der Entscheidungen zu verstehen, durchzudenken und die Entscheidungen bewusst zu treffen.

Eine solche nachhaltige Gesellschaft wie in Szenario 9 könnte unserer Meinung nach angesichts dessen, was wir bisher über die Systeme unserer Erde wissen, tatsächlich auf der Erde entstehen. Diese Gesellschaft würde nahezu acht Milliarden Menschen umfassen und könnte allen genügend Nahrung, Konsumgüter und Dienstleistungen für ein angenehmes Leben bieten. Sie unternimmt erhebliche Anstrengungen und setzt ständig bessere Techniken ein, um Anbauflächen und Böden zu erhalten, die Umweltverschmutzung zu verringern und die nicht erneuerbaren Ressourcen so effizient wie möglich zu nutzen. Weil sich das materielle Wachstum verlangsamt und schließlich ganz zum Erliegen kommt und weil die Techniken so schnell greifen, dass der ökologische Fußabdruck wieder auf ein nachhaltiges Maß verkleinert wird, bleiben dieser Gesellschaft genügend *Zeit, Kapital* und *Möglichkeiten*, ihre anderen Probleme zu lösen.

Unserer Meinung nach ist dies nicht nur eine machbare, sondern auch eine wünschenswerte Welt. Sicherlich ist sie attraktiver als die in den vorangegangenen Kapiteln simulierten Welten, die ständig weiter wachsen, bis sie schließlich durch Mehrfachkrisen gestoppt werden. Szenario 9 ist aber keinesfalls die einzige nachhaltige Entwicklungsmöglichkeit, die das Modell World3 erzeugen kann. Innerhalb der Grenzen des Systems kann man unterschiedlich gewichten und auswählen: Man kann sich beispielsweise für mehr Nahrung bei geringerer Industrieproduktion entscheiden oder umgekehrt. Es können mehr Menschen auf der Erde leben, die pro Kopf einen kleineren ökologischen Fußabdruck hinterlassen, oder weniger Menschen, deren ökologischer Fußabdruck größer ist. Ein Grundprinzip ist aber klar: Mit jedem Jahr, um das sich der Übergang zu einem nachhaltigen Gleichgewicht verzögert, werden die Kompromiss- und Wahlmöglichkeiten, die nach dem Übergang realistischerweise bleiben, immer unattraktiver. Um dies grafisch zu veranschaulichen, wollen wir annehmen, dass die zu Szenario 9 führenden Maßnahmen bereits 20 Jahre früher in die Wege geleitet wurden.

Was 20 Jahre ausmachen können

Für unsere nächste Simulation stellen wir die Frage: Was wäre, wenn die Modellgesellschaft die zur Nachhaltigkeit führenden Maßnahmen von Szenario 9 (erwünschte Kinderzahl zwei Kinder pro Familie, ein bescheidener materieller Lebensstandard sowie fortschrittliche Techniken zur effizienten Nutzung von Ressourcen und zur Verringerung der Schadstoffemissionen) nicht erst 2002, sondern bereits 1982 ergriffen hätte? Welchen Unterschied können 20 Jahre ausmachen?

Szenario 10 in Abbildung 7-4 entspricht exakt Szenario 9, nur dass die Veränderungen bereits 1982 statt 2002 erfolgen. Hätte die Umstellung zur Nachhaltigkeit schon 20 Jahre früher stattgefunden, so hätte die Gesellschaft schon eher und mit geringeren Anpassungsproblemen auf dem Landwirtschaftssektor einen Zustand größerer Sicherheit und höheren Wohlstands erreichen können. In diesem Szenario stabilisiert sich die Bevölkerung bei etwas mehr als sechs Milliarden statt nahezu acht Milliarden Menschen. Die Umweltverschmutzung erreicht ihr sehr viel niedrigeres Maximum bereits 20 Jahre früher und beeinträchtigt die Landwirtschaft weit weniger als in Szenario 9. Die Lebenserwartung steigt auf über 80 Jahre und bleibt hoch. Am Ende des 21. Jahrhunderts sind noch größere Vorräte nicht erneuerbarer Ressourcen vorhanden, die mit geringerem Aufwand entdeckt und abgebaut werden können. Insgesamt erreichen die Lebenserwartung sowie die pro Kopf verfügbaren Nahrungsmittel, Konsumgüter und Dienstleistungen ein höheres Niveau als in Szenario 9.

Die Bevölkerung von Szenario 10 kann problemlos ihren Lebensstandard aufrechterhalten und ihre verbesserten Techniken finanzieren. Die Gesellschaft lebt in einer angenehmeren Umwelt mit größeren Ressourcenvorräten und hat mehr Handlungsfreiheit. Sie ist weiter von ihren Grenzen entfernt und bewegt sich weniger am Abgrund als die Gesellschaft in Szenario 9. Eine solche Zukunft wäre einst möglich gewesen. Aber die Gesellschaft von 1982 hat diese Gelegenheit nicht genutzt.

Neben den hier vorgestellten elf Szenarien haben wir mit unserem Modell World3 noch zahlreiche weitere entwickelt. Wir haben die möglichen Auswirkungen vieler verschiedener Vorschläge für Veränderungen der globalen Politik untersucht, die dazu beitragen könnten, die Bevölkerung und die materielle Wirtschaft wieder auf ein nachhaltiges Niveau zurückzubringen. Natürlich ist in dem Modell vieles vereinfacht und weggelassen. Daher sagen die genauen Zahlen, die all diese Simulationen ergeben, wenig aus. Zwei allgemeine Erkenntnisse sind allerdings unserer Ansicht nach gültig und wichtig. Unsere erste Erkenntnis aus diesen Versuchsläufen: Es ist uns bewusst geworden, dass der Menschheit langfristig für die Zukunft weniger Optionen offen stehen, wenn wir grundsätzliche Veränderungen hinausschieben. Je länger wir damit warten, das Bevölkerungswachstum zu bremsen und die Bestände des Produktionskapitals zu stabilisieren, desto größer wird die Bevölkerung, desto mehr Ressourcen werden erschöpft; die Schadstoffbelastung wird höher, mehr Böden werden unfruchtbar, und es wird ein höherer absoluter Durchsatz von Nahrungsmitteln, Konsumgütern und Dienstleistungen erforderlich sein, um die Bevölkerung ausreichend zu versorgen. Die Bedürfnisse sind größer, die Probleme ebenfalls, aber die Möglichkeiten sind geringer.

Dies lässt sich anschaulich zeigen, wenn man die Maßnahmen von Szenario 9 nicht 2002, sondern erst 20 Jahre später durchführt. Dann ist es bereits zu spät, den Niedergang zu vermeiden. Bei einer Verzögerung um zwei Jahrzehnte erreicht die Bevölkerung schon viel früher acht Milliarden als in Szenario 9. Auch die Industrieproduktion steigt viel höher als in Szenario 9, wenn die Veränderungen noch 20 Jahre aufgeschoben werden. Die zusätzlichen industriellen Aktivitäten führen – zusammen mit den 20 Jahre später umgesetzten Maßnahmen zur Verringerung des Schadstoffausstoßes – zu einer Umweltverschmutzungskrise. Durch die Schadstoffbelastung verringern sich die landwirtschaftlichen Erträge. Damit steht pro Kopf weniger Nahrung zur Verfügung, die Lebenserwartung sinkt, und die Bevölkerungszahl geht zurück. Wenn die Umstellung zur Nachhaltigkeit um 20 Jahre aufgeschoben wird, bleiben der simulierten Welt immer weniger Optionen, und sie gerät auf einen turbulenten, letztlich erfolglosen Weg in die Zukunft. Maßnahmen, die früher angemessen waren, reichen nun nicht mehr aus.

Zustand der Welt

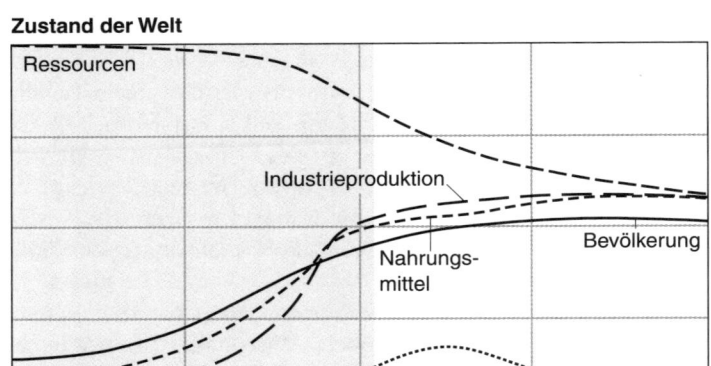

materieller Lebensstandard

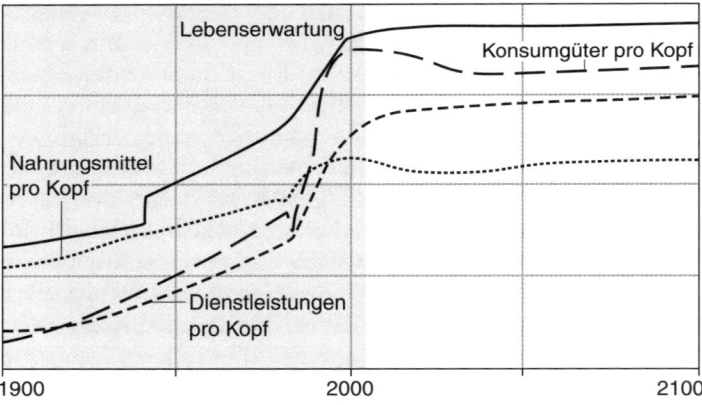

Wohlstand und ökologischer Fußabdruck

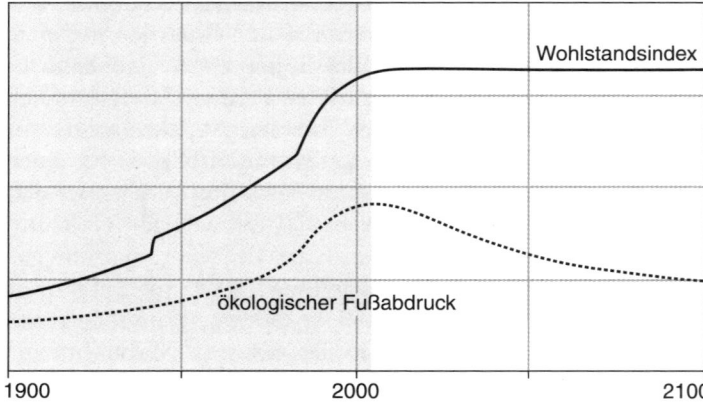

Abbildung 7-4 Szenario 10: Umsetzung der Maßnahmen für eine nachhaltige Entwicklung von Szenario 9 bereits 20 Jahre früher, im Jahr 1982
In dieser Simulation erfolgen die gleichen Veränderungen wie in Szenario 9, nur werden die Maßnahmen bereits im Jahr 1982 umgesetzt und nicht erst 2002. Hätte der Übergang zur Nachhaltigkeit schon 20 Jahre eher stattgefunden, so hätte dies eine geringere Bevölkerungszahl, weniger Umweltverschmutzung, größere Vorräte nicht erneuerbarer Ressourcen und einen etwas höheren durchschnittlichen Wohlstand für alle Menschen bedeutet.

Wie viel ist zu viel?

Unsere zweite Erkenntnis aus diesen Experimenten ist die Einsicht, dass es ebenso zu einem Versagen des Systems führen kann, wenn ein zu hoher Verbrauch angestrebt wird. Wir haben mit World3 Versuchsläufe unter den gleichen Voraussetzungen durchgeführt wie bei Szenario 9, aber mit einer Änderung: Die angestrebte Industrieproduktion pro Kopf wurde verdoppelt. Die von World3 simulierte Gesellschaft drosselt in diesem Fall ebenfalls im Jahr 2002 das Bevölkerungs- und Wirtschaftswachstum und setzt die gleichen Techniken zur Schonung der Ressourcen und zur Verringerung der Schadstoffemissionen ein. Dieses Mal kann jedoch die Zielvorgabe der Modellgesellschaft – mehr Industriegüter pro Kopf – für die resultierende Bevölkerung von mehr als sieben Milliarden Menschen nicht auf Dauer erfüllt werden; daran ändern auch all die verbesserten Techniken nichts.

Die angestrebte Industrieproduktion pro Kopf wird nur für kurze Zeit nach 2020 erzielt; ihr Maximum erreicht sie um 2030, danach fällt sie langsam wieder. Die pro Kopf produzierte Nahrungsmenge geht nach ihrem Höchstwert etwa im gleichen Jahr rasch wieder zurück. Das liegt daran, dass zu viel Kapital benötigt wird, um die höheren materiellen Ziele zu erreichen und die Umweltschäden zu beheben. Im simulierten Jahr 2050 sinkt der Durchsatz an Nahrungsmitteln und Industriegütern pro Kopf in dieser Gesellschaft, deren Ziele höher gesteckt sind, weit unter den von Szenario 9, dessen Gesellschaft sich mit bescheideneren Zielen zufrieden gab.

Erlaubt uns diese Simulation eine zuverlässige Abschätzung des Lebensstandards, den eine Bevölkerung von 7,5 Milliarden Menschen in der „realen Welt" aufrechterhalten könnte? Absolut nicht! Die Zahlen und Annahmen des Modells sind nicht zuverlässig genug. Kein Modell kann präzise Auskunft darüber geben, wie die Erde in 30–50 Jahren aussehen wird. Möglicherweise könnten in Wirklichkeit mehr Menschen mit einem höheren Lebensstandard versorgt werden als in Szenario 9. Angesichts der optimistischen Annahmen von World3, dass es weder Kriege und Konflikte noch Korruption gibt und dass keine Fehler gemacht werden, ist es aber auch denkbar, dass sich ein

Konsumniveau wie in Szenario 9 in Wirklichkeit niemals auf Dauer aufrechterhalten ließe.

In gewisser Weise ähnelt World3 den Skizzen eines Architekten. Das
Modell zeigt die Verknüpfungen zwischen wesentlichen Variablen, und es hilft
uns, ganz generell darüber nachzudenken, in welcher Zukunft wir leben möchten. Aber es liefert keinerlei Details über die komplexen politischen, psychologischen und persönlichen Probleme, die sich beim Übergang zur Nachhaltigkeit ergeben. Diese in der Planung zu berücksichtigen, erfordert Sachkenntnis,
die über unsere hinausgeht. Und falls es zu einem geplanten Übergang kommen sollte, so wären Experimentierfreudigkeit, Bescheidenheit, Offenheit für
Informationen über mögliche Fehler und die Bereitschaft zur Kursänderung
während des Anpassungsvorgangs gefragt.

Wir leiten aus unseren Versuchsläufen mit dem Modell keineswegs ab, dass
uns eine attraktive Zukunft bevorsteht, wenn jetzt Maßnahmen zur Nachhaltigkeit umgesetzt werden, wohingegen die Gesellschaft bei einem Aufschub um
10–20 Jahre zum Scheitern verurteilt ist. Aber wir gelangen zu dem Schluss, dass
Verzögerungen das Wohlstandsniveau verringern, das letztlich für alle auf
Dauer erreichbar wäre. Ebenso wenig folgern wir aus unseren Szenarien, dass
ein Verbrauch nachhaltig ist, der dem gegenwärtigen entspricht oder 10% bzw.
20% höher liegt, während ein doppelt so hoher Verbrauch unweigerlich zur
Katastrophe führen wird. Doch wir leiten daraus ab, dass ein nachhaltiges
System ein Konsumniveau erlauben könnte, das für viele Menschen in der
heutigen Welt äußerst attraktiv wäre. Andererseits kann es einer Bevölkerung
von sechs bis acht Milliarden Menschen nicht auf Dauer einen unbegrenzten
oder auch nur sehr hohen materiellen Lebensstandard bieten.

Für die Aufgabe, die oberen Grenzen der Nachhaltigkeit der menschlichen
Gesellschaft genau zu finden und präzise einzuhalten, ist World3 nur bedingt
geeignet. Kein heute verfügbares Computermodell ermöglicht eine derartige
quantitative Präzision, und wahrscheinlich auch kein zukünftiges. Außerdem
wäre es äußerst gefährlich, den ökologischen Fußabdruck der Menschheit so
weit wie möglich maximieren zu wollen, weil die tatsächlichen Grenzen des
Wachstums variabel und unsicher sind und wir immer erst mit Verzögerung
von ihnen erfahren und auf sie reagieren. Sicherer wäre es – und auch aus
anderen Gründen vorzuziehen –, wenn wir lernen würden, ein erfülltes Leben
in sicherem Abstand von den mutmaßlichen Grenzen unseres Planeten zu führen, statt stets nach der äußersten Grenze des physisch Erreichbaren zu trachten.

World3 wurde entwickelt, um die Verhaltensweisen eines vernetzten, nichtlinearen, begrenzten Systems mit verzögerten Reaktionen zu erforschen. Es ist
nicht dazu bestimmt, exakte Vorhersagen für die Zukunft oder detaillierte
Pläne zum Handeln zu liefern. Doch die in diesem Kapitel vorgestellten
Simulationen erlauben generelle Schlüsse, die unserer Meinung nach Gewicht
haben, aber im öffentlichen Diskurs nicht alle berücksichtigt werden. Man
stelle sich einmal vor, wie anders Entscheidungen getroffen, Investitionen auf-

geteilt, Nachrichten berichtet und Gesetze verhandelt würden, wenn die folgenden Erkenntnisse allgemein geläufig und anerkannt wären:

- Ein weltweiter Übergang zu einer nachhaltigen Gesellschaft ist wahrscheinlich ohne einen Rückgang der Bevölkerung und der Industrieproduktion möglich.
- Für einen Übergang zur Nachhaltigkeit ist es jedoch notwendig, den ökologischen Fußabdruck der Menschheit wirksam zu verkleinern. Das verlangt persönliche Entscheidungen zur Verringerung der Familiengröße, niedriger gesteckte Ziele für industrielles Wachstum und Verbesserungen der Effizienz der Ressourcennutzung.
- Es gibt viele Möglichkeiten, wie eine nachhaltige Gesellschaft strukturiert sein könnte – und entsprechend viele Alternativen im Hinblick auf die Zahl der Menschen, den Lebensstandard, technische Investitionen und die relativen Anteile der Mittel für Industrieprodukte, Dienstleistungen, Nahrungsmittel und andere materielle Bedürfnisse. Entsprechende Entscheidungen müssen auf jeden Fall bald getroffen werden; sie müssen aber nicht in jedem Teil der Welt gleich ausfallen.
- Bezüglich der Zahl der Menschen, die auf der Erde leben können, und dem Lebensstandard, den jeder Einzelne erreichen kann, sind Kompromisse unvermeidlich. Sie lassen sich nicht in Zahlen ausdrücken, denn alle Bedingungen verändern sich im Laufe der Zeit mit dem Stand der Technik und der Erkenntnisse, den Problemlösefähigkeiten der Menschen und der sich wandelnden Umwelt. Trotzdem gilt allgemein der Schluss: Bei mehr Menschen ist der nachhaltig tragbare materielle Durchsatz pro Kopf kleiner – und entsprechend kleiner muss somit auch der ökologische Fußabdruck des Einzelnen sein.
- Je länger die Weltwirtschaft braucht, um ihren ökologischen Fußabdruck zu verkleinern und zur Nachhaltigkeit überzugehen, desto niedriger werden schließlich Bevölkerungszahl und Lebensstandard sein. Ab einem gewissen Punkt führen Verzögerungen unweigerlich zum Zusammenbruch.
- Je höher die Gesellschaft ihre Ziele für Bevölkerungszahl und materiellen Lebensstandard steckt, desto größer sind die Risiken, dass Grenzen überschritten und erodiert werden.

Nach unserem Computermodell, unseren Denkmodellen, unseren Kenntnissen der vorliegenden Daten und unseren Erfahrungen mit der „realen Welt" ist keine Zeit mehr zu verlieren: Wir müssen uns wieder hinter die Grenzen der Tragfähigkeit zurückziehen und uns Nachhaltigkeit als Ziel setzen. Wenn wir die Verringerung der Durchsatzmengen und den Übergang zur Nachhaltigkeit aufschieben, bedeutet dies bestenfalls, dass wir die Optionen zukünftiger Generationen einschränken – und schlimmstenfalls, dass wir den Zusammenbruch beschleunigen.

Es gibt auch keinen Grund, Zeit zu verlieren. Für viele Menschen ist Nachhaltigkeit eine neue Vorstellung, die manche kaum verstehen. Aber überall auf der Welt gibt es Menschen, die sich Gedanken darüber machen, wie eine nachhaltige Welt aussehen könnte und wie sie sich verwirklichen ließe. Sie sehen darin eine Welt, auf die man nicht widerstrebend zusteuern sollte, mit dem Gefühl, etwas opfern zu müssen, sondern hoffnungsvoll und wagemutig. Eine nachhaltige Welt könnte sehr viel besser sein als die, in der wir heute leben.

Die nachhaltige Gesellschaft

Nachhaltigkeit lässt sich auf vielfache Weise definieren. Einfach ausgedrückt: Eine nachhaltige Gesellschaft kann über alle Generationen hinweg bestehen; sie ist weitsichtig genug, flexibel genug und weise genug, dass sie ihre eigenen materiellen oder sozialen Existenzgrundlagen nicht untergräbt.

Die Weltkommission für Umwelt und Entwicklung der Vereinten Nationen hat 1987 das Konzept der Nachhaltigkeit eindrucksvoll in Worte gefasst:

> Nachhaltig ist eine Gesellschaft dann, wenn sie „den Anforderungen der Gegenwart gerecht wird, ohne dabei die Fähigkeit zukünftiger Generationen zu beeinträchtigen, ihren eigenen Bedürfnissen gerecht zu werden".[2]

Aus Sicht der Systemforschung ist eine Gesellschaft nachhaltig, wenn sie mit Informationsmechanismen, sozialen und institutionellen Strukturen ausgestattet ist, die diejenigen positiven Rückkopplungen unter Kontrolle halten, die exponentielles Wachstum von Bevölkerung und Kapital verursachen. Das bedeutet, dass die Geburtenraten etwa den Sterberaten entsprechen und die Investitionsraten den Raten der Kapitalabnutzung, es sei denn, technischer Fortschritt oder gesellschaftliche Entscheidungen erlauben eine wohl überlegte, begrenzte Veränderung der Bevölkerungszahl oder des Kapitalbestands. Damit eine Gesellschaft nachhaltig ist, müssen Bevölkerung, Kapital und Technik so aufeinander abgestimmt sein, dass ein angemessener, fair verteilter materieller Lebensstandard für jeden Einzelnen gewährleistet ist. Um materiell und energetisch nachhaltig zu sein, müssen für alle Durchsätze der Wirtschaft die folgenden drei von Herman Daly formulierten Bedingungen erfüllt sein:[3]

- Die Verbrauchsraten der erneuerbaren Ressourcen dürfen nicht deren Erneuerungsraten übersteigen.
- Die Verbrauchsraten der nicht erneuerbaren Ressourcen dürfen nicht die Rate überschreiten, mit der nachhaltig erneuerbare Ressourcen als Ersatz dafür erschlossen werden.

▦ Die Raten der Schadstoffemissionen dürfen nicht die Aufnahmefähigkeit der Umwelt für diese Schadstoffe übersteigen.

Eine solche Gesellschaft, deren ökologischer Fußabdruck auf Dauer tragbar wäre, würde sich in mancher Beziehung ganz erheblich – fast unvorstellbar – von der Gesellschaft unterscheiden, in der die meisten Menschen heute leben. Die Denkmodelle zu Beginn des 21. Jahrhunderts sind geprägt von eindrucksvollen Bildern fortdauernder Armut oder raschem materiellem Wachstum und gezielten Anstrengungen, dieses Wachstum aufrechtzuerhalten – koste es, was es wolle. Da diese Bilder gedankenlosen Wachstums oder frustrierender Stagnation im kollektiven Bewusstsein dominieren, fällt es ihm schwer, sich eine zielbewusste, maßvolle, gerechte und nachhaltige Gesellschaft vorzustellen. Bevor wir hier weiter ausführen, was Nachhaltigkeit bedeuten *könnte*, sollten wir daher erst darauf eingehen, was sie *nicht unbedingt* bedeuten muss.

Nachhaltigkeit setzt nicht zwangsläufig „Nullwachstum" voraus. Eine auf ständiges Wachstum fixierte Gesellschaft wird jeder Kritik am Wachstum möglichst ausweichen. Aber das Wachstum in Frage zu stellen bedeutet nicht unbedingt, es rundweg abzulehnen. Damit würde man nur eine unzulässige Vereinfachung durch eine andere ersetzen, wie Aurelio Peccei, der Begründer des Club of Rome, 1977 deutlich machte:

> Alle, die dazu beigetragen hatten, den Mythos des Wachstums zu zertrümmern ... wurden von den getreuen Verteidigern der heiligen Kuh Wachstum lächerlich gemacht und bildlich gesprochen gehängt, ertränkt oder geviertelt. Einige von ihnen ... werfen dem Bericht [Die Grenzen des Wachstums] vor ... ein NULLWACHSTUM zu verfechten. Diese Menschen haben eindeutig überhaupt nichts verstanden – weder vom Club of Rome noch von Wachstum. Die Vorstellung von Nullwachstum ist – ebenso wie die von unendlichem Wachstum – so primitiv und so unpräzise, dass es begrifflicher Unsinn ist, in einer lebendigen, dynamischen Gesellschaft darüber zu reden.[4]

Eine nachhaltige Gesellschaft wäre an einer qualitativen Weiterentwicklung interessiert, nicht an einer materiellen Expansion. Sie würde materielles Wachstum mit Bedacht als Hilfsmittel einsetzen, aber nicht als fortwährenden Auftrag betrachten. Sie wäre weder für noch gegen Wachstum und würde unterscheiden zwischen verschiedenen Formen und Zwecken des Wachstums. Sie könnte sich sogar ernsthaft mit dem Gedanken eines absichtlichen Negativwachstums anfreunden, wenn sich dadurch Grenzüberschreitungen rückgängig machen ließen und keine Aktivitäten mehr unternommen würden, die – sofern man die Kosten für Natur und Gesellschaft in vollem Umfang berücksichtigt – im Endeffekt mehr kosten, als sie wert sind.

Bevor sich eine nachhaltige Gesellschaft auf einen bestimmten Wachstumsprozess einlassen würde, würde sie fragen, wozu dieses Wachstum gut ist, wer davon profitiert, welche Kosten es verursacht, wie lange es anhalten soll und ob die Quellen und Senken der Erde dieses Wachstum erlauben. Gestützt auf ihre

Wertvorstellungen und die bestmöglichen Erkenntnisse über die Grenzen unseres Planeten, würde eine solche Gesellschaft nur solche Formen des Wachstums zulassen, die wichtigen gesellschaftlichen Zwecken dienen und gleichzeitig die Nachhaltigkeit fördern. Sobald irgendein materielles Wachstum seinen Zweck erfüllt hätte, würde es die Gesellschaft nicht weiter verfolgen.

Die derzeitige ungerechte Verteilung würde eine nachhaltige Gesellschaft *nicht* auf Dauer so belassen. Auf keinen Fall würde sie die Armen permanent in ihrer Armut gefangen halten, denn das wäre aus zwei Gründen nicht nachhaltig. Erstens würden und sollten sich die Armen damit nicht zufrieden geben. Zweitens wäre eine Stabilisierung der Bevölkerungszahl nicht möglich, wenn ein Teil der Bevölkerung dauerhaft in Armut leben müsste – außer wenn brutale Zwangsmaßnahmen angewendet werden oder die Sterberate steigt. Aus praktischen wie moralischen Gründen muss eine nachhaltige Gesellschaft allen Menschen einen angemessenen Lebensstandard und Sicherheit bieten. Wenn der Übergang zur Nachhaltigkeit gelingen soll, dann sollten alles noch mögliche Wachstum, jeder zusätzlich tragbare Verbrauch von Ressourcen oder Ausstoß von Schadstoffen sowie sämtliche Freiräume, die sich durch eine effizientere Ressourcennutzung und einen maßvolleren Lebensstil seitens der Wohlhabenden ergeben, logischerweise und ohne Murren jenen zugute kommen, die es am meisten benötigen. Das wäre zumindest zu hoffen.

Ein Zustand der Nachhaltigkeit bedeutet *nicht*, dass in einer Gesellschaft Mutlosigkeit und Stillstand herrschen oder Arbeitslosigkeit und Konkurse, wie es in den gegenwärtigen Wirtschaftssystemen der Fall ist, wenn ihr Wachstum stockt. Der Unterschied zwischen einer nachhaltigen Gesellschaft und einer wirtschaftlichen Rezession in der heutigen Zeit ist damit vergleichbar, dass man ein Auto entweder durch sanften Druck aufs Bremspedal anhält oder indem man es gegen eine Wand fährt. Wenn die heutige Wirtschaft Grenzen überschreitet, dann ergeben sich Veränderungen so rasch und so unerwartet, dass sich weder die Menschen noch Unternehmen darauf einstellen und daran anpassen können. Ein bewusster Übergang zur Nachhaltigkeit würde hingegen so langsam und mit so rechtzeitiger Vorwarnung geschehen, dass den Menschen und Unternehmen genügend Zeit bliebe, ihren Platz in der neuen Wirtschaft zu finden.

Es gibt keinen Grund dafür, warum eine nachhaltige Gesellschaft technisch oder kulturell primitiv sein sollte. Befreit von Angst und Gier, stünden ihr ungeahnte Möglichkeiten zur kreativen Entfaltung offen. Unbelastet durch die hohen Kosten für das Wachstum – sowohl für die Gesellschaft als auch für die Umwelt – könnten Technik und Kultur aufblühen. John Stuart Mill – einer der ersten (und letzten) Wirtschaftswissenschaftler, der die Idee einer mit den Grenzen der Erde in Einklang stehenden Wirtschaft ernst genommen hat – erkannte, dass der von ihm so bezeichnete „stationäre Zustand" auch zur Weiterentwicklung und Verbesserung einer Gesellschaft beitragen kann. Vor mehr als 150 Jahren schrieb er hierzu:

Ich kann ... den stationären Zustand von Kapital und Vermögen nicht mit der ungerührten Abneigung betrachten, welche die politischen Ökonomen der alten Schule ihm gegenüber durchweg zum Ausdruck gebracht haben. Ich neige eher zu der Auffassung, dass er insgesamt gesehen in unserer gegenwärtigen Situation eine bedeutende Verbesserung wäre. Ich gebe zu, dass ich keineswegs entzückt bin von den Lebensidealen derjenigen, die denken, der Normalzustand sei der beständige Kampf der Menschen voranzukommen; dass Niedertrampeln und Unterdrückung, rücksichtsloser Gebrauch der Ellbogen und Auf-die-Hacken-treten ... das erstrebenswerteste Los der Menschheit seien ... Man muss wohl kaum anmerken, dass ein stationärer Zustand von Kapital und Bevölkerung nicht gleichbedeutend mit einem stationären Zustand menschlichen Fortschritts ist. Er ließe genauso viel Spielraum für alle Arten geistiger Kultur sowie moralischen und sozialen Fortschritt; und genauso viel Freiraum, die Lebenskultur zu verbessern, wofür die Chancen auch besser stünden.[5]

Eine nachhaltige Welt wäre nicht starr und könnte es auch nicht sein; weder die Bevölkerung noch die Produktion oder irgendetwas anderes könnten krankhaft konstant gehalten werden. Zu den eigenartigsten Annahmen der heutigen Denkmodelle gehört die Vorstellung, eine maßvolle Welt sei nur unter strenger Kontrolle einer Zentralregierung möglich. In einer nachhaltigen Wirtschaft ist eine derartige Kontrolle weder möglich noch wünschenswert oder notwendig. (Aus Sicht der Systemforschung hat eine solche Zentralregierung schwerwiegende Nachteile, wie die frühere Sowjetunion zur Genüge gezeigt hat.)

Natürlich bräuchte eine nachhaltige Welt Regeln und Gesetze, Normen und Grenzen, gesellschaftliche Vereinbarungen und Beschränkungen – wie jede menschliche Kultur. Einige der Verhaltensregeln für die Nachhaltigkeit würden sich von den bisher gewohnten Regeln unterscheiden. Einige notwendige Regelungen werden bereits geschaffen, beispielsweise das internationale Abkommen zum Schutz der Ozonschicht und die Vereinbarungen zur Reduktion der Treibhausgase. Aber die Regeln zum Erreichen der Nachhaltigkeit würden wie alle praktikablen sozialen Regeln nicht erstellt, um Freiheitsräume einzuengen, sondern um Freiheiten neu zu schaffen oder zu bewahren. Wenn Bankraub verboten ist, schränkt dies zwar die Freiheit von potenziellen Bankräubern ein, gewährleistet aber, dass alle anderen Menschen die Freiheit haben, ihr Geld gefahrlos auf der Bank einzuzahlen und wieder abzuheben. Auf ähnliche Weise schützen Verbote der Übernutzung einer erneuerbaren Ressource oder eines gefährlichen Schadstoffs lebenswichtige Freiheitsräume der Gesellschaft.

Man braucht nicht viel Vorstellungskraft, um sich einige elementare soziale Strukturen zu überlegen – etwa Rückkopplungsschleifen, die neue Informationen über Kosten, Konsequenzen und Sanktionen vermitteln –, die Weiterentwicklung, Kreativität und Wandel ermöglichen würden und gleichzeitig weit mehr Freiheiten gestatten würden, als jemals eine Welt bieten kann, die fortwährend an ihre Grenzen stößt oder diese überschreitet. Eine der wichtigsten dieser neuen Regeln steht mit der Wirtschaftstheorie vollkommen in Einklang: Sie würde Wissen mit Regulierung verbinden und dadurch „externe Faktoren" des Marktsystems zu „internen" machen, damit der Preis eines Produkts auch die vollständigen Kosten für Herstellung und Gebrauch widerspiegelt (einschließlich aller sozialer und ökologischer Nebenwirkungen). Diese Maßnahme wird in jedem wirtschaftswissenschaftlichen Lehrbuch schon seit Jahrzehnten (vergeblich) gefordert. Sie würde Investitionen und Handel selbsttätig lenken, sodass die Menschen finanzielle Entscheidungen treffen könnten, die sie später im Hinblick auf materielle oder soziale Werte nicht bereuen würden.

Nach Auffassung mancher Menschen dürfte eine nachhaltige Gesellschaft gar keine nicht erneuerbaren Ressourcen mehr nutzen, da die Nutzung solcher Ressourcen definitionsgemäß nicht nachhaltig ist. Damit legen sie den Begriff Nachhaltigkeit aber viel zu starr aus. Sicherlich würde eine nachhaltige Gesellschaft die nicht erneuerbaren Schätze der Erdkruste sehr viel überlegter und effizienter nutzen, als dies gegenwärtig der Fall ist. Sie würde ihnen einen angemessenen Preis zumessen und dadurch mehr davon für zukünftige Generationen bewahren. Es gibt aber keinen Grund, sie gar nicht zu nutzen, solange bei der Nutzung die bereits definierten Kriterien der Nachhaltigkeit eingehalten werden: dass zum einen die entstehenden Abfälle die natürlichen Senken nicht überbeanspruchen und dass zum anderen erneuerbare Ressourcen als Ersatz erschlossen werden.

Es besteht auch kein Grund für Einheitlichkeit in einer nachhaltigen Gesellschaft. Wie in der Natur wäre auch in der menschlichen Gesellschaft Vielfalt sowohl Grundlage als auch Folge der Nachhaltigkeit. Für viele, die sich damit genauer befasst haben, ist eine nachhaltige Gesellschaft weitgehend dezentralisiert: An allen Orten würde man mehr auf lokal vorhandene Ressourcen zurückgreifen und sich weniger auf internationalen Handel verlassen. Die damit verbundenen Regelungen würden verhindern, dass eine Gemeinschaft die Existenz anderer oder der Erde insgesamt gefährdet. Kulturelle Vielfalt, Eigenständigkeit, Freiheiten und Selbstbestimmung könnten in einer solchen Welt eher größer sein als heute.

Auch gibt es keinen Grund, warum eine nachhaltige Gesellschaft undemokratisch, langweilig und ohne Herausforderungen sein sollte. Wahrscheinlich wären einige heute beliebte Gesellschaftsspiele wie das Wettrüsten oder die Anhäufung von unbegrenztem Reichtum weder möglich noch gesellschaftlich geachtet noch überhaupt interessant. Aber es gäbe immer noch Zeitvertreib und Herausforderungen, Probleme, die gelöst werden müssen und Gelegenheiten für die Menschen, sich zu beweisen, einander zu helfen, ihre Fähigkeiten zu beweisen und ein lebenswertes Leben zu führen – vielleicht befriedigender und lebenswerter, als es heute möglich ist.

Diese lange Liste sollte darstellen, was eine nachhaltige Gesellschaft *nicht* ist. Andererseits haben wir damit aber auch schon weitgehend geschildert, wie sie unserer Ansicht nach aussehen könnte. Doch die Details einer solchen Gesellschaft können sicher nicht von einer Hand voll Leuten ausgetüftelt werden, die Computermodelle entwickeln. Dazu braucht man eher die Ideen, Visionen und Talente von Milliarden von Menschen.

Anhand unserer Strukturanalyse des Weltsystems, die wir in diesem Buch erläutert haben, können wir nur einige generelle Richtlinien für die Umstrukturierung eines Systems in Richtung Nachhaltigkeit geben. Sie sind im Folgenden aufgeführt. Jede Richtlinie kann auf hunderterlei Arten auf allen Ebenen umgesetzt werden – in einzelnen Haushalten, in Gemeinden, in Unternehmen, in Staaten und auf der ganzen Welt. Manche werden diese Richtlinien in ihrem eigenen Leben, in ihrer Kultur oder in ihren politischen und Wirtschaftssystemen umsetzen wollen. Jeder einzelne Schritt in eine dieser Richtungen ist ein Schritt hin zur Nachhaltigkeit, wenngleich letztlich alle diese Schritte gegangen werden müssen.

- *Erweiterung des Planungshorizonts.* Entscheidungen zwischen gegenwärtig möglichen Optionen sollten weit stärker berücksichtigen, welche Kosten und welchen Nutzen sie auf lange Sicht bringen; es sollten nicht nur die Auswirkungen auf den heutigen Markt oder bei den morgigen Wahlen eine Rolle spielen. Außerdem müssen Anreize geschaffen sowie Mittel und Verfahren entwickelt werden, damit Probleme, die im Laufe von Jahrzehnten entstehen und gelöst werden müssen, in den Medien, auf dem Markt und bei Wahlen angesprochen, anerkannt und verantwortungsvoll behandelt werden.

- *Verbesserung der Signale.* Das wirkliche Wohlergehen der menschlichen Bevölkerung und die tatsächlichen Auswirkungen menschlicher Aktivitäten auf das globale Ökosystem müssen besser untersucht und im Auge behalten werden.[6] Regierungen und die Öffentlichkeit müssen genauso kontinuierlich und unverzüglich über den Zustand der Umwelt und soziale Bedingungen informiert werden wie über die wirtschaftlichen Verhältnisse. Preise müssen neben den ökonomischen auch die ökologischen und sozialen Kosten enthalten. Wirtschaftliche Indikatoren wie das Bruttoinlandsprodukt müssen derart umgestaltet werden, dass nicht Kosten mit Nutzen, Durchsatz mit Wohlstand oder die Erschöpfung von natürlichem Kapital mit Gewinn verwechselt werden.

- *Erhöhung der Reaktionsgeschwindigkeit.* Es muss aktiv auf Anzeichen geachtet werden, die auf eine Belastung der Umwelt oder der Gesellschaft hindeuten. Was bei Problemen zu unternehmen ist, sollte im Voraus entschieden werden (nach Möglichkeit sollte man sie voraussehen, bevor sie eintreten). Die für ein effizientes Handeln notwendigen Institutionen und technischen Einrichtungen sollten vorhanden sein. In der Ausbildung sollten Flexibilität und Kreativität vermittelt werden, kritisches Denken und die Fähigkeit, materielle und soziale Systeme zu verändern. Computermodelle können hierbei eine Hilfe sein, ebenso wichtig wäre aber auch eine allgemeine Ausbildung zum Denken in Systemzusammenhängen.

▓ *Minimierung des Verbrauchs nicht erneuerbarer Ressourcen.* Fossile Brennstoffe, fossiles Grundwasser und Mineralien sollten nur mit der größtmöglichen Effizienz genutzt und nach Möglichkeit rezykliert werden. (Brennstoffe lassen sich nicht wiederverwerten, aber bei Mineralien und Wasser ist eine Wiederverwertung möglich.) Nicht erneuerbare Ressourcen sollten nur vorübergehend im Rahmen einer bewussten Umstellung auf erneuerbare Ressourcen genutzt werden.

▓ *Verhinderung der Erosion erneuerbarer Ressourcen.* Die Produktivität von Böden, von Oberflächengewässern und wieder auffüllbaren Grundwasservorräten sowie der gesamten lebenden Umwelt einschließlich Wäldern, Fischbeständen und Wildtieren sollte bewahrt und so weit wie möglich wiederhergestellt und verbessert werden. Die Nutzungsrate dieser Ressourcen sollte ihre Regenerationsrate nicht übersteigen. Dazu sind Kenntnisse der Regenerationsraten nötig, aber auch entschlossene soziale oder wirtschaftliche Sanktionen bei Übernutzung.

▓ *Nutzung aller Ressourcen mit maximaler Effizienz.* Je effizienter die Nutzung, desto mehr Wohlstand lässt sich bei einem bestimmten ökologischen Fußabdruck erreichen, und desto besser kann die Lebensqualität sein, ohne dafür Grenzen zu überschreiten. Deutliche Steigerungen der Effizienz sind technisch möglich und wirtschaftlich vorteilhaft.[7] Höhere Effizienz ist eine notwendige Voraussetzung dafür, dass Weltbevölkerung und Wirtschaft wieder unter die überschrittenen Grenzen zurückkehren, ohne dass es zu einem Zusammenbruch kommt.

▓ *Verlangsamung und schließlich Beendigung des exponentiellen Wachstums von Bevölkerung und materiellem Kapital.* Die ersten sechs Punkte dieser Auflistung sind nur bis zu einem gewissen Maße realisierbar. Deshalb ist dieser letzte Punkt auch der wichtigste. Er erfordert institutionelle und soziale Neuerungen sowie einen Wertewandel. Es muss festgelegt werden, welche Bevölkerungszahl und welche Industrieproduktion erwünscht und nachhaltig sind. Bei der Definition der Ziele muss Weiterentwicklung und nicht Wachstum im Vordergrund stehen. Das erfordert aber auch schlicht und einfach eine umfassendere und befriedigendere Vorstellung vom Zweck der menschlichen Existenz, der nicht nur in Expansion und Bereicherung bestehen kann.

Zu diesem letzten wichtigen Schritt in Richtung Nachhaltigkeit lässt sich noch mehr sagen, wenn wir uns die dringenden Probleme bewusst machen, die die kulturelle Einstellung zum Wachstum weitgehend bestimmen: Armut, Arbeitslosigkeit und unerfüllte Bedürfnisse. Durch Wachstum in seiner gegenwärtigen Form lassen sich diese Probleme entweder überhaupt nicht lösen oder nur sehr langsam und ineffizient. Solange keine wirkungsvolleren Lösungen in Sicht sind, wird die Gesellschaft allerdings nicht von ihrem Drang nach Wachstum ablassen, denn die Menschen brauchen unbedingt Hoffnung. Die Hoffnung auf Wachstum dürfte sich als falsch erweisen – aber das ist immer noch besser als überhaupt keine Hoffnung.

Um wieder Hoffnung zu wecken und die real existierenden Probleme zu lösen, ist auf drei Gebieten ein völliges Umdenken erforderlich.

- *Armut.* Teilen ist im politischen Sprachgebrauch ein verbotener Begriff – wahrscheinlich wegen der tief sitzenden Furcht, dass ein gerechtes Teilen letztlich „nicht genug für alle" bedeuten könnte. „Suffizienz" („Maßhalten") und „Solidarität" sind Begriffe, die dazu beitragen könnten, neue Wege zur Beendigung der Armut zu entwickeln. Wir sind alle von dieser Grenzüberschreitung betroffen. Wenn wir geschickt haushalten, ist genügend für alle da. Wenn wir das nicht tun, wird niemand – ganz gleich, wie wohlhabend er sein mag – den Konsequenzen entkommen.
- *Arbeitslosigkeit.* Menschen brauchen Arbeit, nicht zuletzt als Herausforderung und Selbstbestätigung, zur eigenverantwortlichen Erfüllung ihrer Grundbedürfnisse; sie brauchen die Befriedigung persönlicher Teilhabe und wollen als vollwertige, verantwortungsvolle Mitglieder der Gesellschaft anerkannt werden. Dieses Bedürfnis sollte erfüllt werden, aber möglichst nicht durch eine erniedrigende oder schädigende Tätigkeit. Zugleich sollte die Existenz des Menschen aber nicht von einem Arbeitsplatz abhängen. Hier ist Kreativität gefragt, um die engstirnige Vorstellung zu überwinden, dass manche Menschen Arbeitsplätze für andere „schaffen", oder die noch engstirnigere Vorstellung, dass Arbeitskräfte nur Kosten verursachen, die sich einsparen lassen. Wir brauchen ein Wirtschaftssystem, zu dem alle im Rahmen ihrer Fähigkeiten etwas beitragen können, in dem Arbeit, Freizeit und wirtschaftlicher Output gerecht verteilt sind und das keine Menschen im Stich lässt, die aus bestimmten Gründen vorübergehend oder auf Dauer arbeitsunfähig sind.
- *Unerfüllte nichtmaterielle Bedürfnisse.* Menschen brauchen keine protzigen Autos, sie brauchen Anerkennung und Respekt. Sie benötigen nicht ständig neue Kleider, sondern müssen das Gefühl haben, für andere attraktiv zu sein. Und sie brauchen Anregung, Abwechslung und Schönheit in ihrer Umwelt. Auch elektronische Unterhaltung benötigen Menschen nicht; sie brauchen vielmehr etwas Interessantes, das sie geistig und emotional bewegt. Und so weiter. Wenn Menschen versuchen, ihre realen, aber nichtmateriellen Bedürfnisse – nach Identität, Gemeinschaft, Selbstbewusstsein, Herausforderungen, Liebe und Freude – mit materiellen Dingen zu befriedigen, dann löst dies einen unstillbaren Hunger nach scheinbaren Lösungen für Sehnsüchte aus, die letztlich doch nicht erfüllt werden. Sofern eine Gesellschaft sich jedoch zu ihren nichtmateriellen Bedürfnissen bekennen und diese ausdrücken kann und Wege findet, diese auf nichtmaterielle Weise zu befriedigen, benötigt sie weitaus geringere Durchsätze von Materie und Energie und kann ihren Menschen sehr viel mehr Erfüllung bieten.

Wie lassen sich diese Probleme in der Praxis in Angriff nehmen? Wie kann die globale Gesellschaft ein *System* zur Lösung dieser Probleme entwickeln? Hier bietet sich die Gelegenheit für Kreativität und Auswahl. Die Generationen zu Beginn des 21. Jahrhunderts werden nicht nur gefordert, ihren ökologischen Fußabdruck so zu verkleinern, dass die Grenzen der Nachhaltigkeit der Erde nicht mehr überschritten werden; sie müssen gleichzeitig auch ihre inneren und äußeren Welten umstrukturieren. Dies berührt jeden Lebensbereich und erfordert alle denkbaren Talente. Neben technischen und unternehmerischen Innovationen sind hierfür gemeinschaftliche, soziale, politische, künstlerische und geistige Neuerungen notwendig. Schon vor 60 Jahren hat Lewis Mumford die Größenordnung dieser Aufgabe erkannt – und dass sie typisch menschlich ist. Es ist eine Aufgabe, die die *Menschlichkeit* jedes Einzelnen fordert und prägt.

> Ein Zeitalter der Expansion weicht einem Zeitalter des Gleichgewichts. Dieses Gleichgewicht zu erreichen, wird unsere Aufgabe in den nächsten Jahrhunderten sein... In der kommenden Periode geht es nicht mehr um Waffen und Menschen oder Maschinen und Menschen – es geht um die Wiedergeburt des Lebendigen, um den Ersatz des Mechanischen durch das Organische, um die Wiedereinsetzung der Person als dem eigentlichen Inhalt aller menschlichen Bemühungen. Kultivierung, Humanisierung, Zusammenarbeit und Zusammenleben sind die Schlüsselbegriffe der neuen, weltumspannenden Kultur. Diese Veränderung wird sich in jedem Lebensbereich bemerkbar machen: Sie wird Erziehungsaufgaben und wissenschaftliches Arbeiten ebenso sehr beeinflussen wie die Organisation von Industrieunternehmen, die Planung von Städten, die Entwicklung ganzer Regionen und den Austausch der globalen Ressourcen.[8]

Die Notwendigkeit, die industrialisierte Welt in ihr nächstes Entwicklungsstadium zu führen, ist keine Katastrophe, sondern eine unglaubliche Chance. Wie diese Chance ergriffen wird und wie es gelingen wird, eine Gesellschaft zu schaffen, die nicht nur nachhaltig, funktionsfähig und gerecht ist, sondern auch ausgesprochen *wünschenswert*, ist eine Frage von Führungsqualitäten und Ethik, von Visionen und Courage – das sind keine Eigenschaften von Computermodellen, sondern von Menschen mit Leib und Seele. Um über diese Dinge zu sprechen, müssen wir – die Autoren – ein neues Kapitel anfangen. Wir müssen unsere Computer ausschalten, unsere Daten und Szenarien beiseite legen und in Kapitel 8 neu auftauchen – mit abschließenden Einsichten, die genauso sehr aus unseren Herzen oder unserer Intuition kommen wie aus unseren wissenschaftlichen Analysen.

Anmerkungen

1.   Siehe Duane Elgin, *Voluntary Simplicity*, überarbeitete Ausgabe (New York: Quill, 1998), sowie Joe Dominguez und Vicki Robin, *Your Money or Your Life: Transforming Your Relationship with Money and Achieving Financial Independence* (New York: Penguin USA, 1999).
Ausführliche Darstellung der Möglichkeiten in Hartmut Bossel, *Globale Wende – Wege zu einem gesellschaftlichen und ökologischen Strukturwandel* (München: Droemer Knaur, 1998).

2.   World Commission on Environment and Development, *Our Common Future* (Oxford: Oxford University Press, 1987).

3. Herman Daly gehört zu den wenigen Menschen, die Überlegungen darüber angestellt haben, welcher Art von wirtschaftlichen Institutionen es gelingen könnte, den erwünschten Zustand der Nachhaltigkeit auf Dauer aufrechtzuerhalten. Er führt dazu eine provokative Mischung aus Märkten und regulatorischen Einrichtungen an. Siehe hierzu beispielsweise Herman Daly, „Institutions for a Steady-State Economy", in *Steady State Economics* (Washington, DC: Island Press, 1991).

4. Aurelio Peccei, *The Human Quality* (New York: Pergamon Press, 1977), 85.

5. John Stuart Mill, *Principles of Political Economy*, (London: John W. Parker, West Strand, 1848). Der nachhaltige Entwicklungspfad „B" in Hartmut Bossel, *Globale Wende*, konkretisiert die Möglichkeiten und Konsequenzen der Mill'schen Vision in den sechs Entwicklungsbereichen: Infrastruktur, Wirtschaftssystem, Sozialsystem, persönliche Entwicklung, Staat und Verwaltung und Umwelt, Ressourcen, Zukunft.

6. Ein gutes Beispiel ist der alle zwei Jahre erscheinende WWF-Bericht *Living Planet Report*, veröffentlicht vom World Wide Fund for Nature International, Gland, Schweiz. Er liefert Daten über Trends der biologischen Vielfalt und des ökologischen Fußabdrucks der Nationen.

7. Siehe Paul Hawken, Amory Lovins und L. Hunter Lovins, *Natural Capitalism* (Boston: Back Bay Books, 2000).

8. Lewis Mumford, *The Condition of Man* (New York: Harcourt Brace Jovanovich, 1944), 398–399.

Kapitel 8

Rüstzeug für den Übergang zur Nachhaltigkeit

Wir dürfen uns nicht von der Verzweiflung überwältigen lassen, denn es gibt immer noch einen Funken Hoffnung.   *Edouard Saouma, 1993*

Lassen sich Nationen und Völker zur Nachhaltigkeit bewegen? Ein solcher Schritt würde zu gesellschaftlicher Veränderung in einer Größenordnung führen, wie sie bisher erst zweimal stattgefunden hat: während der landwirtschaftlichen Revolution am Ende der Jungsteinzeit und der industriellen Revolution der letzten zwei Jahrhunderte. Während diese Revolutionen allmählich, ungeplant und weitgehend unbewusst abliefen, muss der bevorstehende Wandel ganz bewusst vollzogen werden, angeleitet durch die besten vorausschauenden Erkenntnisse der Wissenschaft ... Wenn wir den Wandel tatsächlich schaffen, wird dies ein absolut einzigartiges Unterfangen in der Geschichte der Menschheit sein.   *William D. Ruckelshaus, 1989*

Seit über drei Jahrzehnten schreiben und sprechen wir über Nachhaltigkeit und setzen uns für ihre Verwirklichung ein. Es war uns vergönnt, Tausende von Kollegen in allen Teilen der Welt kennen zu lernen, die auf ihre Weise, mit ihren Fähigkeiten in ihren Gesellschaften auf eine nachhaltige Gesellschaft hinarbeiten. Offizielle Kontakte auf institutioneller Ebene und Gespräche mit Politikern frustrieren uns oft. Aber die Kontakte mit einzelnen Menschen machen uns meist wieder Mut.

Überall treffen wir auf Menschen, denen der Zustand der Erde, das Schicksal anderer Menschen und das Wohlergehen ihrer Kinder und Enkel nicht gleichgültig sind. Sie sehen das menschliche Elend und die Umweltzerstörung, die sie umgibt, und fragen sich, ob eine Wachstumspolitik wie bisher überhaupt eine Verbesserung bringen kann. Viele von ihnen spüren – ohne es recht ausdrücken zu können –, dass die Welt in eine falsche Richtung steuert und dass nur erhebliche Veränderungen eine Katastrophe verhindern können. Sie wären bereit, zu diesen Veränderungen beizutragen, wenn sie sicher sein könnten, dass ihre Bemühungen etwas Positives bewirken würden. Sie fragen sich: *Was kann ich tun? Was können Regierungen tun? Was können Unternehmen tun? Was können Schulen, Religionsgemeinschaften und Medien dazu beitragen? Was können Bürger, Produzenten, Konsumenten und Eltern unternehmen?*

Eigenes tastendes Handeln, angeregt durch diese Fragen, ist weit wichtiger als bestimmte Antworten, obwohl es viele Antworten gibt. Es gibt die berühmten „50 Tricks, die Welt zu retten". Einige Beispiele: Kaufen Sie ein Auto mit geringem Kraftstoffverbrauch. Entsorgen Sie Ihre Flaschen und Dosen so, dass sie wieder verwertet werden können. Stimmen Sie bei Wahlen gut überlegt ab. Das gilt natürlich nur, sofern Sie zu jenen privilegierten Menschen der Erde gehören, die über Autos, Pfandflaschen, Konservendosen oder freies Wahlrecht verfügen. Es gibt auch noch einige anspruchsvollere Möglichkeiten, was man tun kann: Entwickeln Sie einen eigenen bescheiden eleganten Lebensstil. Bekommen Sie höchstens zwei Kinder. Setzen Sie sich für höhere Preise für fossile Energieträger ein (um die effizientere Nutzung der Energie und die Entwicklung erneuerbarer Energieträger zu fördern). Helfen sie mit partnerschaftlicher Nächstenliebe irgendeiner Familie, den Weg aus der Armut zu finden. Finden Sie Ihren eigenen „nachhaltigen Lebensstil". Bestellen und pflegen Sie sorgfältig ein Stück Land. Widersetzen Sie sich im Rahmen Ihrer Möglichkeiten Systemen, die Menschen unterdrücken oder die Erde misshandeln und missbrauchen. Kandidieren Sie bei Wahlen.

Das alles wird helfen, aber es reicht natürlich nicht aus. Nachhaltigkeit, Genügsamkeit und Gerechtigkeit brauchen einen Strukturwandel, eine Revolution – aber nicht politischer Art, wie die Französische Revolution, sondern von viel tiefer greifender Art wie die landwirtschaftliche oder industrielle Revolution. Wiederverwertung ist wichtig, kann aber allein noch keine Revolution herbeiführen.

Was kann sie dann herbeiführen? Bei der Suche nach einer Antwort half uns der Versuch, die ersten beiden großen Revolutionen der menschlichen Kultur zu verstehen, soweit diese von Historikern rekonstruiert werden können.

Die ersten beiden Revolutionen: die landwirtschaftliche und die industrielle Revolution

Vor rund 10 000 Jahren hatte die menschliche Bevölkerung nach Jahrtausenden der Evolution die (zu dieser Zeit) riesige Zahl von etwa zehn Millionen Menschen erreicht. Diese Menschen lebten als nomadische Jäger und Sammler, aber in einigen Gebieten waren sie für die einstmals reichen Pflanzen- und Wildtierbestände bereits zu zahlreich geworden. Auf zwei unterschiedliche Arten versuchten sich die Menschen an dieses Problem der schwindenden natürlichen Ressourcen anzupassen. Einige verstärkten ihren nomadischen Lebensstil. Sie verließen auf ihren Wanderungen ihre angestammten Gebiete in Afrika und im Mittleren Osten und bevölkerten andere Landstriche der Welt mit ihrem großen Wildreichtum.

Andere begannen, wilde Tiere und Pflanzen zu zähmen und zu züchten und *sesshaft zu werden*. Das war etwas völlig Neues. Indem sie einfach an Ort und Stelle blieben, veränderten diese ersten Bauern das Antlitz der Erde, die Denkweise der Menschheit und die Struktur der Gesellschaft in einer zuvor unvorstellbaren Weise.

Zum ersten Mal war es vernünftig, Land zu besitzen. Menschen, die nicht ihr gesamtes Hab und Gut auf dem Rücken durch die Lande schleppen mussten, konnten nun Besitz ansammeln. Manchen gelang das besser, anderen weniger gut. So wurden neue Vorstellungen geboren: von Reichtum und Status, von vererbbarem Besitz, von Handel, Geld und Macht. Manche Menschen konnten von den Nahrungsüberschüssen leben, die andere erzeugten. Somit konnten sie ganztägig anderen Beschäftigungen nachgehen; sie spezialisierten sich zu Werkzeugmachern, Musikern, Schreibern, Priestern, Soldaten, Sportlern oder Königen. So entstanden – ob einem das gefällt oder nicht – Gilden, Orchester, Bibliotheken, Tempel, Armeen, Wettspiele, Dynastien und Städte.

Als geistige Erben betrachten wir die landwirtschaftliche Revolution heute als großen Schritt nach vorne. Zur damaligen Zeit war sie wohl eher ein zwiespältiger „Segen". Nach Ansicht vieler Anthropologen bescherte die Landwirtschaft kein besseres Leben, sondern war als Anpassung an die wachsende Bevölkerung unumgänglich geworden. Sesshafte Bauern konnten von einem Hektar Land mehr Nahrung erwirtschaften als Jäger und Sammler, aber die Nahrung hatte einen geringeren Nährwert und war weniger abwechslungsreich. Ihre Beschaffung verlangte viel mehr Arbeit. Störungen jeder Art konnten das Leben der Bauern weit stärker beeinträchtigen als je das der Nomaden: Sie waren abhängig vom Wetter, stärker gefährdet durch Krankheiten und Seuchen, hilfloser gegenüber feindlichen Eindringlingen und der Unterdrückung durch die neu entstehende Herrscherklasse. Da die Menschen in der Nähe ihrer eigenen Abfälle blieben, entstand auch die erste chronische Umweltverschmutzung der Menschheitsgeschichte.

Dennoch erwies sich die Landwirtschaft als erfolgreiche Reaktion auf die Verknappung der Ressourcen in der Natur. Sie ermöglichte ein noch stärkeres, enormes Anwachsen der Bevölkerung im Laufe der Jahrhunderte; von zehn auf rund 800 Millionen Menschen um 1750. Durch die größere Bevölkerungszahl kam es zu weiteren Verknappungen, besonders von potenziellen Anbauflächen und Energie. Eine weitere Revolution wurde unumgänglich.

Die industrielle Revolution nahm ihren Anfang in England, als von dem immer knapper werdenden Brennholz auf die reichlich vorhandene Kohle umgestellt wurde. Mit der Nutzung der Kohle stellten sich ganz neue Aufgaben: Große Erdmengen mussten bewegt und Bergwerke gebaut werden, man musste Wasser abpumpen, die Kohle transportieren und für eine kontrollierte Verbrennung sorgen. Diese Probleme wurden aber relativ rasch gelöst, sodass in der Umgebung der Bergwerke und Hütten zahlreiche Arbeitsplätze entstanden. Durch diese Entwicklung erlangten Technik und Handel einen hohen

Stellenwert in der menschlichen Gesellschaft – einen noch höheren als Religion und Ethik.

Wiederum veränderte sich alles auf zuvor unvorstellbare Weise. Anstelle von Landflächen wurden nun Maschinen die wichtigsten Produktionsmittel. Der Feudalismus wich dem Kapitalismus und der aus ihm entstandenen Gegenbewegung, dem Kommunismus. Die Landschaft wurde nun geprägt durch Straßen, Schienennetze und Fabrikschlote. Die Städte dehnten sich immer mehr aus. Auch diese Veränderungen waren wieder ein zwiespältiger Segen. Die Arbeit in der Fabrik war noch härter und erniedrigender als die auf dem Feld. Im Umkreis der neuen Fabriken verschmutzten Luft und Gewässer in unbeschreiblichem Ausmaß. Der Lebensstandard der meisten Arbeitskräfte in der Industrie und ihrer Familien lag weit unter dem der Bauern. Doch neues Acker- und Weideland gab es nicht mehr, wohl aber Fabrikarbeit in Hülle und Fülle.

Für die heute Lebenden ist schwer nachzuvollziehen, wie tiefgreifend die industrielle Revolution die Denkweise der Menschen verändert hat, weil diese Art des Denkens nach wie vor unsere Vorstellungen prägt. Im Jahre 1988 beschrieb der Historiker Donald Worster die weltanschaulichen Konsequenzen der Industrialisierung wohl besser, als es alle Erben und Nutznießer dieser Entwicklung vermögen:

> Die Kapitalisten ... versprachen, dass sie durch die Herrschaft der Technik über die Erde jedem Einzelnen ein gerechteres, vernünftigeres, effizienteres und produktiveres Leben vermitteln könnten ... Ihre Methode war einfach: Sie lösten die Initiative des Einzelnen aus den Fesseln der traditionellen Hierarchie und Gemeinschaft, ganz gleich, ob diese Fesseln von anderen Menschen stammten oder von der Erde ... Dazu musste jedem beigebracht werden, die Erde und seine Mitmenschen mit offenem, energischem Selbstbewusstsein zu behandeln ... Die Menschen sollten ... nun ständig überlegen, wie sie zu Geld kommen. Sie sollten alles um sich herum – das Land, die natürlichen Ressourcen, ihre eigene Arbeitskraft – als potenzielle Güter betrachten, aus denen sich auf dem Markt Gewinn erzielen lässt. Sie sollten das Recht einfordern, diese Güter ohne Regelung oder Behinderung von außen zu produzieren, zu kaufen und zu verkaufen ... Als dann die Bedürfnisse um ein Vielfaches zunahmen und die Märkte immer größer und weitreichender wurden, reduzierte sich auch die Bindung zwischen den Menschen und der übrigen Natur auf nackten Instrumentalismus.[1]

Dieser reine Instrumentalismus führte zu einer unglaublichen Produktivität, sodass auf der Welt heute 6000 Millionen (sechs Milliarden) Menschen leben können – allerdings mit sehr unterschiedlichem Lebensstandard. Das sind mehr als 600-mal so viel wie vor der landwirtschaftlichen Revolution. Die sich immer weiter ausdehnenden Märkte und die zunehmende Nachfrage treiben die Ausbeutung der Umwelt von den Polen bis zu den Tropen, von den Gipfeln der Gebirge bis zu den Tiefen der Meere immer weiter voran. Wie die vorausgegangenen Erfolge der Jäger und Sammler und der Landwirtschaft hat der Erfolg der industriellen Revolution schließlich ebenfalls zu einer selbst erzeugten Verknappung geführt. Nur mangelt es jetzt nicht nur an Wild, an Anbauflächen, an Brennstoffen und Metallen, sondern auch an der ökologischen Tragfähigkeit der Erde insgesamt. Damit hat der ökologische Fußabdruck der Menschheit einmal mehr die Grenzen des Erträglichen überschritten. Der Erfolg macht eine weitere Revolution unabdingbar.

Die nächste Revolution: Nachhaltigkeit

Genauso wenig wie sich die ersten Ackerbauern 6000 v. Chr. die riesigen Mais- und Sojabohnenfelder im heutigen Iowa oder die englischen Bergarbeiter im Jahr 1800 die automatisierten Fertigungsstraßen bei Toyota hätten vorstellen können, kann heute jemand die Welt beschreiben, die sich aus einer Revolution zur Nachhaltigkeit entwickeln könnte. Wie die anderen großen Revolutionen wird aber auch die bevorstehende Revolution zur Nachhaltigkeit das Antlitz der Erde und die Fundamente menschlicher Identität, Institutionen und Kulturen verändern. Aber ebenso wie bei den vorausgegangenen Revolutionen wird es auch bei dieser Revolution Jahrhunderte dauern, bis sie sich ganz durchgesetzt hat – auch wenn der Anfang bereits gemacht ist.

Natürlich weiß niemand, wie sich eine solche Revolution einleiten ließe. Es gibt hierfür keine Checkliste wie: „In 20 Schritten zum globalen Paradigmenwechsel". Diese Revolution lässt sich ebenso wenig planen oder vorschreiben wie die vorausgegangenen. Sie läuft nicht nach einer Liste von Regierungsverordnungen oder einem Aufruf der Entwickler von Computermodellen ab. Die Revolution zur Nachhaltigkeit ist ein organischer Prozess. Sie entwickelt sich aus Visionen, Erkenntnissen und Experimenten sowie dem Handeln von Milliarden von Menschen. Die Verantwortung für ihre Verwirklichung ruht nicht auf den Schultern eines Einzelnen oder einer Gruppe. Niemand wird damit Anerkennung ernten, aber alle können dazu beitragen.

Durch unsere Erkenntnisse und Erfahrungen als Systemforscher und unsere Arbeit in aller Welt bestätigten sich für uns zwei Eigenschaften komplexer Systeme, die für so tiefgreifende Revolutionen wie diese wichtig sind.

Erstens: Informationen sind der Schlüssel für Veränderungen. Das muss nicht unbedingt heißen, *mehr* Informationen, bessere Statistiken, umfassendere Datenbanken oder das Internet, obschon dies alles eine Rolle spielen kann. Es bedeutet vielmehr, dass *relevante*, *überzeugende*, *ausgewählte*, *einflussreiche* und *präzise* Informationen *rechtzeitig* auf neuen Wegen an neue Empfänger fließen und diesen neue Inhalte vermitteln sowie neue Regeln und Ziele nahe legen (Regeln und Ziele stellen selbst Informationen dar). Jedes System verhält sich anders, wenn sich der Informationsfluss im System verändert. So bildete beispielsweise die Politik von *Glasnost* in der ehemaligen Sowjetunion – das schlichte Öffnen lange verschlossener Informationskanäle – die Voraussetzung für den unerwartet raschen Wandel in Osteuropa. Das alte System hatte nur durch strenge Informationskontrolle existieren können. Der Abbau dieser Kontrolle löste eine völlige Umstrukturierung des Systems aus (die zwar turbulent und unvorhersehbar verlief, aber letztlich unvermeidbar war).

Zweitens: Systeme setzen allen Veränderungen ihrer Informationsflüsse erheblichen Widerstand entgegen, vor allem wenn ihre Regeln und Ziele davon betroffen sind. Es verwundert nicht, dass diejenigen, die vom gegenwärtigen System profitieren, sich solchen Änderungen aktiv widersetzen. Etablierte politische, wirtschaftliche und religiöse Gruppierungen können Versuche von Einzelnen oder kleinen Gruppen, nach anderen Regeln vorzugehen oder andere Ziele als die vom System sanktionierten zu verfolgen, fast gänzlich zunichte machen. Erneuerer werden nicht selten einfach ignoriert, ins Abseits gestellt, lächerlich gemacht, oder man verweigert ihnen den Aufstieg oder Ressourcen oder die Möglichkeit, sich öffentlich zu äußern. Sie werden in ihrer Existenz oder im übertragenen Sinne ausgelöscht.

Doch nur Erneuerer können Veränderungen in die Wege leiten, die einen Wandel des Systems herbeiführen – weil sie wahrnehmen, dass neue Informationen, Regeln und Zielvorstellungen erforderlich sind, weil sie darüber mit anderen kommunizieren und neue Wege ausprobieren. Diesen wichtigen Punkt unterstreicht deutlich ein Zitat, das zumeist Margaret Mead zugeschrieben wird: „Unterschätze nie die Fähigkeit einer kleinen Gruppe engagierter Menschen, die Welt zu verändern. Tatsächlich ist dies das Einzige, was je etwas bewirkt hat."

Wir haben auf die harte Tour gelernt, wie schwierig es ist, in einem System, das Konsum erwartet, fördert und belohnt, ein materiell maßvolles Leben zu führen. Aber man kann tatsächlich sehr weit in Richtung Maßhalten gehen. Zwar ist es in einem Wirtschaftssystem, das Produkte mit geringer Energieeffizienz herstellt, nicht leicht, Energie effizient zu nutzen, doch man kann nach effizienteren Wegen suchen oder zur Not diese auch erfinden und sie dann anderen zugänglich zu machen.

Vor allem ist es aber schwierig, in einem System, dessen Struktur ausschließlich auf die Vermittlung gewohnter Informationen ausgelegt ist, neue Informationen zu vermitteln. Versuchen Sie doch einfach einmal, in der Öffentlichkeit den Wert weiteren Wachstums in Frage zu stellen oder den Unterschied zwischen Wachstum und Entwicklung herauszustellen, dann werden Sie schnell merken, was wir meinen. Um ein etabliertes System herauszufordern, braucht man Mut und muss sich deutlich ausdrücken. Aber es ist machbar.

Auf unserer Suche nach Wegen zur Förderung der friedlichen Umstrukturierung eines Systems, das sich natürlich gegen seine Veränderung sträubt, haben wir viele Möglichkeiten ausprobiert. Die naheliegendsten finden sich überall in diesem Buch: rationale Analyse, Datensammlung, Denken in Systemzusammenhängen, das Erstellen von Computermodellen sowie eine möglichst deutliche Sprache. Wer in den Natur- oder Wirtschaftswissenschaften ausgebildet ist, kennt sich mit diesen Werkzeugen aus. Wie die Wiederverwertung von Rohstoffen sind sie nützlich und notwendig – aber sie reichen nicht aus.

Was wirklich ausreicht, wissen wir nicht. Am Ende unseres Buches möchten wir aber noch fünf weitere Ansätze erwähnen, die unserer Erfahrung nach *hilfreich* sein können, wenn man einen Wandel vorantreiben will. Wir haben diese Liste zum ersten Mal in unserem Buch von 1992 vorgestellt und besprochen. Unsere Erfahrungen in der Zwischenzeit haben bestätigt, dass diese fünf Ansätze nicht optional sind – sie sind tatsächlich wesentliche Eigenschaften für jede Gesellschaft, die auf lange Sicht zu überleben hofft. Wir stellen sie hier in unserem Schlusskapitel noch einmal vor, „nicht als *die* Wege zur Nachhaltigkeit, aber als *mögliche* Wege".

„Wir zögern ein wenig, darüber zu sprechen", gestanden wir 1992, „denn wir sind keine Experten für ihren Einsatz und müssen Worte gebrauchen, die Wissenschaftler nicht leichtfertig aussprechen oder in ihre Textverarbeitungsprogramme tippen. Man betrachtet sie als zu ‚unwissenschaftlich‘, um in der zynischen Öffentlichkeit ernst genommen zu werden."

An welche Ansätze haben wir uns nur so zögerlich herangewagt?

Es handelt sich um: Entwicklung von Wunschvisionen, Aufbau von Netzwerken, Wahrhaftigkeit, Lernbereitschaft und Nächstenliebe.

Angesichts der Notwendigkeit enormer Veränderungen klingt diese Liste ziemlich kraftlos. Aber jeder dieser Ansätze ist in mehrere positive Rückkopplungsschleifen eingebunden. Werden sie nur hartnäckig und nachdrücklich genug verfolgt – anfangs vielleicht nur von einer kleinen Personengruppe – so haben sie doch das Potenzial, enorme Veränderungen zu bewirken – ja sogar das bestehende System herauszufordern und vielleicht mitzuhelfen, eine Revolution einzuleiten.

„Wenn man diese Begriffe einfach häufiger, aufrichtiger und ohne sich zu entschuldigen in die Informationsflüsse der Welt einbringen würde, …", so sagten wir 1992, „dann würde das den Übergang in eine nachhaltige Gesellschaft fördern." Aber wir haben uns damals selbst dafür entschuldigt, diese Begriffe zu gebrauchen, weil wir wussten, wie die meisten Menschen sie aufnehmen würden.

Viele von uns fühlen sich nicht wohl dabei, auf solche „unscharfen" Ansätze zurückzugreifen, wenn die Zukunft unserer Zivilisation auf dem Spiel steht – vor allem weil wir nicht wissen, wie wir sie auf uns oder andere beziehen können. Daher lassen wir sie außen vor und befassen uns mit Dingen wie Rezyklierung, Emissionshandel, Schutzgebieten für Wildtiere oder anderen notwendigen, aber keineswegs ausreichenden Bestandteilen der Revolution zur Nachhaltigkeit – immerhin Dinge, mit denen wir uns auskennen.

Sprechen wir nun über Ansätze, von denen wir noch nicht wissen, wie wir sie anwenden sollen, mit denen die Menschheit aber rasch umzugehen lernen muss.

Wunschvisionen

Wunschvisionen zu haben bedeutet, sich vorstellen zu können, was man eigentlich haben möchte – zunächst ganz generell, später immer genauer. Das heißt, *was man wirklich möchte*, nicht das, was uns irgendjemand als wünschenswert beigebracht hat, und auch nicht das, womit wir uns zufrieden geben, weil wir es so gelernt haben. Wunschvisionen zu haben, heißt, die Beschränkungen des „Machbaren", der Zweifel und früherer Enttäuschungen abzustreifen und den edelsten, erhebendsten und kostbarsten Träumen nachzuhängen.

Vor allem jüngeren Menschen gelingt dies spielend und mit Begeisterung. Manche jedoch empfinden diese Übung, sich Visionen hinzugeben, als erschreckend oder quälend, weil die überschwängliche Vorstellung, was sein *könnte*, den *Ist*-Zustand noch unerträglicher machen kann. Einige werden ihre Visionen niemals äußern, aus Angst, für praxisfern oder „unrealistisch" gehalten zu werden. Sie werden sich wohl auch beim Lesen dieses Abschnitts nicht wohl fühlen, sofern sie überhaupt bereit sind, ihn zu lesen. Und manche Menschen sind durch ihre Erfahrungen so entmutigt, dass sie für jede Vision erklären können, warum sie unmöglich realisierbar ist. Das ist in Ordnung, man braucht auch Skeptiker. Visionen müssen durch Skepsis im Zaum gehalten werden.

Um der Skeptiker willen müssen wir sogleich einräumen, dass wir nicht glauben, dass Visionen irgendetwas bewegen werden. Ohne Handeln sind Visionen nutzlos. Aber ein Handeln ohne Visionen ist richtungs- und kraftlos. Visionen sind absolut notwendig, um Handeln zu lenken und zu motivieren. Mehr noch: Wenn Visionen von vielen geteilt und immer im Auge behalten werden, können sie *neue Systeme entstehen lassen*.

Das meinen wir wörtlich. Innerhalb der Grenzen von Raum, Zeit, Materie und Energie können visionäre menschliche Absichten nicht nur neue Informationen, neue Rückkopplungen, neues Verhalten, neue Erkenntnisse und neue Techniken bringen, sondern auch neue Institutionen und physische Strukturen schaffen und bei den Menschen neue Kräfte freisetzen. Ralph Waldo Emerson hat diese Grundwahrheit bereits vor 150 Jahren erkannt:

> Jeder Staat und jeder Einzelne schafft spontan um sich einen materiellen Apparat, der exakt seiner Moral und seiner Gedankenwelt entspricht. Man beobachte nur, wie jede Wahrheit und jeder Irrtum – alles Ergebnisse von Gedanken – sich umhüllt mit Gesellschaften, Gebäuden, Städten, Sprachen, Zeremonien oder Zeitungen. Man beobachte die heutigen Vorstellungen … und man erkennt, wie jede dieser Abstraktionen sich in einem imposanten Apparat in der Gemeinschaft verkörpert hat und wie Bauholz, Ziegelsteine, Kalk und Stein sich zu zweckdienlichen Formen zusammenfügt, um dem Gesamtkonzept zu dienen, das in den Köpfen vieler Menschen herrscht … Daraus folgt natürlich, dass selbst die geringste Änderung im Menschen selbst die äußeren Umstände verändern wird; die geringste Erweiterung seiner Vorstellungen, die geringste Abschwächung der Empfindungen gegenüber den Mitmenschen … würde den erstaunlichsten Wandel der äußeren Dinge zur Folge haben können.[2]

Eine nachhaltige Gesellschaft kann nie in vollem Umfang entstehen, wenn Visionen von ihr nicht weit verbreitet sind. Die Vision muss aus den Vorstellungen vieler Menschen entstehen; erst dadurch wird sie vollständig und überzeugend. Wir möchten gerne andere ermuntern, sich ebenfalls an diesem Prozess zu beteiligen. Deshalb haben wir hier einiges von dem zusammengestellt, was uns einfällt, wenn wir uns eine nachhaltige Gesellschaft vorstellen, in der wir gerne leben würden – im Gegensatz zu einer, auf die wir uns gerade noch einlassen würden. Diese Liste ist keinesfalls vollständig. Sie soll hier nur als Einladung an Sie dienen, sie zu ergänzen.

- Nachhaltigkeit, Effizienz, Genügsamkeit, Gerechtigkeit, Schönheit und Gemeinschaftssinn als höchste gesellschaftliche Werte.
- Angemessene materielle Versorgung und Sicherheit für alle. Daher: aus persönlicher Entscheidung und als gesellschaftliche Normen niedrige Geburtenraten und stabile Bevölkerungszahlen.
- Arbeit, die Würde verleiht, statt zu erniedrigen. Schaffung von Anreizen, damit die Menschen ihr Bestes für die Gesellschaft geben und dafür belohnt werden; dabei muss gewährleistet sein, dass unter allen Umständen ausreichend für alle gesorgt wird.
- Ehrenhafte, respektvolle, intelligente und bescheidene Entscheidungsträger, die mehr daran interessiert sind, ihre Aufgaben zu erfüllen und der Gesellschaft zu dienen, als ihren Job zu behalten und Wahlen zu gewinnen.
- Eine Wirtschaft, die Mittel ist und nicht Ziel und die dem Wohlergehen der Umwelt dient und nicht umgekehrt.
- Effiziente Systeme zur Nutzung erneuerbarer Energien.
- Effiziente, geschlossene Systeme der Wiederverwertung (Rezyklierung).
- Technische Konstruktionspraxis, die Schadstoffemissionen und Abfallmengen auf ein Minimum reduziert; außerdem der Konsens, nicht mehr Emissionen und Abfälle zu produzieren, als Technik und Natur verarbeiten können.
- Eine regenerative Landwirtschaft, die ausreichende Mengen unbelasteter Nahrung produziert, zur Bodenbildung beiträgt und sich natürliche Prozesse zunutze macht, um Nährstoffvorräte wieder aufzufüllen und Schädlinge zu bekämpfen.
- Die Erhaltung von Ökosystemen in ihrer Vielfalt, wobei die menschlichen Zivilisationen in Harmonie mit diesen Ökosystemen leben; daher hohe natürliche und kulturelle Diversität, die der Mensch entsprechend schätzt.
- Flexibilität, Innovationen (sozialer und technischer Art) und geistige Herausforderungen. Eine blühende Wissenschaft und die ständige Erweiterung des menschlichen Wissens.
- Ein besseres Verständnis von Systemen als Ganzes als wesentlicher Bestandteil der allgemeinen Schulbildung.

▓ Dezentralisierung von wirtschaftlicher Macht, politischem Einfluss und wissenschaftlichem Sachverstand.

▓ Politische Strukturen, die ein Gleichgewicht zwischen kurzfristigen und langfristigen Überlegungen erlauben: die Möglichkeit, jetzt zugunsten unserer Enkel politischen Druck auszuüben.

▓ Hervorragende Fähigkeiten zur gewaltfreien Konfliktlösung bei Bürgern und Regierungen.

▓ Medien, welche die Vielfalt der Erde zeigen, aber gleichzeitig durch wichtige, genaue, rechtzeitige, unvoreingenommene und intelligente Informationen, dargestellt in ihrem geschichtlichen und Gesamtsystem-Zusammenhang, zwischen den Kulturen vermitteln.

▓ Lebensziele, Wertvorstellungen und Selbstwerteinschätzung, in deren Mittelpunkt nicht die Anhäufung materieller Güter steht.

Aufbau von Netzwerken

Ohne Netzwerkstrukturen könnten wir unsere Aufgaben nicht erfüllen. Die meisten Netzwerke, zu denen wir gehören, sind informell. Sie haben – wenn überhaupt – kleine Budgets, und nur wenige erscheinen auf den Listen globaler Organisationen.[3] Auch wenn sie kaum erkennbar in Erscheinung treten, sind ihre Wirkungen keinesfalls zu unterschätzen. Informelle Netzwerke vermitteln genauso Informationen wie offizielle Institutionen, aber oft effizienter. Bei ihnen sammelt sich bevorzugt neue Information, und aus ihnen können sich neue Systemstrukturen entwickeln.[4]

Einige unserer Netzwerke haben nur lokale Bedeutung, andere auch internationale. Manche sind elektronischer Art, in anderen sehen sich Menschen jeden Tag von Angesicht zu Angesicht. Gleich welcher Form, in ihnen finden sich Menschen mit gemeinsamem Interesse an irgendeinem Aspekt des Lebens zusammen; sie stehen miteinander in Kontakt, tauschen Daten, Werkzeuge und Ideen aus und ermutigen sich gegenseitig, sie mögen, respektieren und unterstützen einander. Einer der wichtigsten Zwecke von Netzwerken besteht einfach darin, ihren Mitgliedern das Gefühl zu vermitteln, dass sie nicht allein sind.

Ein Netzwerk ist nicht hierarchisch aufgebaut. Es stellt ein Beziehungsgeflecht unter Gleichen dar und wird nicht durch Zwänge, Verpflichtungen, materielle Anreize oder vertragliche Bindungen zusammengehalten, sondern durch gemeinsame Wertvorstellungen und die Erkenntnis, dass sich manche Aufgaben gemeinsam lösen lassen, die allein niemals zu bewältigen wären.

Wir kennen zum Beispiel Netzwerke von Landwirten, die sich über Methoden der organischen Schädlingsbekämpfung austauschen. Es gibt solche Netzwerke bei Umweltjournalisten, „ökologischen" Architekten, Entwicklern von Computermodellen und Planspielen, Naturschutzgruppen und Verbraucherverbänden. Abertausende solcher Netzwerke sind schon entstanden, wenn sich Menschen mit gemeinsamen Interessen zusammenfanden. Manche davon werden so aktiv und einflussreich, dass sie sich zu offiziellen Organisationen mit eigenen Büros und Budgets entwickeln, die meisten entstehen und verschwinden aber wieder – je nach Bedarf. Das Internet hat die Bildung und das Betreiben solcher Netzwerke zweifellos gefördert und beschleunigt.

Damit sich eine nachhaltige Gesellschaft entwickeln kann, die einerseits mit den lokalen Ökosystemen in Einklang steht und andererseits keine globalen Grenzen überschreitet, brauchen wir Netzwerke, die sich auf lokaler wie globaler Ebene Nachhaltigkeit zum Ziel gesetzt haben. Über lokale Netzwerke können wir hier nur wenig sagen, weil die Verhältnisse überall anders sind. Lokale Netzwerke haben unter anderem die Funktion, den Gemeinschaftssinn und die Ortsverbundenheit zu stärken, die seit der industriellen Revolution weitgehend verloren gegangen sind.

In Bezug auf globale Netzwerke sprechen wir uns dafür aus, dass sie wirklich global sein sollten. Die Möglichkeiten, sich am internationalen Informationsaustausch zu beteiligen, sind leider ebenso ungleich verteilt wie die Mittel für die Produktion. Allein in Tokio soll es mehr Telefone geben als in ganz Afrika. Das gilt noch mehr für Computer, Faxgeräte, Flugverbindungen und Einladungen zu internationalen Tagungen. Aber einmal mehr scheint der erstaunliche menschliche Erfindungsgeist eine überraschende Lösung für dieses Problem parat zu haben: in Form des Internets und preisgünstiger Zugangsmöglichkeiten zu diesem Netz.

Nun könnte man natürlich einwenden, dass Afrika und andere unterrepräsentierte Regionen der Welt erst einmal ihren Bedarf an vielen anderen Dingen decken sollten, bevor sie Computer und Internetzugänge installieren. Da sind wir anderer Meinung. Weder können die Unterprivilegierten ihre Bedürfnisse überzeugend vermitteln noch kann die Welt von ihren Beiträgen profitieren, wenn sie nicht gehört werden. Einige der größten Fortschritte im Bereich der effizienteren Nutzung von Materialien und Energie sind in der Kommunikationstechnik gemacht worden. Sie verschafft jedem Einzelnen die Möglichkeit, Teil globaler und lokaler Netzwerke zu werden – ohne dass dabei der zulässige ökologische Fußabdruck überschritten wird. Wir müssen die „digitale Bildungskluft" schließen.

Wenn sich jemand für einen bestimmten Bereich der Revolution zur Nachhaltigkeit interessiert, kann er zusammen mit anderen, die dieses spezifische Interesse teilen, ein gemeinsames Netzwerk finden oder neu gründen. Mithilfe eines solchen Netzwerks lässt sich feststellen, woher man Informationen bekommen kann, welche Veröffentlichungen und Werkzeuge bereits existieren, woher finanzielle oder verwaltungstechnische Unterstützung zu erhalten ist und wer einen bei bestimmten Aufgaben unterstützen kann. Mit dem richtigen

Netzwerk lassen sich nicht nur neue Erkenntnisse gewinnen, sondern auch die eigenen Erkenntnisse an andere weitergeben.

Wahrhaftigkeit

Wir sind uns der Wahrheit genauso wenig gewiss wie andere auch. Aber wir erkennen Unwahrheit oft, wenn wir sie hören. Viele Unwahrheiten werden bewusst verbreitet, von Rednern und Zuhörern aber auch als solche verstanden. Sie sollen manipulieren, einlullen oder verführen, ein Eingreifen hinauszögern, eigennütziges Handeln rechtfertigen, dem Erlangen oder Erhalten von Macht dienen oder eine unangenehme Realität leugnen.

Solche Unwahrheiten verzerren den Informationsstrom. Ein System kann aber nicht gut funktionieren, wenn seine Informationsströme durch Lügen verfälscht werden. Informationen sollten weder verfälscht noch hinausgezögert oder ganz zurückgehalten werden – das ist einer der wichtigsten Grundsätze der Systemtheorie. Warum das so ist, haben wir in diesem Buch hoffentlich deutlich zum Ausdruck gebracht.

„Die gesamte Menschheit ist in Gefahr", meinte Buckminster Fuller, „wenn sich nun und fortan keiner von uns mehr traut, stets die Wahrheit zu sagen und nichts als die Wahrheit – und zwar unverzüglich, ohne Umschweife."[5] Wann immer man mit jemandem spricht – auf der Straße, am Arbeitsplatz, vor einer größeren Zuhörerschaft und insbesondere mit einem Kind –, sollte man sich bemühen, Lügen aufzudecken und die Wahrheit zu bekräftigen. Man kann beispielsweise deutlich machen, dass niemand ein besserer Mensch wird, nur weil er mehr besitzt. Oder man kann in Frage stellen, dass es den Armen hilft, wenn die Reichen noch reicher werden. Je mehr falsche Informationen aufgedeckt werden, desto leichter können wir unsere Gesellschaft auf den richtigen Weg bringen.

Wir haben hier einige allgemeine Vorurteile und Vereinfachungen, sprachliche Fallen und verbreitete Unwahrheiten zusammengestellt, mit denen wir bei unseren Gesprächen über die Grenzen des Wachstums häufig konfrontiert werden. Sie müssen unserer Ansicht nach unbedingt aufgezeigt und vermieden werden, wenn jemals klare Überlegungen zur menschlichen Wirtschaft und ihrer Beziehung zur Begrenztheit unseres Planeten möglich sein sollen.

Falsch: Eine Warnung vor zukünftigen Entwicklungen ist gleichbedeutend mit einer Prognose bevorstehenden Unheils.

Richtig: Eine Warnung vor zukünftigen Entwicklungen ist eine Empfehlung, einen anderen Weg einzuschlagen.

Falsch: Die Umwelt ist ein Luxus, ein konkurrierender Faktor oder ein Gut, das sich Menschen kaufen, wenn sie es sich leisten können.

Richtig: Die Umwelt ist die Grundlage allen Lebens und jeder Wirtschaft. Meinungsumfragen zeigen in der Regel, dass die Öffentlichkeit bereit ist, für eine gesunde Umwelt mehr auszugeben.

Falsch: Veränderungen verlangen Opfer und sollten daher vermieden werden.

Richtig: Veränderungen sind eine Herausforderung; sie sind notwendig zur Sicherung der Nachhaltigkeit in einer sich ständig verändernden Umwelt.

Falsch: Wenn das Wachstum gestoppt wird, bleiben die Armen in ihrer Armut gefangen.

Richtig: Die Habgier und die Gleichgültigkeit der Reichen halten die Armen in ihrer Armut gefangen. Was die Armen brauchen, ist ein Sinneswandel bei den Reichen. Erst dann wird es zu einem Wachstum kommen, das speziell auf ihre Bedürfnisse ausgerichtet ist.

Falsch: Alle Menschen sollten den materiellen Lebensstandard der reichsten Nationen erlangen.

Richtig: Es ist gänzlich unmöglich, den materiellen Lebensstandard aller Menschen auf ein Niveau anzuheben, wie es heute die Reichen genießen. Die grundlegenden materiellen Bedürfnisse jedes Einzelnen sollten befriedigt werden. Darüber hinaus sollten materielle Bedürfnisse erst dann befriedigt werden, wenn dies für alle möglich ist, ohne dass dadurch der tragbare ökologische Fußabdruck überschritten wird.

Falsch: Alles Wachstum ist gut. Es muss nicht weiter hinterfragt, unterschieden oder nachgeforscht werden.

Falsch: Alles Wachstum ist schlecht.

Richtig: Wir brauchen nicht Wachstum, sondern Entwicklung. Sofern für die Entwicklung ein materieller Zuwachs erforderlich ist, sollte dieser gerecht erfolgen und unter Berücksichtigung sämtlicher realen Kosten finanzierbar und nachhaltig sein.

Falsch: Die Technik wird alle Probleme lösen.

Falsch: Die Technik verursacht nichts als Probleme.

Richtig: Wir müssen Techniken fördern, die den ökologischen Fußabdruck der Menschheit verkleinern, die Effizienz erhöhen, Ressourcen stützen, Signale deutlicher machen und materielle Benachteiligung beenden.

Und: Wir müssen unsere Probleme als Menschen angehen und außer der Technik noch weitere Möglichkeiten zu ihrer Lösung einsetzen.

Falsch: Das Marktsystem wird uns automatisch die Zukunft bringen, die wir haben wollen.

Richtig: Wir müssen schon selbst entscheiden, welche Zukunft wir möchten. Dann können wir das Marktsystem ebenso wie viele andere organisatorische Hilfsmittel dazu nutzen, dieses Ziel zu erreichen.

Falsch: Die Industrie ist die Ursache aller Probleme – oder das Allheilmittel.

Falsch: Die Regierungen sind die Ursache aller Probleme – oder das Allheilmittel.

Falsch: Umweltschützer sind die Ursache aller Probleme – oder das Allheilmittel.

Falsch: Irgendeine andere Gruppe [wir denken beispielsweise an die Wirtschaftswissenschaftler] ist die Ursache aller Probleme – oder das Allheilmittel.

Richtig: Alle Menschen und Institutionen spielen in der Gesamtstruktur des Systems eine Rolle. In einem System, dessen Struktur auf Grenzüberschreitung ausgerichtet ist, tragen alle Akteure bewusst oder unbewusst zu dieser Grenzüberschreitung bei. In einem auf Nachhaltigkeit ausgerichteten System tragen die Industrie, Regierungen, Umweltschützer und insbesondere Wirtschaftswissenschaftler ganz entscheidend dazu bei, dieses Ziel zu erreichen.

Falsch: Hoffnungsloser Pessimismus.

Falsch: Grenzenloser Optimismus.

Richtig: Die Entschlossenheit, sowohl über Erfolge als auch über Fehlschläge der Gegenwart und die Möglichkeiten und Hindernisse für die Zukunft wahrheitsgemäß zu berichten.

Ganz besonders wichtig: Der Mut, die Lasten der Gegenwart zu akzeptieren und zu tragen und dabei stets die Vision einer besseren Zukunft im Blick zu behalten.

Falsch: Das Modell World3 oder irgendein anderes Modell ist richtig oder falsch.

Richtig: Alle Modelle, auch die in unseren Köpfen, sind ein wenig richtig, aber viel zu einfach und deshalb überwiegend falsch. Wie können wir unsere Modelle überprüfen und dabei feststellen, ob sie richtig oder falsch sind? Wie können wir uns mit einer angemessenen Mischung aus Skepsis und Respekt kollegial über unsere Modelle unterhalten? Wie können wir es schaffen, uns nicht gegenseitig vorzuhalten, was richtig oder falsch ist, sondern stattdessen Tests für unsere Modelle zu entwickeln, mit denen sich an der wirklichen Welt überprüfen lässt, was richtig und falsch ist?

Die letztere Herausforderung, Modelle zu prüfen und auszusortieren, bringt uns zu unserem nächsten Thema: Lernbereitschaft.

Lernbereitschaft

Die Entwicklung von Visionen, der Aufbau von Netzwerken und Wahrheitstreue sind nutzlos, wenn sie nicht in unser Handeln einfließen. Es gibt so vieles zu *tun*, um eine nachhaltige Welt Wirklichkeit werden zu lassen. Beispielsweise müssen neue Anbaumethoden entwickelt werden, neue Unternehmen müssen gegründet und vorhandene umgestaltet werden, damit ihr Fußabdruck verkleinert wird. Landflächen müssen wiederhergestellt und Nationalparks geschützt werden, Energiesysteme umgewandelt und internationale Abkommen verabschiedet werden. Neue Gesetze müssen erlassen und andere aufgehoben werden. Kinder müssen unterrichtet werden – und Erwachsene. Es müssen Filme gedreht, Musikstücke gespielt und Bücher veröffentlicht werden. Internetseiten müssen gestaltet, Menschen beraten und Gruppen geführt werden, Subventionen gestrichen, Indikatoren für Nachhaltigkeit entwickelt und die Preise so korrigiert werden, dass sie die tatsächlichen Kosten widerspiegeln.

Jeder Mensch muss in diesem Gesamtprozess seine eigene Rolle finden. Wir maßen uns nicht an, irgendjemandem außer uns selbst eine spezifische Rolle vorzuschreiben. Aber wir möchten doch einen Vorschlag machen: Was immer Sie tun, tun Sie es mit zurückhaltender Bescheidenheit. Nicht wie eine unumstößliche Vorgehensweise, sondern als Experiment. Versuchen Sie, aus Ihrem Handeln – gleichgültig, was Sie tun – zu lernen.

Die Abgründe menschlicher Unwissenheit sind sehr viel tiefer, als die meisten von uns zuzugeben bereit sind. Das gilt insbesondere in einer Zeit, in der die Weltwirtschaft stärker als je zuvor als ein verflochtenes Ganzes zusammenrückt; wenn ebendiese Wirtschaft immer mehr an die Grenzen unseres so wunderbar komplexen Planeten stößt; und wenn gänzlich neue Denkansätze gefragt sind. In einer solchen Zeit weiß niemand genug. Kein Entscheidungsträger, ganz gleich, für wie kompetent er sich hält, begreift die Situation wirklich. Keinerlei Maßnahmen sollten pauschal auf die ganze Welt angewandt werden. Wenn man sich nicht leisten kann zu verlieren, sollte man auch nicht spielen.

Lernen schließt die Bereitschaft ein, eine Sache langsam anzugehen, Dinge auszuprobieren und Informationen über die Auswirkungen von Eingriffen zu sammeln – einschließlich der wichtigen, aber nicht immer willkommenen

Erkenntnis, dass ein Eingriff nichts bewirkt. Nur aus Fehlern kann man lernen, deshalb muss man diese zugeben und weitermachen. Lernen bedeutet auch, entschlossen und mutig neue Wege zu gehen und aufgeschlossen zu sein gegenüber den Erfahrungen anderer Menschen, die andere Wege erforscht haben. Zum Lernen gehört auch, dass man bereit sein muss, den eingeschlagenen Weg zu verlassen, wenn sich herausstellt, dass andere Wege direkter zum Ziel führen.

Die Entscheidungsträger unserer Gesellschaft haben sowohl die Lernbereitschaft als auch die Freiheit zu lernen eingebüßt. Irgendwie hat sich ein politisches System entwickelt, bei dem die Wähler erwarten, dass die Volksvertreter Antworten auf alle Probleme kennen. Dieses System macht einige wenige Menschen zu Entscheidungsträgern und setzt sie rasch wieder ab, wenn sie unerfreuliche Maßnahmen vorschlagen. Dieses perverse System untergräbt sowohl die Fähigkeit der Menschen, Führungsrollen zu übernehmen, als auch die Lernfähigkeit der Entscheidungsträger.

Es ist nun an der Zeit, einige Wahrheiten über diese Problematik auszusprechen. Die Entscheidungsträger dieser Welt wissen im Grunde auch nicht besser als andere Menschen, wie sich eine nachhaltige Gesellschaft schaffen lässt; den meisten ist noch nicht einmal bewusst, dass dies geschehen muss. Bei einer Nachhaltigkeitsrevolution muss jeder Einzelne ein lernbereiter Entscheidungsträger auf irgendeiner Ebene sein, von der Familie über die Gemeinde und die Nation bis zur ganzen Welt. Und jeder von uns muss Entscheidungsträger auch darin unterstützen, Unsicherheiten einzugestehen, ehrliche Experimente durchzuführen und Fehler zuzugeben.

Freies Lernen ist ohne Geduld und Nachsicht nicht möglich. In einer Phase der Grenzüberschreitung bleibt jedoch nicht viel Zeit für Geduld und Nachsicht. Das richtige Gleichgewicht zu finden zwischen den offensichtlichen Gegensätzen Dringlichkeit und Geduld sowie Verantwortlichkeit und Nachsicht ist eine schwierige Aufgabe. Sie erfordert Mitgefühl, Bescheidenheit, klares Denken, Wahrhaftigkeit und – das Wort, das uns am schwersten über die Lippen geht, die offenbar seltenste Ressource überhaupt – Nächstenliebe.

Nächstenliebe

In der industriellen Zivilisation ist es verpönt, über Nächstenliebe zu sprechen, sieht man einmal von dem ganz trivialen romantischen Sinn des Wortes Liebe ab. Wenn jemand an die Fähigkeit der Menschen appelliert, brüderliche oder schwesterliche Liebe zu praktizieren, die Menschheit als Ganzes, die Natur oder den Planeten, der uns versorgt, zu lieben, dann wird er wohl eher ausgelacht als ernst genommen. Der Hauptunterschied zwischen Optimisten und

Pessimisten ist ihr Standpunkt in der Debatte, ob Menschen dazu fähig sind, auf der Basis der Nächstenliebe zusammenzuarbeiten. In einer Gesellschaft, die systematisch Individualismus, Konkurrenzfähigkeit und kurzfristige Interessen fördert, bilden die Pessimisten die überwiegende Mehrheit.

Individualismus und kurzsichtiges Denken stellen unserer Ansicht nach die größten Probleme des gegenwärtigen Gesellschaftssystems dar und sind gleichzeitig die Hauptursache dafür, dass die Gesellschaft nicht nachhaltig ist. Da ist es eine bessere Alternative, wenn Liebe und Mitgefühl als kollektive Lösung institutionalisiert werden. Eine Kultur, die nicht an diese besseren menschlichen Qualitäten glaubt, sie erörtert und fördert, beschränkt auf tragische Weise selbst ihre Optionen. „Welche Qualität der Gesellschaft lässt die menschliche Natur zu?", fragte der Psychologe Abraham Maslow. „Welche Qualität der menschlichen Natur lässt die Gesellschaft zu?"[6]

Die Revolution zur Nachhaltigkeit muss in erster Linie auch ein kollektiver Wandel sein, der nicht die schlechtesten, sondern die besten Seiten der menschlichen Natur zum Ausdruck bringt und fördert. Viele Menschen haben diese Notwendigkeit und die Möglichkeiten, die sie bietet, bereits erkannt. So schrieb beispielsweise der Wirtschaftswissenschaftler John Maynard Keynes 1932:

> Das Problem von Bedürfnissen und Armut sowie der wirtschaftliche Kampf zwischen Klassen und Staaten sind nur ein scheußliches, vorübergehendes, unnötiges Durcheinander. Denn die westliche Welt verfügt längst über die nötigen Ressourcen und die technischen Mittel, um die wirtschaftlichen Probleme, die heute unsere moralische und materielle Energie verzehren, zu verringern und zweitrangig zu machen – wenn sie nur fähig wäre, ihre Kräfte entsprechend zu organisieren … Somit … könnte der Tag nicht mehr allzu fern sein, an dem die wirtschaftlichen Probleme in den Hintergrund treten, wo sie auch hingehören, und … unsere Herzen und Köpfe sich unseren wirklichen Problemen annehmen können: denen des Lebens und der zwischenmenschlichen Beziehungen, dem Schaffen von Neuem, des Verhaltens und der Religion.[7]

Der große italienische Industrielle Aurelio Peccei, der sich ständig mit den Problemen von Wachstum und Grenzen, Wirtschaft und Umwelt, Ressourcen und Staatsgewalt befasste, vergaß nie, abschließend darauf hinzuweisen, dass die Lösung der Probleme der Welt mit einem „neuen Humanismus" beginnen müsste. 1981 formulierte er seine Auffassung folgendermaßen:

> Der Humanismus unserer Epoche muss Prinzipien und Normen ersetzen und aufheben, die bislang als unanfechtbar galten, nun aber nicht mehr mit unseren Zielen vereinbar sind; er muss das Entstehen neuer Wertesysteme fördern, die unser inneres Gleichgewicht wiederherstellen, und zu neuen geistigen, ethischen, philosophischen, sozialen, politischen, ästhetischen und künstlerischen Motivationen anregen, die die innere Leere unseres Lebens ausfüllen; er muss imstande sein, in uns wieder … Liebe, Freundschaft, Verständnis, Solidarität, Opferbereitschaft und Unbeschwertheit zu wecken; und er muss uns verständlich machen, dass wir umso mehr profitieren, je enger diese menschlichen Qualitäten uns mit anderen Lebensformen und unseren Brüdern und Schwestern überall auf der Welt verbinden.[8]

In einem System, dessen Regeln, Ziele und Informationsströme auf mindere menschliche Qualitäten ausgerichtet sind, ist es nicht einfach, Nächstenliebe, Freundschaft, Großzügigkeit, Verständnis und Solidarität zu praktizieren. Wir versuchen es trotzdem, und wir bitten Sie dringend, dies ebenfalls zu versuchen. Haben Sie Geduld mit sich selbst und anderen, wenn Sie mit den Schwierigkeiten einer sich wandelnden Welt konfrontiert sind. Zeigen Sie Verständnis und Einfühlungsvermögen für den unvermeidlichen Widerstand; in jedem von uns regt sich ein Widerstand, jeder möchte in gewisser Weise an der nicht nachhaltigen Lebensweise festhalten. Vertrauen Sie auf die besten menschlichen Instinkte bei Ihnen selbst und bei anderen. Registrieren Sie den Zynismus in Ihrer Umgebung, bedauern Sie jene, die daran glauben, aber glauben Sie nicht selbst daran.

Die Menschheit kann das Abenteuer, ihren ökologischen Fußabdruck auf eine tragbare Größe zu verkleinern, nur im Geiste einer globalen Partnerschaft bestehen. Nur wenn die Menschen lernen, sich selbst und andere als Teile einer integrierten globalen Gesellschaft zu betrachten, lässt sich der Zusammenbruch vermeiden. Beides erfordert Mitgefühl, nicht nur mit dem Hier und Jetzt, sondern auch mit dem weit Entfernten und mit der fernen Zukunft. Die Menschheit muss sich der Vorstellung freudig annehmen, künftigen Generationen einen lebendigen Planeten zu hinterlassen.

Liegt alles, wofür wir uns in diesem Buch ausgesprochen haben, von einer effizienteren Ressourcennutzung bis zu mehr Mitgefühl, wirklich im Bereich des Möglichen? Kann die Gesellschaft tatsächlich die Grenzüberschreitung rückgängig machen und den Zusammenbruch vermeiden? Kann der ökologische Fußabdruck noch rechtzeitig verkleinert werden? Sind hierfür global gesehen genügend Visionen, Techniken, Freiheiten, Gemeinschaftssinn, Verantwortlichkeit, Voraussicht, finanzielle Mittel, Disziplin und Nächstenliebe vorhanden?

Von all den hypothetischen Fragen, die wir in diesem Buch gestellt haben, sind diese am schwierigsten zu beantworten, auch wenn viele Menschen sie angeblich beantworten können. Selbst wir – die Autoren – gelangen zu unterschiedlichen Ansichten, wenn wir das Für und Wider gegeneinander abwägen. Mit gewohnter Sorglosigkeit werden viele schlecht informierte Menschen, insbesondere manche führenden Entscheidungsträger, behaupten, diese Fragen seien überhaupt nicht relevant, es gäbe gar keine wichtigen Grenzen. Viele gut informierte Menschen lassen sich anstecken von dem tiefen Zynismus, der mit der rituellen Sorglosigkeit uninformierter Kreise einhergeht, und behaupten, wir stünden bereits vor schweren Problemen, es stünden noch schlimmere bevor, und es gäbe keine Chance, sie zu lösen.

Beide Antworten beruhen natürlich auf Denkmodellen. Die Wahrheit ist: *Niemand weiß es wirklich.*

Wir haben in diesem Buch mehrere Male darauf hingewiesen, dass die Zukunft der Welt nicht vorherbestimmt ist, sondern dass es mehrere Möglichkeiten gibt. Zur Auswahl stehen verschiedene Denkmodelle, die logischerweise zu unterschiedlichen Szenarien führen. Eines dieser Modelle besagt, dass diese Welt praktisch doch keine Grenzen habe. Wenn man sich für dieses Modell entscheidet, wird der Raubbau an der Natur wie gewohnt weitergehen, und die menschliche Wirtschaft wird ihre Grenzen noch viel weiter überschreiten. Das wird schließlich zum Zusammenbruch führen.

Ein anderes Denkmodell besagt, dass die Grenzen real vorhanden und wir ihnen bereits sehr nahe sind, dass nicht mehr genügend Zeit bleibt, dass Menschen nicht maßvoll oder verantwortlich oder mitfühlend handeln können. Zumindest nicht mehr rechtzeitig. Dieses Modell kann sich selbst bewahrheiten: Wenn die Menschheit sich entschließt, daran zu glauben, dann wird es auch so kommen. Das Ergebnis ist der Zusammenbruch.

Nach dem dritten Denkmodell sind die Grenzen ebenfalls real und nahe, und in einigen Bereichen haben wir sie mit unseren derzeitigen Durchsatzmengen bereits überschritten. Aber es bleibt gerade noch genügend Zeit – allerdings ist keine Zeit mehr zu verlieren. Wir haben gerade noch ausreichend Energie, Rohstoffe und finanzielle Mittel, die Umwelt gerade noch genügend ökologische Widerstandskraft und der Mensch die nötigen Tugenden, um den ökologischen Fußabdruck der Menschheit planmäßig verkleinern zu können: eine Revolution zur Nachhaltigkeit – zu einer besseren Welt für die überwiegende Mehrzahl der Menschen.

Auch dieses dritte Szenario könnte sich durchaus als falsch herausstellen. Aber alle Belege, die wir gesichtet haben, von globalen Daten bis zu Computermodellen, deuten darauf hin, dass dieses Szenario verwirklicht werden könnte. Ob das stimmt, können wir nur auf eine Art mit Sicherheit herausfinden: Wir müssen es versuchen.

Anmerkungen

1. Donald Worster (Hrsg.), *The Ends of the Earth* (Cambridge University Press, 1988), 11–12.

2. Ralph Waldo Emerson, „War", Vorlesung in Boston, März 1838. Nachgedruckt in *Emersons's Complete Works,* Band 11 (Boston: Houghton Mifflin, 1887), 177.
    Die folgende Liste zu den Merkmalen einer Vision der nachhaltigen Gesellschaft deckt sich völlig mit den aus systemwissenschaftlichen Analysen abgeleiteten Merkmalen des nachhaltigen Pfades „B" in Hartmut Bossel, *Globale Wende – Wege zu einem gesellschaftlichen und ökologischen Strukturwandel* (München: Droemer Knaur, 1998).

3. Den Autoren bekannte Beispiele für Netzwerkstrukturen auf ihrem Interessensgebiet sind beispielsweise: Balaton Group (www.unh.edu/ipssr/Balaton.html), Northeast Organic Farming Association (NOFA), Center for a New American Dream (CNAD; www.newdream.org), Greenclips (www.greenclips.com), Northern Forest Alliance (www.northernforestalliance.org), Land Trust Alliance (www.lta.org), International Simulation and Gaming Association (ISAGA; www.isaga.info) und Leadership for Environment and Development (LEAD).

4. Einen solchen Zwischenschritt veranschaulicht die Organisation ICLEI, ein internationaler Zusammenschluss von (gegenwärtig) 450 lokalen Regierungen, die sich einer nachhaltigen Entwicklung verpflichtet haben. Siehe hierzu www.iclei.org

5. R. Buckminster Fuller, *Critical Path* (New York: St. Martin's Press, 1981).
6. Abraham Maslow, *The Farthest Reaches of Human Nature* (New York: Viking Press, 1971).
7. J. M. Keynes, Vorwort zu *Essays in Persuasion* (New York: Hartcourt Brace, 1932).
8. Aurelio Peccei, *One Hundred Pages for the Future* (New York: Pergamon Press, 1981), 184–185.

Anhang 1

Veränderungen von World3 zu World3-03

Die in diesem Buch vorgestellten Szenarien haben wir mit einer aktualisierten Fassung des Computermodells World3-91 berechnet.

Ursprünglich war World3 für unseren 1972 erschienenen Band entwickelt worden, die erste Ausgabe von *Die Grenzen des Wachstums*. Eine ausführliche Beschreibung findet sich in dem Fachbericht über unsere Studie.[1] Zunächst hatten wir das Modell in der Computersprache DYNAMO geschrieben. 1990 erwies sich die neue Computersprache STELLA als am besten geeignet für unsere Untersuchungen. Als wir die Szenarien für unseren 1992 erschienenen Band *Die neuen Grenzen des Wachstums* vorbereiteten, haben wir World3 von DYNAMO auf STELLA konvertiert und die aktualisierte Fassung World3-91 genannt. Welche Veränderungen wir für diese Umwandlung vornahmen, steht im Anhang von *Die neuen Grenzen des Wachstums*.[2]

Zum Erstellen der Szenarien für dieses Buch erwies es sich als sinnvoll, World3-91 wiederum leicht zu aktualisieren. Das daraus resultierende Modell World3-03 ist auf CD-ROM erhältlich.[3] Aber die wenigen Veränderungen, die zur Umwandlung von World3-91 in World3-03 notwendig waren, lassen sich ganz einfach zusammenfassen. Durch drei Veränderungen werden die Kosten der Technik anders berechnet; eine Veränderung sorgt dafür, dass die erwünschte Familiengröße stärker auf den Anstieg der Industrieproduktion reagiert. Die weiteren Veränderungen haben keinen Einfluss auf das Modellverhalten; sie erleichtern nur das Verständnis seines Verhaltens. Es handelt sich um folgende Änderungen:

- Die Berechnung der Kapitalkosten neuer Techniken wurde in drei Sektoren geändert. Die Kapitalkosten in den Sektoren Ressourcen, Umweltverschmutzung und Landwirtschaft werden über die tatsächlich *eingesetzten* Techniken bestimmt, nicht über die *verfügbaren*.
- Auf dem Bevölkerungssektor wurde eine Tabellenfunktion geändert, sodass die erwünschte Familiengröße etwas stärker auf hohe Industrieproduktion pro Kopf reagiert.
- Als neue Variable wurde der *Wohlstandsindex* hinzugefügt – ein Indikator für Wohlstand und Lebensqualität des durchschnittlichen Erdenbürgers. Eine Definition des Wohlstandsindex findet sich in Anhang 2.

▓ Als weitere neue Variable wurde der *ökologische Fußabdruck* der Menschheit aufgenommen – ein Indikator für die Gesamtlast, die die Menschheit der Umwelt unseres Planeten aufbürdet. Auch dieser Parameter wird in Anhang 2 definiert.

▓ Zum einfacheren Ablesen wurde der Maßstab für die Darstellung der Bevölkerungszahl geändert.

▓ Eine zusätzliche Grafik gibt den Verlauf des Wohlstandsindex und des ökologischen Fußabdrucks im Zeitraum von 1900 bis 2100 wieder.

Wir zeigen im Folgenden die STELLA-Flussdiagramme für die neuen Strukturen und beschreiben die für die Szenarien dieses Buches verwendeten Skalen. Eine vollständige Auflistung der STELLA-Gleichungen von World3-03 sowie weitere Informationen hierzu finden sich auf der CD-ROM.

Neue Strukturen in World3-03

Das STELLA-Flussdiagramm für die Neuformulierung des Techniksektors ist hier exemplarisch für die Agrarertragstechnik dargestellt. Für die Sektoren Ressourcennutzung und Umweltbelastung gilt die entsprechende Formulierung.

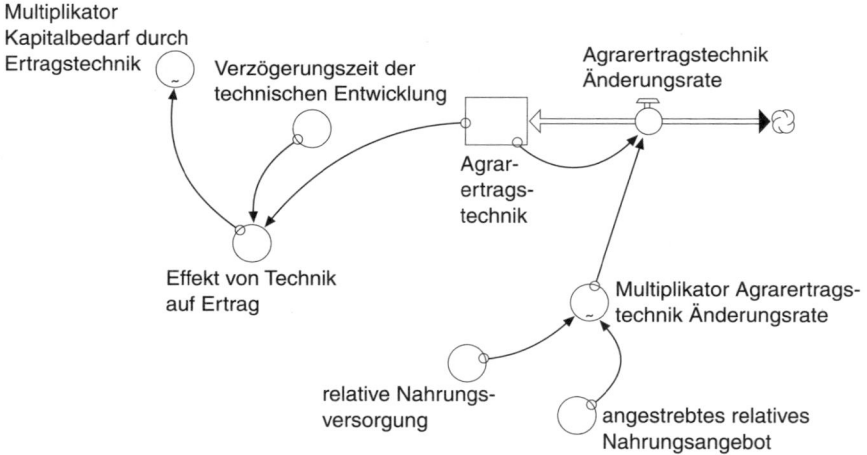

Wenn die Variable relative Nahrungsversorgung (Nahrung pro Kopf/Mindesternährung pro Kopf) unter den erwünschten Wert (angestrebtes relatives Nahrungsangebot) fällt, wird in World3 die Entwicklung von Techniken zur Ertragssteigerung in Gang gesetzt. Analoge Formeln führen zur Entwicklung fortschrittlicherer Techniken, wenn pro Einheit Industrieproduktion mehr

Ressourcen nötig sind als erwünscht und wenn die pro Einheit Industrieproduktion freigesetzten Schadstoffe das erwünschte Maß übersteigen.

Das folgende STELLA-Flussdiagramm zeigt die Berechnung des Wohlstandsindex. Die Zusammenhänge werden in Anhang 2 erläutert.

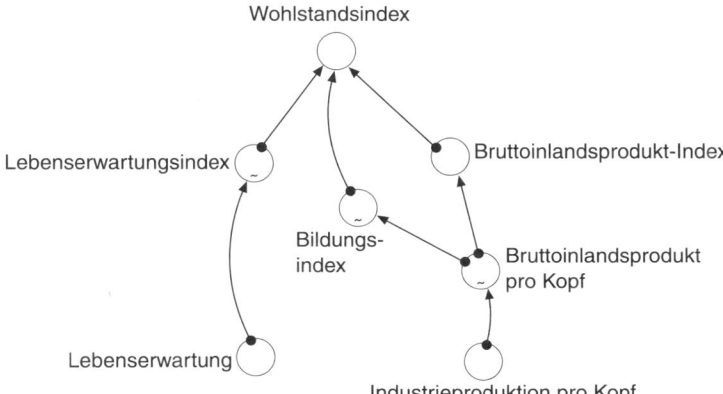

Das folgende STELLA-Flussdiagramm erläutert die Berechnung des ökologischen Fußabdrucks der Menschheit. Auch hierfür werden die Zusammenhänge in Anhang 2 beschrieben.

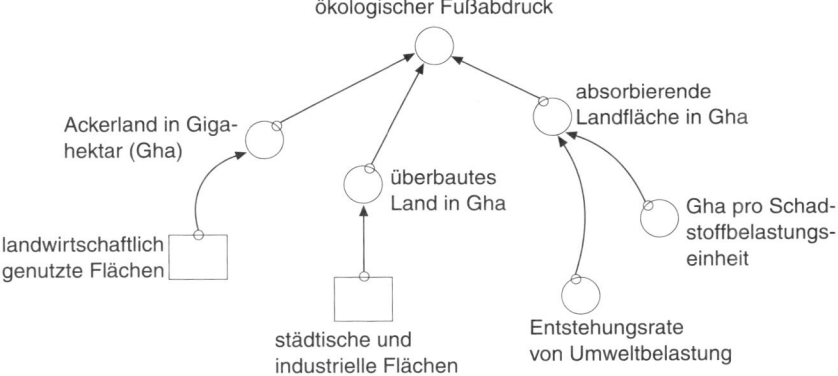

Die Skalen der Variablen in den Szenarien von World3-03

In den drei Diagrammen zu jedem Szenario in diesem Buch sind jeweils die Werte von elf Variablen des Modells World3-03 aufgetragen. An der senkrechten Achse (Ordinate) dieser Diagramme ist keine numerische Skala angegeben, weil die genauen Werte der Variablen in den einzelnen Szenarien unserer Ansicht nach unwichtig sind. Für Leser mit technischem Interesse an den Simulationen möchten wir sie jedoch hier noch ergänzen. Die elf Variablen sind jeweils in sehr unterschiedlichen Maßstäben aufgetragen, diese bleiben aber für alle elf Szenarien gleich.

Diagramm 1: Zustand der Welt

Variable	niedrigster Wert	höchster Wert
Bevölkerung	0	12×10^9
Nahrungsproduktion insgesamt	0	6×10^{12}
Industrieproduktion insgesamt	0	4×10^{12}
Index der Schadstoffbelastung	0	40
nicht erneuerbare Ressourcen	0	2×10^{12}

Diagramm 2: materieller Lebensstandard

Variable	niedrigster Wert	höchster Wert
Nahrung pro Kopf	0	1000
Konsumgüter pro Kopf	0	250
Dienstleistungen pro Kopf	0	1000
Lebenserwartung	0	90

Diagramm 3: Wohlstandsindex und ökologischer Fußabdruck

Variable	niedrigster Wert	höchster Wert
Wohlstandsindex	0	1
ökologischer Fußabdruck	0	4

Anmerkungen

1. Dennis L. Meadows et al., *Dynamics of Growth in a Finite World* (Cambridge, MA: Wright-Allen Press, 1974).
2. Donella H. Meadows, Dennis L. Meadows und Jørgen Randers, *Beyond the Limits* (Post Mills, VT: Chelsea Green Publishing Company, 1992) (Deutsche Ausgabe: *Die neuen Grenzen des Wachstums.* Stuttgart: DVA, 1992).
   Vollständige Dokumentation und lauffähiges Simulationsmodell World3–91 in deutscher Fassung in Hartmut Bossel, *Systemzoo 3 – Wirtschaft, Gesellschaft und Entwicklung* (Norderstedt: Books on Demand, 2004), 221–254, sowie auf der CD-ROM *Systemzoo* (Rosenheim: co.Tec Verlag, 2005).
3. Bestellinformationen erhalten Sie über www.chelseagreen.com. Die deutsche Fassung von World3–03 ist als lauffähiges Simulationsmodell erhältlich bei co.Tec GmbH Verlag, Rosenheim.

Anhang 2

Indikatoren für den Wohlstand der Menschen und den ökologischen Fußabdruck

Hintergrund

Für die Diskussion der Zukunft der Menschheit auf der Erde sind zwei Begriffe hilfreich, die wir zunächst definieren wollen: der „menschliche Wohlstand" und der „ökologische Fußabdruck der Menschheit". Unter „Wohlstand" verstehen wir hier die Lebensqualität des durchschnittlichen Erdenbürgers im weitesten Sinne – sie umfasst sowohl materielle als auch nicht materielle Komponenten. Mit dem Begriff „ökologischer Fußabdruck" wird die Gesamtheit der Auswirkungen der Menschheit auf die Umwelt beschrieben, also auf die natürlichen Ressourcen jeder Art und die Ökosysteme der Erde.

Beide Begriffe sind im Grunde leicht verständlich, aber schwer genau zu definieren. Da nur sehr begrenzt kontinuierlich erhobene Daten hierfür vorliegen, müssen wir auf Näherungen und Vereinfachungen zurückgreifen, wenn wir sie in mathematischen Beziehungen ausdrücken wollen. Ganz allgemein kann man jedoch sagen, dass der menschliche Wohlstand zunimmt, wenn jeder seine persönliche Zufriedenheit vergrößern kann, ohne dass die anderer Menschen dadurch verringert wird. Der ökologische Fußabdruck der Menschheit vergrößert sich, wenn Ressourcenabbau, Schadstoffemissionen und Bodenerosion zunehmen oder biologische Vielfalt vernichtet wird, ohne dass gleichzeitig andere Auswirkungen des Menschen auf die Natur vermindert werden.

Um die Verwendung der beiden Begriffe zu verdeutlichen, wollen wir den in diesem Buch angestrebten Idealzustand wie folgt umschreiben: Er bestünde darin, den „menschlichen Wohlstand" zu vergrößern, aber zugleich zu gewährleisten, dass der „ökologische Fußabdruck" so klein wie möglich bleibt und unter keinen Umständen die ökologische Tragfähigkeit der Erde – also die Grenzen dessen, was für das globale Ökosystem auf lange Sicht tragbar ist – überschreitet.

Viele Forscher haben viel Zeit und Mühen darauf verwendet, brauchbare Indikatoren für den menschlichen Wohlstand und den ökologischen Fußabdruck zu finden. Als einfaches Maß für den Wohlstand wird häufig das Bruttoinlandsprodukt pro Kopf verwendet, auch wenn es für diesen Zweck nur sehr bedingt geeignet ist. World2[1], das Vorläufermodell von World3, enthielt einen heftig umstrittenen „Index der Lebensqualität", der die Auswirkungen von vier Faktoren auf den menschlichen Wohlstand berücksichtigte: Bevölkerungsdichte, Nahrungsangebot, Umweltverschmutzung und materieller Konsum.

Nach reiflicher Überlegung der verschiedenen Möglichkeiten haben wir uns für die beiden im Folgenden beschriebenen Indikatoren entschieden. Wir haben quantitative Faktoren ausgewählt, weil diese am besten für unser mathematisches Modell World3 geeignet sind. Und statt unsere eigenen Kennwerte zu definieren, haben wir auf bereits existierende Indikatoren zurückgegriffen, die relativ weit verbreitet sind.

Der Entwicklungsindex des UNDP

Als Maß für den menschlichen Wohlstand haben wir den UN-Entwicklungsindex (HDI – Human Development Index) ausgewählt. Er wird vom Entwicklungsprogramm der Vereinten Nationen (UNDP – United Nations Development Programme) schon seit einigen Jahren für die meisten Länder erstellt und jährlich im *Human Development Report* veröffentlicht.[2] In seinem Bericht von 2001 definierte das UNDP den Entwicklungsindex folgendermaßen:

> Der HDI fasst wichtige Aspekte der menschlichen Entwicklung zusammen. Er misst das durchschnittliche Leistungsniveau eines Landes in drei grundlegenden Bereichen menschlicher Entwicklung:
> – Die Lebenserwartung bei der Geburt als Maß für ein langes und gesundes Leben.
> – Das Bildungsniveau, gemessen am Anteil der Erwachsenen, die lesen und schreiben können (Gewichtung: zwei Drittel) und am Anteil der Jugendlichen, die Schulen besuchen (Grund- und weiterführende Schulen zusammen; Gewichtung: ein Drittel).
> – Der Lebensstandard, gemessen am Bruttoinlandsprodukt (BIP) pro Kopf (in US-Dollar Kaufkraftparität).[3]

Das UN-Entwicklungsprogramm berechnet den Entwicklungsindex als arithmetisches Mittel aus drei Indices (Lebenserwartungsindex, Bildungsindex und BIP-Index) – entsprechend den drei oben aufgeführten Faktoren.

Der Lebenserwartungs- und der Bildungsindex steigen linear mit der Lebenserwartung bzw. der Alphabetisierungs- und der Schulbesuchsrate an. Der BIP-Index steigt ebenfalls mit zunehmendem BIP pro Kopf. In letzterem Fall geht das UNDP jedoch von einem stark nachlassenden Zuwachs aus, wenn das BIP pro Kopf das im Jahr 1999 in den früheren osteuropäischen Staaten erreichte Niveau überschreitet.[4]

Der Wohlstandsindex in World3

Als Maß für den menschlichen Wohlstand in World3 formulierten wir eine Variable, die wir als Wohlstandsindex (HWI – *human welfare index*) bezeichnet haben. Dieser Wohlstandsindex entspricht etwa dem Entwicklungsindex des UNDP – soweit dies ausschließlich mit den in World3 vorhandenen Variablen möglich ist. Das resultierende STELLA-Flussdiagramm ist in Anhang 1 abgebildet. Die genaue mathematische Formulierung findet sich auf der World3-03-CD-ROM.

Der Wohlstandsindex in World3 errechnet sich aus der Summe von Lebenserwartungsindex, Bildungsindex und BIP-Index geteilt durch drei. Der resultierende Wohlstandsindex steigt von rund 0,2 im Jahr 1900 auf 0,7 im Jahr 2000. In den erfolgreichsten Szenarien erreicht er um 2050 ein Maximum von 0,8. Diese drei Werte entsprechen den jeweiligen Entwicklungsindices (HDI) in Sierra Leone, im Iran und in den baltischen Staaten im Jahr 1999.

Der Wert für unseren Wohlstandsindex im Modelljahr 1999 kommt dem tatsächlich vom UN-Entwicklungsprogramm für dieses Jahr berechneten HDI-Wert sehr nahe; er betrug im weltweiten Mittel 0,71.[5]

Der ökologische Fußabdruck von Mathis Wackernagel

Als Maß für den „ökologischen Fußabdruck der Menschheit" verwendeten wir den von Mathis Wackernagel und seinen Mitarbeitern in den 1990er-Jahren entwickelten ökologischen Fußabdruck. Wackernagel et al. berechneten den ökologischen Fußabdruck für eine Reihe von Ländern.[6] In einigen Fällen liegen kontinuierliche Daten vor, die verdeutlichen, wie sich der Fußabdruck einzelner Länder im Laufe der Zeit verändert hat. Für unsere Zwecke besonders wichtig war der von Wackernagel berechnete ökologische Fußabdruck der gesamten Weltbevölkerung und dessen Entwicklung von 1961 bis 1999.[7] Der ökologische Fußabdruck der meisten Staaten wird alle zwei Jahre vom WWF (World Wide Fund for Nature) veröffentlicht.[8]

Wackernagel definiert den ökologischen Fußabdruck als diejenige Fläche, die erforderlich ist, um den gegenwärtigen Lebensstil aufrechtzuerhalten. Er berechnet ihn (im globalen Durchschnitt) in Hektar. Dazu addiert er die Acker- und Weideflächen, Wälder und Fischfanggebiete sowie überbaute Landflächen (Siedlung, Industrie, Straßen usw.), mit denen ein bestimmter Lebensstandard einer bestimmten Bevölkerung (eines Landes, einer Region oder der ganzen Welt) aufrechterhalten werden kann. Weiterhin addiert er die Waldfläche, die die Gesamtmenge des Kohlendioxids absorbieren könnte, die bei der Verbrennung fossiler Energieträger durch diese Bevölkerung entsteht. Anschließend werden all diese verschiedenen Formen von Land in Flächen durchschnittlicher biologischer Produktivität umgerechnet. Dieser durchschnittliche Flächenbedarf wird mithilfe eines Skalierungsfaktors berechnet; dieser ist proportional zur biologischen Produktivität der Fläche (ihrer Kapazität, Biomasse zu produzieren). Zusätzlich würde Wackernagel gerne noch die Flächen mit einbeziehen, die erforderlich sind, um die Emissionen anderer Gase und Giftstoffe zu neutralisieren und die Trinkwasserversorgung zu sichern; bisher hat er allerdings noch keine befriedigende Lösung hierfür gefunden.

Die biologische Produktivität einer Landfläche hängt davon ab, welche Techniken eingesetzt werden. So gewährleistet beispielsweise der Einsatz großer Mengen von Düngemitteln auf einer bestimmten Fläche einen höheren Ertrag. Durch verstärkten Düngemitteleinsatz lässt sich demnach der ökologische Fußabdruck verkleinern – es sei denn, zur Absorption der bei der Produktion der Düngemittel entstehenden CO_2-Emissionen ist eine größere Fläche notwendig als die, die man durch den gesteigerten Ertrag einspart. Da die Techniken ständig weiterentwickelt werden, verändert sich im Ansatz von Wackernagel auch die Produktivität der Flächen – im Gleichschritt mit der zur jeweiligen Zeit „durchschnittlich angewandten Technik".[9]

Somit vergrößert sich der ökologische Fußabdruck, wenn die Menschheit größere Flächen zum Anbau von Nahrung und Faserpflanzen benötigt oder mehr Kohlendioxid produziert. Selbst wenn die CO_2-Emissionen nicht von Wäldern absorbiert werden (und sich stattdessen in der Atmosphäre ansammeln), vergrößert sich der Fußabdruck – um die Fläche, die erforderlich gewesen wäre, um das CO_2 zu absorbieren, damit es sich nicht in der Atmosphäre anreichert. Auf diese Weise kann es zur Grenzüberschreitung kommen, bis die Anreicherung von Treibhausgasen die Menschheit zwingt, ihr Verhalten so zu ändern, dass sie ihren ökologischen Fußabdruck verkleinert.

Der ökologische Fußabdruck in World3

Als Maß für den ökologischen Fußabdruck der Menschheit in World3 haben wir einen Index formuliert, den wir ebenfalls als ökologischen Fußabdruck bezeichnen. Auch dieser entspricht annähernd dem von Wackernagel berechneten – soweit es mit der begrenzten Zahl von Variablen im Modell World3 möglich ist. Das daraus resultierende STELLA-Flussdiagramm findet sich in Anhang 1, die ausführlichen Formeln hierzu auf der World3-03-CD-ROM.

Der ökologische Fußabdruck in World3 errechnet sich aus der Summe von drei Komponenten: der ackerbaulich genutzten Anbaufläche, der für Städte,

Industrie und Verkehrswege genutzten überbauten Fläche sowie der Landfläche, die zur Absorption der Schadstoffemissionen erforderlich ist, deren Menge der Schadstofferzeugungsrate proportional ist. All diese Flächen werden in Milliarden (10^9) Hektar angegeben.

Der ökologische Fußabdruck für das Jahr 1970 wird als Referenz gleich 1 gesetzt. Der Index schwankt zwischen 0,5 im Jahr 1900 über 1,76 im Jahr 2000 bis hin zu Werten über 3,0 jenseits der Nachhaltigkeit. Diese Werte treten für kurze Zeit in Szenarien mit Grenzüberschreitung und Zusammenbruch auf. In den erfolgreichsten Szenarien lässt sich der ökologische Fußabdruck im 21. Jahrhundert während der meisten Zeit unter 2,0 halten. Dauerhaft tragbar ist wahrscheinlich ein ökologischer Fußabdruck von etwa 1,1 – diese Grenze wurde bereits um 1980 überschritten.

Anmerkungen

1. Jay W. Forrester, *World Dynamics* (Cambridge, MA: Wright-Allen Press, 1971). Vollständige Dokumentation und lauffähiges Simulationsmodell von Forresters World2 in deutscher Fassung in Hartmut Bossel, *Systemzoo 3 – Wirtschaft, Gesellschaft und Entwicklung* (Norderstedt: Books on Demand, 2004), 186–220.

2. United Nations Development Programme, *Human Development Report 2001* (New York und Oxford: Oxford University Press, 2001).

3. Ebenda, 240.

4. Details zu den Berechnungen des HDI finden sich ebenda, 239–240.

5. UNDP, *Human Development Report 2000* (New York und Oxford: Oxford University Press, 2000), 144.

6. Mathis Wackernagel et al., „National Natural Capital Accounting with the Ecological Footprint Concept", *Ecological Economics* 29: 375–390, 1999.

7. Mathis Wackernagel et al., „Tracking the Ecological Overshoot of the Human Economy", *Proceedings of the Academy of Science 99* (14): 9266–9271, Washington, DC, 2002. Siehe auch Abbildung V–1 im Vorwort zu diesem Buch.

8. World Wide Fund for Nature, *Living Planet Report 2002* (Gland, Schweiz: WWF, 2002).

9. Weitere Details zur Berechnung des ökologischen Fußabdrucks finden sich ebenda, 30.

Liste der Abbildungen und Tabellen mit Quellenangaben

Vorwort

Abbildung V-1 Der ökologische Fußabdruck des Menschen im Vergleich zur ökologischen Tragfähigkeit der Erde
Mathis Wackernagel et al., „Tracking the Ecological Overshoot of the Human Economy", *Proceedings of the Academy of Science* 99, Nr. 14 (2002): 9266–9271, www.pnas.org/cgi/doi/10.1073/pnas.142033699

Kapitel 1

Abbildung 1-1 Wachstum der Weltbevölkerung
World Population Data Sheet (Washington, DC: Population Reference Bureau) http://www.prb.org (Zugriffe in verschiedenen Jahren)
World Population Prospects as Assessed in 1994 (New York: United Nations, 1994)
Donald J. Bogue; *Principles of Demography* (New York: John Wiley and Sons, 1969)

Abbildung 1-2 Wachstum der weltweiten Industrieproduktion
Statistical Yearbook (New York: United Nations, verschiedene Jahre)
Demographic Yearbook (New York: United Nations, verschiedene Jahre)
World Population Data Sheet (Washington, DC: Population Reference Bureau) http://www.prb.org (Zugriffe in verschiedenen Jahren)
Industrial Statistical Yearbook (New York: United Nations, verschiedene Jahre)
Monthly Bulletin of Statistics (New York: United Nations, verschiedene Daten)

Abbildung 1-3 Die Kohlendioxidkonzentration in der Atmosphäre
C. D. Keeling und T. P. Whorf, „Atmospheric CO_2 Concentrations (ppmv) Derived from *In Situ* Air Samples Collected at Mauna Loa Observatory, Hawaii", *Trends: A Compendium of Data on Global Change*, (13. August 2001) http://cdiac.esd.ornl.gov/trends/trends.htm
A. Neftel, H. Friedli, E. Moor, H. Lötscher, H. Oeschger, U. Siegenthaler und B. Stauffer, 1994. „Historical CO_2 Record from the Siple Station Ice Core", *Trends: A Compendium of Data on Global Change* (1994) http://cdiac.esd.ornl.gov/trends/co2/siple.htm

Tabelle 1-1 Weltweites Wachstum ausgewählter menschlicher Aktivitäten und Produkte von 1950 bis 2000
CRB Commodity Yearbook (New York: Commodity Research Bureau, verschiedene Jahre)
International Petroleum Monthly (Washington, DC: Energy Information Administration, U. S. Dept. of Energy) http://www.eia.doe.gov/ipm (Zugriff am 30.1.2002)
International Energy Outlook 1998 (Washington, DC: Energy Information Administration, U. S. Dept. of Energy, 1998) http://www.eia.doe.gov/oiaf/ieo/

International Energy Annual 1999 (Washington, DC: Energy Information Administration, U. S. Dept. of Energy, 1999) http://www.eia.doe.gov/iea/

Ward's Motor Vehicle Facts and Figures 2000 (Southfield, MI: Ward's Communications, 2000)

UN Food and Agriculture Organization FAOSTAT on-line database, http://faostat.fao.org

World Population Data Sheet (Washington, DC: Population Reference Bureau) http://www.prb.org (Zugriffe in verschiedenen Jahren)

Energy Statistics Yearbook (New York: United Nations, verschiedene Jahre)

Statistical Yearbook (New York: United Nations, verschiedene Jahre)

World Motor Vehicle Data, 1998 (Detroit: Automobile Manufacturers Association, 1998)

World Population Prospects as Assessed in 1994 (New York: United Nations, 1994)

Abbildung 1-4 Alternative Szenarien für die Entwicklung der Weltbevölkerung und des Lebensstandards

Kapitel 2

Abbildung 2-1 Weltweite Sojabohnenproduktion

Lester R. Brown et al., *Vital Signs 2000: the Environmental Trends That are Shaping Our Future* (New York: W. W. Norton, 2000)

UN Food and Agriculture Organization FAOSTAT on-line database, http://faostat.fao.org

Abbildung 2-2 Verstädterung

World Urbanization Prospects: the 1999 Revision (New York: United Nations, 2001)

Abbildung 2-3 Lineares und exponentielles Wachstum von Ersparnissen

Tabelle 2-1 Verdopplungszeiten

Tabelle 2-2 Bevölkerungswachstum in Nigeria, hochgerechnet

U. S. Census Bureau International Data Base, http://www.census.gov/ipc/www/idbnew.html

Abbildung 2-4 Demographischer Übergang der Weltbevölkerung

The World Population Situation in 1970 (New York: United Nations, 1971)

World Population Prospects: the 2000 Revision (New York: United Nations, 2001) http://www.un.org/popin/

Tabelle 2-3 Zuwachs der Weltbevölkerung

The World Population Situation in 1970 (New York: United Nations, 1971)

World Population Prospects: the 2000 Revision (New York: United Nations, 2001) http://www.un.org/popin/

Abbildung 2-5 Jahreszuwachs der Weltbevölkerung

World Population Prospects 2000 (New York: United Nations, 2000)

Donald J. Bogue, *Principles of Demography* (New York: John Wiley and Sons, 1969)

Abbildung 2-6 Demographische Übergänge in Industrieländern (A) und weniger industrialisierten Ländern (B)

Nathan Keyfitz und W. Flieger, *World Population: an Analysis of Vital Data* (Chicago: Univ. Chicago Press, 1968)

J. Chesnais, *The Demographic Transition: Stages, Patterns, and Economic Implications; a Longitudinal Study of Sixty-Seven Countries Covering the Period 1720–1984* (New York: Oxford University Press, 1992)

Demographic Yearbook (New York: United Nations, verschiedene Jahre)

World Population Data Sheet (Washington, DC: Population Reference Bureau) http://www.prb.org (Zugriffe in verschiedenen Jahren)

United Kingdom Office of Population Censuses & Surveys, *Population Trends*, Nr. 52 (London: HMSO, Juni 1988)

United Kingdom Office for National Statistics (ONS), *National Statistics Online: Birth Statistics: Births and patterns of family building England and Wales (FM1)*, http://www.statistics.gov.uk/STAT BASE/Product.asp?vlnk=5768

Statistical Yearbook of the Republic of China (Taipei: Directorate-General of Budget, Accounting & Statistics, Executive Yuan, Republic of China, 1995)

Abbildung 2-7 Geburtenraten und Bruttosozialprodukt pro Kopf im Jahr 2001
World Population Data Sheet 2001 (Washington, DC: Population Reference Bureau, 2001) http://www.prb.org
World Bank, „World Development Indicators (WDI) Database", http://www.worldbank.org/data/data query.html (Zugriff am 15.1.2004)

Abbildung 2-8 Materielle Kapitalflüsse in der Wirtschaft bei World3

Abbildung 2-9 Bruttoinlandsprodukt der USA, aufgeteilt nach Sektoren
U. S. Department of Commerce, *Bureau of Economic Analysis Interactive Access to National Income and Product Accounts Tables*, http://www.bea.doc.gov/bea/dn/nipaweb/

Abbildung 2-10 Pro-Kopf-Bruttosozialprodukte der zehn bevölkerungsreichsten Länder der Erde und der Europäischen Währungsunion
World Development Indicators CD-ROM (Washington, DC: World Bank, 2002)

Abbildung 2-11 Globale Ungleichheiten
World Development Indicators CD-ROM (Washington, DC: World Bank, 1999)

Abbildung 2-12 Nahrungsmittelproduktion in verschiedenen Regionen der Erde
UN Food and Agricultural Organization FAOSTAT on-line database, http://faostat.fao.org
The State of Food and Agriculture (Rom: Food and Agriculture Organization of the United Nations, verschiedene Jahre)

Kapitel 3

Abbildung 3-1 Bevölkerung und Kapital im globalen Ökosystem
R. Goodland, H. Daly und S. El Serafy, „Environmentally Sustainable Economic Development Building on Bruntland", *Environment Working Paper of The World Bank* Nr. 46 (Juli 1991)

Abbildung 3-2 Globale Getreideproduktion
Production Yearbook (Rom: Food and Agriculture Organization of the United Nations, verschiedene Jahre)
UN Food and Agriculture Organization FAOSTAT on-line database, http://faostat.fao.org (Zugriff am 25.1.2002)
World Population Data Sheet (Washington, DC: Population Reference Bureau) http://www.prb.org (Zugriffe in verschiedenen Jahren)

Abbildung 3-3 Getreideerträge
Production Yearbook (Rom: Food and Agriculture Organization of the United Nations, verschiedene Jahre)
UN Food and Agriculture Organization FAOSTATon-line database, http://faostat.fao.org (Zugriff am 25.1.2002)

Abbildung 3-4 Mögliche zukünftige Entwicklung landwirtschaftlich genutzter Flächen
World Population Prospects as Assessed in 1990 (New York: United Nations, 1990)
World Population Data Sheet 1991 (Washington, DC: Population Reference Bureau, 1991) http://www.prb.org
World Population Projections to 2150 (New York: United Nations, 1998)
UN Food and Agriculture Organization FAOSTAT on-line database, http://faostat.fao.org (Zugriff am 27.2.2002)

Abbildung 3-5 Trinkwasservorräte
Peter H. Gleick, *The World's Water 2000–2001: the Biennial Report on Freshwater Resources* (Washington, DC: Island Press, 2000)
S. L. Postel, G. C. Daly, P. R. Ehrlich, „Human Appopriation of Renewable Fresh Water", *Science* 271 (9. Februar 1996): 785–788
Donald J. Bogue, *Principles of Demography* (New York: John Wiley and Sons, 1969)
World Population Prospects as Assessed in 1994 (New York: United Nations, 1994)
World Population Prospects as Assessed in 2000 (New York: United Nations, 2000)

Abbildung 3-6 Wasserverbrauch in den USA
Peter H. Gleick, *The World's Water* (Washington, DC: Island Press, 1998)
Peter H. Gleick, *The World's Water 2000–2001: the Biennial Report on Freshwater Resources* (Washington, DC: Island Press, 2000)

Abbildung 3-7 Die verbliebenen naturbelassenen Wälder
The Last Frontier Forests: Ecosystems and Economies on the Edge (World Resources Institute Forest Frontiers Initiative, 1997) http://www.wri.org/ffi/lff-eng/

Abbildung 3-8 Entwicklungen bei der Abholzung tropischer Wälder

Abbildung 3-9 Der globale Holzverbrauch
UN Food and Agriculture Organization FAOSTAT on-line database, http://faostat.fao.org

Abbildung 3-10 Globaler Energieverbrauch
Energy Statistics Yearbook (New York: United Nations, verschiedene Jahre)

U. S. Dept. of Energy, Energy Information Administration International Energy Data on-line database, http://www.eia.doe.gov/emeu/international/energy.html
International Energy Outlook 2001 (Washington, DC: Energy Information Administration, U. S. Dept. of Energy, 2001) http://www.eia.doe.gov/oiaf/ieo/

Tabelle 3-1 Jährliche Produktion, Verhältnis von Reserven zur Produktion (R/P) und zeitliche Reichweite für die Erdöl-, Erdgas- und Kohlevorräte
U. S. Bureau of Mines, *Mineral Facts and Problems* (Washington, DC: Government Printing Office, 1970)
International Energy Statistics Sourcebook, 14. Ausgabe (Tulsa, OK: PennWell Pub. Co., 1999)
International Energy Annual 2001 (Washington, DC: Energy Information Administration, U. S. Dept. of Energy, 2001). http://www.eia.doe.gov/emeu/iea/contents.html
IPPC Special Report on Emissions Scenarios, Kapitel 3.4.3.1, „Fossil and Fissile Resources", http://www.grida.no/climate/ipcc/emission/071.htm (Zugriff am 19.1.2004)

Abbildung 3-11 Erdölproduktion und -verbrauch in den USA
Basic Petroleum Data Book (Washington, DC: American Petroleum Institute, 1981)
Annual Energy Review (Washington, DC: Energy Information Administration, U. S. Dept. of Energy)
http://www.eia.doe.gov/emeu/aer/txt/tab0502.htm

Abbildung 3-12 Szenario für die globale Erdölproduktion
Kenneth S. Deffeyes, *Hubbert's Peak: the Impending World Oil Shortage* (Princeton: Princeton University Press, 2001), 5

Abbildung 3-13 Wie die Erschöpfung der globalen Erdgasvorräte verlaufen könnte

Abbildung 3-14 Wie viel Erdgas entdeckt werden muss, um den steigenden Verbrauch zu decken

Abbildung 3-15 Kosten für Strom aus Windkraftanlagen und Photovoltaikanlagen
„What Are the Factors in the Cost of Electricity from Wind Turbines?" American Wind Energy Association, 2000
Renewable Energy 2000: Issues and Trends (Washington, DC: Energy Information Administration, U. S. Dept. of Energy, Februar 2001). http://www.eia.doe.gov/cneaf/solar.renewables/rea_issues/

Abbildung 3-16 Weltweiter Verbrauch an fünf wichtigen Metallen
C. G. M. Klein Goldewijk und J. J. Battjes, „A Hundred Year (1890–1990) Database for Integrated Environmental Assessments (HYDE, Version 1.1)" (Bilthoven, Niederlande: National Institute of Public Health and the Environment, 1997)
U. S. Bureau of Mines, *Minerals Yearbook* (Washington, DC: Government Printing Office, verschiedene Jahre)
U. S. Geological Survey, Statistical Compendium on-line resource, http://minerals.usgs.gov/minerals/pubs/stat/
CRB Commodity Yearbook (New York: Commodity Research Bureau, verschiedene Jahre)

Abbildung 3-17 Weltweiter Stahlverbrauch

C. G. M. Klein Goldewijk und J. J. Battjes, „A Hundred Year (1890–1990) Database for Integrated Environmental Assessments (HYDE, Version 1.1)" (Bilthoven, Niederlande: National Institute of Public Health and the Environment, 1997)

U. S. Bureau of Mines, *Minerals Yearbook* (Washington, DC: Government Printing Office, verschiedene Jahre)

U. S. Geological Survey, Statistical Compendium on-line resource, http://minerals.usgs.gov/minerals/pubs/stat/

CRB Commodity Yearbook (New York: Commodity Research Bureau, verschiedene Jahre)

Tabelle 3-2 Erwartete Nutzungsdauer der bekannten Reserven von acht Metallen
Mining, Minerals and Sustainable Development Project (MMSD), *Breaking New Ground: Mining, Minerals and Sustainable Development* (London: Earthscan, 2002) http://www.iied.org/mmsd/final report/

Abbildung 3-18 Abnehmende Qualität der in den USA abgebauten Kupfererze
U. S. Bureau of Mines, *Minerals Yearbook* (Washington, DC: Government Printing Office, verschiedene Jahre)
U. S. Geological Survey, Statistical Compendium on-line resource, http://minerals.usgs.gov/minerals/pubs/stat/

Abbildung 3-19 Wenn Erzvorräte erschöpft werden, erhöht sich der Abraum enorm

Abbildung 3-20 Abnahme der Schadstoffbelastung von Mensch und Umwelt
DDT: IVL Swedish Environmental Research Institute; *Swedish Environmental Monitoring Surveys Database*, http://www.ivl.se/miljo/projekt/dvsb/ (Zugriff im Dezember 2001)
Cesium-137: *AMAP Assessment Report: Arctic Pollution Issues* (Oslo, Norwegen: Arctic Monitoring and Assessment Programme, 1998) http://www.amap.no/Assessment/ScientificBackground.htm
Lead: *America's Children and the Environment: Measures of Contaminants, Body Burdens, and Illness*, 2. Auflage (Washington, DC: Environmental; Protection Agency, Februar 2003) http://www.epa.gov/envirohealth/children/ace_2003.pdf

Abbildung 3-21 Trends bei den Emissionen ausgewählter Luftschadstoffe
World Development Indicators CD-ROM (Washington, DC: World Bank, 2001)
OECD Environmental Data: Compendium (Paris: Organisation for Economic Co-Operation and Development, verschiedene Jahre)
CO_2: G. Marland, T. A. Boden und R. J. Andres, „Global, Regional, and National Fossil Fuel CO_2 Emissions", *Trends: A Compendium of Data on Global Change*, http://cdiac.esd.ornl.gov/trends/emis/em_cont.htm
SO_x und NO_x: World Resources Database CD-ROM Electronic Resource (Washington, DC: World Resources Institute, 2000)
Energieverbrauch: *Energy Balances of Organization for Economic Cooperation and Development (OECD) Countries*, auf Diskette (Paris: Organisation for Economic Co-Operation and Development, verschiedene Jahre)

Abbildung 3-22 Sauerstoffgehalt verschmutzter Gewässer
Andrew Goudie, *The Human Impact on the Natural Environment* (Oxford: Blackwell, 1993), 224 (Deutsche Ausgabe: *Mensch und Umwelt – Eine Einführung*, Heidelberg: Spektrum Akademischer Verlag, 1994)

P. Kristensen und H. Ole Hansen, *European Rivers and Lakes: Assessment of Their Environmental State* (Kopenhagen: European Environmental Agency, 1994), 49

OECD Environmental Data: Compendium (Paris: Organisation for Economic Co-Operation and Development, 1999), 85

New York Harbor Water Quality Survey (New York: NY Department of Environmental Protection, 1997), 55

Bjørn Lomborg, *The Skeptical Environmentalist: Measuring the Real State of the World* (Cambridge: Cambridge University Press, 2001), 203

Abbildung 3-23 Globale Konzentrationen von Treibhausgasen

CFCs: M. A. K. Khalil und R. A. Rasmussen, „Globally Averaged Atmospheric CFC-11 Concentrations: Monthly and Annual Data for the Period 1975–1992", Carbon Dioxide Information Analysis Center (CDIAC), http://cdiac.esd.ornl.gov/ndps/db1010.html

CH_4: D. M. Etheridge, I. Pearman, P. J. Fraser, „Concentrations of CH_4 from the Law Dome (East Side, ‚DE08' Site) Ice Core(a)", Carbon Dioxide Information Analysis Center (1.9.1994), http://cdiac.esd.ornl.gov/ftp/trends/methane/lawdome.259

CO_2: C. D. Keeling and T. P. Whorf, „Atmospheric CO_2 Concentrations (ppmv) Derived from *In Situ* Air Samples Collected at Mauna Loa Observatory, Hawaii", *Trends: A Compendium of Data on Global Change* (13. August 2001), http://cdiac.esd.ornl.gov/trends/trends.htsm

A. Neftel, H. Friedli, E. Moor, H. Lötscher, H. Oeschger, U. Siegenthaler und B. Stauffer, „Historical CO_2 Record from the Siple Station Ice Core", *Trends: A Compendium of Data on Global Change* (1994) http://cdiac.esd.ornl.gov/trends/co2/siple.htm

N_2O: J. Flückiger, A. Dällenbach, B. Stauffer, „N_2O Data Covering the Last Millennium", (1999) NOAA/NGDC Paleoclimatology Program, http://www.ngdc.noaa.gov/paleo/gripn2o.html

R. G. Prinn et al., „A History of Chemically and Radiatively Important Gases in Air Deduced from ALE/GAGE/AGAGE", *Journal of Geophysical Research* 115: 17751–17792, http://cdiac.esd.ornl.gov/ndps/alegage.html

Abbildung 3-24 Der Anstieg der globalen Temperatur

P. D. Jones, D. E. Parker, T. J. Osborn und K. R. Briffa, „Global and Hemispheric Temperature Anomalies: Land and Marine Instrumental Records", *Trends: A Compendium of Data on Global Change* (2001), http://cdiac.esd.ornl.gov/trends/temp/jonescru/jones.html

Abbildung 3-25 Weltweite wirtschaftliche Verluste durch wetterbedingte Katastrophen

Lester R. Brown et al., Worldwatch Institute, *Vital Signs 2000: the Environmental Trends That are Shaping Our Future* (New York: W. W. Norton, 2000)

Abbildung 3-26 Treibhausgase und globale Temperaturen im Laufe der letzten 160 000 Jahre

J. Jouzel, C. Lorius, J. R. Petit, N. I. Barkov und V. M. Kotlyakov, „Vostok Isotopic Temperature Record", *Trends '93: A Compendium of Data on Global Change* (1994), http://cdia.esd.ornl.gov/ftp/trends93/temp/vostok.593

C. D. Keeling and T. P. Whorf, „Atmospheric CO_2 Concentrations (ppmv) Derived from *In Situ* Air Samples Collected at Mauna Loa Observatory, Hawaii", *Trends: A Compendium of Data on Global Change* (13. August 2001), http://cdiac.esd.ornl.gov/trends/trends.htsm

J. M. Barnola, D. Raynaud, C. Lorius und N. I. Barkov, „Historical Carbon Dioxide Record from the Vostok Ice Core", *Trends: A Compendium of Data on Global Change* (1999), http://cdiac.ornl.gov/trends/co2/vostok.htm

R. G. Prinn et al., „A History of Chemically and Radiatively Important Gases in Air Deduced from ALE/GAGE/AGAGE" *Journal of Geophysical Research* 115: 17751–17792, http://cdiac.esd.ornl.gov/ndps/alegage.html

J. Chappellaz, J. M. Barnola, D. Raynaud, C. Lorius und Y. S. Korotkevich, „Historical CH_4 Record from the Vostok Ice Cores" *Trends '93: A Compendium of Data on Global Change* (1994), ftp://cdiac.esd.ornl.gov/pub/trends93/ch4/

Tabelle 3-3 Die Beziehung zwischen Bevölkerung, Wohlstand, Technik und Umweltbelastung

Kapitel 4

Abbildung 4-1 Ernährung und Lebenserwartung
UN Food and Agriculture Organization FAOSTAT on-line database, http://faostat.fao.org (Zugriff am 17.12.2001)
World Population Prospects: the 2000 Revision (New York: United Nations, 2001) http://www.un.org/popin/

Abbildung 4-2 Kosten für die Erschließung neuen Ackerlands
Dennis L. Meadows et al., *Dynamics of Growth in a Finite World* (Cambridge, MA: Wright-Allen Press, 1974)

Abbildung 4-3 Möglichkeiten der Annäherung einer Bevölkerung an die ökologische Tragfähigkeit

Abbildung 4-4 Rückkopplungsschleifen, die das Wachstum von Bevölkerung und Kapital bestimmen

Abbildung 4-5 Rückkopplungsschleifen für Bevölkerung, Kapital, Landwirtschaft und Umweltverschmutzung

Abbildung 4-6 Rückkopplungsschleifen für Bevölkerung, Kapital, Dienstleistungen und Ressourcen

Abbildung 4-7 Energiebedarf für die Herstellung von Metallen aus Erzen
N. J. Page und S. C. Creasey, „Ore Grade, Metal Production, and Energy", *Journal of Research* (U. S. Geological Survey) 3, Nr. 1 (Jan./Feb. 1975): 9–13

Abbildung 4-8 Szenario 0: „Unendlichkeit rein, Unendlichkeit raus"

Abbildung 4-9 Strukturelle Ursachen für vier mögliche Verhaltensweisen des Modells World3

Abbildung 4-10 Die langsame Ausbreitung von 1,2-DCP ins Grundwasser
N. L. van der Noot, NV Waterleidingmaatschappij „Drenthe", Geo-hydrologisch modelonderzoek ten behoeven van het nitraat – en 1,2-DCP onderzoek in de omgeving van het pompstation Noordbargeres [Wassermanagement-Institut „Drenthe", Geo-hydrologische Modellstudien über Nitrat- und 1,2-DCP-Messungen in der Umgebung der Pumpstation Noordbargares], 1991: R. van de Berg (RIVM), persönliche Mitteilung

Abbildung 4-11 Szenario 1: Bezugspunkt

Abbildung 4-12 Szenario 2: Größere Verfügbarkeit nicht erneuerbarer Ressourcen

Kapitel 5

Abbildung 5-1 Die weltweite Produktion von Fluorchlorkohlenwasserstoffen
Annual Global Fluorocarbon Production „Production and Sales of Fluorocarbons", Alternative Fluorocarbons Environmental Acceptability Study (AFEAS), (2002) http://www.afeas.org/production_and_sales.html

Abbildung 5-2 Absorption von UV-Strahlung durch die Atmosphäre
The Ozone Layer (Nairobi, Kenia: United Nations Environmental Programme, 1987)

Abbildung 5-3 Wie FCKW die Ozonschicht der Stratosphäre zerstören

Abbildung 5-4 Messungen des Ozongehalts über der Halley-Bucht in der Antarktis
J. D. Shanklin, „Provisional Monthly Mean Ozone Values for Faraday/Vernadsky and Halley", British Antarctic Survey, http://www.antarctica.ac.uk/met/jds/ozone/

Abbildung 5-5 Mit Zunahme der reaktiven Chloratome geht die Ozonkonzentration über der Antarktis zurück
J. G. Anderson, W. H. Brune und M. H. Proffitt, „Ozone Destruction by Chlorine Radicals within the Antarctic Vortex: the Spatial and Temporal Evolution of ClO-O_3 Anticorrelation Based on *In Situ* ER–2 Data", *Journal of Geophysical Research*, 94 Nr. D9 (30. August 1989): 11465–11479

Abbildung 5-6 Voraussichtlicher Anstieg der Konzentrationen von anorganischem Chlor und Brom in der Stratosphäre infolge von FCKW-Emissionen
„Scientific Assessment of Ozone Depletion: 1998 – Executive Summary", World Meteorological Organization, Global Ozone Research and Monitoring Project, Report Nr. 44, http://www.al.noaa.gov/WWWHD/Pubdocs/Assessment98.html
John S. Hoffman und Michael J. Gibbs, „Future Concentrations of Stratospheric Chlorine and Bromine", U. S. Environmental Protection Agency, EPA 400/1-88/005 (August 1988)
R. E. Bendick, *Ozone Diplomacy: New Directions in Safeguarding the Planet* (Cambridge: Harvard Univ. Press, 1991)

Kapitel 6

Abbildung 6-1 Szenario 3: Größere Vorräte zugänglicher nicht erneuerbarer Ressourcen sowie verbesserte Technik zur Kontrolle des Schadstoffausstoßes

Tabelle 6-1 Die Auswirkungen technischer Neuerungen auf die Emissionen schwer abbaubarer Schadstoffe in World3

Kapitel 7

Register